郇庆治 著

社会主义生态文明论丛
SERIES ON SOCIALIST ECO-CIVILIZATION
TWO

第二卷

中国林业出版社
China Forestry Publishing House

北京大学习近平新时代中国特色社会主义思想研究院资助出版

图书在版编目(CIP)数据

社会主义生态文明论丛. 第二卷 / 郇庆治著. 北京：中国林业出版社, 2024.5. —ISBN 978-7-5219-2736-8

Ⅰ. X321.2-53

中国国家版本馆 CIP 数据核字第 2024H7V396 号

责任编辑：何 鹏 李丽菁

出版发行	中国林业出版社
	(100009，北京市西城区刘海胡同7号，电话 83223120)
电子邮箱	cfphzbs@163.com
网　　址	http://www.cfph.net
印　　刷	三河市双升印务有限公司
版　　次	2024年6月第1版
印　　次	2024年6月第1次印刷
开　　本	710mm×1000mm　1/16
印　　张	22.5
字　　数	355千字
定　　价	95.00元

《社会主义生态文明论丛》
编委会

（按姓氏拼音排序）

Ulrich Brand（University of Vienna）

蔡华杰（福建师范大学）

陈学明（复旦大学）

Phillip Clayton（USA Institute of Ecological Civilization）

Salvatore Engel-Dimauro（SUNY New Paltz）

方世南（苏州大学）

Arran Gare（Swinburne University of Technology）

郇庆治（北京大学）

李宏伟（中共中央党校）

林　震（北京林业大学）

Jan Turowski（Rosa Luxemburg Stiftung）

王雨辰（中南财经政法大学）

解保军（哈尔滨工业大学）

杨开忠（中国社会科学院）

张云飞（中国人民大学）

前　言

本书之所以选择"社会主义生态文明"这一理论议题或视角，主要有如下三个方面的理由。其一，以2007年和2012年先后举行的中国共产党第十七次、十八次全国代表大会为主要标志，"生态文明及其建设"被明确提升和确认为执政党及其领导政府的核心性绿色政治意识形态与治国理政方略。相应地，自觉地从马克思主义基本理论和社会主义政治的立场，来观察分析这场始于并聚焦于现代化中后期阶段生态环境问题治理的国家重大战略及其贯彻实施的"溢出"效应，即它是否以及在何种程度上可以触发或推动演进成为当代中国经济社会发展的全面绿色转型或社会主义初级阶段的自我阶段性跃迁，就成为一个国内外现实意义重大，同时也具有重要理论发展潜能的学术议题。

换言之，相对于生态环境质量的逐步乃至实质性改善，或者说全面建设"人与自然和谐共生的中国式现代化"[①]——这固然也非常重要，在笔者看来，更值得关注的是生态文明及其建设对于一种焕然一新的社会主义生态文明经济、社会与文化的引领促动及其成效。

其二，初创于20世纪80年代早期的国内生态马克思主义研究，随着生态文明建设实践在新时代中国社会的全面铺开而面临着又一个实现自身跨越式发展的重大机遇。除了理论本身的学术、话语与学科积淀成长，广义的生态马克思主义或生态社会主义的中国化和时代化，正可遇而不可求地凸显为一种十分迫切而且存在着诸多可能性的现实需求。概言之，马克

[①] 习近平：《高举中国特色社会主义伟大旗帜，为全面建设社会主义现代化国家而团结奋斗》，人民出版社，2022年版，第23页。

思主义生态理论的进一步诠释与阐发，必须要着眼于回答当代中国社会所面临着的经济和环境的关系、发展和保护的关系、现代化和人与自然和谐共生的关系、国内和全球层面的关系等一系列重要或基础性理论问题，而当代中国社会需要解决应对的生态环境问题，也与欧美发达国家此前所经历的情形或目前所采取的应对——更不用说一个半世纪前的马克思恩格斯时代——有着明显不同。

相应地，笔者认为，如下两个伞形概念的意涵界定及其进一步阐发，就拥有了其前所未有的学术相关性或价值：马克思主义生态学和社会主义生态文明理论。① 前者强调的是从一种自觉而自主的马克思主义理论立场方法，来分析应对自身所面临着的广义上的生态环境保护治理问题，同时也是一种针对我们自身问题的主体性思考，而后者所强调的是这样一种马克思主义生态学方法与理论的中国化或中国版本，也就是当代中国主流话语中的"习近平生态文明思想"。总之，从"生态马克思主义"经"马克思主义生态学"到"社会主义生态文明理论"，绝非只是概念术语上的转变或替换，更是集中体现了我们理论认知方法与境界上的全面提升。

其三，在国际层面上，2008年世界金融危机从多重意义上触发或促进了国际"绿色左翼"学界的新一轮学术与政治对话，其核心议题是，欧美新自由主义政治意识形态及其政策包括生态环境保护治理举措的严重挫败，是否以及在何种意义上可以成为国际绿色左翼政治力量重振信心或推动实现其目标任务的历史机遇，而联邦德国的罗莎·卢森堡基金会及其派驻世界各地的代表处——比如布鲁塞尔、基多、河内和北京——发挥了一种联络与组织中介的作用。

就笔者以及领导的团队而言，正是与北京代表处始于2014年的常态化合作，以及在它协调组织下对于基金会的柏林总部（2018年）以及河内（2016年）、布鲁塞尔（2016年）、基多（2017年）代表处所主办的多种学术活动的亲身参与，使得我们确信，中国学者关注阐发的"社会主义生态文

---

① 郇庆治、王聪聪：《社会主义生态文明：理论与实践》，中国林业出版社，2022年版；郇庆治：《马克思主义生态学论丛》（5卷本），中国环境出版集团，2021年版。

明理论",就像欧美学者提出阐释的"社会生态转型理论"、拉美学者提出阐释的"超越发展理论"、印度学者提出阐释的"激进民主理论"等一样,是致力于抗拒与替代资本主义制度框架及其社会文化基础的全球性绿色左翼思潮和运动的有机组成部分。这就意味着,我们当然不能满足或沉湎于欧美资本主义国家中那些初看起来似乎颇为有效的生态环境保护治理政策举措,但也不能无视或回避社会主义初级阶段条件下中国特色社会主义生态文明建设中有待建构与实现的诸多方面。事实一再证明,交流对话本身并不一定会达成一致意见或解决问题,但一旦放弃或无缘交流对话——就像2020年全球新冠疫情应对所展现出的国际合作情景那样,任何意义上的生态文明建设都将会是无果而终。

基于此,本书探讨了三个方面的主题,并在结构上可以分为如下三个组成部分:一是"社会主义生态文明"概念或理论的术语学辨析,二是"社会主义生态文明"理论与实践的马克思主义政治哲学基础和理论意涵,三是"社会主义生态文明"的经济、政治与社会维度或制度化呈现。

具体地说,第一部分包括第1章和第2章。其中,第1章"生态文明、生态文明理论与绿色变革",是笔者等著的《绿色变革视角下的当代生态文化理论研究》(2019年)一书中的第四章,并作为论文摘要发表于《江汉论坛》2014年第11期和《马克思主义与现实》2015年第5期。该章详细阐释了"社会主义生态文明"作为一个环境人文社会科学概念或理论的"四重意涵"或"三个维度",并着重论述了其环境政治哲学视域下的绿色变革促动潜能。第2章"社会主义生态文明:理论、实践与全球维度",包括了笔者分别撰写发表于《江汉论坛》2009年第9期和《当代世界与社会主义》2013年第2期的两篇论文,并经过修改后成为所主编的《重建现代文明的根基:生态社会主义研究》(2010年)的第十三章和合著的《生态文明建设十讲》(2014年)的第三章。该章系统阐释了"社会主义生态文明"的理论与实践意涵,认为它构成了一个完整意义上的绿色乌托邦未来想象,并蕴含着当代中国现代化发展与文明创新中最为重要的政治想象和动量,还详细分析了如何理解与应对中国的"社会主义生态文明"目标指向与实践追求和日趋全球一体化的国际环境之间的关系,尤其是与欧美发达资本主义国家之间的关系(即生态文明及其建设中的"两制关系")。

第二部分包括从第 3 章到第 7 章的主体性内容。其中，第 3 章"社会主义生态文明的政治哲学基础"，包括了笔者先后撰写并发表于《社会科学辑刊》2017 年第 1 期、《北京行政学院学报》2017 年第 4 期和《鄱阳湖学刊》2021 年第 4 期的三篇论文。该章的主要目的是致力于阐释回答"社会主义生态文明"这一特定版本或构型的"生态文明及其建设"的政治哲学基础，尤其是方法论意义上的"为什么讨论"和"如何讨论"问题，以及内容广义上的生态马克思主义(生态社会主义)优先选项问题，并着重强调了"马克思主义生态学"这一伞形概念得以确立的意义。

随后的四章又可以分为两个小的单元：前两章即第 4 章"生态马克思主义的中国化：意涵、进路及其限度"和第 5 章"社会生态转型、超越发展与社会主义生态文明"——作为论文分别摘要发表于《中国地质大学学报(社科版)》2019 第 4 期和《国外社会科学》2015 年第 4 期、《马克思主义与现实》2017 年第 6 期，从生态马克思主义理论与学术传统的中国化趋向和国际学界社会生态转型话语与中国社会主义生态文明理论的融汇合流角度，初步揭示了社会主义生态文明理论借由"马克思主义生态学"这一概念范畴而实现的对生态马克思主义理论的重大范式创新及其内在生成逻辑；后两章即第 6 章"作为一种转型政治的'社会主义生态文明'"和第 7 章"后疫情时代的社会主义生态文明理论研究"——作为论文分别摘要发表于《马克思主义与现实》2019 年第 2 期和《中国地质大学学报(社科版)》2021 年第 3 期，着重阐明了为什么说社会主义生态文明话语与政治更能够代表当代中国生态文明及其建设的本质或目标要求，而 2020 年暴发并持续肆虐三年之久的全球新冠疫情让我们更加清楚地认识到，一方面更多是基于马克思主义生态学或广义的生态马克思主义关于社会主义生态文明未来图景的诸多理论构想，与中国社会主义生态文明建设实践之间还存在着显而易见的区别，另一方面同时基于社会主义政治和生态可持续性考量及其二者有机融合的历史和理论自觉，是当代中国社会主义生态文明建设实践切实持续取得成效并最终获得成功的前提性条件。

第三部分包括第 8 章、第 9 章和第 10 章。其中，第 8 章"论社会主生态文明经济",组合了笔者分别摘要发表于《山东大学学报(哲社版)》2021年第4期和《北京大学学报(哲社版)》2021年第3期的两篇论文,而它们作为一个整体也是笔者主持负责的"中国社会主义生态文明研究小组(CRGSE)"的一个议题领域性研究成果(2019—2022年),旨在表明,相较于欧美生态马克思主义者或生态社会主义者对于"生态经济"的实践建构分析严重滞后于理论批判的结构性"失衡"现状,新时代中国特色社会主义生态文明建设实践却提供了创建或走向一种真实的"生态经济"或"社会主义生态文明经济"的现实舞台和未来可能性;第9章"生态文明建设政治学:政治哲学视角",组合了摘要发表于《城市与环境研究》2021年第4期和《江海学刊》2022年第4期的两篇论文,而后者还是笔者为合著出版的《生态文明建设政治学导论》(2023年)一书所撰写的总论,着力于阐明,在生态文明建设政治学视域下,社会主义质性特征或政治哲学的论辩和追问,成为生态文明及其建设的一个尤其突出、也更加关系着全局和未来方向的问题;第10章"生态文明社会建设视域下的'生态新人'形塑",是笔者摘要发表于《中国生态文明》2013年第1期和《南京林业大学学报(人文社科版)》2022年第3期的两篇论文的组合,而前者经过修改后成为合著出版的《生态文明建设十讲》(2014年)一书的第四章,着重强调,拥有或培育出与"社会主义生态文明"价值取向和目标愿景相契合的"环境公民"或"生态新人",是中国社会主义生态文明建设实践必须面对的一个严肃难题与挑战,而环境人文社会科学的理论研究与知识传播肩负着价值观、生活观和行为规范孕育滋养等方面的时代重任。

因而可以理解,本书稿确有其志向远大的一面,而且这绝非只是在主题宏大抽象或政治意识形态色彩鲜明的意义上,但也必须承认,这种雄心与目前所提供的学理性论证相比在许多方面是不够匹配的。

在笔者看来,这其中最突出的问题有如下两个:一是缺乏明晰架构,二是内容局部重复,而且都多少与整个书稿构成上的专题论文集合特征相关——它们主要来自笔者2009—2022年基于并不完全相同的目的而分别撰写的专题性论文。对于前者,笔者想强调的是,至少就当下而言,社会主义生态文明理论与实践研究的聚焦点或"重中之重",并不(应)是提供一个结构完整甚或完美的愿景构想与制度体系,而是树立人们对于一种真正替代性的生态的社会主义未来的兴趣、信任与信心,因而可以说,这种结构性缺憾有着它的客观合理性甚至必要性;对于后者,笔者要说明的是,除了作为专题论文难以避免的一些背景与语境表述上的必要交代,许多核心议题或关键性概念命题的反复阐释,并非尽是冗余的文字重复,而往往是不同观察视角或背景语境下的进一步理论论证,尤其是当考虑到前后一个相对较长的时间跨度时,即便对于同一问题的相近阐述也有着不尽相同的阐述效果或韵味。

当然,考虑到文献资料的时效性和理论观点的准确性,笔者对于各章节中的个别表述、资源来源和注释引用做了必要的信息补充与技术处理,而对于绝大部分论文的主体内容以及主要观点,则都保持了原初发表或写作时的原貌,其中难免的不当或失误之处均由笔者本人负责。

目 录

前 言

第一章 生态文明、生态文明理论与绿色变革 …………………… (1)
    第一节 作为环境人文社会科学概念的生态文明 …………… (1)
    第二节 作为环境人文社会科学理论的生态文明理论 ……… (16)
    第二节 生态文明理论与绿色变革 …………………………… (34)
    结 语 …………………………………………………………… (41)

第二章 社会主义生态文明：理论、实践与全球维度 …………… (44)
    第一节 理论与实践维度 ……………………………………… (45)
    第二节 全球维度 ……………………………………………… (59)
    结 语 …………………………………………………………… (77)

第三章 社会主义生态文明的政治哲学基础 ……………………… (78)
    第一节 社会主义生态文明的政治哲学基础：方法论视角 … (79)
    第二节 作为一种政治哲学的生态马克思主义 ……………… (89)
    第三节 从生态马克思主义到马克思主义生态学 …………… (102)
    结 语 …………………………………………………………… (108)

第四章 生态马克思主义的中国化：意涵、进路及其限度 ……… (109)
    第一节 作为一个理论话语体系的生态马克思主义 ………… (109)
    第二节 对"绿色资本主义"的生态马克思主义批评及其超越 … (122)
    第三节 生态马克思主义发展的当代中国语境与视域 ……… (129)
    结 语 …………………………………………………………… (138)

第五章　社会生态转型、超越发展与社会主义生态文明 …………（139）
  第一节　布兰德的社会生态转型理论 ……………………………（139）
  第二节　拉美的超越发展理论 ……………………………………（151）
  第三节　从社会生态转型、超越发展到社会主义生态文明 ……（167）
  结　语 ………………………………………………………………（172）

第六章　作为一种转型政治的"社会主义生态文明" ……………（174）
  第一节　转型、转型话语（政治）与社会生态转型 ……………（174）
  第二节　"社会主义生态文明"：当代中国语境下的术语学分析 …（180）
  第三节　"社会主义生态文明"的转型政治意蕴 …………………（185）
  结　语 ………………………………………………………………（190）

第七章　后疫情时代的社会主义生态文明理论研究 ……………（192）
  第一节　社会主义生态文明的"马克思主义生态学基础" ……（193）
  第二节　社会主义生态文明建设的"经济愿景"及其挑战 ……（198）
  第三节　社会主义生态文明建设的"社会愿景"及其挑战 ……（206）
  第四节　社会主义生态文明建设的"进路难题"及其挑战 ……（216）
  结　语 ………………………………………………………………（222）

第八章　论社会主义生态文明经济 …………………………………（224）
  第一节　生态社会主义视域下的"生态经济"：批评与构想 …（225）
  第二节　当代中国社会主义生态文明建设中的"绿色经济"：
　　　　　模式或进路 …………………………………………………（251）
  第三节　走向社会主义生态文明经济：一种新政治经济学 ……（261）
  结　语 ………………………………………………………………（268）

第九章　生态文明建设政治学：政治哲学视角 …………………（270）
  第一节　什么是"生态文明建设政治学" ………………………（270）
  第二节　生态文明建设政治学对环境政治学的承继与超越 ……（278）
  第三节　生态文明建设政治学的社会主义质性特征 ……………（284）
  结　语 ………………………………………………………………（291）

第十章 生态文明社会建设视域下的"生态新人"形塑 …… （292）

    第一节 生态文明建设需要"生态新人" …………………… （293）

    第二节 为什么是环境人文社会科学 ……………………… （300）

    第三节 环境人文社会科学与文明主体重塑 ……………… （310）

    第四节 当代中国生态文明建设实践中的"绿色行动主体" ……… （317）

    结　语 ……………………………………………………… （322）

参考文献 …………………………………………………………… （324）

Contents

Preface

Chapter 1　Eco-civilization, Eco-civilization Theory and Green Change ……（1）
　Eco-civilization as a Concept of Environmental Humanity and Social Science ……（1）
　Eco-civilization Theory as a Theory of Environmental Humanity and Social Science ……（16）
　Eco-civilization Theory and Green Change ……（34）
　Conclusions ……（41）

Chapter 2　Socialist Eco-civilization: The Theoretical, Practical and Global Dimensions ……（44）
　The Theoretical and Practical Dimensions ……（45）
　The Global Dimension ……（59）
　Conclusions ……（77）

Chapter 3　Socialist Eco-civilization's Basis of Political Philosophy ……（78）
　Socialist Eco-civilization's Basis of Political Philosophy: A Perspective of Methodology ……（79）
　Eco-Marxism as a Political Philosophy ……（89）
　From Eco-Marxism to Marxist Ecology ……（102）
　Conclusions ……（108）

Chapter 4　The Sinicization of Eco-Marxism: Implication, Approach and Its Limits ……………………………………………………… (109)
　Eco-Marxism as a Theoretical Discourse ……………………………… (109)
　The Eco-Marxism's Critique of "Eco-capitalism" and Its Transcendence … (122)
　The Contemporary Chinese Context and Vision of Eco-Marxism's Development
　　……………………………………………………………………… (129)
　Conclusions ……………………………………………………………… (138)

Chapter 5　Social-ecological Transformation, Beyond Development and Socialist Eco-civilization ………………………………… (139)
　Brand's Social-ecological Transformation Theory …………………… (139)
　Beyond Development Theory in Latin America ………………………… (151)
　From Social-ecological Transformation, Beyond Development to Socialist
　　Eco-civilization ……………………………………………………… (167)
　Conclusions ……………………………………………………………… (172)

Chapter 6　Socialist Eco-civilization as a Transformative Politics …… (174)
　Transformation, Transformative Discourse(Politics) and Social-ecological
　　Transformation ……………………………………………………… (174)
　Socialist Eco-civilization: A Terminological Analysis in the Contemporary
　　Chinese Context ……………………………………………………… (180)
　Socialist Eco-civilization's Implication of Transformative Politics ……… (185)
　Conclusions ……………………………………………………………… (190)

Chapter 7　Study on Socialist Eco-civilization Theory in a Post-Pandemic Era ……………………………………………………………… (192)
　The Marxist Ecology Basis of Socialist Eco-civilization ……………… (193)
　The Economic Vision of Socialist Eco-civilization and Its Challenge …… (198)
　The Social Vision of Socialist Eco-civilization and Its Challenge ……… (206)
　The Agent Problem of Socialist Eco-civilization and Its Challenge …… (216)

Conclusions .... (222)

Chapter 8 On the Economy of Socialist Eco-civilization .... (224)

"Ecological Economy" in a Vision of Eco-socialism: Critique and Visions .... (225)

"Green Economy" in Socialist Eco-civilization of Contemporary China: Models or Approaches .... (251)

Moving toward an Economy of Socialist Eco-civilization: A New Political Economy .... (261)

Conclusions .... (268)

Chapter 9 The Politics of Eco-civilization Progress: A Perspective of Political Philosophy .... (270)

What Is the Politics of Eco-civilization Progress .... (270)

The Inheritance and Transcendence of the Politics of Eco-civilization Progress to Environmental Politics .... (278)

The Socialist Feature of the Politics of Eco-civilization Progress .... (284)

Conclusions .... (291)

Chapter 10 The Shaping of "Ecological Man" from a Vision of Building an Eco-civilizational Society .... (292)

Eco-civilization Progress needs "Ecological Man" .... (293)

Why It Has to be Environmental Humanity and Social Science .... (300)

Environmental Humanity and Social Science and Remodeling of the Subject of Modernization Civilization .... (310)

"Green Agents" in the Contemporary China's Practice of Eco-civilization Progress .... (317)

Conclusions .... (322)

References .... (324)

第一章
生态文明、生态文明理论与绿色变革

对"生态文明(建设)"这一理论议题展开学理性研讨的适当路径或方法论选择,是将其视为更为宽阔、更高位阶意义上的环境人文社会科学或生态文化理论的一个学科分支流派,而相对于其他环境人文社科或生态文化理论流派,生态文明(建设)理论是一种明显有着中国背景与语境、但也更加具有未来不确定性(同时在理论意涵和实践成效层面上)的话语理论。基于此,在聚焦更具体的"社会主义生态文明"议题的讨论之前,笔者认为,不仅需要在一个更加宏阔的绿色或文化理论视域中廓清澄明生态文明及其建设所提出或彰显的理论革新与愿景想象,还需要立足于当代中国现实来观察分析生态文明及其建设所带来或促动的绿色变革以及可能的世界性影响。

第一节 作为环境人文社会科学概念的生态文明

从源起意义上说,"文明"是与"野蛮"相对立的,也就是说,所谓文明就是指人类社会从其原始野蛮状态(作为普通动物种属的自在生存状态)中的逐渐脱离。① 因而，就其本质而言，文明是一个颇具人类(中心)主义或人本主义意蕴的概念。正因为如此，对文明发展的量度往往是借助于人类生产与生活方式的变革而实现的，比如狩猎采集文明、农耕文明、工业文明等。也正是由于上述原因，"文明"与"生态"的联结本身就注定了，它必定是一个争议性的概念。因为，文明至少在某种程度上只能是超脱自然的或"反生态的"——致力于摆脱纯自然性力量及其规律的束缚并以人类社会的方式生存与生活。基于此，我们所能(应该)讨论的"生态文明"，主要是指那些合乎生态理念原则的或环境友好的人类文明性(社会化)生存生活方式及其总和，集中体现为人与自然、社会与自然、人与人之间的和平、和谐与共生②，而且更多的是针对自身所处其中的工业文明时代或环境而言的。

更确切地说，作为"生态文明"的前缀修饰的"生态"，不应是或基于一种极端形式的或"彻底的"生态(生物、生命)中心主义。③ 也即是认为，人类应当将其他生态系统、生物类型和生命种属视为与自身同等重要的自然性存在(抬高他者)，或者，人类不过是自然世界中无数形式或形态的生态系统、生物类型和生命种属之一(压低自身)，因而，人类社会(文明)的生态终极性理想，应是像其他生态系统、生物类型和生命种属一样，成为一种完全融入周围环境的自然性存在。换言之，身处现代文明时代的我们，既不能过度浪漫地描绘和解读远古时代人类与整个自然世界相处的生态化质性及其程度，也不能简单将"重返伊甸园"理解和规定为未来文明中人与自然关系的理想化样态。

当然，即便做出上述哲学理论视域下的限定，"生态文明"仍是一个存在

---

① Walter Fairservis, *The Threshold of Civilization: An Experiment in Prehistory* (New York: Scribner, 1975); Crane Brinton et al., *A History of Civilization: Prehistory to 1715* (Englewood Cliffs, N. J.: Prentice Hall, 1984); John Gowlett, *Ascent to Civilization* (London: Collins, 1984); Jane Chrisholm and Anne Millard, *Early Civilization* (London: Usborne, 1991).

② 郇庆治、高兴武、仲亚东：《绿色发展与生态文明建设》，湖南人民出版社，2013年版，第44页。

③ 比如，"新时代主义"(New Age Movement)。它起源于欧洲中世纪并在20世纪下半叶发展成为一种颇为极端与激进的生态思想文化运动，有着十分复杂的精神与宗教传统，主张创造一种"没有边界或束缚性教条的包容性与多元性精神"。参见 Paul Heelas, *The New Age Movement: Religion, Culture and Society in the Age of Postmodernity* (London: Blackwell, 1996); George Sessions, "Deep ecology and the New Age", *Earth First! Journal*, 23 September 1987, pp. 27-30.

着多重解读与阐释可能的歧义性概念。比如，文明主体的经济、社会与政治特质，以及对合生态性和环境友好性的不同理解，都可能导致十分不同的关于生态文明的意涵规定和衡量标准。因而完全可能的是，一个国家或区域的生态文明革命性进展，在其他国家或区域看来却至多是生态文明量的改变。而在众多的考量维度与变量之中，在笔者看来，对现代工业文明的生态化否定与超越，有充分理由成为我们判定生态文明进步的首要标尺。

一、生态文明概念的四重意涵

"生态文明"（ecological civilization 或 eco-civilization）作为一个学术理论性概念，尽管可以做更为久远与宽泛意义上的界定追溯——比如德国学者伊林·费切尔（Iring Fetscher）①，最先确立于20世纪80年代中后期的中国。而且，这一术语范畴的形成以及逐渐被广泛接受，就是特定中国语境下政治变革与学术研讨之间互动的结果。②

在政治层面上，形成于20世纪70年代末的"社会主义物质文明与精神文明"即"两个文明"建设的提法——其标志是1979年叶剑英在建国30周年庆祝大会上的讲话③，不仅迅即成为改革开放初期指导中国社会主义现代化建设的重要政治意识形态话语或"政治共识"（至今，中国共产党中央委员会仍设有"中央精神文明建设指导委员会"及其专门的办公室），而且成为党和政府后来理解与界定"社会主义现代化"意涵的基本政治思维范式，也就是所谓的"两个文明一起抓""两手都要硬"。

与在此讨论相关的是，这种对人类社会文明的二维向度的区分，很容易进一步导向更多维度下的多元化划分。1985年，苗启明等提出了"制度文明"概念，认为社会的政治制度是文明发展的重要体现，但却很难将其归之于物质范畴或精神范畴，而钱学森等则从政治学角度指出了"政治文明建设"的重

---

① 卢风、王远哲：《生态文明与生态哲学》，中国社会科学出版社，2022年版，第179-193页。
② 郇庆治、高兴武、仲亚东：《绿色发展与生态文明建设》，湖南人民出版社，2013年版，第14-20页。
③ 叶剑英：《在庆祝中华人民共和国成立三十周年大会上的讲话》，人民出版社，1979年版。

要性。① 结果，"政治文明"概念在 2002 年 10 月举行的党的十六大上被写入大会报告，并号召"不断促进社会主义物质文明、政治文明和精神文明的协调发展，推进中华民族的伟大复兴"②。

遵循着十分近似的逻辑，"生态文明"这一术语也逐渐被纳入中国官方的发展与政治意识形态话语体系。2003 年 6 月 25 日中共中央、国务院发布的《关于加快林业发展的决定》，正式提出要"建设山川秀美的生态文明社会"，而 2007 年 10 月举行的党的十七大的报告③，从"建设生态文明"和"生态文明观念"两个侧面，系统阐述了生态文明及其建设对于实现社会主义现代化的目标与战略重要性。到 2012 年党的十八大时，中国共产党对于"社会主义现代化"事业总体布局的理解与表述，已经从当初的"两个文明一起抓"演进成为经济、政治、文化、社会与生态文明建设的统一整体或"五位一体"。"全面落实经济建设、政治建设、文化建设、社会建设、生态文明建设五位一体总体布局，促进现代化建设各方面相协调，促进生产关系与生产力、上层建筑与经济基础相协调，不断开拓生产发展、生活富裕、生态良好的文明发展道路。"④

在学术层面上，作为一个复合词汇的"生态文明"概念，可以追溯到 20 世纪 80 年代中期。1985 年 2 月 18 日，《光明日报》在国外研究动态栏目中简要介绍了苏联学者利皮茨基刊发于《莫斯科大学学报（科学社会主义版）》上的文章《在成熟社会主义条件下培养个人生态文明的途径》。1987 年，生态学家叶谦吉先生在全国生态农业问题研讨会上正式提出，应该"大力建设生态文明"，并于同年 6 月 23 日在《中国环境报》上发表的采访文章中，将生态文明的内涵概括为："人类既获利于自然，又还利于自然，在改造自然的同时又保护自

---

① 苗启明、林安云：《论文明理论的发展与生态文明的提出》，《哈尔滨工业大学学报（社科版）》2012 年第 5 期，第 116-122 页；苗启明：《论社会主义文明的三维结构》，《河北学刊》1985 年第 6 期，第 9-11 页；钱学森、孙凯飞：《建立社会意识形态的科学体系》，《求是》1988 年第 9 期，第 2-9 页。

② 江泽民：《全面建设小康社会，开创中国特色社会主义事业新局面》，人民出版社，2002 年版，第 56 页。

③ 胡锦涛：《高举中国特色社会主义伟大旗帜，为夺取全面建设小康社会新胜利而奋斗》，人民出版社，2007 年版。

④ 胡锦涛：《坚定不移沿着中国特色社会主义道路前进，为全面建成小康社会而奋斗》，人民出版社，2012 年版，第 9 页。

然，人与自然之间保持和谐统一的关系。"①1989年，生态经济学家刘思华先生明确提出，"在社会主义制度下，人民群众的全面需要及其满足程度和实现方式，是社会主义物质文明、精神文明、生态文明三大文明建设的根本问题"，而建设社会主义现代文明，就是要"达到社会主义物质文明、精神文明、生态文明的高度统一"②。自那时起，生态文明的提法或探讨，就不断地出现在国内报刊等媒体、学术著述及政府文件之中。

综观2007年之前的著述，我国学界对于"生态文明"概念的主导性理解是，它是社会主义现代(化)文明整体的生态方面或"与自然关系"方面，或者说，一种更加健康和谐的人与自然关系构型及其实践。相应地，除了生态文明观、可持续发展观、人与自然辩证关系等哲学伦理层面上的讨论，环境保护(工业污染防治)、生态建设(尤其是林草、耕地、水域等生态系统的保持与恢复)、可持续发展(节能减排、清洁能源、绿色技术)等，成为生态文明概念及其阐发所涵指的议题领域。③

更具体地说，生态文明理(观)念是一种弱(准)生态中心主义的自然或生态关系价值和伦理道德(第一层含义)，而生态文明建设则是社会主义文明整体及其创建实践中的一个有机组成部分(此外还包括物质、精神、政治、社会等方面或议题领域)，或者说，是人们通常所指的现代化发展进程中生态环境保护治理工作的另一种说法或代称(第二层含义)。而并非巧合的是，党的十七大报告对生态文明议题的阐述，正是采取了这样一种"二分法"("建设生态文明"和"生态文明观念")。

党的十七大之后，我国的生态文明理论与实践研究进入一个全面启动的

---

① 成亚威：《真正的文明时代才刚刚起步——叶谦吉教授呼吁开展"生态文明建设"》，《中国环境报》1987年6月23日。
② 刘思华：《理论生态经济学若干问题研究》，广西人民出版社，1989年版，第275页、276页。
③ 比如，张海源：《生产实践与生态文明：关于环境问题的哲学思考》，中国农业出版社，1992年版；刘宗超：《生态文明观与中国可持续发展走向》，中国科学技术出版社，1997年版；刘湘溶：《生态文明论》，湖南教育出版社，1999年版；廖福霖(主编)：《生态文明建设理论与实践》，中国林业出版社，2001年版；李明华等：《人在原野：当代生态文明观》，广东人民出版社，2003年版。

新阶段,并取得了一系列学术成果。① 姬振海主编的《生态文明论》明确把生态文明划分为意识(伦理文化)、行为(政府、企业与公众多重主体)、制度(法律规章与行政监管)和产业(生态经济、工业与农业)等四个层面并依次展开论述,张文台的《生态文明十论》则从十个方面系统阐述了生态文明建设的主要议题领域(领导决策、政策引导、法律规章、绿色产业经济、先进科技、生态企业运营、生态文化、社会参与、区域协调、国际交流合作),而吴凤章的《生态文明构建:理论与实践》和王明初、杨英姿的《社会主义生态文明建设的理论与实践》,则分别在理论分析基础上用实例探讨了福建厦门和海南的生态文明建设实践。

这其中一个令人喜忧参半的变化就是,学界似乎越来越关注"建设生态文明"的现实路径与地方实践,而不是生态文明观念或学理层面上的澄明辨析。比如,陈学明和余谋昌的同名著作《生态文明论》都特别强调生态文明及其建设的社会主义意涵或维度——"社会主义的本质与生态文明的本质是一致的""生态社会主义是生态文明的社会形态"②,并未引起学界同仁的广泛认同与回应。

党的十八大报告,以及十八届三中全会通过的《中共中央关于全面深化改革若干重大问题的决定》③,在进一步阐发"建设生态文明"和"生态文明观念"这两大主题意涵的同时,将生态文明及其建设提升为一个自足性的社会发展目标,承认生态环境恶化的累积效应和公众对更高生活质量的追求已使得绿色关切成为突出的民生政治议题。党的十八大报告论述的独立成篇和十八届

---

① 比如,姬振海:《生态文明论》,人民出版社,2007年版;薛晓源、李惠斌(主编):《生态文明研究前沿报告》,华东师范大学出版社,2007年版;陈学明:《生态文明论》,重庆出版社,2008年版;张慕葏、贺庆棠、严耕:《中国生态文明建设的理论与实践》,清华大学出版社,2008年版;吴凤章:《生态文明构建:理论与实践》,中央编译出版社,2008年版;傅治平:《生态文明建设导论》,国家行政学院出版社,2008年版;赵章元:《生态文明六讲》,中央党校出版社,2008年版;卢风:《从现代文明到生态文明》,中央编译出版社,2009年版;余谋昌:《生态文明论》,中央编译出版社,2010年版;周鸿:《走进生态文明》,云南大学出版社,2010年版;王明初、杨英姿:《社会主义生态文明建设的理论与实践》,人民出版社,2011年版;张文台:《生态文明十论》,中国环境科学出版社,2012年版。

② 陈学明:《生态文明论》,重庆出版社,2008年版,第9页;余谋昌:《生态文明论》,中央编译出版社,2010年版,第64页。

③ 《中共中央关于全面深化改革若干重大问题的决定》,人民出版社,2013年版。

三中全会《决定》将其列为16项改革任务之一,都表明了生态文明建设不断提升的政治重要性这一政治共识。

而对于生态文明概念意涵或规定性的理解而言,一方面,生态文明及其建设更加成为一个需要整体性观照与审视的对象,明确要求把生态文明目标及其实现融入现代化建设的各方面和全过程。这在一定程度上是对过去那种"机械论的"文明观(将文明甚或生态文明整体人为拆解为物质的、精神的和政治的等数个组成部分)或狭隘的生态文明概念(仅仅是与自然的关系问题)的矫正。尽管严格说来,简单将生态文明建设与经济建设、政治建设、文化建设和社会建设相并列,仍意味着一种体制性的隔离,尤其是在"以经济建设为中心"和"发展才是硬道理"的发展主义主流语境之下。

与这种整体主义理解趋向相伴随的,是党的十八大报告和十八届三中全会《决定》文本及其阐释所彰显的生态文明(建设)概念的另一层意涵:社会主义现代化或经济社会发展的绿色向度(第三层含义)。也就是说,生态文明(建设)这一概念在相当程度上是为了补充完善或凸显中国社会主义现代化或科学发展的绿色向度。换言之,生态文明及其建设的战略任务或直接目标,就是实现一种"生态文明的社会主义现代化",或者说一种以人为本,全面、协调、可持续的绿色发展(也就是"三个发展")。依此而言,生态文明(建设)概念在很大程度上又是广义的生态现代化或可持续发展理念的另一种说法或代称。

另一方面,"我们一定要更加自觉地珍爱自然,更加积极地保护生态,努力走向社会主义生态文明新时代"[①]。党的十八大报告的这一结语性表述,在再度呼应一种新型生态文明观("自觉珍爱自然""积极保护生态")的同时,明确强调了建设"社会主义生态文明"(或者说一种生态的社会主义)的重要性,而这应该是党和政府正式文件中首次明确使用"社会主义生态文明"概念。换句话说,生态文明及其建设在当代中国背景与语境下理当是一种"社会主义生态文明"(第四层含义)。

至此,生态文明(建设)在当代中国已经发展成为一个至少包含四重意蕴的概念,或者说一种系统性的理论话语。其一,生态文明在哲学理论层面上

[①] 胡锦涛:《坚定不移沿着中国特色社会主义道路前进,为全面建成小康社会而奋斗》,人民出版社,2012年版,第41页。

是一种弱(准)生态中心主义(合生态或环境友好)的自然或生态关系价值和伦理道德;其二,生态文明在政治意识形态层面上是一种有别于当今世界资本主义主导性范式的替代性经济与社会选择;其三,生态文明建设或实践是指社会主义文明整体及其创建过程中的适当自然或生态关系部分,也就是人们通常所指的广义的生态环境保护治理工作;其四,生态文明建设或实践在现代化或发展语境下,则是指社会主义现代化或经济社会发展的绿色向度。

进一步说,前两点基础上的综合应该是一种更为完整的对于"生态文明观念"的概括。也就是说,生态文明(建设)概念内在地意味着或蕴涵着一种既"红"又"绿"的革命性变革,但客观而言,迄今为止的学术探讨还大都拘泥于或者"红"或者"绿"的议题领域,而明显缺乏一种实质性的"红绿"联盟或融合思路;后两点在相当程度上只是不同学术视角和语境下的理论概括或表述,但却有着大致相同的对象实指(在现实中自然生态景观与人文历史遗产的保护和实施生态可持续发展往往并没有质的区别)。而逐渐被认同和接受的大众共识是,生态文明建设应该是一个同时包括生态文明的生态(自然)管理、经济(生产与生活)、社会(人居)、文化、制度的复合性系统(过程)。①

比如,卢风在《生态文明新论》中对"生态文明"的界定是:"生态文明指用生态学指导建设的文明,指谋求人与自然和谐共生、协同进化的文明"②,而他的哲学理论分析则是围绕着生态文明的自然条件、科技、经济、法治、行政、可持续消费与文化而展开的;贾卫列等在《生态文明建设概论》中对"生态文明"的界定是:"生态文明是人类适应、改造自然过程中建立的一种与自然和谐共生的生产方式"③,具体地说,生态文明是人类文明发展的新时代,生态文明是社会进步的新理念和发展观,生态文明是一场以生态公正为目标、以生态安全为基础、以新能源革命为基石的全球性生态现代化运动,而该书的分析架构则是按照生态文明的"五位一体"认知来展开的(经济、政治、文化、社会和环境);严耕等在《中国省域生态文明建设评价报告》中对"生态文明"的界定是:"生态文明是自然与文明和谐双赢的文明,生态文明建设就是

---

① 郇庆治、高兴武、仲亚东:《绿色发展与生态文明建设》,湖南人民出版社,2013年版,第87-88页。
② 卢风等:《生态文明新论》,中国科学技术出版社,2013年版,第11页。
③ 贾卫列、杨永岗、朱明双等:《生态文明建设新论》,中央编译出版社,2013年版,第2页。

通过对传统工业文明的弊端反思,转变不合时宜的思想观念,调整相应的政策法规,引导人们改变不合理的生产方式、生活方式,发展绿色科技,在增进社会福祉的同时,实现生态健康、环境良好、资源节约,化解文明与自然的冲突,确保社会的可持续发展"[1],而这一系列性量化评估报告的基本考察领域(变量)则是生态活力、环境质量、社会发展、协调程度以及转移贡献(最后一个指标仅限于2011—2012年度)。

二、国际比较视野下的生态文明概念

单就学术用语的精准性或科学性来说,上述生态文明概念界定的局限性或缺陷是显而易见的。尤其是,与现实实践之间的过度紧密联结,在不成比例地放大这一学术理念的某种观察视角或某个层面阐释的社会影响的同时,也使之难以避免地浸染了一种浓郁的政治或意识形态话语气息。生态文明观念、生态文明建设、生态文明的现代化或绿色发展,以及生态文明建设的"五位一体"阐述框架,既在垄断性地主导着2007年党的十七大以来的生态文明概念及其话语理论的学术研究,又反过来进一步强化着一种政治(意识形态)话语化而不是学术反思性的理论阐释。

而造成这种境况的一个重要原因,或者说学术生态性缺陷,是相对缺乏的国际学术信息输入。国内学界引述较多的是美国南新罕布什尔大学罗伊·莫里森(Roy Morrison)教授于1995年出版的《生态民主》一书[2],其中首次提出了英语语境下的"生态文明"概念。莫里森本人是一个能源可持续利用政策专家和生态创新活动家,但他所指称的生态文明愿景是明确在超越工业文明的意义上使用的,而且是与社会政治制度的重建式变革相对应的(生态民主是指可持续的社会环境与结构)。也就是说,这一概念有着强烈的传统模式与现实制度批判的意缊——即如何将现行的工业社会转变成为一种生态文明。而在他看来,当前的全球性动力机制与诸多具体政策,正在蕴涵着和促成这样一种从工业文明向生态文明的转向。这种转变将是一个长期性的历史过程,

---

[1] 严耕、林震、杨志华等:《中国省域生态文明建设评价报告》,社会科学文献出版社,2010年版,第2页。

[2] Roy Morrison, *Ecological Democracy* (Boston: South End Press, 1995).

但工业文明自我破坏性的现实已经在同时提供着实施生态转型的必要性及其条件。①

此外，美国佛蒙特大学教授、绿色左翼学者弗雷德·玛格多夫（Fred Magdoff），也集中讨论了生态文明议题。比如，他在《和谐与生态文明：超越资本主义的自然异化》一文中明确指出②，生态文明就是一种人与自然（地球）、人与人之间和谐相处的文明，是一个真正可持续的和生态健康的社会，而这样一种文明或社会在资本主义制度下是不可能实现的；而在《生态文明》一文中则强调，人类社会需要充分认识到"强生态系统"的主要特征并以此作为框架来构建未来的生态文明。他认为，鉴于对世界环境及其居民所造成的巨大损害，我们迫切需要考虑创建一种真正的生态文明——与自然系统和谐共存的文明，而不是试图征服和主宰自然，而资本主义是与这种真正的生态文明不相融的，因为它是一种必须持续扩张的制度，促使超出人类实际需要的消费，却忽视不可更新资源的总量制约和地球的废弃物消解吸纳能力。③

国外学术机构中最关注生态文明理论及其实践的，当属位于美国加利福尼亚州的中美后现代发展研究院（IPDC）、克莱蒙研究生大学（CGU）和美国过程研究中心（CPS），它们自2007年开始与中国大陆学术机构联合举办的年度性论坛④，更是使之为中国学界所熟知。这些机构的共同精神领袖是小约翰·柯布（John B. Cobb）博士。应该说，柯布本人对于生态文明有着许多充满政治创意的愿景想象："生态文明是一种与它的自然环境可持续地相联系的文明，同时能够为它的人民提供基本的安全保障。"⑤依此，他把整个社会分为城市和乡村两大部分，而建设生态文明就是建设生态城市和生态乡村。对于城市而言，关键是大力发展"生态建筑"或"自然建筑"，不仅要做到节约能源，尽量减少对石油工业的依赖，还要借助合理的城市建设布局，缓解交通压力，保

---

① Roy Morrison, "Building an ecological civilization", *Social Anarchism*: *A Journal of Theory and Practice*, 38 (2007), pp. 1-18.

② Fred Magdoff, "Harmony and Ecological civilization: Beyond the capitalist alienation of nature", *Monthly Review*, 64/2 (2012), pp. 1-9.

③ Fred Magdoff, "Ecological civilization", *Monthly Review*, 62/8 (2011), pp. 1-25.

④ 李惠斌、薛晓源、王治河（主编）：《生态文明与马克思主义》，中央编译出版社，2008年版。

⑤ 小约翰·柯布：《论生态文明的形式》，《马克思主义与现实》2009年第1期，第9页。

第一章 生态文明、生态文明理论与绿色变革

护环境；对于乡村来说，则要大力发展"生态农业"或有机农业。

可见，他所理解的生态文明社会，既不是传统意义上的工业化与城市化，也很难简单通过现行的主流经济政治制度来实现。也就是说，柯布的这种建设性后现代哲学基础上的生态文明观，首先是对增长取向经济以及主流经济学的实质性批评与挑战——长期以来致力于创建与推广一种充分考虑增长的社会与环境代价的"真正进步指数"（GPI）。按照他们的研究成果，全球人均GPI指数的顶点出现在 1978 年。① 但多少有些遗憾的是，我国学者可能过多关注他对中国生态文明建设前景的乐观判断——认为"世界生态文明建设的希望在中国"②，却相对忽视了他为此所提出的限定性条件——强调"中国的生态文明必须建立在农业村庄的基础之上，这将使最可持续的实践成为可能"③。

三、生态文明概念的绿色变革意涵

尽管与欧美学者相较意义上的上述差异或局限性——尤其是对工业文明及其合理性的生态（后现代）质疑与挑战，这一中国版本的生态文明概念或范畴依然展露了清晰而深刻的绿色变革意涵。也就是说，我们有充足理由将其称为一个独特的环境人文社科或生态文化理论概念或范畴——同时在现代工业文明解构与生态文明建构的意义上。

首先，"生态文明"这一复合概念的重心在于文明而不是生态，从而清晰表明了其深刻的文明变革意蕴。④ 一方面，任何文明性变革都必然会指向社会的生存生活方式和人的观念与思维方式，工业文明是如此，生态文明也是如此。如果说，工业文明意味着一种围绕着或服务于商品生产销售与消费而组织起来的社会化生产和生活体系，也就是大工业生产和城市化生活，那么，至少从比较的意义上来说，生态文明要想成为新的独立性文明类型，就必须

---

① Herman E. Daly and John B. Cobb, *For the Common Good: Redirecting the Economy toward Community, the Environment and a Sustainable Future* (Boston: Beacon Press, 1994); Ida Kubiszewski et al., "Beyond the GDP: Measuring and achieving global genuine progress", *Ecological Economics*, 93/3 (2013), p. 67.
② 张孝德：《世界生态文明建设的希望在中国》，《国家行政学院学报》2013 年第 5 期，第 122-127 页。
③ 小约翰·柯布：《论生态文明的形式》，《马克思主义与现实》2009 年第 1 期，第 7 页。
④ 郇庆治、高兴武、仲亚东：《绿色发展与生态文明建设》，湖南人民出版社，2013 年版，第 43-45 页。

呈现为一种不同于工业文明的社会生产和生活体系,因而终将是一种有别于大工业和城市化的新型文明样态。无论这样一种变革以何种方式和经过哪些步骤才能实现,可以说,经过数个世纪狂飙突进的工业文明已经有了一种替代性选择。

另一方面,生态文明与包括工业文明在内的既往文明的最大不同,是它首次把人类社会与自然生态的和谐共处当作文明意识自觉与基本考量,而不再专注于通过社会生产方式的理性化来实现对自然资源与环境的人类化利用。换句话说,生态文明视野下的自然环境开发利用,将首先呈现为对自然生态容限与承载能力的科学认知和尊重,而不简单是人类社会(局部或少数群体)眼前或狭隘利益的满足。因而,虽不能说生态文明时代将不存在任何意义上的物质进步,但显而易见的是,它已不再是现代工业文明意义上的外向征服式扩张,而更多是一种内敛性、精神性拓展。

因此,党的十八大报告所强调的"五位一体"总体布局之一是"生态文明建设",而不是"生态建设",可以从上述两重意义上来理解。生态文明建设不仅意味着致力于从一种整体性的视野来综合性应对经济、政治、文化、社会与生态环境等不同议题领域,还意味着着眼于自觉追求和迈向一种充满社会与政治想象空间的新型文明。也就是说,生态文明概念的提出与践行表明,当代中国及其社会政治精英已日益认识到,相对于工业文明而言,我们已不再(应)是紧迫的抑或从容的"追随者",而是必须成为超越其经济与政治地平线的"领跑者"。工业文明及其辉煌都只是代表着过去,而生态文明及其建设才会引领未来。从20世纪70年代初中国党和政府提出的实现"四个现代化",到如今的"大力推进生态文明建设",所体现的首先是一种文明观层面上的凤凰涅槃式嬗变。

其次,生态文明概念内在地包含的既"绿"又"红"向度,有着强烈的制度创新与重建意蕴。一方面,作为哲学理论层面上的弱(准)生态中心主义(合生态或环境友好)的自然或生态关系价值和伦理道德,生态文明及其建设直接质疑与挑战"大量生产、大量消费"的工业主义生产与物质主义消费理念和模式。[①] 必

---

① 卢风:《消费主义与"资本的逻辑"》,载郇庆治(主编)《重建现代文明的根基:生态社会主义研究》,北京大学出版社,2010年版,第135-161页。

须承认，现代工业文明的社会进步与个体自由，在很大程度上是建立在工业化商品生产所带来的物质充裕和社会福利保障基础上的，而这一切又都有赖于人类社会对自然资源与环境的深度或过度开发。换句话说，自然生态环境是在一种严重透支其承载和自我更新能力的状态下，来支撑这样一种"发达"人类文明形态的。而现代自然科学尤其是生态学已经有充分的知识数据表明①，这种文明形态其实是不可持续的，而它所依托的人类价值与伦理观则是"人类中心主义的"或反生态的。因而，生态文明及其建设必然意味着人类价值伦理层面上和基本经济社会制度上的重建式变革。

另一方面，作为政治意识形态层面上的社会主义替代性经济与社会选择，生态文明及其建设从内源性上质疑和挑战当今世界的资本主义主导性范式以及经济政治影响和合法性。远非只是生态马克思主义或生态社会主义者所赞同的②，现代工业文明的基本形式（工业化与城市化），是囿于一个强大而持久的资本主义制度与文化外壳之内的。必须承认，在绝大多数情况下，现代工业文明是与资本主义的制度环境和理念相共生的，而不断扩展与深化的全球化，正在使之拥有一种全球性的社会文化形式或"面孔"。因而合乎逻辑的是，对于现代工业文明的任何实质性改造或替代，都离不开对资本主义制度与理念本身的改造或替代。③ 如果说，马克思主义的古典政治经济学集中批判和否定的是资本主义制度下的社会经济关系方面，那么，一种马克思主义的政治生态学所着力批判和否定的则是资本主义条件下的社会生态关系方面。

因此，党的十八大报告和十八届三中全会《决定》对于生态文明制度建设与体制改革的阐述，首先应该在制度创新与重建的意义上来理解。如果说十八大报告所勾勒的是中国特色社会主义生态文明愿景的整体性框架，包括生态文明制度或体制建设的重要性、生态文明制度或体制建设的总目标（"努

---

① 卢风等：《生态文明新论》，中国科学技术出版社，2013年版，第93—98页。
② 比如，戴维·佩珀：《生态社会主义：从深生态学到社会主义》，刘颖译，山东大学出版社，2005年版；詹姆斯·奥康纳：《自然的理由：生态学马克思主义研究》，唐正东、臧佩洪译，南京大学出版社，2003年版；萨拉·萨卡：《生态社会主义还是生态资本主义》，张淑兰译，山东大学出版社，2008年版。
③ 郇庆治：《"包容互鉴"：全球视野下的"社会主义生态文明"》，《当代世界与社会主义》2013年第2期，第14—22页。

力建设美丽中国，实现中华民族永续发展"）、生态文明制度或体制建设的重大构想举措，那么，《决定》则是集中阐述了生态文明经济制度（"健全自然资源资产产权制度和用途管制制度"和"实行资源有偿使用制度和生态补偿制度"）和生态环境管治体制（"划定生态保护红线"和"改革生态环境保护管理体制"）这两大领域的改革重要性与政策举措。也就是说，对生态文明制度体系与体制的完整理解只能是，它必须是同时包含生态（环境）经济、生态社会、生态文化、生态管理的系统性制度架构，而不仅限于政府和经济层面。这意味着，也许更为重要的是，不但要勇于改革那些与生态文明建设目标不相适应的现有制度体制及其运行机制，还要大胆进行与社会主义生态文明理念相一致的制度体制试验与创新。

再次，生态文明建设实践与路径的多元化或"政治折衷性"，其实蕴涵着模式与道路上的巨大创新空间。在很大程度上，生态文明及其建设的中国思维与实践，是在一种现代化而不是后现代的语境中开启的，这一现实同时为我国的生态文明建设提供了相对不利的和相对有利的主客观条件。就其不利方面而言，如前文已指出的，这使得我们往往很难从一种批判性的思维和心态出发，来理解与重构人类社会和自然之间的和谐共生关系。具体表现在，我们往往难以对现有的问题——尤其是生态环境破坏或损害——达成一种更为深刻、更有远见的绿色政治共识，结果是，对于可能的应对之策也就缺乏足够宽阔的政治与政策想象。这方面的一个典型实例，是北京等特大城市私家车政策的制定实施。其实，不同行业的专家比如科学家钱学森早就指出过北京应着力发展城市公交的政策选项①，但由于缺乏足够强烈的绿色交通共识，20多年后的今天已发展到超过500万辆私家车的庞大规模，而城市拥堵和污染也随之成为如此棘手的难题。

而就其有利方面来说，至少在全国范围内仍处在一个现代化的中后期阶段。也就是说，我国仍有很大的空间和可能性去主动实施一种现代与前现代的综合、融合和统合，从而创造出一种不同于当今欧美国家现状的后现代社会与文明。当然，就像现代化并没有一种确切的内容量度与时间分段一

---

① 钱学森：《社会主义中国完全有可能避开所谓"轿车文明"》，《城市发展研究》1995年第2期，第15页。

样——联邦德国等欧盟国家正是在"生态现代化"的话语下推出其可持续发展新政策的,而美国、英国等则提出了"重新工业化"的政策口号(着力于吸引先进机械制造业投资[①]),后现代迄今为止也更多只是一种学术话语与言说意义上的表达。但正是在面向未来的发展模式与道路的可能性上,"生态文明的社会主义现代化"或"绿色发展",为当代中国也为世界各国(尤其是广大发展中国家)提供了一种前所未有的前景或参照,而这正是中国生态文明建设的国际意蕴所在。[②]

因此,即便在党的十八大报告和十八届三中全会《决定》中也许可以发现的、生态文明理论阐述与建设实践路径上的多元化或"政治折衷性",都应该从模式与道路创新空间的意义上来理解。也就是说,当代中国生态文明建设理论与实践中的诸多挑战性甚或矛盾性问题[③],都应当或只能在一种异常复杂,但却充满创新可能性的辩证实践运动中来加以解决。甚至可以说,无论是"生态文明"与"社会主义现代化"之间的术语联结,还是"绿色"与"发展"之间的术语联结,如果按照传统的二元思维,都存在着内在性的冲突或矛盾,但就历史发展或现实的可能性而言,只要能够在创新性实践中赋予其切实性内容,就将会开拓出一种新的时代或文明。

总之,"生态文明"概念或范畴的环境人文社科或生态文化革新意蕴,主要不在于其较为激进的"深绿"(比如生态中心主义的"深生态学")生态哲学基础,而在于它在当代中国的现代化或发展背景与语境下对于现代工业文明所发起的理论和实践挑战。很难想象,它将会构成对人类工业或城市文明及其巨大成就的简单化弃置,但却也完全有可能导向一种不同于当今欧美国家可持续发展(生态现代化)努力的而且是更为激进的文化革新与制度创建前景。

---

① 张晓鸣:《再工业化浪潮涌动》,《文汇报》2012年6月10日。
② 郇庆治:《生态文明建设:中国语境与国际意蕴》,《中国高等教育》2013年第15/16期,第10-12/18页。
③ 郇庆治、高兴武、仲亚东:《绿色发展与生态文明建设》,湖南人民出版社,2013年版,第43-61页。

第二节 作为环境人文社会科学理论的生态文明理论

对生态文明(建设)话语理论的更全面深入认识，除了前文所述的概念性解析，还可以依据环境人文社会科学理论分析的不同学科视角而将其构成性内容划分(归纳)为三个理论亚向度或层面。概言之，在笔者看来，当代中国背景与语境下形成发展起来的系统性生态文明理论，还同时是一种"绿色左翼"的政党意识形态话语、一种综合性的环境政治社会理论、一种明显带有中国传统或古典色彩的有机性思维方式与哲学。

一、"绿色左翼"的政党意识形态话语

在政党政治或政党意识形态维度上，生态文明理论所体现或表征的是中国共产党作为一个马克思主义左翼执政党不断绿化的政治意识形态，或者说，是其不断演进的"绿色左翼"政治意识形态的一个阶段性表述。

尽管学术理论界有着不尽相同的定义[①]，"政治意识形态"可以大致界定为一个政党具有政治正确性的核心性政治价值、政治理念和政治主张及其有机组合。因而，它拥有三个基本的构成性要素：与特定政治组织相关(政党或政府)、政治正确性(在根本特性上)和意识形态话语及其体系(在内容上)。政治意识形态具有多方面的功能与作用，而且对于不同政党来说(比如是不是执政党)也有着很大的差别，但概括地说，一个重要政党的政治意识形态都肩负着至少如下三个方面的职能：政治合法性辩护、政治教育与动员、议题性政策阐释与规范。

而无论从政党政治宗旨还是从社会变革实践的角度来说，中国共产党都称得上是最为典型的政治意识形态化政党[②]，突出表现为全党上下特别重视政治意识形态的合法性阐释与政治动员功能——从革命战争年代毛泽东提出的"新民主主义论"到改革开放时期邓小平提出的"中国特色社会主义理论"，而

[①] 安德鲁·文森特：《现代政治意识形态》，袁久红等译，江苏人民出版社，2008年版；威尔·金里卡：《当代政治哲学》，刘莘译，上海译文出版社，2011年版。

[②] 刘少杰：《当代中国意识形态变迁》，中央编译出版社，2012年版；石本惠：《党的先进性建设与执政党的意识形态建构》，上海人民出版社，2010年版。

中国化马克思主义政治意识形态体系的强有力阐发与宣传，也的确发挥了一种"千军万马"的政治宣教作用（比如，无数革命先烈为了自己的政治理想而"铁肩担道义"直至英勇献身）。

如果把中国共产党成立以来的历史大致划分为三个阶段，那么可以说，它们分别是政治意识形态特色鲜明的三个"三十年"[①]：以军事斗争为主题的工农阶级革命、社会主义制度的创建与巩固发展、改革开放旗帜下的现代化发展。而正是在这第三个"三十年"——被广泛认为是在相当程度上"去政治意识形态化"的30年，一方面，经济现代化发展成为党和政府的最大政治主题，其意识形态表达则是所谓的"发展是硬道理"。"发展才是硬道理"这句话出自邓小平[②]，其要义是指经济社会的实在发展比"左""右"意义上的政治论争更重要，因而并不能简单解释为只追求经济发展或狭隘意义上的GDP增长，但从政治意识形态的演进来说，它的确成为改革开放以来党和政府主导性政治意识形态的一种逻辑结果与最通俗概括："发展是党执政兴国的第一要务""发展是解决我国一切问题的基础和关键"[③]；另一方面，伴随着经济现代化高速推进而来的生态环境恶化，很快就凸显为党和政府必须正视的一种绿色挑战。空气污染、江河污染、垃圾堆积、交通堵塞，这些长期被宣传为西方资本主义国家弊端或"城市病"的现象，成为中国城乡生活中不容回避的现实。

1. 改革开放之后、党的十八大之前党和政府的绿色话语嬗变

"绿色左翼"政治意识形态的核心，是力求实现生态环境保护治理与现代化发展、"绿色"（生态主义）与"红色"（社会主义）之间的融通融合。[④] 可以说，这是进入现代化中后期的世界各国中左翼政党都面临着的共同性挑战[⑤]，

[①] 张启华、张树军：《中国共产党思想理论发展史》，人民出版社，2011年版；郑谦：《中国共产党指导思想发展史》（第1卷、第2卷）；武国友、丁雪梅：《中国共产党指导思想发展史》（第3卷），广东教育出版社，2012年版。

[②] 邓小平：《在武昌、深圳、珠海、上海等地的谈话要点》，载《邓小平文选》（第三卷），人民出版社，1993年版，第377页。

[③] 习近平：《高举中国特色社会主义伟大旗帜，为全面建设社会主义现代化国家而团结奋斗》，人民出版社，2022年版，第28页；习近平：《决胜全面建成小康社会，夺取新时代中国特色社会主义伟大胜利》，人民出版社，2017年版，第21页。

[④] 郇庆治：《21世纪以来的西方绿色左翼政治理论》，《马克思主义与现实》2011年第3期，第127-139页。

[⑤] 郇庆治：《欧洲绿党研究》，山东人民出版社，2000年版，第165-184页。

而中国共产党也不例外。

改革开放以来,至党的十八大之前,中国党和政府对于生态环境保护治理及其在现代化发展总体格局中的地位与作用的认识,可以概括为如下三种代表性意识形态化观点或政治话语。①

其一,"保护环境基本国策论"(1978—1991年)。尽管新中国的环境保护政策与举措至少可以追溯到1972年举行的斯德哥尔摩人类环境会议,但即便是在那以后的一段时间内,生态环境破坏仍在总体上被认为是一种资本主义制度下存在的消极现象。正是1978年开始的全党工作中心向经济建设转移和改革开放政策,迅速改变了政治精英和普通大众在生态环境保护问题上的政治思维。结果,党和政府于1983年末正式宣布,保护环境成为两项基本国策之一(另一项是计划生育)。在这一基本国策论的引领下,一个全国性的环境保护法律与行政体制在20世纪80年代初步建立起来。法律方面最为重要的,是1989年底正式实施的《环境保护法》,而在行政监管体制方面最重要的进展则是,国家环境保护局于1988年从隶属于国家城乡建设部的一个司局提升为直接向国务院负责的直属局。②

然而,尽管保护环境基本国策的政治正确性无可置疑,但改革开放旗帜下的经济社会现代化显然是一个更高位阶、更加广泛的政治共识,结果是,人们普遍相信经济现代化特别是经济总量增长相对于环境保护的优先性,认为保护生态环境的目标可以不必(也不应该)以牺牲经济增长为代价来实现。随着经济体制从高度集中的国家计划体制向市场主导体制的转型,中国经济进入了一个长达数十年的、以国有企业改革和乡镇(私人)企业大量涌现为特征的高速增长时期。与内在于市场经济之中的强烈的个人致富动机一起,不同区域、省市和县乡之间的不均衡发展,迅即成为相互间经济竞争的强大动力。而这也就使得,全国统一规划或尺度意义上的保护环境政策,变得很难制定或贯彻实施。

其二,"可持续发展观"(1992—2001年)。"可持续发展"这一源自联合国

---

① 郇庆治:《"社会主义生态文明":一种更激进的绿色选择?》,载《重建现代文明的根基》,北京大学出版社,2010年版,第274-279页。

② 曲格平:《曲之求索:中国环境保护方略》,中国环境科学出版社,2010年版。

专门委员会报告《我们共同的未来》的概念①，作为一种应对生态环境难题或挑战的新思维，在中国政府准备和参与1992年里约联合国环境与发展大会之后被明确接纳为一种国家战略，并且很快获得了广泛的媒体关注与公众支持。基于可持续发展理念，同时为了落实政府签署的有关全球性环境议题比如减少温室气体排放和保护生物多样性的国际公约，中国制定了大量新的全国性计划与行动战略，最具代表性的则是《中国21世纪议程》。1996年，中国政府发表了第一个环境状况白皮书，概述了中国在落实与践行可持续发展观方面的进展以及依然面临着的挑战；1998年，国家环境保护局升格为具有准部级地位的国家环境保护总局。

然而，尽管像"保护环境基本国策论"一样不容置疑的政治正确性，可持续发展在当代中国从一开始就被理解为环境与发展的相容性或"共赢"（在大多数发展中国家也是如此），即经济现代化的发展目标可以通过一种环境友好的方式来实现，而不是严格意义上的如何保持或增进生态可持续性。② 因而，可持续发展观指导下的现代化战略或实践，最多能够促进在经济发展中引入一种环境关切维度，而在极端情况下甚至会蜕变成为如何使经济增长维持下去的手段。鉴于中国在20世纪90年代以后的总体背景与环境——"发展是第一要务""抓住发展的国际战略机遇期"③，可持续发展观在更大程度上被定性或描绘为一种"使经济增长变得环境友好"的折衷性话语，因而在实践中虽然取得了诸多方面的渐进进展，但却缺乏经济、社会与政治制度层面上的足够配套性支持或创新。

其三，"科学发展观"（2002—2011年）。科学发展观的提出与贯彻落实，体现了中国政治领导人在经济现代化进程迈入中后期之后重新概念化经济发展与环境保护关系的努力。作为一种新的绿色意识形态话语，科学发展观至

---

① 世界环境与发展委员会：《我们共同的未来》，王之佳、柯金良等译，吉林人民出版社，1997年版。
② 中国科学院可持续发展研究组（编）：《2000中国可持续发展战略报告》，科学出版社，2000年版。
③ 杨建文：《发展是执政兴国的第一要务》，上海社会科学院出版社，2002年版；徐坚：《国际环境与中国的战略机遇期》，人民出版社，2004年版。

少基于对如下两个方面的考量①。第一，中国经济正在成长为世界第二大经济体，但它的国际竞争力还相对较弱。而被普遍接受的观点是，没有一个强大而有竞争力的经济，就没有一个真正强大的中国；第二，就自然资源供给和生态环境承载力来说，中国目前的高速经济增长是难以长期维持的和不可持续的。因此，合乎逻辑的结论就是，要想拥有一种具有高度竞争力和长期可持续性的经济，中国就必须努力进行发展方式的转变，即实现更为"科学的发展"。

在一定程度上，"科学发展观"可视为可持续发展观的一个升级版。因为，它更明确地承认了传统经济现代化发展模式的非科学性和不可持续性，并强调环境与生态考量在经济发展中、甚至对于经济增长本身而言的极端重要性。同样重要的是，由于来自最权威领导层的号召，这一话语可以期待一种更加有效的贯彻落实，至少就媒体与学术研究的关注度来说是如此。换言之，科学发展观可以提供或被当作中国实施一种更为严厉的生态环境保护政策的强有力辩护与推动。当然，单纯从话语解析的角度说，与"保护环境基本国策论"和"可持续发展观"相比，"科学发展观"又似乎是生态主义意蕴最弱的一个（人与自然关系相协调或创建"两型社会"只是发展科学性的一个侧面）。

总之，从回顾的立场来看，与欧美国家相比，我国从大规模经济现代化之初就在相当程度上意识到了经济增长与环境保护相协调的重要性，并形成了像"保护环境基本国策论""可持续发展观""科学发展观"等具有强烈生态环境保护意涵和政策导向的意识形态话语，但在实践层面上，又必须承认，改革开放30多年后的中国经济现代化发展尽管实现了总量的迅速扩张，却并没有从根本上摆脱"高投入、高消耗、高污染、低效益"的结构性特征，尤其是远未实现发展经济的资源能源节约型架构和生态或环境可持续性。借用一句通俗的表述，我国所走过的实质上仍是一条"先污染、后治理""边治理、边污

---

① 马凯：《科学发展观》，人民出版社，2006年版；蒋春余：《科学发展观概论》，中国财政经济出版社，2007年版。

染"的发展道路①,而这本来是执政党及其领导政府声称能够或力图避免的。②对于这一理论与实践巨大反差——中国的生态环境状况在一个不断强化的绿色意识形态话语氛围中却持续走向恶化——的更有力解释,恐怕还在于现存世界经济政治秩序下中国现代化发展的阶段性,但从意识形态层面上说,正是"发展主义"政治意识形态的形成与霸权(同时在话语言说和制度政策层面上)③,妨碍了执政党及其政府对经济增长、社会发展和生态环境保护之间的关系做出一种更为理性、科学和明确的解读诠释。结果是,看似颇为绿色的发展观念、法规和政策举措,在强烈的区域(群体)经济扩张与个体发家致富冲动——它们经过"发展至上论"政治意识形态的包装变得更加强大——面前显得异常脆弱而步履维艰。

2. 新时代生态文明(建设)话语理论的意识形态革新意蕴

正是在上述背景下,我们可以更好地理解与阐释新时代生态文明(建设)话语理论的意识形态革新意蕴。其一,它反映或代表了中国共产党及其政治精英在国家现代化发展新阶段对于生态环境议题政治重要性的新认识。一方面,"资源约束趋紧、环境污染严重、生态系统退化的严峻形势"④,党的十八大报告的这一明确提法应该说同时是一种在经济、社会和政治意义上的研判。这意味着,我国所面对的不仅是各种形式的局部性或点源性生态环境破坏现象,而且是改革开放以来经济持续高速膨胀或扩张型发展的社会与生态副效果的必然性积聚。换句话说,生态环境难题不仅在威胁着广大人民群众的生活环境与质量,还在质疑着长期被认为是理所当然的现代化发展路径、模式与理念。生态环境问题不仅本身已经演进成为当今中国的一个敏感

---

① 曲格平:《改革利益集团是治霾关键》,《齐鲁晚报》2014年3月24日;Qingzhi Huan, "Growth economy and its ecological impacts upon China: A red-green perspective", *International Journal of Inclusive Democracy*, 4/4 (2008).

② 李克强:《中国政府坚定走绿色发展道路》,新华网:http://news.xinhua.com/politics/2013-09/10/c_117314028.htm, 2014年3月12日;温家宝:《中国绝不能走先污染后治理的老路》,《中国环境报》2006年3月15日。

③ 郇庆治:《发展的"绿化":中国环境政治的时代主题》,《南方窗》2012年第2期,第57-59页;陈斌:《中国必须超越发展主义模式》,《南方周末》2010年10月1日。

④ 胡锦涛:《坚定不移沿着中国特色社会主义道路前进,为全面建成小康社会而奋斗》,人民出版社,2012年版,第39页。

度较高的环境政治社会议题，理应引起党和政府的高度关注，而且成为整个社会引入一种绿色新思维来实现经济结构深度转型、社会民生充分关注和生态环境挑战严肃应对的突破口。

另一方面，改革开放以来的经济发展成就无疑为党和政府提供了巨大的政治合法性支持，但从中国共产党领导的"社会主义事业"整体（同时作为道路、理论、制度和文化）来说，单纯的、狭隘的和片面的经济增长显然并不是其核心内容和主旨。社会主义无疑不应是贫穷的，但也必须是公正的和绿色的。至少随着现代化进程的不断推进，实质性坚持与推动"社会公正"和"绿色发展"，理应成为中国共产党政治意识形态革新及其领导的社会主义事业的内核性方面。① 上述两方面相结合，要求党和政府对生态环境议题采取一种与时俱进的思维与认识，尤其是从政治意识形态革新的高度来考虑问题。

其二，它体现或代表了中国共产党及其政治精英在国家现代化新阶段重新概念化环境保护与现代化发展、"绿"与"红"意识形态之间关系的新努力。如果说生态文明（建设）概念的第三、第四层意涵，更多是新时期对于"生态环境保护治理工作"和"绿色可持续发展"（"三个发展"）的一种新提法，那么，它的第一、第二层意涵则使得整个概念或话语有了非常不同的意识形态特质。

一方面，党的十八大报告的相关论述系统地阐发了十七大报告已经提出的"生态文明观念"，即一种"深绿"的生态文明观或一种更文明的生态认知："尊重自然、顺应自然、保护自然"（第一段）；"节约优先、保护优先、自然恢复为主的方针"（第二段）；"控制开发强度，给自然留下更多修复空间"（第三段）；"更加自觉地珍爱自然，更加积极地保护生态"（第七段）等。很显然，这些具有"环境主义"甚或"生态主义"性质的理解，是中国共产党政治意识形态中的崭新元素。另一方面，党的十八大报告以及新党章多次明确提到了"社会主义生态文明"（也就是一种生态的社会主义）建设的重要意义："努力走向社会主义生态文明新时代"（第七段）；"中国特色社会主义道路，就是建设……社会主义生态文明"（第二部分第八段）；"中国共产党领导人民建设社

---

① 郇庆治、高兴武、仲亚东：《绿色发展与生态文明建设》，湖南人民出版社，2013年版，第38-41页。

会主义生态文明"(党章总纲第十八段)。① 这应该是党和政府正式文件中首次明确使用"社会主义生态文明"这一概念。

更为重要的是，在笔者看来，正是"生态文明观"和"社会主义生态文明"及其组合的鲜明意识形态意蕴，构成着对于"发展主义"的政治意识形态解构或"突围"，从而使得中国可以明确而均衡地致力于"生态文明的社会主义现代化"或"绿色发展"，致力于十八届三中全会《决定》所规划的生态文明制度建设与体制改革。换言之，必须明确，只有那些同时符合"生态可持续性"和"社会正义"原则的"发展成果"或"改革举措"，才能获得生态文明及其建设话语下的政治意识形态辩护。

作为一种政治意识形态话语，生态文明(建设)理论并不能自动保证其制度化和政策化的具体样态甚或实现可能性，而且，也几乎肯定不会是一种终极性版本，但可以明确的是，它代表了中国共产党持续性政治意识形态革新或"绿色左翼"政治意识形态构建中的一个重要阶段或成果。概言之就是，它明确主张同时从"绿"(生态主义)和"红"(社会主义)两个层面来推进与提升对于生态环境保护治理议题的政治认知和应对，即建设一种"社会主义生态文明"②。

二、综合性的环境政治社会理论

在环境政治社会理论维度上，生态文明理论所呈现出或阐发的是一种"红绿交融"的综合性政治生态学。概言之，它致力于通过经济社会结构的社会主义重塑与公众个体价值观以及生活风格的深刻转变，来逐步创建一种不同于当今世界主流制度与文化(即资本主义)的新时代、新社会、新文明，即一种社会主义的生态文明或"生态的社会主义"。

1. "深绿""红绿""浅绿"三维框架下的环境政治社会理论

笔者认为，依据自然生态价值取向和政治立场的激进程度差异，可以引

---

① 除特别注明外，都出自党的十八大报告的第八部分，参见胡锦涛：《坚定不移沿着中国特色社会主义道路前进，为全面建成小康社会而奋斗》，人民出版社，2012年版，第39-41页；《中国共产党章程》，人民出版社，2012年版，第6页。

② 郇庆治：《"包容互鉴"：全球视野下的"社会主义生态文明"》，《当代世界与社会主义》2013年第2期，第14-22页。

入一个"深绿""红绿""浅绿"的三维认知分析框架,并依此把国内外学界的环境政治社会理论大致划分为三大阵营。①

"深绿"阵营主要是依据其生态(生物、生命)中心主义的价值观来确定的。在这种价值观看来,现代自然科学尤其是生态学已清楚地表明,人与自然、生态、各种生命形式之间是相互依赖、共存共生的关系,就像同一棵树上的树叶、树枝、树干、树根,彼此间并不存在孰轻孰重意义上的等级区分,而是一个缺一不可的整体性立体网络。而问题就在于,现代文明的发展是建立在"人类中心主义"的价值观(人的需要与欲求是判定自然生态资源及其利用价值的准则)基础之上的,并不断将其推向极致(同时在自然生态承载容限和人类需求约束的意义上)。也就是说,现代工业文明社会中的所谓生态危机,其实是人类每一个个体的最深刻的价值心理层面上的危机——我们选择了一个完全错误的、与自然对立甚至试图征服自然的方向,而正是始于这一层面的危机进一步展现和扩散为一种文化科技、社会制度和经济生活领域的全面性危机。

"解铃还须系铃人"。"深绿"理论强调,克服这种现代文明危机的最根本途径,就是逐步重建人类(公众、个体)与自然生态之间的内在统一性或一致性。借用"深生态学"流派的一个说法就是,人类(也包括每一个个体自我)要把自己重新理解为(当作)"自然之树上的一片树叶"②。

"红绿"阵营主要是依据其生态环境难题的经济社会结构分析方法及其应对思路来确定的,因而更多与马克思主义或社会主义的传统与立场相联系。③ 比如,在生态马克思主义或生态社会主义流派看来,就像生态环境破坏的后果并非由一个社会或整个世界的所有成员平均承担一样,生态环境难题的真正成因也不能简单归结为所有人的价值观或道德伦理缺陷,或者是一般

---

① 郇庆治:《绿色变革视角下的生态文化理论及其研究》,《鄱阳湖学刊》2014年第1期,第21—34页。

② Bill Devall and George Sessions, *Deep Ecology: Loving as if Nature mattered* (Layton Utah: Gibbs M. Smith, 1985); Warwick Fox, *Toward a Transpersonal Ecology: Developing New Foundations for Environmentalism* (Boston: Shambhala, 1990).

③ 郇庆治:《21世纪以来的西方绿色左翼政治理论》,《马克思主义与现实》2011年第3期,第127—139页。

意义上的现代社会结构和文化意识,而主要是由于资本主义的经济社会制度(关系),尤其是建立在私人所有权基础上的市场经济和(多元)民主政治。换句话说,实体、虚拟或人格意义上的资本及其"增值抑或死亡"的逻辑,是现代工业文明中生态环境质量不断恶化的经济社会制度(关系)根源。相应地,要想实质性消除生态环境问题或危机,就必须用一种生态的社会主义来替代资本主义。

其他"红绿"理论流派对于生态马克思主义或生态社会主义分析的某些观点也许持有异议——比如生态女性主义就认为,女性相比男性还受到额外的社会不公正和生态剥夺意义上的"父权制"歧视,因而理应成为比工人阶级或运动更值得关注的绿色变革力量①,但对于它们而言共同的是,资本主义的经济、社会与文化架构,无疑是任何实质性绿色变革的首要对象。与此同时,"红绿"各流派一方面坚持对资本主义的批判与替代的真实性,并依此对苏联、中东欧国家的生态环境保护治理实践提出了自己的批评,另一方面原则上赞成与绿色新社会运动的政治合作,但要求将社会公正关切与社会制度变革置于一种更重要的地位。②

"浅绿"阵营主要是相对于"深绿"和"红绿"而言的,在生态环境难题理解及其应对上持一种现实主义或实用主义的理论立场。它们既不像"深绿""红绿"理论流派那样追究生态环境难题的深层根源,也不像"深绿""红绿"那样致力于或声称能够找到生态环境难题的一劳永逸的解决方案。"浅绿"理论认为,在人类社会和文明的历史中,无论是价值伦理观还是经济社会制度层面上的革命性变革,都不太会经常发生;因而更为现实的是,利用经济技术手段和法律行政管理手段的不断改进,来切实推进现实生态环境难题的减缓或抑制,结果将是生态环境质量的逐步改善和社会与文明整体的渐进转型。

由于这些"浅绿"理论流派更多是在欧美资本主义国家的背景语境下形成和发展起来的,更为重要的是,资本主义的市场经济体制和民主政治体制被认为是不容置疑的前提性预设,所以,它们又可以概称为"生态资本主义"或

---

① Ariel Salleh, *Ecofeminism as Politics: Nature, Marx and the Postmodern* (London: Zed Books, 1997); Maria Mies and Vandana Shiva, *Ecofeminism* (London: Zed Books, 1993).
② 戴维·佩珀:《生态社会主义:从深生态学到社会正义》,刘颖译,山东大学出版社,2005年版。

"绿色资本主义"理论。① 比如,安德鲁·多布森所阐发的生态主义环境公民或"生态公民"概念②,尽管就其意涵本身而言,具有强烈的生态中心主义韵味,但他的更主要目的则是论证像英国这样的工业化国家成功实施环境友好公民教育或培养的现实可能性,而且他的结论是肯定性的。

2. 生态文明理论的环境政治社会理论特征

那么,一个很有意思的问题便是,"生态文明理论"究竟是一种什么性质的环境政治社会理论,或者说,它在由"深绿""红绿""浅绿"组成的三维分析框架中又该占据怎样一个位置呢?

在笔者看来,一方面,生态文明理论当然是一种"红绿"理论。党的十八大报告所确认的"社会主义生态文明"概念,正是这方面意涵的清晰表达,但又不仅仅是一种"红绿"理论,还在相当程度上是一种"深绿"理论;党的十八大报告所阐发的一系列"生态文明观念"(比如"尊重自然、顺应自然、保护自然"),就展示了一种强烈的生态主义维度——而这也体现在了党的十九大报告的后继性相关表述中③。可以想见,文明性质与层面上的变革,包括生态化变革,只能以一种全社会的价值观与心理意识的"裂变"为前提。正因为如此,仅仅把生态文明理论做一种生态马克思主义或生态社会主义传统话语下的阐释④,似乎并不准确或充分。换句话说,就像不能简单化地认为资本主义制度的社会主义替代就可以彻底解决社会公正问题一样,也不能简单化地认为资本主义的社会主义替代就可以消除生态环境问题,更不用说自动建立起生态的社会主义或"社会主义生态文明"。

另一方面,对生态文明理论的更恰当理解视角是,它是一种综合性的尤其是"红绿交融"的理论。也就是说,解读生态文明理论的关键,不是能够证明它同时是"三维框架"下的一种"红绿"理论、"深绿"理论抑或"浅绿"理论,

---

① 郇庆治:《21世纪以来的西方生态资本主义理论》,《马克思主义与现实》2013年第2期,第108-128页。

② Andrew Dobson, *Citizenship and the Environment* (Oxford: Oxford University Press, 2003).

③ 习近平:《决胜全面建成小康社会,夺取新时代中国特色社会主义伟大胜利》,人民出版社,2017年版,第50-52页。

④ 郇庆治:《社会主义生态文明:理论与实践向度》,《江汉论坛》2009年第9期,第11-17页;李惠斌、薛晓源、王治河(主编):《生态文明与马克思主义》,中央编译出版社,2008年版。

而是阐明它本身就是一种既"红"又"绿"的融通性理论。具体而言，生态文明理论及其践行，不但内在地要求一种理论上的深刻性与综合性，即把"社会公正"（社会主义）与"生态可持续性"（生态主义）考量在"社会主义生态文明"的旗帜下统一起来，而且客观地要求一种实践上的包容性与开放性，即努力主动吸纳当今世界不同区域或制度环境下的一切生态文明建设积极成果。

依此而论，生态文明理论并不拒斥"浅绿"理论视野下的各种形式的生态环境难题应对举措，比如经济政策工具和行政管理手段，只是十分清醒地认识到，这些政策工具和管理手段理应服务于、服从于更为深刻与激进的社会和文明变革目标，以及它们不可避免的内在局限性。比如，征收城市拥堵费也许可以迅速地降低公众个体的私车出行比例，但更为重要的却是培养人们的绿色交通意识与习惯，以及对于生态环境本身的友善谦卑心态。也就是说，现实生活中往往不仅需要惩罚性的工具或手段，还同时需要奖励性的工具或手段；不仅需要直接的短期性工具或手段引入，还需要间接的长期性制度或机制创新。

基于上述理由，笔者曾把生态文明理论列为一种"深绿"（而不是"红绿"）理论阵营成员[①]，其目的是想强调，它的理论内核和实践进展都深刻地依赖于社会公众主体的生态或文明意识的历史性变迁（同时就时间历时性和质变程度而言）。甚至，党的十八大报告明确、十八届三中全会《决定》等重要文献进一步展开的社会主义制度与体制维度，也应在生态文明观念的制度化构建与推进的意义上来理解。[②] 也就是说，社会主义的政治想象与实践，应当是也完全可以成为"生态文明观"制度化尝试或实现的"第一推动"。当然，在生态文明建设实践中，同样不容忽视也许更为现实的推动，还来自各种形式的"浅绿"经济技术工具和行政管理手段。

需要指出的是，生态文明理论自身的这种综合性，只有在辩证思维和辩证实践中才能显现为一种积极性品质。这意味着，在理论层面上，必须深刻把握生态文明理论相对于其他"红绿""深绿"理论流派的表层差异和内在统

---

① 郇庆治等：《绿色变革视角下的当代生态文化理论研究》，北京大学出版社，2019年版，第171-211页。

② 郇庆治：《环境政治学视角下的生态文明体制改革与制度建设》，《云南省委党校学报》2014年第1期，第80-84页。

一性,也就是说,能够超越彼此间观察视角甚至思考方法上的差异,而去寻求将"生态可持续性"与"社会公正"相统一的内核实质。否则的话,将会陷入某种程度上的概念混淆或理论混乱,从而失去作为一种理论的清晰性准确性——毕竟,侧重经济社会结构变革和公众个体价值观变革优先视角之间,有着显而易见的不同。而在实践层面上,需要做到自觉保持理论与现实之间、不同政策工具或手段之间的平衡或适当张力,既不能过分偏执于某一特定类型的政策工具手段,又要坚持将各种形式的制度与体制创新置于理论的不断审视与反思之下。空洞的说辞口号当然最多只有政治宣示的意义,但拒绝理论或理念论辩的"狠抓落实",往往隐藏着一种方向性风险。

三、明显带有中华传统或古典色彩的有机性思维方式与哲学

在文明观或文明哲学维度上,生态文明理论彰显或"复活"的是一种明显带有中华传统或古典色彩的有机性思维方式与哲学:天地人、人自然社会的整体性及其内在统一。经过数个世纪的现代工业文明的高歌猛进之后,人类社会和文明的发展又到了一个重大历史性节点:看似形态各异的自然生态报复或惩戒,集中指向人类社会必须做出文明内核层面上的适应性改变,尤其是需要从或遥远或最近的过去中发掘那些被遗忘或忽视的文明智慧。[①] 我是谁,我从哪里来,人类究竟应该以什么样的方式在大自然中生存?这些已被无数遍追问过的哲学议题,在当今这个科技昌明的时代又有了一种特殊的紧迫性与意味。

1. 生态文明是中华文化悠久的思维与实践传统

许多学者从一开始就着力于从文化传统和思维方式层面来探讨生态文明理论[②],而这又几乎不可避免地转换为另外一个话题,即中国悠久的有机性(农业)思维传统是否以及在何种程度上有利于阐发、传播和践行一种生态

---

① 郇庆治、高兴武、仲亚东:《绿色发展与生态文明建设》,湖南人民出版社,2013年版,第47-49页。

② 小约翰·柯布:《文明与生态文明》,载李惠斌、薛晓源、王治河(主编):《生态文明与马克思主义》,中央编译出版社,2008年版,第3-12页;赵成:《生态文明的兴起与观念变革:对生态文明观的马克思主义分析》,吉林大学出版社,2007年版。

文明观。①

无可置疑的是，中华民族的确拥有历史悠久的"天(自然)人合一"的文明实践与认知传统及其传承。② 古老而发达的农业文明，几乎天然地蕴涵着人类社会经济活动与日常生活对于自然生态条件制约性的认可、顺从和适应，并孕育发展出了包括儒学、道教和佛教等在内的丰富的环境人文社会关怀和思考(这当然不是说，在农业社会条件下就不存在任何形式的生态与环境破坏)。这就使得，在改革开放40多年后的今天，我们不但对于那并不久远的文明传统及其更生态化文明样态(比如江南苏州的"小桥、流水、人家"和泉城济南的"家家泉水、户户垂杨")有着非常清晰的民族性记忆，而且依然强烈地保持着一种整体性(尤其是人与自然、社会与自然之间)的思维定势与能力。前者会使我们很容易感知到一种快速工业化社会进程中的自然生态衰败或"失落"，从而构成反生态化现实的一种抗衡性甚或反叛性的绿色变革潜力，而后者则会使我们在思考应对生态环境问题时较容易采取一种综合性的视角与立场，可以把看起来互不关联甚至对立性的要素语辞置于一个统一的理论范式与框架之中。

如果把人类文明面临着的现代困境与中华文明的有机思维传统相联系，就很容易让人产生如下联想：多样性的世界文明与文化是人类社会长期发展历史的结果，当然也是更符合自然生物(态)多样性的文明性生存与延续方式，但近代以来由资本主义主导的工业化和城市化浪潮的冲击，使得包括中国在内的人类文明多样性遭遇到了现代化所特有的线性与单一性的侵蚀、洗劫甚或"羞辱"；相应地，当今世界诸多难题的根本性克服，有赖于世界文明与文化多样性的某种形式复活和复兴，而不是被单向度的资本主义全球化所同化和征服。因而，至少在生态环境问题回应上，似乎可以肯定的是，一种非线性的和超越分析性的思维与实践，是正确认知和克服人类社会已经深陷入其中的生态困境的更有希望通路，而作为中华民族悠久文明传统之根基的，正

---

① 赫尔曼·格林:《生态文明的宇宙论基础》和王治河:《中国和谐主义与后现代生态文明的建构》，载李惠斌、薛晓源、王治河(主编):《生态文明与马克思主义》，中央编译出版社，2008年版，第13—26页、第171—179页。

② 郇庆治、李宏伟、林震:《生态文明建设十讲》，商务印书馆，2014年版，第56—78页；郇庆治、高兴武、仲亚东:《绿色发展与生态文明建设》，湖南人民出版社，2013年版，第41—42页。

是这样一种整体性、综合性和辩证性思维。也正是在这种意义上，生态文明理论自觉而自然地将生态环境难题、科学发展和生态文明建设联结起来并融为一体，所体现和蕴涵的首先是一种文明观或文明哲学层面上的"东方转向"——从现代意义上的自然把握或征服转向一种后(前)现代意义上的自然和解或统一。就此而言，人类文明的东方转向也许真的正在发生，并终将与"绿色转向"合流交融，从而构成中华民族千载难逢的历史复兴机遇。

但需要强调的是，一方面，有机自然(社会)观或整体性思维是一种东西方共有的认知与文明传统，只不过在当代中国的保持传承更为突出些。事实上，无论是在古希腊哲学还是在欧洲中世纪后期的社会生活中，我们都不难发现对自然生态本身的某种尊重或崇尚。① 甚至在近现代社会中，各种形式的自然(浪漫)主义——包括马克思生态思想中的浪漫主义元素②，也都可以理解为这种传统的延续与继承。也就是说，就文明观而言，达成人、社会与自然之间的和谐一致，而不是人、社会对自然的征服掌控，是一种更加主流性或广泛性的认识，而就文明史而言，在一个长得多的时间内，人类社会致力于适应自然界提供的生态与资源条件，而不是创造一种人为(非自然)环境。比如，几乎所有的古代城市都建在资源丰富、环境优越、交通便利的地方，而且往往是依托于这些自然环境条件的。

笔者强调这一点是想指出，必须看到，一是欧美社会与文明并不从根本上缺失有机自然观或整体性思维，二是欧美社会与文明正在发生着的"生态转向"，至少在某种程度上依赖于并且会进一步激活自身的"有机论传统"。就前者来说，20世纪中后期各种后现代主义哲学(比如建设性后现代主义③)兴起的一个重要侧面，就是回归或重新发现西方文化的有机自然观或整体主义思维传统；就后者来说，过去半个多世纪以来欧美社会在生态环境难题应对上的进展(尽管只是初步的和有限的)，恰恰是与雨后春笋般出现的生态哲学理论相伴生的。只有承认这些事实，才可以正确解释欧美社会中所发生着的看

---

① 默里·布克金：《自由生态学：等级制的出现与消解》，郇庆治译，山东大学出版社，2008年版。

② James McKusick, *Green Writing: Romanticism and Ecology* (London: Palgrave, 2011); 戴维·麦克莱伦：《马克思、浪漫主义与生态学》，《国外理论动态》2014年第7期，第45-48页。

③ 王治河：《后现代哲学思潮研究》，北京大学出版社，2006年版。

似表层性变化,比如"绿色经济""绿色技术""绿色行政"。

另一方面,有机自然(社会)观或整体性思维方式的保持传承,离不开一种与之相对应的总体性实践。按照马克思主义的实践认识论与唯物史观,最终决定人们认识与思维方式的只能是社会(历史)实践。换句话说,离开了一种有机性或总体性的经济社会实践,单纯的整体性认识观念或思维传统将很难持久延续下去,更不用说改变或逆转现实。具体而言,无可否认,有机自然(社会)观或整体性思维传统在当代中国的较好保持与传承,正是与我国悠久而发达的农业文明相联系的。① 可以想见,随着现代工业与城市化进程的不断延展,新一代社会公众将越来越多地生活在一个工业生产方式和城市生活方式为主的现代社会,其基本标志则是自然生态环境的进一步"人化"(对象化改变)和人们与自然生态环境的愈益疏离,而这些变化终将导致人们在自然思维和社会思维意义上的改变——比如越来越把自然当作一种人为摆布的对象,越来越会从个体、社群或局部利益的狭隘视角来考虑人、社会与自然之间的复杂关系(尤其是考虑到那会更频繁地涉及人们之间的社会关系或利益)。

笔者想指出的是,这种具有中国色彩的有机思维传统,并不是一种文明智慧的"不动产",而是在面临着来自国内外变化实践的挑战:同时是一种变革性力量和被变革的对象。相对幸运的是,越来越多的人明确认识到,工业文明尽管其进步性一面无可置疑,却是背离了"天地人"或"人社会自然"相统一的古典的也是更为合理的文明观。而这对于我国这样的依然处在现代化进程之中的民族国家或区域性文明来说,无疑是一个实现超越式发展的历史性机遇。但前提则是,我们能够做到在力求保持与弘扬依然存在着的"前现代"传统的同时,将其能动地转化为一种"后现代"视野下的实践尝试与创新。

2. 生态文明理论的文明观或哲学革新意蕴

基于上述阐释,在笔者看来,生态文明(建设)理论确实体现了或蕴涵着一种继往开来意义上的文明观或哲学革新,尤其是,重获新生的有机论或整体性思维更有助于批判现实、重建未来。

其一,主流性现实的深度挑战。从生态文明理论的视角来看,现实中那些看似细节化或技术性的生态环境难题,其实是工业化与城市化过程中不断

---

① 小约翰·柯布:《论生态文明的形式》,《马克思主义与现实》2009年第1期,第4-9页。

构建起来的经济社会制度的弊端或不适应性的表现,从更深层次上说则是现代文明与社会的发展过程中逐渐形成的价值观念与文化意识的矛盾或危机,尤其是在人、社会与自然的整体性(有机性)关系及其理解上。换言之,生态环境的时代挑战归根结底是一种文明制度架构和文明核心理念层面上的挑战,相应地,对生态环境挑战的回应,终归要体现为或提升为一种文明制度构架和文明核心理念层面上的重建。

更进一步说,现今时代所面临着的生态环境难题,无论其产生还是解决,都不仅是由于相对"落后"或"短缺"的经济政策工具和技术工艺手段,还是由于那些与这些旧工具手段得以持续、新工具手段难以产生相联系的制度体系和观念文化。比如,世界各大都市或重或轻都存在着的交通拥堵难题,表面上看是一个城市的基础设施、管理能力和环境公共政策引入及其成效的问题,但更深入地看则是资本主义的生产与消费集中化趋势的内在规律要求,以及由此衍生出的经济社会制度和文化观念。换言之,现实中不太可能单凭通过公共政策的改进来创建生态城市,就像不能够仅仅通过加强生态环境保护治理来解决生态环境问题一样。因而可以说,生态文明理论所(再次)彰显的,正是这样一种整体性(有机性)思维,并呈现为对工业文明语境下的分析性(线性)思维的生态化否定或扬弃。

其二,绿色未来社会的想象时空。承继弘扬中华优秀传统生态文化的生态文明观或哲学的整体性、立体化思维,在最深层意义上挑战着现代工业文明的"理性根基"(从制度到价值)的同时,还提供了一种关于未来社会(文明)想象的崭新"地平线"。简单地说,我们可以从一种全新的立场与视野来设想和谋划人类社会与文明的(绿色)未来。比如,对于生态环境问题,当然要认真考虑技术工艺和经济政策层面上的应对举措,大胆尝试经济制度、社会制度、生态环境管理制度上的绿色创新,但更为重要的是,需要(重新)学会"天地人""人自然社会"整体意义上的认知和思考方式。也就是说,无论是规划一个建设项目还是一个城市、区域,都需要自觉地将整体性思维贯穿其中——关键不在于项目规划中是否有一个环境保护部分,而是项目规划及其实施的各个方面和各个阶段,都应遵循生态文明的目标或精神。

依此而言,对党的十八大报告所阐述的"五位一体"理念,更为准确地阐释应该是"融入"而不是"附加"。① 也就是说,对于生态文明建设来说,最为重要的是如何使之成为整体性框架之下的经济建设、政治建设、文化建设和社会建设的内在性构成要素,而不简单是列在"四大建设"之后的又一个建设领域。这样一种思维的重要性在于,既不能再简单化地归结生态文明建设的影响或推动要素——比如经济增长,也不必再过分纠结于众多变量之间的那种传统社会科学意义上的精确因果关系,而是更多着眼于一种整体性的考量或功效(很有些类似于模糊思维指导下的中医理论和实践)。这方面的一个典型实例,就是21世纪初曾肆虐我国许多城市的雾霾问题。这其中,除了政治与政府层面上的进一步提高认识和采取切实行动②,十分重要的就是革新人们的认知与思考方式:需要在更宏观的范围上探究雾霾问题形成与持续的原因,而不是仅仅局限于个别的城市或行政区域;同样,需要更加关注从能源结构调整、经济结构调整到公众民主参与的综合性治理成效,而不必过分纠缠于某一个因素的"贡献"。

作为一种环境人文社会科学或生态文化理论,如果说其政治意识形态维度和社会政治理论维度分别是对于"说什么"(正确的话语)和"如何改变"(绿色变革的战略与路径)的回答,那么,生态文明理论的文明观或哲学维度则应是对于"如何思考变革"的阐发,即当代人类何以(重新)构想(建)一种既文明又生态的"天地人""人自然社会"整体性关系。显然,这种文明观或哲学层面上的思考有着更为抽象和晦涩的一面,大概只有从中外比较、古今比较的宏大视野,才能清晰阐明生态文明理论所蕴涵或展现的这样一种历史性变革(尤其是其真实可能性及其现实演进)。但需要指出的是,只有这种文明认知或理解成为足够广泛或大众化的意识自觉,我们才有理由期待生态文明建设实践上的实质性进展——这方面资本主义工业文明的扩展史提供了一个范例,尽管是在相反的或"反生态的"意义上。

---

① 郇庆治、高兴武、仲亚东:《绿色发展与生态文明建设》,湖南人民出版社,2013年版,第20-22页。

② 郇庆治:《环境政治学视野下的"雾霾政治"》,《南京林业大学学报(人文社科版)》2014年第1期,第30-35页。

第三节 生态文明理论与绿色变革

"生态文明(建设)",无论是作为学理性概念还是系统性的环境人文社会科学或生态文化理论流派,都蕴涵着深刻的绿色变革指向或要求。换言之,"生态文明(建设)理论",本身就是一种社会现实批判和未来社会构建的话语理论,而且是一种颇为激进的绿色变革或生态化超越理论。可以说,前文所做的概念性解析和三重维度下的理论学科或学派分析,在某种程度上就是对这种绿色变革意蕴的阐释或"辩护"。然而,鉴于理论与实践本身之间的固有张力,更是基于这种中国化理论话语与中国现实实践之间关系构型的初级性质,有必要进一步探讨的是,生态文明理论在何种程度上能够成为中国"生态文明的社会主义现代化"或"社会主义生态文明"实践的积极推动性力量。

从最一般意义上说,某种理论的实践变革潜能的实现取决于如下三个方面条件:一是变革目标的确定与阐释,二是理论自身的系统性或说服力,三是来自实践的需求或限制。接下来,笔者将分别从上述三个方面来讨论生态文明及其建设理论的现实变革潜能。

一、变革目标的确定与阐释

应该说,对于生态文明建设的长远目标、近期目标和主要任务,党的十八大报告和十八届三中全会《决定》首次做出了明确的阐述。概括地说,其长远目标是"努力建设美丽中国,实现中华民族永续发展",也就是"努力走向社会主义生态文明新时代";近期目标是"着力推进绿色发展、循环发展、低碳发展,形成节约资源和保护环境的空间格局、产业结构、生产方式、生活方式,从源头上扭转生态环境恶化趋势,为人民创造良好生产生活环境,为全球生态安全作出贡献";主要任务则是"优化国土空间开发格局、全面促进资源节约、加大自然生态系统和环境保护力度、加强生态文明制度建设","健全自然资源资产产权制度和用途管制制度、划定生态红线、实行资源有偿使用制度和生态补偿制度、改革生态环境保护管理体制"[①]。

[①] 胡锦涛:《坚定不移沿着中国特色社会主义道路前进,为全面建成小康社会而奋斗》,人民出版社,2012年版,第39-41页;《中共中央关于全面深化改革若干重大问题的决定》,人民出版社,2013年版,第52-54页。

可以清楚地看出，无论是长远目标还是近期目标，其中都包含着深刻而激进的价值观念与制度性变革要求。就像"美丽"的前缀绝非只是对未来中国的一种单纯生态审美意义上的描绘和愿景想象一样，"社会主义"的前缀也不应只是"生态文明新时代"的可有可无的修饰，而是同时意味着对于社会制度架构和公众主体心理的完善与提升预期——"社会主义"不仅应当是、可以是美丽的，而且是"美丽中国"之所以可能甚至之所以美丽的重要前提。同样，从生产生活方式的转变到从源头上扭转生态环境恶化趋势，也绝非是一个依靠"缝缝补补"手段或短期内就能够实现的目标。也就是说，至少就文本表述而言，中国的生态文明及其建设总目标是一个长远、宏大而激进的目标。

但需要指出的是，长远目标中的"社会主义"意涵似乎未能得到更为清晰的揭示，而且，从长远目标到近期目标、主要任务，总的来说是越来越偏重于发展模式与经济建设方面的结构性调整——保护资源生态和环境友好意义上的调整，而生态文明制度建设与体制改革也较为偏向于经济性和行政管理性的制度。对于这种政治与政策阐述上的偏重，并不难给予一种"合理的"解释："三个发展"或资源能源节约型经济与社会的建设，的确是我国"生态文明的社会主义现代化"或"生态文明建设"的主战场[①]，而从进一步深化改革的角度来说，环境友好经济制度的引入与完善和生态环境管理制度的改革与完善，也确应成为政府（社会）率先采取行动的目标性领域（一般来说较容易取得实效）。

然而，一方面，在强调或落实这些具体性任务、近期目标的同时，理应做到对长远目标以及中长期目标中的制度革新与重建意涵有一种更全面的描述和阐释，比如，党的十七大和十八大报告都明确论述过的生态文明建设中的观念革新和主体教育问题，因为，生态文明建设归根结底是制度创新和生态新人的培养[②]。另一方面，在继续推进国家的经济社会现代化目标的同时，需要逐渐增加其中的"生态文明"和"社会主义"色彩或比重。比如，生态马克

---

① 郇庆治、高兴武、仲亚东：《绿色发展与生态文明建设》，湖南人民出版社，2013年版，第74页。

② 郇庆治：《论我国生态文明建设中的制度创新》，《学习月刊》2013年第8期，第48-54页。

思主义或生态社会主义的核心性观点就是"社会公正"和"生态可持续性"[①]，意味着我国终究要依据自然生态环境的客观承载容限与可持续能力来决定可能的发展规模和程度(以及公众的消费水平)，意味着我国将会越来越凭借更公正和谐的社会关系来协调对自然生态系统的索取或"供需矛盾"，而这正是生态文明及其建设的本质性意涵要求。尤其是考虑到我国不同区域之间发展的严重不均衡性，继续笼统地以"发展中国家"来界定国家的发展需求与发展目标，已经不再符合客观实际，也不代表着未来。

二、理论自身的系统性或说服力

无可置疑的是，一个学理性概念的最基本要求是它意涵的清晰性，而保证这种清晰性的最直接方式是使之有着明确的意指(指对象及其性质、关系等特征)；一个科学理论的最基本要求则是它的完整性或系统性，而保证这种系统性或完整性的最直接方式，则是使其各构成部分之间有着逻辑上的一致性(也就是能够做到自圆其说)。依此而论，正如前文所指出的，中国背景与语境下的生态文明(建设)概念至少包含着如下四层含义，即一种弱(准)生态中心主义(合生态或环境友好)的自然或生态关系价值和伦理道德、一种有别于当今世界资本主义主导性范式的替代性经济与社会选择、社会主义文明整体及其创建实践中的适当自然或生态关系部分(也就是通常所指的广义的生态环境保护治理工作)、社会主义现代化或经济社会发展的绿色向度(在现代化或发展语境下)，而生态文明(建设)理论至少包括如下三重维度，即一种"绿色左翼"的政党意识形态话语、一种综合性的环境政治社会理论、一种明显带有中华传统或古典色彩的有机性思维方式与哲学。

应该说，这种概念和理论本身的多义性或多维性是一个非常自然的现象，甚至可以说在相当程度上是无法避免的。但即便如此，我们仍须认真面对生态文明(建设)概念清晰性和理论系统性的追问或拷问。一方面，生态文明(建设)概念的优点，在某种程度上也会成为其一种内源性的缺陷。概略地说，生态文明(建设)概念是在中国的现代化或发展的宏观语境下提出并展开思考的，

[①] 郇庆治：《从批判理论到生态马克思主义：对马尔库塞、莱斯和阿格尔的分析》，《江西师范大学学报(哲社版)》2014年第3期，第42-50页。

这使得它几乎先天性地成为一个更为宏阔和广泛性的社会与文明进程的构成部分,但却很难成为能够实质性引导或改变这一进程的领导性元素。[①] 换句话说,生态文明建设的提法或表述,很容易获得一种现代化或发展语境下的政治与大众合法性——其政治正确性不容置疑,但却往往不得不以牺牲其现实质疑或挑战的一面为代价。由此也就不难理解,当运用生态文明建设话语来讨论如何应对"雾霾"之类的突出生态环境难题时,总有些"利""器"不匹配之感。[②]

另一方面,生态文明(建设)理论尚缺乏一种政党意识形态层面、政治话语理论层面和哲学思维层面上的统一性或"契合"。多少有些奇怪、但并不难理解的是,当代中国的生态文明(建设)理论,首先是在政党意识形态层面上被明确提出并加以推动的,相比之下,无论是政治话语理论层面上还是哲学思维层面上的学术研究与普及,都缺乏充足的理论资源储备或投入。这虽然可以部分归因于中国的政治传统与文化(自上而下的政治社会动员仍占据着主导地位),但却构成了生态文明理论作为一个整体的"头重脚轻"状态或结构性缺陷。而很难想象的是,缺乏政治话语理论与哲学思维研究支撑的政党意识形态,能够持久维持其政治正确性和说服力。

因而,就像生态文明(建设)概念仍需要做大量的意涵概括、辨析与凝练工作一样,笔者认为,生态文明(建设)理论迫切需要的是如何使之成为一个充分完整性的理论——同时在意涵内在一致性和结构系统性的意义上。就前者而言,需要在详尽阐发生态文明及其建设理论的"意识形态维度""政治社会理论维度""哲学思维方式维度"的同时,从整体上阐明它们为何和如何构成了一种既"红"又"绿"的统一性绿色变革理论;就后者而言,需要尽力保持这三个维度之间的适当平衡与张力,既要使得各个维度的研究宣传之间有一个相对协调的推进,不能过分偏重某一层面,又要认可甚至鼓励不同层面研究之间的观点或方法论差异,从而确保一种良好的学术生态。而从比较的视角

[①] 郇庆治、高兴武、仲亚东:《绿色发展与生态文明建设》,湖南人民出版社,2013年版,第265-268页。

[②] 郇庆治:《环境政治学视野下的"雾霾政治"》,《南京林业大学学报(人文社科版)》2014年第1期,第30-35页。

来看，这些年来关于"和谐社会""包容性发展""科学发展观"等重大议题的研究①，都或多或少存在着这方面的缺憾，理应引起足够的重视。甚至可以说，生态文明及其建设理论最终在多大程度上被普遍接受和广泛传播，其关键就在于此。

需要指出，与生态文明（建设）概念的清晰化有所不同的是，生态文明（建设）理论的系统化是一件更加艰巨复杂的工作。因为，后者不但关涉到我国学术界与学者的理论分析综合能力，还牵涉到不同的理论主体及其态度立场。在笔者看来，这其中有两个关键性因素，一是对于生态文明及其建设理论的社会主义意涵（"红色"维度）和生态主义意涵（"绿色"维度）的更明确阐释及其制度化、政策化要求。从理论上说，中国并不缺乏这两个方面的理论资源，但如何做到达成二者之间更有效的"红绿联盟"或"红绿交融"，仍颇具挑战性。② 二是努力调动和促进生态文明及其建设理论的政治社会理论和哲学思维方式维度上的"基础性研究"，从而为政党意识形态层面提供更强有力的学理性支撑。换句话说，来自至少这三个界面上的学者之间的合作努力显得尤为重要。

三、来自实践的需求或限制

生态文明及其建设理论当然不是一种凭空产生和发展起来的话语理论，而是植根于当代中国社会主义现代化实践的客观需要和自觉追求，也即是"国际背景"与"中国语境"共同作用下的结果③。同样，生态文明及其建设理论未来能够发挥何种意义或多大程度上的现实影响，也取决于来自中国实践的需求或限制。这其中，积极性的需求或推动是显而易见的，比如，中国共产党作为长期执政党不断绿化的政治意识形态——服务与服从于人民群众根本利

---

① 郇庆治：《作为一种概念分析框架的包容性发展：评估与展望》，《江西师范大学学报（哲社版）》2013年第3期，第15-24页。

② 刘思华：《对建设社会主义生态文明论的再回忆》，《中国地质大学学报（社科版）》2013年第5期，第33-41页；刘思华：《对建设社会主义生态文明论的若干回忆——兼述我的"马克思主义生态文明观"》，《中国地质大学学报（社科版）》2008年第4期，第18-30页。

③ 郇庆治、高兴武、仲亚东：《绿色发展与生态文明建设》，湖南人民出版社，2013年版，第22-43页。

益的政治宗旨，客观上要求它越来越认真地理解与应对现代化进程中的生态环境挑战；国际社会对全球性生态环境难题和生态可持续性的逐渐推进的"全球公共管治"——任何一个具有或追求国际影响的大国，都必须越来越多地考虑自己的全球形象与全球责任；公众无论是基于私利还是公益理由的趋于强化的对地球生态环境健康的"绿色关切"——任何一个(声称)负责任的或民主的政府，都必须越来越正视来自公众或公民的环境权益或生态价值诉求，等等。

但也必须看到，这显然并不是事实的全部。比如，党的十七大和十八大报告对于生态文明及其建设的政治意识形态阐述，总体上仍是在"现代化"和"发展"的背景语境下展开的，因而一个不容置疑的更高前提是，"以经济建设为中心是兴国之要，发展仍是解决我国所有问题的关键"[①]。就此而言，无论是"生态文明的社会主义现代化""绿色发展"，还是"五位一体"总体布局，其实质都是保持社会主义现代化建设的其他方面与生态环境保护治理之间的战略平衡。这在政治上当然是正确的，在理论上也是完全可能的，但问题是，在现实实践中往往会呈现为一种颇为不同的情景，而这也是长期困扰着我国的"落实赤字"或"地方保护主义"问题(但地方利益追逐显然并非仅仅是一个地方性问题)。更明确地说，如果没有全国范围内或宏观制度层面上的深刻革新，很难保证的是，生态文明及其建设理论一定能够超越或摆脱其他绿色意识形态话语所遭遇的逻辑(命运)。正因为如此，十八届三中全会《决定》将工作重点置于全国性的制度体系建设与体制改革，无疑是正确的选择，只是这种高高在上的"顶层设计"往往又会导致忽视千差万别的基层实际，而且日后逐级推进起来也并非易事。

再比如，经过改革开放30多年发展之后，中国面临着的国际社会环境或背景已经发生重大变化。我国在迅速地壮大着自己力量的同时——同时在经济与政治意义上，也在更为广泛与深刻地融入国际(欧美主导)社会。而这一事实可以做出两个不同方向上的解读，一方面，我国可以凭借自己不断增强的综合实力，参与并最终改变当今国际准则的内容及其制定，从而逐渐引

[①] 胡锦涛：《坚定不移沿着中国特色社会主义道路前进，为全面建成小康社会而奋斗》，人民出版社，2012年版，第19页。

向一个更加公正与可持续的世界,但另一方面,我国也有可能会变得日益熟悉、适应直至依赖现行的国际秩序及其准则,从而最终——有意地或无意地——成为曾经视为抗争对象的一种维护性力量。至少从理论上说,后面这种可能性是存在的。如果将我国的经济增长与发展模式进一步建立在目前这种并不合理的国际经济政治秩序基础之上,从而越来越依赖于目前这种资源生态破坏和污染转移的经济生产生活方式①,那么,我国就很难真正成为现行国际秩序与结构的一种积极性变革力量。这方面的标志性议题,是我国对于全球性环境问题尤其是全球气候变暖的态度立场②:我国当然应该据理力争欧美国家试图强加于我国的不适当国际责任,但同样需要用令人信服的事实来说服整个国际社会,中国的确是在自主自愿地"为全球生态安全作出贡献"。就此而言,必须承认,在诸多方面已大为改善的国际环境或背景,并不必然是我国(全球)生态文明建设的正向推动力或"正能量"。

再比如,与一般意义上的生态环境保护议题一样,生态文明建设也会面临着大众意愿与行动之间的"落差"难题。③ 也就是说,各种形式的民意调查往往会得出令人鼓舞的民意支持率和倾向,但一旦面临着关乎切身利益的具体政策选择时,人们又常常会做出十分不同的选择或"表决"。这从表面上看是公众个体的道德伦理意识或公民责任自觉的问题,但从文明史的角度来说,则是现代文明环境或语境下的社会主体的文明意识"玷污"或"蜕化"问题。如果是前者,社会当然可以通过道德伦理教育和公民实践来(至少部分)克服这一难题,但如果是后者,人类就是已被驱逐出伊甸园的"亚当"和"夏娃"。强调这一点,绝非是为了简单得出一种宿命主义的结论,而是说,作为生态文明根基的人类主体的与自然和平、和谐与共生意识的培育,终将是一个艰辛而漫长的历史演进过程,我们必须有足够的耐心。正是在这种意义上,当代

---

① Qingzhi Huan, "Growth economy and its ecological impacts upon China: An eco-socialist perspective", in *Eco-socialism as Politics: Rebuilding the Basis of Our Modern Civilisation* (Dordrecht: Springer, 2010), pp. 191-203.

② 郇庆治:《经济危机背景下的中国可持续发展战略:绿色左翼视角》,载郭建宁、程美东(主编):《北大马克思主义研究》,中国社科文献出版社,2012年版,第157-175页。

③ Christer Berglund and Simon Matti, "Citizen and consumer: The dual role of individuals in environmental policy", *Environmental Politics*, 15/4 (2006), pp. 550-571.

中国的现代化变革过程中,真正令人忧虑的也许不是各种形式的生态环境破坏,而是公众个体(从社会精英到普通民众)认知心理中滋生蔓延着的对自然生态本身的"物化意识",以及对于人类与自然生态之间一种不同的经济社会关系可能性甚或愿景想象的全然放弃。也正因为如此,"美丽中国"与"中国梦"的话语联结,在笔者看来,最为重要的也许是它的思想解放或"乌托邦"意义。

需再次强调的是,对生态文明及其建设理论的现实变革潜能影响因素的上述分析,既不是为了得出一种悲观化的简单性结论,更不是要否定或忽视理论本身以及理论与实践之间丰富而辩证的历史互动及其诸多可能性。而只是想表明,作为一种环境人文社会科学或生态文化理论流派,生态文明(建设)理论无论是它自身的话语体系性完善,还是其发挥积极作用的经济社会与主体条件,都需要全社会做出更多、更艰苦的努力。只有那样,我们才更有理由期待,目前仅仅处在初创阶段的中国生态文明建设实践及其理论创新,最终成为已然开启的世界文明绿色转型或"东方转向"中的引领性力量。

结　语

如上所述,生态文明(建设)概念和理论,在很大程度上是我们——当代中国——现有的绿色认知与实践水平的一种反映。这意味着,一方面,这种认知与实践的先进性和普遍性都依然是有限的。既不能笼统地说,生态文明理论代表着人类社会生态文化与文明认识的最新高度,也不能简单地说,世界各国必将或只能追随中国生态文明及其建设这样一种理论话语与实践路径。客观而言,生态文明理论在整个环境政治社会理论或生态文化理论以及人类社会文明绿色转型中的最终定位,还远非是一个现在就可以讨论确定的问题。不仅如此,人类文明史上的实例一再表明,文明最常见的演进机制是挑战与回应[①],而最简单但往往也最有效的回应是模仿,而不是釜底抽薪式的革新。因而,笔者所担心的是,生态文明(建设)理论这种看起来如此激进的理论(既"深绿"又"深红"),恐怕也难以摆脱或超越人类文明自身演进的"保守主义"逻辑:它也许最终可以在某种程度上成为我们应对迫切的生态环境难题或挑

---

① 阿诺尔德·汤因比:《历史研究》,曹未风等译,上海人民出版社,1966年版,第74页。

战的工具，却未必能够导向一个它所声称或蕴涵着的绿色未来或文明，而这恐怕是人类历史上无数"乌托邦"理想的共同命运。

另一方面，将已有认知与不断改进的认知付诸实践的潜能，也不是可以自动实现的，而是需要前提条件的，而且有些条件并不取决于中国自己。对欧美国家主导的现代化进程的"涉世未深"，同时在有利和不利的意义上构成了我国实现对现代化文明与社会的生态化超越的现实环境。就前者而言，当代中国有着更好的生态文明或友好智慧的历史积淀与保持，以及在现实实践中推陈出新的机会；就后者而言，我国对于社会现实的反生态一面甚或制度性成因的认识与否定，总会缺乏一种总体性或彻底性上的深刻与力度。笔者完全赞同，生态文明视域或领域可以成为中华文明或东方文明再次全面复兴的契机或突破口，但其前提却是，它必须同时能够成为我国理念与制度创新最为活跃、最具引领性的社会领域。而至少从目前来看，我国生态文明领域的观念与制度创新还太多受制于传统认知与制度框架的羁绊，远未发挥出一种先驱者的作用。

比如，笔者注意到 2014 年全国"两会"期间的一次代表团讨论，主题是山东省如何通过"外电入鲁"来冲出"霾伏"。① 据有关部门统计，传统产煤大省山东省，一方面是耗煤大户，每年消耗了全国 1/10、世界 1/20 的煤炭，结果是，2013 年山东省 PM2.5 平均数值超过国家二级标准 1.8 倍，全省 17 地市空气质量无一达到国家二级标准（其中燃煤贡献了 60% 的 PM2.5），另一方面又是能源短缺大户，2014 年和 2017 年电力缺口分别达到 600 万千瓦、2000 万千瓦。因而，为了满足山东省 10% 左右 GDP 增长需要和不断减少污染物排放（即所谓能源需求与环境保护的"双重枷锁"），从企业家到地方官员、科技专家给出的处方都是"特高压输电"或"电力高速公路"：即把产自宁夏、内蒙古、陕西的电力通过特高压线路输送到山东。

可以说，上述事实暴露了我国生态文明及其建设理论与实践之间的各种张力样态以及程度：且不说宁夏、内蒙古、陕西电力的生产方式如何——估计不是任何意义上的"绿色能源"，以及可观的电力运输消耗与技术成本，作为煤炭大省的山东却要大规模地靠输入能源来维持其 GDP 增长，本身就很难

---

① 李虎：《冲出"霾伏"，亟待外电入鲁》，《齐鲁晚报》2014 年 3 月 12 日。

说是真实意义上的可持续发展；更为重要的是，这种经济技术关系进一步强化的是西北部省区对于东南部省区的结构性层级依赖，而东南部省区似乎也就难以真正实现自己的结构性调整或升级。一句话，理论的"不丰满"远没有现实的"骨感"更具挑战性，而如果没有理论或意识层面上的实质性突破或"断裂"，短时间内我们将会继续纠结于更难以让人满意的现实，比如挥之不去的"雾霾"，更不说建成"美丽山东"或"美丽中国"。

第二章

社会主义生态文明：
理论、实践与全球维度

  在笔者看来，"社会主义生态文明"是一个不同于一般意义上的"生态文明（建设）"、具有独特政治与政策意涵的学术概念。一方面，它建基于中国特色社会主义现代化建设所内在规定或不断成长着的绿色质性表征或"生态维度"——就此而言，这一概念构成了一个完整意义上的绿色乌托邦未来想象，蕴涵着当代中国现代化发展与文明创新中最为重要的政治想象和动量；另一方面，它与如何理解和处置我国的生态文明建设目标指向与实践追求和渐趋全球一体化的国际环境之间的关系，尤其是与欧美发达资本主义国家之间的关系密切相关。因而，2012年党的十八大报告和2017年党的十九大报告，明确提出"努力走向社会主义生态文明新时代""牢固树立社会主义生态文明观"，不仅彰显了新时代中国生态文明建设实践的政治意识形态意蕴，而且展现了中国共产党对于"生态文明建设"的社会主义维度的理论自觉与政治追求。对于未来中国来说，"社会主义生态文明"远非是一种必定如此意义上的结果，但只要能够以上述两个方面的正确认识作为基础，那么就更有希望使社会主义生态文明建设成为一个形神兼具的良性发展过程，并最终取得成功。

第一节 理论与实践维度

2007年党的十七大以来,"社会主义生态文明"已经成为像和谐社会和科学发展观一样被高频率使用的词汇。① 这一术语本身无疑是正面意义上的,对于我国正在进入一个发展新阶段的政治与社会动员也将会发挥其积极的作用。但从纯学理的角度来说,这一术语作为或要想成为可以阐释、分析甚至批评的科学性概念,还需要做很多细致而深入的研讨。基于此,笔者认为有必要更系统而全面地做一些基本概念方面的廓清澄明工作,以便为这一议题讨论的深化提供一种理论背景或框架。需要指出的是,笔者在此选择的更多是一种生态主义或环境政治学理论的视角,而不是传统意义上的或新型的社会主义理论的视角。② 正因为如此,也许可以把这种讨论视为生态主义与社会主义之间关于"生态文明"的理论对话。从结构上说,本节分为"社会主义生态文明"的概念性辨析(文明与生态、社会主义文明与生态、现实社会主义实践与生态)、社会主义生态文明建设的实践特征与动力机制、社会主义生态文明的未来前景等三个部分。

一、社会主义生态文明概念的术语学解析

1. 文明与生态

从术语学上讲,"社会主义生态文明"概念所遇到的第一个问题是作为其词根的"生态文明"范畴,也就是说,究竟什么是"生态文明"[为了讨论的简化,让我们暂且搁置关于文明本身的大量争论③,将其大致界定为文化的实体性呈现或包括物质(器物)、技艺、制度和精神等诸多层面的整体性展现]。具

---

① 人们更多使用的是"生态文明"的提法,但国家环境文化促进会主办的《绿叶》杂志辟有"生态文明理论专题"的专栏,其2007年第9期编辑出版了一个"生态文明与和谐社会"专辑,更明确地提出了"社会主义生态文明"这一概念。不仅如此,鉴于我国社会制度的政治性质,"社会主义生态文明"应该是一种理所当然的说法。

② 这种关注视角上的差异可以大致概括为,前者强调的是社会主义对生态问题的可能解决,而后者强调的是生态问题的解决为社会主义的发展所开辟的新的道路或可能性。

③ 塞缪尔·亨廷顿:《文明的冲突与世界秩序的重建》,周琪等译,新华出版社,2002年版,第23—33页。

体而言，笔者认为，对于"生态文明"的理解至少涉及如下三个方面的阐释性问题。

其一，它主要是指现存文明的一个生态化过程呢，还是一种尚待构建的、新型的人类文明形态。这从辩证思维的角度来考虑时似乎并不是一个多大的难题，可以将其理解为"先有蛋还是先有鸡"之类的问题。但是，对这一也许是同一现实过程中两个不同侧面的强调，不仅反映着人们对现存文明合生态性的理解，还体现着人们对未来文明生态性追求的想象。如果借用生态主义的语言，这就是一个信奉理想主义还是现实主义的问题，而且会影响到激进主义抑或渐进主义的战略选择。对于大多生态主义者来说，生态文明首先是一个"生态理想国"或"绿色乌托邦"①，而且必须采用一种激进的方法才有可能实现；相比之下，各种形态的"浅绿"理论更强调现存文明的渐进式生态化。

其二，它是人类文明史线性发展的自然结果呢，还是对已有文明形态的实质性超越或偏离。换句话说，现时代的我们究竟应担当一种历史发展成果的承载者还是未来历史的创造者的角色。具体一点说，现代文明在各种层面或主要层面上都是古代文明、史前文明的积极性替代吗？更极端地说，要走向一种生态文明的话，人类究竟是应继续沿着现代文明的理念与精神前进，还是需要从根本上超越与偏离现代文明的文化价值和制度框架？必须承认，生态主义无论如何温和或保守，多少都会从后一层面上来理解这一问题。也正是在这个意义上，生态主义所发动的关于进步主义与崇古主义、人类中心主义与生态中心主义、物质主义与后物质主义之间关系的讨论，在很大程度上可以理解为对生态文明概念的理论基础的重新界定。在它看来，生态文明是人类文明发展迄今为止需要从事的最剧烈意义上的变革，因而应当与历史上所发生过的文明形态更替有着重大差别；换句话说，只要人类社会不进行改弦更张式的深刻变革，就永远都不会到达绿色的彼岸。

其三，它是广义上指称的现代文明的承继者呢还是对立物。对于大多数生态主义者来说，答案是不言而喻的。现代文明不仅体现为当代中国如今也置身其中的现代化生产生活方式和社会政治制度与社会交往方式，也体现为人们对一种一般性的现代文化与价值的迷恋和崇拜。现代文明不只是在历时

---

① 郇庆治：《绿色乌托邦：生态主义的社会哲学》，泰山出版社，1998年版，第26页。

性上距离今天的我们最接近,而且正是它凸显甚至极化了人类传统文明所遗忘或忽视的对自然生态的应有适应与尊重。概言之,正是现代文明的这一内在缺憾,使得我们逐渐认识到了生态对于文明本身的一般重要性或前提性意义。也正因为如此,生态文明所挑战的是人类自古以来所形成的智力、制度和文化基础,和人类由于自身种属局限性所能达到的伦理与良知高度。也就是说,我们虽然可以很容易创制"后现代文明"这样的词汇来描述依然在时空上延续着的现存文明状态,但却并没有任何充足性的保证确信,人类一定会走向一种真正的生态文明(即实现人与自然的和谐共生)。基于此,生态主义者往往强调的是,现代工业文明与城市文明是生态文明的对立面或超越对象。

因而,从生态主义视角来看,生态文明是我们站在后现代文明时代背景上对人类社会发展未来可能状态的激情想象,对人类社会数个世纪以来工业化与城市化制度和生产生活方式的批判性超越,对人类社会更悠久时间维度内构建起来的文明与进步理念及其测量尺度的深度检视。由此所决定的是,在一个相当长的未来时期内,生态文明的理论向度比实践向度更重要。

2. 社会主义文明与生态

"社会主义生态文明"概念所涉及的第二个术语学问题,是作为"生态文明"前缀的"社会主义"范畴,以及由此产生的两个术语间连接的适当性问题(就像讨论"生态文明"概念时一样,让我们简化对"社会主义"概念本身的讨论①,而一般性地将其大致界定为反对和试图超越资本主义制度的理论设想与实践努力)。具体地说,在笔者看来,这两个术语之间的连接至少会带来如下三个方面的问题:"生态文明"是否应该或可能有"姓资姓社"之分、是否存在着"资本主义生态文明"、社会主义是否必然是一种高于资本主义的生态文明形态。接下来,笔者将分别讨论这三个问题。

其一,"生态文明"是否应该或可能有"姓资姓社"之分。尽管理论思考的出发点和侧重点不同,生态社会主义者(尤其是生态马克思主义者)和生态主

---

① Donald Sassoon, *One Hundred Years of Socialism: The West European Left in the Twentieth Century* (New York: New Press, 1996), xix-xxv.

义者对此都做出了否定性的回答。① 在前者看来,资本主义社会的所有缺陷或罪恶,都源于其资本主义性质的经济政治制度,生态环境难题也不例外。因而,无论对于生态环境危机成因的解释还是对于生态化文明的创建,都应始于一种与资本主义截然不同的新型经济政治制度。也就是说,"生态文明"不应该也不可能有"姓资姓社"的区分,而只能是"社会主义的"。但在后者看来,生态文明及其建设的关键之点,在于实现对人类生存于其中的自然环境的全方位感知与切实尊重,而无论是资本主义还是社会主义,都建立在对物质主义的价值迷恋和对现代化工商业生产生活方式的生存依赖的基础上,因而都不可避免地制度性地对象化和剥夺自然生态,所以,"姓资姓社"的区分即使在外表上有所不同,也不会导向一种真实意义上的"生态文明"。也就是说,"生态文明"无所谓"资""社",因为前者在本质上都是反生态的。

其二,是否存在着"资本主义生态文明"。生态社会主义者和生态主义者的上述一般性声称,至少面临着来自社会实践中两个方向的挑战,即使不考虑来自各种形式的生态自由主义者的反驳或辩解,比如各种版本的"生态现代化"或"生态资本主义"理论②。在当代欧美国家中,至少可以清楚地看到许多"生态文明"的现象碎片或向"生态文明"转变的征兆迹象③,而它们又大都是典型的发达资本主义国家。不仅如此,至少到目前为止,生态主义的可持续性理念、制度、政策甚至个体意识,也首先出现在并集中体现在这些国家。因而,即使不能说已经存在着一种"资本主义生态文明",发达资本主义国家有着更为发育成型的"生态文明"要素似乎是不争的事实,毕竟,享受物质舒适生活的同时拥有碧水蓝天在大多数发展中国家依然只是一种奢望。生态社会主义者和生态主义者当然可以从不同的视角,来批评这些发达国家所取得的"生态文明"的血腥性质或非生态本质(它们在相当程度上通过经济剥夺和污

---

① 生态社会主义方面的代表性著作比如 André Gorz, *Capitalism, Socialism, Ecology* (London: Verso, 1994),生态马克思主义则以围绕着《资本主义、自然、社会主义》英文杂志的欧美学者群为代表。

② John Barry, Brian Baxter and Richard Dunphy(eds.), *Europe, Globalization and Sustainable Development* (London: Routledge, 2004); Stephen Young(ed.), *The Emergence of Ecological Modernization: Integrating the Environment and Economy* (London: Routledge, 2000)。

③ 郇庆治:《城市可持续性与生态文明:以英国为例》,《马克思主义与现实》2008年第2期,第67—75页。

染转移而实现），但这种局部性的生态化的事实也不容否认。至少从生态文明的宽泛涵义上（即现代文明的生态化演进），"资本主义生态文明"在实践上是一种现实，而且依然具有进一步扩展的空间和可能性。

其三，社会主义是否必然是一种高于资本主义的生态文明形态。即使从纯逻辑的角度来看，这也是一个有着开放性答案的问题。一方面，相对于资本主义，社会主义理念有着更多的人本思想和人文关怀，特别是对社区生活质量（包括居住环境）以及精神内涵的关注，因而可以对资本与市场的扩张本性和经济理性本性进行必要的限制。就此而言，可以说，社会主义理应拥有高于资本主义的生态文明形态，甚至可以说，"生态文明"是社会主义的应有之义[1]。但另一方面，这种对人本思想和人文关怀的尊重，未必一定能够抗衡或制约资本主义条件下的物质主义迷恋以及建立在自由市场基础上的经济政治制度。换句话说，社会主义的理念并不能保证自动建立与之相对应的生态环境友好的价值观念和制度体系。而这正是生态主义者所激烈批评的，认为现实中的社会主义完全可以成为像资本主义一样反生态的人类文明形式，只不过后者建立在个性贪婪的物质动机之上，而前者却打着创造社会或公共福祉的旗号。

因此，"社会主义生态文明"概念的确蕴涵着一种对人类未来文明发展形态与路径意义上的超越性想象，但它的提出更多是基于当代中国一个多世纪以来特别是改革开放以来现代化实践的理论反思与升华，基于对欧美发达国家正在发生着的生态化经济政治转型的自觉认同，基于对新时代中国所处其中的一个急剧变化着的一体化世界的重新感知，而不能简单化理解为现实中资本主义及其文明的对立甚至超越状态（至少政治对立本身并不必然会带来生态意义上的超越），因而也就必须慎重谈论生态文明意义上的"姓资姓社"问题。

3. 现实社会主义实践与生态

"社会主义生态文明"概念所涉及的第三个术语学问题，与前文所述的"生态文明"前缀的"社会主义"范畴的内向性或实践层面相关。换句话说，现实社

---

[1] 余谋昌：《生态文明是发展中国特色社会主义的抉择》，《南京林业大学学报（人文社科版）》，2007年第4期，第5—11页。

会主义制度性实践是不是以及能否生态化或选择性地应对很可能出现的生态环境难题(需要指出的是，这里的"现实社会主义"只是一个描述性概念，用来指称包括中国、苏联、中东欧诸国等在内的现实社会主义国家的现代化实践和制度性探索)。这又可以区分为两种具体情况，一是苏联和中东欧国家与中国、越南、古巴等国家之间的不同；二是传统模式下的社会主义取向与生态化的社会主义取向之间的不同。

先说第一种情况，以苏联和中东欧国家为主体的许多原社会主义阵营的国家，在20世纪80年代末纷纷放弃了坚持了40余年的社会主义基本制度和价值体系，而转向了西方式的自由民主制道路。这一事实并不足以说，它们已找到了更为适合的经济社会可持续发展或生态文明发展的模式，尽管这些国家的生态环境问题随后总的来说是在趋于改善而不是继续恶化，尤其是在那些已经加入欧洲联盟的中欧国家。① 但毫无疑问的是，这些国家的政治与经济转型，已使得在古典社会主义话语体系下讨论如何应对生态环境难题以及创建社会主义生态文明的讨论变得没有意义。相应地，包括中国、越南、古巴等在内的坚持社会主义国家的实践就变得尤其值得关注。可以肯定地说，如果社会主义生态文明成为或能够成为一种新型的制度性实践，那么，它只能发生在这些国家。

然后，让我们讨论第二种情况。对于社会主义与生态环境的实践性关系，主导着中国的曾经是一种非常简单化的概括，即环境污染与生态破坏只属于西方资本主义国家。事实上，这样一种认识一直延续到20世纪80年代初的改革开放之前。从今天的视野看，这种看法当然非常幼稚，但真正值得深入思考的不是这种看法本身的幼稚性，而是它何以能够长时间维持。这其中的原因固然有很多，比如从政治领导层到普通民众的过于僵化的社会主义观念束缚了人们的思维，但真正重要的恐怕是那时依然有限的现代化社会实践的范围与力度。从回顾的视角来看，20世纪70年代末开始的改革开放实践，实质上是一场由中国共产党领导的、在社会主义革新与发展旗帜下展开的、以

---

① 作者对罗马尼亚学者卢西恩·乔拉(Lucian Jora)的访谈(威海：2007年10月18日)；郇庆治、马丁·耶内克：《生态现代化理论：回顾与展望》，《马克思主义与现实》2010年第1期，第175－179页。

史无前例的规模与深度进行的民族国家现代化运动。尽管对于这场运动的长远经济、政治、社会、文化和国际影响，现在还难以做出准确估量，但已经足以明确的是，越来越多的人在享受着日渐繁荣甚至有些奢华的物质生活水平的同时，中华民族数千年来赖以生存繁衍的自然环境正面临着极其严峻的挑战。同样，很多因素可以解释目前这种经济现代化发展与生态环境保护之间的冲突对立状态，比如庞大的人口基数、相对稀缺的生存空间与自然资源、现行发展的初级阶段性、相对不利的国际环境，但从社会主义与生态环境的实践性关系来看，恐怕不得不得出如下结论：我国的社会主义制度选择与发展模式设计迄今为止还没有从根源上消除生态环境难题。[1] 也就是说，生态环境难题并不是外在于社会主义制度的，而是它所必须面对的挑战之一。如今，恐怕很少有人还会否认上述事实。承认这一事实，尽管会让某些虔诚的社会主义者感到沮丧，但从问题解决的角度来说，这是社会主义实践可能取得实质性进展的第一步。

那么，如何解释或走出上述困境呢？一种十分自然的思路选择是弱化社会主义与生态环境之间的联系刚性。一方面，承认社会主义即使在制度层面和模式选择上也可能会犯错误（特别是局限于所处的历史条件），并需要在与时俱进的制度学习中不断革新。也就是说，如果说传统模式下的社会主义取向未能够有效克服生态环境问题，那么，正在或不断生态化的社会主义取向可以更好地实现这一目标，至少与资本主义国家相比时是如此。另一方面，承认生态环境难题在某种程度上是超越社会主义与资本主义之间的政治界限的，或者说，生态环境难题不仅不承认自然边界，而且在一定程度上也不承认政治边界。这就意味着，在现实实践中，社会主义国家可以从资本主义国家吸取各种有益或成功的生态环境应对处置经验。但至少从理论上说，这一思路的两个侧面都存在着一种"天然的"限制。就前者而言，传统意义上的社会主义是否愿意及在何种程度上能够演变成一种生态化的社会主义，是存在着疑问的，至少对于生态主义者来说是如此；就后者来说，生态环境难题的去制度化思考到一定程度时也会危及二者之间的应有联系，从而使社会主

---

[1] Saral Sarkar, *Eco-socialism or Eco-capitalism: A Critical Analysis of Humanity' Fundamental Choices* (London: Zed Books, 1999), pp. 23-56.

义与生态文明的连接本身成为问题。

因而,社会主义生态文明概念的要旨,在于更好地在实践层面上应对当代中国大规模社会主义现代化建设中几乎无法回避的生态环境严重恶化难题,就此而言,它在相当程度上超越了社会主义与资本主义之间的传统意识形态和政治分野,尽管这并不意味着,可以因此放弃社会主义理念与思维可以催生出的制度想象和选择空间,也就是说,"生态文明"的社会主义前缀绝非仅仅是一种修饰。

二、社会主义生态文明建设的实践特征与现实挑战

1. 目标与现实之间的巨大落差

基于上述的比较性概念分析,我们至少可以在人类文明绿色转向、与资本主义文明相竞争和社会主义实践自我反思等三重向度上理解或使用"社会主义生态文明"概念。但从实践维度上说,"社会主义生态文明究竟是什么"还依然是一个难以准确回答的问题。这倒不仅仅是因为存在着它的应然状态(现在更多可以讨论的)和它的实然状态(未来真正可以实现的)之间的巨大落差,就像人类历史上自由主义与社会主义理想的制度化(文明化)所已经证实的那样。问题还在于,它也许会呈现为某种介于上述二者之间的"伪然"状态,即一些"看起来很逼真、但实际上相差甚远"的异质性文明状态——无论是在社会主义的意义上还是在生态文明的意义上。因而,当代中国"社会主义生态文明"建设过程中所面临着的首要挑战,是如何认识与把握两个看似矛盾要点之间的平衡:一是宏大理想目标,二是现实主义态度。

所谓"宏大理想目标"就是要明确,社会主义生态文明应当是一种比"资本主义生态文明"更加符合生态规律与原则的文明化生存生活方式,因而体现并代表着人类文明的未来。据此,我们当然可以列举出社会主义生态文明包括的价值观、经济、社会、制度、政策和生产生活方式等不同侧面。但从生态主义的视角来说,这其中至少蕴涵着如下三个层面的含义。其一,它在基本制度框架设计及其文化价值支撑上有着不同于资本主义社会的特点;其二,它能够创制出不同于资本主义社会条件下的生态环境难题解决思路与方式;其三,它能够更有效地解决资本主义社会制度下难以克服的诸多生态环境难

题。就此而言，社会主义生态文明所信奉的应该同时是一种激进的社会主义和激进的生态主义，或者说"激进的生态社会主义"①。

对于第一个层面的含义，即基本制度框架安排上的差异，不仅要体现在人与人之间的关系上，还要体现在人(社会)与自然间的关系上。比如，如何克服自然生态在资本主义社会制度下的资源化对待和物质财富化占有，就既是一个人类社会关系重组的问题，也是一个人与自然关系重组的问题。事实一再证明，单纯所有制上的私有制和公有制都不能彻底解决这一难题。同时需要强调的是，任何生态化的制度安排，必须伴随着一种生态化的文化价值及其承载者，这多少有些像关于社会主义讨论中反复被强调的"社会主义新人"问题。换句话说，"社会主义生态文明"不仅意味着社会制度层面上的创新，还意味着生态新人或"生态(文明)人"的诞生或培育。②

正是由于第一个层面上的根本性特点，"社会主义生态文明"才会展现出第二个和第三个层面上的潜力或可能性。一方面，它能够创制出资本主义社会制度下所没有的生态环境难题解决思路与方式，更多体现为具体制度与政策上的生态化创新，比如自然资源的真正有计划合生态利用(现实社会主义的问题不是出在有计划，而是出在并没有做到合生态)，另一方面，它能够更有效地解决资本主义社会制度下难以解决的生态环境问题，更多体现为生态环境保护与养育的实际效果，比如公共交通服务的非资本取向运作问题(真正转向生态为本、以人为本)，同样的制度性措施或个体行为将会有着大不相同的成效。

所谓"现实主义态度"就是要明确，至少就当前中国的现实而言，创建一种生态文明的实际起点还很低。严肃而客观地说，我国依然处在模仿与追赶欧美国家早已或接近完成的工业化和城市化的进程当中，而它们过去的经验已经表明，这几乎肯定是一个生态环境压力最大、人为破坏最严重的阶段。因而，在真正实现对正在恶化中的自然环境的历史性补偿之前，恐怕连基本性的环境正义也做不到，更不用说一种新型文明形态的创造。强调上述事实，

---

① Saral Sarkar, *Eco-socialism or Eco-capitalism: A Critical Analysis of Humanity' Fundamental Choices* (London: Zed Books, 1999), p. 181.

② Saral Sarkar, *Eco-socialism or Eco-capitalism: A Critical Analysis of Humanity' Fundamental Choices* (London: Zed Books, 1999), pp. 255-258.

并不是为了淡化人们的信心与责任,而是为中国任重而道远的生态文明建设确定一个更为客观准确的现实基础。

一方面,即使出于社会政治动员的目的,我国也只能提出一些相对较低水平的阶段性目标,其中包括对资本主义发达国家现有的生态化文明成果的借鉴吸收,即便这也是一个长期性的过程,不可能在短期内完成。另一方面,必须承认的是,我国已经在相当程度上接受了欧美传统的工业现代化发展模式,也就是说,当今中国的文明形态就其主体而言已经是一种工业文明。这意味着,当代中国已经不是在一张白纸的基础上发展绿色文明,而是同时面临着一个如何超越自身的难题。而正像欧美国家所已表明的那样,工业文明向生态文明的渐进式超越虽然看起来痛苦较小,但进展起来并不容易。①

因而,对于"社会主义生态文明"创建来说,真正重要的不是泛泛而谈的各种理论性描绘或规划②,而是现实中人们可以(或能够)做出的实践性解答。在笔者看来,这其中最为重要的是,既坚持具有较高理论起点的理想目标,又坚持有着高度现实主义精神的实践态度。问题在于,要真正做到其中的任何一个方面都不是易事,而更加困难的则是把二者在一个长期的历史过程中有机结合起来。只有充分认识到这一点,才能确立生态文明建设实践上的正确而积极的态度,而那些迷恋或偏执于"节能减排"或"种草栽树"等细枝末节的文明建设工程(这些努力本身当然并非没有意义),最多只会导致"社会主义生态文明"的一些"伪然"状态。

2. 动力机制难题或挑战

除了理想目标与现实起点所构成的巨大落差,"社会主义生态文明"还存在着一般意义上的动力机制问题,或"绿色施动者"难题。③ 正如前文分析的,无论就人类文明的生态转向还是与"资本主义生态文明"的比较而言,"社会主义生态文明"所代表的都应该是而且只能是一种质的变化,并且这种质的变化

---

① 这方面的一个典型例子是始于欧美国家的"无车日"倡议。实际上,个例性的"无车日"既不会根本改变大城市的交通状况,也难以培育出人们的"绿色出行"观念。参见张灵鸽:《从"无车日"到"绿色出行"》,《绿叶》2007年第10期,第60—61页。

② 姬振海:《生态文明建设的四个层次》,《绿叶》2007年第10期,第10—11页。

③ Brian Tokar, *The Green Alternative: Creating an Ecological Future* (San Pedro, California: R. & E. Miles, 1992), pp. 57–58.

很难仅仅靠量的积累来实现。那么,需要深入分析的是,哪些个体或社群会成为现代工业文明的变革者或生态文明建设的倡导者呢?更进一步说,这些绿色先行者能够改变主导性的经济社会政策范式吗?

从欧美发达国家的经验来看,虽然有着一种关于代际性后物质主义价值转向的理论假设及其相关性证据①,即使同属于绿色激进主义阵营的生态自治主义和生态社会主义也都没有很好地解决"绿色变革动力难题"。② 对于生态自治主义来说,它所强调的是如何通过小规模化现代文明条件下的人类生产与生活方式,来实现对复杂而多样的自然生态系统的切实尊重。这其中隐含的理论假设是,现代社会中的一小部分群体将会率先脱离工业化与城市化的现代生存方式,并逐步吸引越来越多的社会成员加入其中,最终导致集中性的现代工业文明向一种分散化的生态文明的过渡。这一理论方法的最大难题在于,这些工业文明的变革者或生态文明的倡导者往往来自社会主流性群体中的一部分,比如各种环境保护团体成员、新社会运动成员、绿党活动分子等,而他们首先是现存社会制度的受益者,因而归根结底也是其支持者。

而对于生态社会主义来说,它所强调的是如何通过重建人类社会中资本主义性质的社会关系来实现对人(社会)与自然关系的重建,从而实现对自然生态的集体性适应与尊重。这其中隐含的理论假设是,人与自然关系和谐的基础和关键是人类社会内部关系的和谐,而资本主义的生产生活方式注定了人类对自然关系上的剥夺与野蛮性质,因而社会主义的制度性变革将会带来工业现代文明的生态化转型。这一理论方法的难题在于,传统社会主义者更偏重于现代社会中的边缘性群体比如无产者或工人阶级,而这些边缘性群体已越来越变成现代社会的依附者而不是变革者或"革命者"③;当代社会主义者包括生态社会主义者试图建立政治边缘性群体与生态意识先进群体之间的

---

① Ronald Inglehart, *The Silent Revolution: Changing Values and Political Styles among Western Publics* (Princeton: Princeton University Press, 1977) and *Culture Shift in Advanced Industrial Society* (Princeton: Princeton University Press, 1990).

② 相关讨论参见郇庆治:《欧洲绿党研究》,山东人民出版社,2000年版,第231-232页、251-253页。

③ André Gorz, *Farewell to Working Class: An Essay in Post-industrial Socialism* (London: Pluto, 1982).

联盟的努力,至少从目前来看并不成功。换句话说,尽管欧美西方左翼政治力量的政治意识形态总的来说是在不断绿化,但它们从根本上变革资本主义制度的政治意愿与能力却在降低。正因为如此,生态社会主义理论家戴维·佩珀公开承认,生态社会主义在人们非常需要和愿意维护它之前不会产生。[①]

部分是由于意识到生态精英在绿色变革中"先锋队作用"的难题,近年来一些生态自治主义学者开始转向更为传统性的议题领域,比如安德鲁·多布森对生态公民(权)议题的讨论和罗宾·艾克斯利对绿色国家议题的讨论。[②] 在多布森看来,具有公民意识的人要比具有道德意识的人更容易去做正确的事情,因而对于生态文明建设来说,更为重要的是如何教育公民成为生态公民;而在艾克斯利看来,传统意义上的国家也许在本质上是"灰色的",但一个生态化的国家却可以在绿色变革中发挥一定的积极作用。因而,他(她)们理论关注的重点似乎已从生态精英层面转向大众层面。

那么,可以从上述欧美经验中得出哪些基本性看法呢?一方面,绿色变革或生态文明建设的动力明显是多元化的,而不专属于某一社会阶层或群体。换句话说,人们很难声称,哪一社会阶层或群体正在成长为这样一种深刻变革的领导者或"代理人",尽管一般意义上的绿色激进社会与政治运动在欧美社会和政治的绿化过程中确实发挥着一种积极推动与示范的作用。另一方面,这种绿色变革动力上的"群龙无首"特征,也体现了欧美社会甚或现代西方文明开展一种深刻的生态转向上的内源性困难。[③] 无论是新社会运动的制度化与温和化,还是绿党的既存化与主流化,都不能仅仅用社会运动和政党发展的一般逻辑或"寡头铁律"来加以解释,而应该理解为人类现代工业文明自身超越上的内在性局限。

就中国现实而言,从积极的方面来讲,既可以发现大量不断绿化着的阶层性角色,比如知识分子、大中小学学生、国家公务人员、生态民众(消费

---

① David Pepper, *Eco-Socialism: From Deep Ecology to Social Justice* (London: Routledge, 1993), p. 234.

② Andrew Dobson, *Citizenship and the Environment* (Oxford: Oxford University Press, 2003); Robyn Eckersley, *The Green State: Rethinking Democracy and Sovereignty* (Cambridge: The MIT Press, 2004).

③ Ingolfur Blühdorn, "Self-experience in the theme park of radical action? Social movements and political articulation in the late-modern condition", *European Journal of Social Theory*, 9/1(2006), pp. 23-42.

者)、工商界人士(少数)等,也可以明显感觉到众多不断绿化着的制度性角色,比如政府(尤其中央政府)、政党、媒体、法律制度与政策、市场等。当然,这些变化至少从表面上看与欧美国家的情形没有实质性差别(其不同更多是在阶段性的意义上)。而就绿色变革或生态文明建设的动力机制来说,当前中国至少具有如下两个方面的突出特点或"优势"。其一,拥有一些可以发挥特殊统领或推动作用的制度性角色。这其中最为重要的是中国共产党及其领导下的集权化政府。可以说,作为唯一执政党的中国共产党的政治绿化对于"生态国家"以及生态文明建设的推进,具有难以估量的作用。就此而言,建设生态文明纳入中国共产党的章程具有标志性意义。其二,长期高速推进的工业现代化进程,已面临着严重的资源环境制约或"自然极限"。事实将会证明,这种外在环境的制约将更容易成为社会生产生活方式变革与文明创新的内在动力。依据著名历史学家阿诺尔德·汤因比"挑战和迎战"的文明发展动力阐释[1],作为后工业化国家所面临着的严峻资源供应与生态环境挑战,也许会成为中国进行深层次与根本性变革的直接推动力。

但是,从创建一种"社会主义生态文明"的高度来看,也必须清楚地认识到它所面临的诸多困难,而且上述两方面的潜能也未必一定能够转化成为现实中的真正优势。一个显而易见的难题是,在可以预见的将来,我国的工业现代化与城市化进程仍将处在高速推进之中。这一事实意味着,无论是党和政府的政治领导者还是普通民众(包括社会各个阶层)都将是这一进程的物质获利者,人们更自然地关切的是如何享受这一进程所带来的生活福祉与舒适,也就很难真正长远思考或被说服去从事任何根本意义上的变革。比如,目前地方官员中依然强烈的经济增长政绩偏好倾向,绝非仅仅是地方官员的自身素质和政府干部考核体系偏颇的问题,而是有着强烈的大众民意支持基础。在这种情况下,不断绿化的集权性政府与政治体制就成为十分必要的矫正性因素。

因而,就中国自身而言,虽然可以看到一些赞成绿色变革或生态化生产生活方式的社会阶层或制度性元素,但它们离促成一种新型文明形态创新所需的动力机制要求还相差甚远,困难并不仅仅在于制度化设计、政治领导层

---

[1] 阿诺尔德·汤因比:《历史研究》,曹未风等译,上海人民出版社,1966年版,第74页。

观念上的缺陷,还在于普通公众意识与行为上的滞后,而这一切归根结底又是出于每一个人都身处其中的现代化实践进程及其价值理念氛围。这绝不是说,面对复杂的现实条件而选择无所作为,而是说,新时代中国只能依据自己的方式与路径推进"社会主义生态文明"的建设。

三、社会主义生态文明的未来前景

可以看出,作为一个科学性概念,"社会主义生态文明"除了必须厘清理论向度上可能存在的歧义性,还面临着来自实践层面上的诸多主客观条件的严重制约或挑战。这就使得,在一个依然由资本主义经济与政治秩序主导的日益一体化世界中,已经迈入工业现代化进程的当代中国,同时面临着错误解读(实践)社会主义与生态主义的双重危险,因而使得社会主义生态文明建设的未来有着相当程度的不确定性。就前者而言,对资本主义制度下市场关系至上性和泛化的社会与文化限制,欧美发达国家并没有提供多少可以参考借鉴的经验,相反,时下依然盛行的各种形式新自由主义已在多少影响着中国特色社会主义实践中的理论想象与制度创设;就后者而言,欧美国家开启的"生态资本主义(现代化)"在提供着一种缓解与局部克服生态环境问题的经济和社会发展模式的同时,也可能会冲淡人们对更为激进的生态主义思维与选择性解决方案的消化吸纳,从而延缓甚至堵塞包括中国在内的世界各国向一种新型文明转向的现实通路。

但这绝不意味着,"社会主义生态文明"建设是一个注定会失败的实践工程,更不能说这一概念的提出与尝试毫无意义。恰恰相反,无论就当代中国对人类文明发展可能做出的真正贡献而言,还是就根本性解决新时代中国现代化发展中所面临难题的战略抉择而言,社会主义与生态主义都是必须坚持的两面旗帜:只有强调社会主义,才能抑制经济市场化竞争所必然带来的资本崇拜和贫富差距扩大;只有强调生态主义,才能真正找到一条绿色的可持续发展道路。[①] 就此而言,在笔者看来,社会主义与生态主义并不是两种截然对立的政治意识形态,而是可以融为一体的两个侧面,或许可以称之为"生态

---

① 郇庆治:《生态现代化:中国现实的绿色道路?》,《环境政治学》2007 年第 4 期,第 683-687 页。

化社会主义"或"社会主义的生态主义"。也正是在这个意义上,"社会主义生态文明"概念蕴涵着当代中国现代化发展与文明创新中最为重要的政治想象与动量,尽管这种政治愿景想象与创造力的适当发挥,不仅取决于学术界人士所能做出的理论阐释与规划,还取决于国家政治精英们所能做出的制度创新与政策设计。而笔者想强调的是,无论如何,"社会主义生态文明"构成了一个完整意义上的绿色乌托邦未来想象(在这一术语的积极意义上)[①],而这对于一个依然处在高速推进的现代化进程中的中国未来来说至关重要。

第二节 全球维度

当代中国生态文明建设必须面对的另一个理论性挑战,是如何理解与处置"社会主义生态文明"目标指向与实践追求和日趋全球一体化的国际环境之间的关系,尤其是与欧美发达资本主义国家之间的关系。一方面,欧美资本主义国家自20世纪70年代初以来在生态环境保护、治理与修复方面取得了无可置疑的现实进展,值得其他国家关注与借鉴;另一方面,依然明显不同的国家政治意识形态与制度架构的确为中国展现了生态文明建设议题上的"两制维度"(即社会主义对资本主义)或理论与实践想象空间。2012年党的十八大报告明确提出"建设社会主义生态文明""努力走向社会主义生态文明新时代"[②],不仅彰显了新时代中国生态文明建设的政治意识形态意蕴,而且展现了中国共产党对于生态文明建设的社会主义维度的理论自觉与政治追求。

一、"社会主义生态文明":生态社会主义视角下的理论阐释

从最一般意义上说,由"社会主义"前缀与"生态文明"组成的复合性概念"社会主义生态文明",可以从如下两个层面来解读。其一,一种政治上"不言而喻""理所当然"意义上的理解。也就是说,由中国共产党执掌与领导的生态

[①] 郇庆治:《绿色乌托邦:生态主义的社会哲学》,泰山出版社,1998年版,第6—7页。
[②] 胡锦涛:《坚定不移沿着中国特色社会主义道路前进,为全面建成小康社会而奋斗》,人民出版社,2012年版,第12页、41页。

文明建设，无疑是一种"社会主义生态文明"。因而，根本不需要过分地强调生态文明建设的社会主义政治属性，而且那样的话，在实践中也不利于许多生态文明建设举措的切实推进。

其二，生态马克思主义或生态社会主义者所理解的、与资本主义社会相对照意义上的"社会主义生态文明"。概括地说，生态马克思主义或生态社会主义的核心性观点包括如下两个，一是对当代资本主义社会展开的"生态学批判"，二是构想作为一种替代性社会形态与制度构架的"生态的社会主义"。

在生态马克思主义或生态社会主义者看来，资本主义社会的生态环境问题内源于资本主义制度本身，即以私有财产为核心的商品（市场）经济制度和建立在这一经济制度基础之上并服务于它的政治社会制度以及文化价值观念。私人资本为了实现其不断增值的目的，把社会主体、自然资源和生态环境作为生产活动要素纳入"资本主义的经济过程"之中。结果是，资本理性或"资本的逻辑"使社会主体退化为经济生产过程中的"劳动力"和"消费者"，也就是无处不在的利益关系编织而成的商业社会中的孤独"单子"，好像人们从事经济生产活动不是为了满足自身的物质文化需要，而是相反，这正是马克思在《1844年经济学哲学手稿》中所批评的"劳动的异化"和"人的异化"[①]。

就生态方面而言，资本的逐利本性以及市场竞争压力注定了，它会竭力使更多体现为"公益"或"共同惠益"的生态环境质量维护成本"外部化"，除非生态环境质量及其改善本身能够成为一种商业投资活动并满足资本的赢利要求。需要强调的是，这种"外部化"在国内层面上主要体现为少数经济富裕群体对大部分普通民众生态环境权利的侵害或剥夺，而在全球层面上则主要体现为少数经济富裕国家对广大发展中国家和经济贫穷国家的环境污染"输出"或"转嫁"——同时在被迫和主动的意义上。更为重要的是，资本主义社会条件下社会不公正的生产和经济关系，不仅会以生态不公正的人与自然、人与人关系为结果，而且必须要依之为前提。也就是说，离开了生态剥削性的人与自然、人与人关系，社会剥削性的经济与生产关系也将无法为继。

正是沿着上述思路，詹姆斯·奥康纳提出并阐述了资本主义社会的"双重

---

① 《马克思恩格斯文集》（第一卷），人民出版社，2009年版，第156-164页。

基本矛盾"理论。① 在奥康纳看来，资本主义社会实际上存在着双重的"内在性矛盾"："第一重矛盾"是传统历史唯物主义所揭示的生产力和生产关系之间的矛盾，这种矛盾的一个特定形式是价值与剩余价值的生产和实现之间的矛盾，它们之间的矛盾运动会造成由于有效需求不足而导致的"生产过剩"的经济危机；"第二重矛盾"则是资本主义的生产力和生产关系与基础性的"生产条件"之间的矛盾——这些条件包括"个人的条件"（人类劳动力）、"一般公共条件"（城市空间、交通和基础设施）和"外部条件"（自然或环境），这种矛盾由资本的无止境自我扩张本性和自然界的自身有限性所引起，其结果是自然生态环境的破坏以及由此引发的资本主义各要素成本的提高，从而导致体现为"生产不足"的经济危机。奥康纳认为，"资本的第二重矛盾"清晰地表明了当代资本主义的经济危机发生必然性或危机依赖本性和反生态本性。资本主义生产过程既是一个充满经济危机的过程，同时也必然会导致生态危机，而生态危机反过来又会由于增加资本运行的总成本，进一步加重经济危机。基于此，奥康纳强调，对当代资本主义社会的批判性分析，必须建立在对上述双重矛盾的综合考虑基础之上，"单纯从经济的维度来对资本主义的第二重矛盾进行阐释，甚至比传统马克思主义理论单纯从经济的维度对资本主义的第一重矛盾所做出的解释更具有非法性"②。

因此，正如詹姆斯·杰克逊所指出的，"生态马克思主义是一种严厉批判西方资本主义的人类中心主义的观点；生态马克思主义者认为，资本主义制度内在地破坏人与自然的关系，'民主资本主义的经济是与自然的保护不相容的'。在马克思看来，解决环境恶化难题和工人悲惨境遇的唯一出路是消灭资本主义制度；马克思的人类解放概念是与他对通过社会主义社会的发展来克服人类与自然分离的思考相联系的。'要想摆脱人类的异化状态'，就必须'以一种理性的方式控制与自然的物质代谢'，而这种目标只有在根除资本主义之

---

① 郇庆治：《环境政治学视野下的生态马克思主义》，载《当代西方绿色左翼政治理论》，北京大学出版社，2011年版，第72-91页。

② 詹姆斯·奥康纳：《自然的理由：生态学马克思主义研究》，唐正东、臧佩洪译，南京大学出版社，2003年版，第283页。

后才能实现"①。可以说,这一对"生态马克思主义"的定义性阐释,不仅提出了对当代资本主义本身的最严厉的生态学批评——"资本主义制度内在地破坏人与自然的关系""民主资本主义的经济是与自然的保护不相容的",因而必须要加以"根除",而且提出了一种"生态社会主义"的总体性解决思路——"以一种理性的方式控制与自然的物质代谢",而这当然不仅仅是在哲学批判的意义上,而是同时在政治斗争与经济社会重建的意义上。

印度籍德国学者萨拉·萨卡则从另外一个角度阐述了"生态社会主义"选择的必要性。② 萨卡认为,资本主义所特有的大规模工业经济模式和高消费生活方式,在当今世界占据着主导地位。它的存在加速了双重性的破坏过程:在破坏人类赖以生存的自然基础条件的同时,也加快了人类与经济社会生活相割裂的速度,而且这两者是相互强化的。也就是说,数个世纪以来资本主义生产生活方式的全球性扩张,正在造成一种人类前所未遇的严重生态危机——在文明发展史上,人类首次使自我毁灭在几十年内成为可能。这充分表明,"在经济和社会领域,资本主义作为一种经济体系的失败正变得显而易见",同样,"确信无疑的是,资本主义作为一种世界体系正在走向失败"③。

不仅如此,在萨卡看来,"可持续发展的资本主义"或"资本主义的可持续增长"所依托的三个理论假设:使用效率或技术的不断改进可以大致保障可预见未来内"新的繁荣模式"下的资源与能源需求、只要社会投入足够的资源就可以在相当程度上解决污染难题、上述目标完全可以在一个资本主义的市场经济框架内得以实现,在日趋严峻的现实面前都不过是一些不切实际的幻想而已,至少迄今并未发现科学意义上的肯定性确定性。因而结论便是,所谓可持续的发展(增长)是不可能的,除非赋予"发展"这个术语以全新的含义,而不再将其理解为工业化、经济增长和工业社会。

至于向未来"生态的社会主义"或"社会主义生态文明"的社会政治转型与

---

① 郇庆治:《21 世纪以来的西方绿色左翼政治理论》,《马克思主义与现实》2011 年第 3 期,第 129 页。
② 萨拉·萨卡、布鲁诺·科恩:《生态社会主义还是野蛮堕落?一种对资本主义的新批判》,载郇庆治(主编):《当代西方绿色左翼政治理论》,北京大学出版社,2011 年版,第 92-112 页。
③ 萨拉·萨卡、布鲁诺·科恩:《生态社会主义还是野蛮堕落?一种对资本主义的新批判》,载郇庆治(主编):《当代西方绿色左翼政治理论》,北京大学出版社,2011 年版,第 93-94 页。

制度构想，总体而言，未来绿色社会的基本特征应是资本主义经济制度(市场体系)及其政治体现(自由民主制)的消除，而实现这样一种根本性社会政治变革的道路与途径，既不能仅是单纯文化意义上的，也不能指望通过国家权力垄断或政治专制。基于此，尽管其内部存在着大量的政治与政策争论，生态社会主义既批判主流("浅绿")绿色政治对资本主义国家和经济技术手段的依赖与迷恋，批评生态无政府主义政治对个体价值观变革和自主自发意愿作用的过度推崇，批评其他社会生态运动对社会结构和国家变革重要性的相对忽视，同时也批评"现实的社会主义"实践不仅没有实现真正意义上的"社会主义民主"，而且未能允许发展"萌生状态的环境主义"和生态学，批评民主社会主义理论对资本及其生产的积极价值和工人阶级自发环境意识的过高评价。

具体来说，詹姆斯·奥康纳认为，既然无论从理论上和实践上都不可能期望生态危机在现存资本主义制度下的根本性解决，同时，传统社会主义理论与实践上的"生态挫败"并不足以支持社会主义与生态学存在着根本对立的看法，那么，重新界定或目标转向后的社会主义完全可以实现与生态学的政治联盟。在这方面，问题的关键是如何使新社会运动尤其是环境运动分子意识到这种政治联合的必要性，并积极参与到这种联合政治行动中来，也就是努力把激进的新社会运动特别是环境运动纳入一种新社会主义的轨道。

与此同时，对于作为生态社会主义变革重要对象和目标的国家，奥康纳又明确提出，像生态无政府主义者所主张的那样完全取消国家是不现实的，现实的出路只在于如何使现存的国家更具有生态敏感性或负责精神。这其中既体现了他对现实社会主义国家的某些质性的宽容甚至肯定——"虽然社会主义国家也存在生态问题，但同资本主义国家的生态问题相比，它们有着本质区别，社会主义国家的资源损耗和污染更多的是政治而非经济问题"[①]，更表明了他对未来生态社会主义社会中经济、社会和生态管理的总体性理解，即对一种相对集中、计划性管理架构的客观需要的认可——尤其是通过从"分配正义"转向"生产正义"，使交换价值服从于使用价值，使利润导向型的生产服从于需求导向型的生产。

[①] 詹姆斯·奥康纳：《自然的理由：生态学马克思主义研究》，唐正东、臧佩洪译，南京大学出版社，2003年版，第418页。

当然，也正是在这一点上，奥康纳与更多承继古希腊城邦自治传统的社会生态学家塔基斯·福托鲍洛斯展开了激烈争论。对于福托鲍洛斯来说①，所谓"社会主义生态学"只能意味着回归到前马克思主义的社会主义乌托邦、自由社会主义传统和依然有借鉴价值的马克思主义的非科学主义成分。相应地，在实践层面上，试图在一个建基于人类相互间统治关系并蕴涵着对自然统治的社会制度中寻找生态危机原因的生态民主的解决方案，必然要求一种直接的、政治的和经济的民主。在他看来，这种激进自由计划实现的前提是各种等级制关系包括国家的消除，"国家民主化的目标"即使得到认可，也只能是一个暂时性的过渡。

在另一重要议题即"物质富裕"或"经济繁荣"上走得最远的也许是萨拉·萨卡。在他看来，就自然界的资源(尤其是能源)供应或生态承载能力来说，当今人类社会(文明)已经接近或超越其极限。因而，未来的生态社会主义社会将只能建立在现有世界经济规模与能力的渐趋退缩直至真正可持续水平的基础之上，也就是一个物质财富有限化的社会。萨卡认为，这并不意味着人类进一步发展的停滞，因为各种精神文化和道德与社会进步依然有着巨大的空间，人类生活艺术的改进以及生存方式的可能性也是如此。

但它的确意味着，一方面，未来社会必须要有一个宏观经济规划来取代自由市场经济的混乱无序状态，以便确定生产多少和怎样生产、能源和资源需求以及如何分配，目的则是为了保证有劳动能力的人不会失业，保证人人都能靠自己的劳动谋生。相应地，关系国计民生的大规模经济行业的国家或社会所有，几乎是一种必然的政治选择，尽管原则上生产资料的社会化与所有权应采取多样化的形式。另一方面，向未来社会的过渡将会是一个艰辛而痛苦的过程。国家必须承担起组织有序退缩的任务，而且必须是有计划地进行，否则将会出现可怕的混乱和灾难，而国家必须坚决抛弃利润及增长优先的经济理念。

对于生态社会主义社会条件下的技术，维克多·沃里斯做了详尽的部门

---

① 塔基斯·福托鲍洛斯：《当代多重危机与包容性民主》，李宏译，山东大学出版社，2008年版。

性考察。① 他的基本看法是，尽管某些技术设备也许更加符合社会主义的原则，但社会主义生产生活所需的技术条件，在任何社会主义形式之前就已经存在。社会主义的独特贡献不在于其中可能出现的特殊发明，而是在于实现对社会的重组，从而使得对技术的选择不再建立在可销售和利润潜能之上，而是建立在与人和自然界的整体要求相协调的基础之上——这其中最重要的是，一是对物种长期生存的关切，二是任何人都无权以任何理由剥夺其他人享有舒适生活环境的权利。

在他看来，无论各具体部门有何特征差异，一种社会主义的方法都将基于如下三条原则：一是社会所有权以及对大规模财产的控制权，还有对生产单位重组（包括再分配和配置）的选择权；二是超越家庭单位的经济决策当属公共政策事务（不管是发生在哪一个层面上），并建立在身体健康、社会安康而非利润与市场的准则之上；三是对效率概念的修正，应考虑到某一特定生产活动的所有输入和输出，而不仅仅是以特定企业的边际效益来测量的输入与输出。

至于未来的生态社会主义社会到底要不要"市场"，这在生态马克思主义或生态社会主义者中间也是一个颇具争论性的议题。一般来说，他们大都认为，正在走向全球化的资本主义的产权关系、生产关系和经济关系（尤其是大规模市场贸易关系）是当代生态环境危机的罪魁祸首，因而是理当被废除或限制的对象。但是，未来的绿色新社会究竟在何种程度上能够做到完全消除商品生产与商品交换以及作为基础性条件的市场机制，应该说并没有明确或一致性的看法。

比如，莱纳·格仑德曼和安德烈·高兹等都认为②，未来的绿色经济结构将是结合市场机制的计划生态经济，他们虽严厉批评市场自由主义，但也承认传统马克思主义主张取消市场、货币与国际交换的观点并不现实；詹姆斯·奥康纳和戴维·佩珀更强调的是将以剩余价值生产及其实现为核心的资

---

① 维克多·沃里斯：《社会主义与技术：一种部门性考察》，载郇庆治（主编）：《重建现代文明的根基：生态社会主义研究》，北京大学出版社，2010年版，第100-117页。
② André Gorz, *Capitalism, Socialism, Ecology* (London: New Left Book, 1994); Reiner Grundmann, *Marxism and Ecology* (Oxford: Clarendon, 1991).

本主义市场关系转变为以使用价值(需要)生产及其实现为核心的社会主义交换关系——市场即使还存在也只是辅助与服务性的,但并不否认一个不断绿化与民主化的国家在这一变革进程中以及社会主义发展中的积极作用①;而塔基斯·福托鲍洛斯则认为②,实现这种根本性转变的制度性前提,是真正走向基层化的包容性政治民主、经济民主、生态民主与社会民主,即地方性包容性民主,然后它们会走向邦联化,并为新的、更大规模上的邦联制民主的建立创造条件,但基层民主经济体制下仍将存在着基本需求"按需分配"之外的非基本需求"按劳分配"问题和难以短时间消除的劳动分工问题,也就是交换的必要性。

而乔尔·科威尔的"革命性生态社会主义"则认为③,生态社会主义变革的目标是资本主义及其国家的和平解体,建立生产者自由联合体的共同所有制和重建"公共所有设施"。在走向这种新社会的过程中,不仅需要劳动阶级的反资本主义抗拒行动,还需要世界范围内的那些自主性、基层个体和团体的"示范性"项目。这些示范性活动将会超越资本主义市场和国家并使生产更多地基于使用价值,从而导致一种基于社区联合体的"生态社会主义党"的抗拒行动或致力于非暴力激进社会转型的基层团体网络的国际化。然后,可以期望,一种"生态社会主义革命"最终将会爆发。在国际层面上,将会组建起一个世界人民工会组织,通过一种以"生态价格"为基础的核算体系来使世界贸易民主化。然后,则是向有助于生态生产、公有土地和替代私人财产权的用益权的社会经济条件的渐进转型。

由此可见,生态马克思主义或生态社会主义不仅提出了未来"生态的社会主义社会"或"社会主义生态文明"的哲学理论观点——以一种不同于资本主义的更理性(制度化)的方式来调节人与自然之间的关系(尤其是物质变换),而且初步形成了促进这一人类社会与文明变革的政治原则主张,比如对经济繁

---

① 戴维·佩珀:《生态社会主义:从深生态学到社会主义》,刘颖译,山东大学出版社,2005年版,第356页。
② 塔基斯·福托鲍洛斯:《包容性民主理论的新进展》,载郇庆治(主编):《当代西方绿色左翼政治理论》,北京大学出版社,2011年版,第219-269页。
③ 乔尔·科威尔:《自然的敌人:资本主义的终结还是世界的毁灭?》,杨燕飞、冯春涌译,中国人民大学出版社,2015年版。

荣目标追求的生态理性节制和个体需要的"基本"与"非基本"区别、对资本主义经济关系(尤其是市场关系、生产关系和私有财产关系)的社会生态重构、对资本主义国家自由民主政治的社会生态重建、对资本主义条件下的物质主义和大众消费主义世俗文化的社会生态重塑,如此等等。一句话,"生态社会主义社会"或"社会主义生态文明",与资本主义社会条件下可能实现的生态进步有着实质性的差别,而且这些差异性进展并不容易实现。

依此而论,"社会主义生态文明"的提法对于当代中国的生态文明建设而言,确非仅仅是政治标签意义上的修饰,而是有着明确而深刻的政治意涵——代表着一种资本主义社会条件下无意也无法实现的文明创新潜能。具体地说,正如笔者在前文中所阐述的[①],我们至少可以在人类文明绿色转向、与资本主义文明相竞争和社会主义实践自我反思等三重向度上来理解与使用"社会主义生态文明"这一概念。无论就当代中国对人类社会文明可能做出的真正贡献而言,还是就根本性解决中国现代化发展中所面临诸多难题的战略抉择来说,"社会主义"和"生态主义"都是必须坚持的两面旗帜。也正是在这个意义上,完全可以说,"社会主义生态文明"概念蕴涵着当代中国现代化发展与文明创新中最为重要的政治想象和动量:人民群众的健康生活而不是资本的赢利成为社会生产活动的根本目的与动力机制,生态可持续性最终取代经济发展成为各级党政部门的首要政策目标,经济增长尤其是那些借助大规模经济开发项目和全球性贸易实现的增长不再是值得期望和追求的政绩,等等。

二、资本主义社会与"生态文明"

倘若立足于严格的生态马克思主义或生态社会主义立场,资本主义社会与"生态文明"的关系,就是一个不需要太多讨论的问题。因为,答案很清楚,资本主义制度条件下既不可能彻底消除自身的生态环境问题,也不可能根本解决全球范围内的生态环境问题。所以,萨拉·萨卡才十分肯定地说,"可持续的资本主义"或"资本主义生态文明",根本就是一个主观臆想意义上的概

---

① 郇庆治:《"社会主义生态文明":一种更激进的绿色选择?》,载《重建现代文明的根基:生态社会主义研究》,北京大学出版社,2010年版,第257-282页。

念,因为它从理论到实践层面都是自相矛盾的。但正如笔者在前文中已分析指出的,"社会主义生态文明"概念的提出与实践,绝非简单是基于与当代资本主义国家长期应对生态环境难题努力(同时在理论与实践意义上)的政治和意识形态对立,而是存在着更为复杂的既相互竞争较量又相互依赖共存的关系。而这就意味着,要想推进中国特色社会主义生态文明建设实践,还必须真正了解与客观评价欧美资本主义国家过去半个多世纪以来试图在自由资本主义体制框架内抑制甚或消解生态环境挑战的努力,以及这些努力的政策成效及其局限。接下来,笔者将分别从实践层面、理论层面和意识形态层面来讨论资本主义社会与"生态文明"之间的关系。

1. 实践层面

在实践层面上,一般认为,欧美工业化国家认真应对环境工业污染(主要是大气污染和水污染)的大规模努力,始于20世纪60年代末、70年代初,尽管它的发端可以追溯得更早,比如英国政府1956年就通过了针对"伦敦雾"的《洁净空气法案》。而需要指出的是,引发该立法的发生于1952年12月5—9日并导致12000人死亡的那次著名的严重大气污染事件,既不是伦敦历史上的第一次(最早的一次发生在1837年2月并造成200人死亡,大概与恩格斯撰写《英国工人阶级状况》同时),也不是最后一次(事实上,此后的1956年、1957年和1962年等又连续发生了十二次以上严重烟雾事件)。

但是,显然是像包括"伦敦雾"在内的"八大公害事件",共同促成了欧美社会对生态环境难题的渐趋积极的回应。以1972年举行的斯德哥尔摩人类环境会议为标志,一方面,欧美国家始于20世纪50年代中期的部门性污染控制和资源保护与管理法律,逐渐发展成为一种统一性的环境法律,比如美国1969年制定的《国家环境政策法》和英国1974年开始制定的整合污染控制法律的《污染控制法》,并在90年代进一步提升为目标更明确和法典化的环境立法。另一方面,欧美国家的环境行政管理制度也迅速建立起来。比如,美国于1969年设立了隶属于总统办公厅的环境质量委员会、1972年成立了联邦环保局并逐渐设立了十个大区分局;日本于1971年设立了环境厅,统一执掌全国的环境保护监督与管理职责;法国于1971年设立了环境部,实现了环保事务从分头管理转向相对集中管理,等等。

总之，相对完整的环境立法体系和职权分明的环境行政监管体系，成为欧美工业化国家应对环境难题的主要制度性工具。结果，自20世纪80年代初开始，欧美工业化国家的生态环境质量大幅度改善——"碧水蓝天、山清水秀"重新回到了人们的日常生活之中，而这正是中国改革开放以后走出国门的第一批学术与社会精英所最先看到的。

进入90年代后，以1992年举行的里约世界环境与发展大会为标志，欧美工业化国家纷纷引入所谓的"环境经济政策工具"，希望通过综合运用价格、税收、信贷、收费、保险等经济手段，调节或影响市场主体(同时包括生产者和消费者)的行为，从而以较低的成本达到更有效的污染控制目的——外部性污染的内部化和从末端治理转向源头治理，实现经济增长与环境保护的双赢。随后，绿色经济、循环经济和低碳经济，以及资源税、环境税、生态税、清洁生产机制、排污权交易、温室气体排放权交易和碳汇等崭新的专业术语，目不暇接地涌入了人们的视野；甚至在20年后的里约峰会纪念大会上，欧美国家向国际社会(尤其是广大发展中国家)极力倡导与推销的核心概念仍是"绿色增长"。

因而完全可以说，此后20年是欧美国家致力于"环境经济政策"工具创新并试图依此来引领规约国际环境政治的20年，尽管其政策效果至少在全球层面上看并不理想，以《京都议定书》为核心的《联合国全球气候变化框架公约》落实机制的困难重重就是一个标志。

2. 理论层面

在理论层面上，欧美发达国家所致力于的生态环境问题应对努力及其成效，可以大致归结为如下四个绿色社会政治理念或"愿景"：可持续发展、生态现代化、绿色国家与环境公民权、环境全球管治合作。

"可持续发展"作为20世纪80年代中后期由欧美发达国家主导提出的一个环境政治与社会学概念，其核心性意涵是经济发展与资源和生态可持续性相协调相适应，尤其是对现存不可持续的工业化与城市化发展模式和理念进行重大改革，应该说是具有强烈的国际环境政治的道德前沿性与"政治正确性"的，而且也的确获得了国际社会的最广泛普遍性认可。不仅如此，荷兰、联邦德国和北欧各国等依此制定的《21世纪议程》全国性规划，也确实取得了显著成效。但是,随着这一概念从内涵(自 2002 年约翰内斯堡峰会开始明确扩展为经济、社会与生态的可持续发展)到外延的国际化拓展(可以大致理解为国际社会自 1972 年人类环境会议以来达成的一种全球性"绿色政治共识"),同时也由于欧美发达国家全球性领导能力与意愿的渐趋衰弱,其实质性内容就日益处在了一种发达国家与发展中国家间现实利益差异的"夹缝""挤兑"之中。

结果是,从 30 年后的回顾性视角来看,可持续发展在全球层面上并未取得人们当初预想意义上的成效,而是存在着巨大的实施落实"赤字",其中原因复杂而且值得深思。

"生态现代化"理论与实践,在相当程度上可以理解为一种欧洲版本的"可持续发展"。一方面,它从理论上阐释了实施一种较激进可持续发展战略所需要的制度性基础和条件,比如较为完善的市场体系、有远见与能力的国家和相对普及的绿色价值文化;在此基础上,环境友好的经济技术革新可以在保障经济繁荣的同时减少环境损害,而不必对现行的经济社会制度结构和运行方式做大规模或深层次的重建,因而"环境"与"发展"之间可以呈现为兼得或共赢的良性互动关系,而非彼此排斥的零和关系。另一方面,也正因为如此,它从一开始就显示了这种欧洲经验的局部有效性,很难被所有欧盟成员或欧洲国家、更不用说广大发展中国家所借用效仿。

结果,尽管"生态现代化"理论与实践的确在一定程度上不断呈现为欧盟区域内的环境管治改善和国际性的推广应用,生态现代化理论与模式的全球普适性依然受到广泛质疑,尤其是来自发展中国家方面。

"绿色国家"理论与实践的要义,在于认可并发挥现代国家尤其是自由民主制国家的绿化推动作用,而它在过去数十年中所取得的进展,可以概括为如下三个方面:一是绿党政治的发展以及传统政治的绿化;二是生态民主及其制度愿景构想;三是绿色主权的理论阐释与运用。

比如,罗宾·艾克斯利在《绿色国家:重思民主与主权》一书中[①],在"批判性政治理论"的视角下系统阐述了"绿色国家"或"绿色民主国家"的概念:现代民主国家对内实现其规制理想和民主程序与生态民主原则的契合,对外

---

① 罗宾·艾克斯利:《绿色国家:重思民主与主权》,郇庆治译,山东大学出版社,2012 年版。

作为主权国家担当起生态托管员和跨国民主促进者的角色。艾克斯利认为,"绿色民主国家"所追求的是一种"在不受约束的政治想象和对现状的悲观屈从之间的思想旅行"①。尤其是,针对环境主义者对民主或主权国家环境治理低效能或"生态破坏同谋者"的批评,她声称,当代国家不仅依然是应对环境难题的主要政治制度,而且可以通过自身的渐趋绿化而创建绿色的国内外政策与法律。

环境公民权或责任——与保护和改善生态环境相关联的公民政治权利、授权或义务责任——是欧美学者自20世纪90年代后期以来广泛讨论的一个议题。在众多欧美学者中,英国的安德鲁·多布森通过其《公民权与环境》和此后编辑出版的两个专题文集以及所主持的一系列专题研讨会等,确立了在这一构建中研究领域的领导性地位。

如果说安德鲁·多布森、马克·史密斯等坚持的是一种"后世界主义的生态公民权"(更强调个体作为世界公民的生态责任与义务),那么,约翰·巴里就是"绿色共和主义公民权"(更关注个体作为国家或共同体公民的环境责任与义务)的主要代表。② 巴里认为,环境公民权更值得重视和强调的是共和国(共同体)成员身份所蕴涵着或衍生出的个体责任、义务或职责,而不是自由主义所彰显的个人权利或授权,并由此主张,公民个体应该通过提供某些强制性的可持续性公共服务来培育自己的环境公民意识,而绿色的或绿化进程中的国家可以发挥某种积极性的作用。与上述两种强调公民责任与义务意蕴的环境公民权相对应的,是自由主义的环境公民权,而其中尤其值得关注的是审议民主视域下的公民权——从自由民主主义的公众参与意蕴来说,环境公民权可以界定为公民个体权利在环境公共治理与决策中的体现和扩展。

环境全球管治——依据国际可持续发展研究所(IISD)的界定——是指那些规制全球环境保护过程的组织机构、政策工具、金融机制、规则规范等的总和。当然,从更广义上说,环境全球管治包括涉及全球性环境保护和生态

---

① 罗宾·艾克斯利:《绿色国家:重思民主与主权》,郇庆治译,山东大学出版社,2012年版,第12页。
② 马克·史密斯、皮亚·庞萨帕:《环境与公民权:整合正义、责任与公民参与》,侯艳芳、杨晓燕译,山东大学出版社,2012年版;约翰·巴里:《从环境公民权到可持续公民权》,载郇庆治(主编):《环境政治学:理论与实践》,山东大学出版社,2007年版,第22—47页。

改善的目标与议程设定、政策制定、政策落实和监督，或者说，致力于全球性环境保护和生态改善的目标与政策、主要施动者（行为体）、实施机制与手段。尤其值得关注的是，国际社会是否及在何种程度上形成了一个超国家的准政府或政策管制制度框架，而依然作为环境治理主要政治制度的现代国家在其中扮演着一个什么样的角色。

作为一个组织制度框架的环境全球管治的第一个重要决定，是由1972年举行的斯德哥尔摩人类环境会议做出的，即创建联合国环境规划署（UNEP）。从那时以来，国际社会围绕着联合国制度框架已经制定了大量的环境全球管治政策，产生出了难以精确统计的条约、组织机构和机制——目前仅在联合国制度框架内就有30多个机构参与环境保护治理事务的管理合作，而1992年的里约环境与发展首脑会议、2002年的约翰内斯堡可持续发展首脑会议、2009年的哥本哈根全球气候变化首脑会议和2015年的巴黎全球气候变化首脑会议是影响最大的四个后继性事件。

可以说，以联合国为制度平台的"环境全球管治"，在过去50年中是唯一成型的或主导性的全球性环境管治体制，相比之下，具有超国家政府特征的世界或全球环境组织及其监管体系或公民社会意义上的全球环境公民社会，即使存在也只发挥着非常有限的作用。

3. 意识形态层面

在意识形态层面上，欧美资本主义国家当然希望能够对它们的生态环境难题的实践与理论应对，做出一种更宏观与更普遍意义上的阐释。这其中包括两个方面：那些较为成功的政策创议与理论创新彰显了资本主义制度依然具有的生命力，意味着资本主义社会不仅能够成功度过"生态危机"，而且可以成为人类文化与文明绿色变革中的"全球性领导者"，也即"生态的资本主义"或"可持续的资本主义"是完全可以实现的；而那些相对不太成功的政策创议和实践探索更多体现的是来自外部环境的缺陷（尤其是发展中国家的"不发展"或"过快发展"）或者人类社会与文明所面临着的更普遍性难题，总之它们并不构成对资本主义制度本身的根本性挑战。

具体地说，狭义的"生态资本化"或"生态资本主义"观点认为，对于人类有着可以量度的生态惠益或实在好处的自我更新性生态系统，应当被视为一种"自然资本",而人为制造的其他形式资本(比如基础设施资本和金融资本),只是通过创造、培育和照看来扩展与优化这种"自然资本"才能产生财富。依据这种观点,优良的生态系统服务是一种现代服务型经济的重要基础,因而是有价值的,而干扰自然的生态服务不是在创造而是在破坏价值,因而不应获得国家的补贴、鼓励甚或许可。

而广义的"生态资本主义"可以更宽泛地概括为,在现代民主政治体制与市场经济机制共同组成的资本主义制度架构下,以经济技术革新为主要手段应对生态环境问题的渐进式解决思路与实践。很显然,当代欧美国家中所致力于并取得一定成效的环境友好政策与经济社会变革,基本上都属于这样一种"生态资本主义"的思维与进路。甚至可以认为,正是这种"生态资本主义"的理论与实践,在承担着创造后工业时代资本主义的"绿色经济增长"和"绿色政治合法性"的新机遇的使命。

"生态资本主义"的积极性方面,是明确肯定和赋予自然生态环境中的某些要素及其组合以"资本"(尤其是货币)的价值,并力图在商品化的经济生产、经营和管理过程中(主要通过成本核算和技术革新)来体现与实现这些"生态资本"的价值。但是,就像它从不质疑和挑战资本主义的经济与政治制度前提(即市场经济和代议制民主政治)一样,"生态资本主义"也拒绝或不接受环境保护动机或生态伦理意义上的追问与批评。换句话说,它所看重的是传统经济生产与消费活动所带来的生态环境破坏现实的切实改善,而不是促成或鼓励了那些集体(公司)和个体(消费者)的非(反)生态行动的背后动机。甚至,它可以大大方方地承认,人们之所以从事那些有利于生态环境保护的集体行动和个体行动,恰恰最可能是基于经济利益方面的目的或需求。

因此,一方面,"生态资本主义"是一种较为实用主义的或注重实效的绿色社会与政治意识形态,它既没有停留于那种"要工业还是要环境"的反物质主义或消费主义悲观渲染,也没有沉湎于提出根本性改变现时代文化的乐观主义宏大声称,而是着力于当代社会经济生产与生活方式的反生态弊端的切实改进。因而,相比其他绿色社会政治理论,它在欧美社会中更容易找到自己的信奉与追随者,尽管大家未必喜欢接受"生态资本主义"这一称谓。

另一方面,"生态资本主义"是一种较为温和的或"浅绿"的社会与政治意识形态。无论就与"深绿""红绿"政治所主张的激进经济、社会与文化结构变革的比较来说，还是就它自身设定的革新而不是替代资本主义制度的经济政治志向来说，"生态资本主义"都至多是一种资本主义接纳生态向度而不是生态主义重塑资本的理论与实践努力。

总之，任何人都不能无视欧美资本主义国家半个多世纪以来从实践与理论上应对生态环境危机挑战的现实努力及其成效，至少，发达工业化国家地域意义上的更高"生态环境质量"甚或"生态可持续性"的迹象表现，是无可否认的(即使还远不能称之为"资本主义生态文明")，而这理应部分归因于晚期资本主义依然拥有的协调人与自然关系的社会和政治潜能——甚至可以说，后工业资本主义的现实发展的确展示着一种主动追求绿色可持续性的经济与社会维度(也正因为如此，现在就谈论资本主义的总危机或消亡还为时尚早)。但也必须看到，上述努力在实践层面上的结构性局限性(同时在制度深层次变革和政策在更广泛空间内效果的意义上)和理论层面上的不彻底性(忽视或回避了生态环境难题应对的基于一种全新制度愿景构想的解决思路)是显而易见的，而一种"生态资本主义"的意识形态概括与提升更是缺乏充足的理论和实践支撑。

三、全球视野下的社会主义生态文明建设

因而，就像当今世界仍存在着一般意义上的社会主义与资本主义的"两制并立"一样——并未随着20世纪90年代初国际政治两极冷战格局的终结而结束，"生态文明及其建设"议题上也是如此。换句话说，当代中国的社会主义生态文明建设实践依然是处在一个"两制并立"的时空背景与语境下展开的。那么，承认这一客观事实意味着什么呢，或者说，它对于中国特色社会主义生态文明建设所具有的挑战性意蕴是什么呢？

一方面，必须科学而正确地认识当代资本主义国家的生态环境难题应对努力及其成效、潜能。

欧美工业化国家自20世纪80年代初生态环境质量的大幅度改善是一个不争的事实，至少相对于50年代前后的大气污染和水污染肆虐来说是如此。但是，对于这种生态局部性改善的合理阐释，包含如下两个要点：一是这些国家自60年代末开始的系统性环境法规与行政监管制度建设，与此同时，相对完善的市场运行机制和普遍觉醒的大众生态文化与政治意识扮演了生态环

境问题应对上的催化剂与助推器的作用;二是70年代后期随着经济全球化的迅速扩展而发生的欧美工业化国家"污染性产业"的集群性境外转移,国内因环境立法与行政监管体系完善而不断提高的环境成本和发展中国家纷纷采取的"经济改革"(现代化)战略,共同促成了"新兴经济体"国家或地区成为欧美富余资本所青睐的投资场所;相应地,历经数个世纪之后欧美工业化国家不再是"世界工厂",也就实现了工业污染的源头性治理而渐趋改善。

在很大程度上,上述两个方面构成了所谓"生态资本主义"的真实意涵。作为表层意义上的生态环境难题的实践与理论应对,欧美资本主义国家的确取得了不容否认的现实性进展,也积累了较为丰富的环境立法、行政监管、公民参与和教育、国际合作与管治等方面的有益经验,但是,"生态资本主义"的最大局限在于它以一种资本主义的思维与方式来对待生态环境及其保护,因而颇有些中国传统医学中"以毒攻毒"疗法的色彩与味道。而这样做的结果是,不仅断然否认了不同立体维度上大量生态环境构成元素以及生态环境整体的不可或无法(充分)资本化本性,而且意味着无法超越(实际上很可能是屈从)资本主义所固有的"资本的逻辑",也就无法提出一种真正超越性的思维、道路与模式,即最终实现以社会理性、生态理性来制度化控制经济合理性。

因此,必须看到,欧美发达资本主义国家建立在不平等的世界经济政治秩序和特定历史机遇前提下的"生态化道路"的普遍性是有限的,不仅缺乏历史正义、社会正义、环境正义与生态正义等意义上的义理论证和辩护,而且很难在现实实践中被世界其他国家加以简单模仿——尤其是当人们立志于同时解决自己身边的和这个星球的问题的话。

另一方面,必须科学而正确地认识当代中国大力推进社会主义生态文明建设的必要性与可能性。

理解建设"社会主义生态文明"必要性的关键,是全面而深刻地认识中国的庞大人口基数、资源有限而脆弱的生态环境禀赋和当前所面临着的国内外现代化发展环境。详尽分析这些要素并不是笔者本章节的任务,但变得日渐清楚的是,未来中国终将只能以社会公正与生态理性的方式,来构想、规划与管理自己的经济生产和生活,也就是在一个有限物质富裕的基础上追求一种日趋多样化的社会与文化,或者说一种不断繁荣进步的社会与文化。贫穷当然不是社会主义,但社会主义并不只意味着富裕,更不意味着无所节制的物质富裕。就此而言,改革开放后第一个30年的高速经济增长,无论如何都只是由诸多有利因素共同造就的"例外"(当然也可以说是一个全球化时代的"中国奇迹")。因而,虽然也许不必急于考虑如何响应萨拉·萨卡所提出的"经济退缩"的建议(如果不考虑如何解决中国经济现代化进程中已经出现的大量重复性基础设施与生产消费能力建设问题的话),但恐怕必须要尽快适应一种中低速经济增长条件下的社会经济与发展。依此而论,"小康社会"的表述也许更接近于"社会主义生态文明"的实质性意涵,除了它所展示的相对有限的物质耗费雄心,也内在地蕴涵着人类社会内部和谐取向的人与自然、社会与自然关系。

新时代中国成功建设"社会主义生态文明"的可能性或"支撑性要素",最为重要的是如下三个:经济实力、地理人口规模和中国共产党的政治领导。改革开放40多年后积累起来的相对雄厚的经济实力和辽阔的地理空间与庞大的人口规模,共同构成了中国主动从事一种新型发展模式与道路选择的物质(自然)基础性支撑。可以说,这二者缺一不可。只具有发达的经济实力、但没有充足的人口基数与地理空间,或者相反,都会导致缺乏社会与文明革新所必需的回旋余地或"机动空间",而"中国特色社会主义"建设实践迄今为止所取得的成功已充分证明了这一点。当然,对于新时代中国而言,更重要的考量指标是中国共产党的政治领导能力与意愿。也就是说,中国共产党的政治承诺及其对这一承诺的严格信奉,是创建"社会主义生态文明"的最重要支持要素,而党的十八大报告、十九大报告关于大力推进社会主义生态文明的论述正是这样一种公开承诺与宣示。

依此而论,对于未来中国来说,"社会主义生态文明"还远不是一种具有客观确定性的结果。因为,严格意义上的"社会主义生态文明",既不是一种必然而然意义上的唯一性选择,也不是一种自然而然意义上的唯一性结果。但如果能够在实践中以上述两个方面的正确认识作为基础,也就是做到所谓的"知己知彼",那么,就更有希望看到,当代中国的社会主义生态文明建设成为一个全球视野下的"包容互鉴""相互促动"的良性发展过程,并最终取得成功。而"包容"和"互鉴"的直接性目标,就是促成一种社会主义生态文明建设上的"形神兼具"的良性发展局面。

结　语

　　如上所述，明显基于或依托于新时代中国背景语境的"社会主义生态文明"理论与实践——尽管我们也可以在更加宽泛的范围或意义上谈论"全球生态文明建设"，必须同时在理论与实践、国内与国际等不同维度的比较借鉴中加以理解和现实推进。但必须明确，中国党和政府带领下的最广大人民群众始终是这一社会深刻绿色变革进程的主要价值、认知与实践主体，因而可以说，当代中国社会主义生态文明建设的长远前景，既取决于中国共产党能否恪守并最终动员起最广大数量人民群众的内心理解和政治支持，即一种公正的、生态的社会主义社会(尽管未必是最富裕或高度富裕的)成为人民主体自身的真诚向往和自觉追求，也取决于新时代中国能否以自己的"言而有信""身体力行"来逐渐说服、确信与引导当今这个资本主义依然主导着的世界，渐进转向一种生态化社会主义的崭新发展轨道。毫无疑问，这将是一场漫长而充满艰辛的文明革新与心灵历练之旅，只有那最明智的学生才有可能成为人类新文明的先驱。中国当然希望自己成为最后的"王者"，但那时的我们一定不再是今天的我们。

第三章
社会主义生态文明的政治哲学基础

大约在 2015 年初，笔者在与海南师范大学杨英姿教授通信时就讨论过，深入探究"社会主义生态文明"的基础理论或理论基础是一个很有意义的课题，并将其列为同年 6 月组建的"中国社会主义生态文明研究小组"的核心性议题之一。随后不久，笔者注意到，中南财经政法大学王雨辰教授和东南大学叶海涛教授分别在《哲学研究》2015 年第 8 期和《马克思主义与现实》2015 年第 5 期，发表了《论生态学马克思主义对历史唯物主义理论的辩护》和《生态环境问题何以成为一个政治问题？——基于生态环境的公共物品属性分析》[①]。前者所提出的一个有意思问题是，在社会主义生态文明及其建设的理论视域或语境下，应如何理解生态马克思主义与历史唯物主义之间的关系，而后者是一项中国博士后科学基金资助项目的研究成果，其名称就是"社会主义生态文明及其政治哲学基础研究"。以上几个因素的叠合，就促成了笔者对社会主义生态文明的政治哲学基础的这一系统性探讨。具体地说，它包括如下三个逻辑关系上渐次递进的问题，一是为什么与如何讨论社会主义生态文明的政治哲学基础，二是作为一种政治哲学的生态马克思主义的质性特征，三是何以说马克思主义生态学构成了社会主义生态文明政治哲学基础的更准确表达。

---

① 王雨辰：《论生态学马克思主义对历史唯物主义理论的辩护》，《哲学研究》2015 年第 8 期，第 10-15 页；叶海涛：《生态环境问题何以成为一个政治问题？——基于生态环境的公共物品属性分析》，《马克思主义与现实》2015 年第 5 期，第 190-195 页。

第一节　社会主义生态文明的政治哲学基础：方法论视角

为什么与如何讨论社会主义生态文明的政治哲学基础，或者说这一议题的方法论层面，是必须首先要面对与回答的一个问题。这是因为，对于笔者而言，"社会主义生态文明"是作为一个不同于一般意义上的"生态文明及其建设"的理念与政治而提出、倡导和推动的。相应地，需要从环境人文社会科学理论尤其是政治哲学层面上阐明，这种特定版本的生态文明及其建设何以是值得期待的和现实可能的，以及哪些相关性马克思主义政治哲学流派对此做出了或可以做出自己的论辩阐释。

一、问题的提出

在开始正式讨论之前，也许需要解释一下"政治哲学"这个概念本身。一般来说，政治哲学既可以界定或理解为一个哲学分支，也可以界定或理解为一个政治学分支。[1] 就前者而言，它意指对一个社会的政治现象或实践及其认知的本质性意涵和演进规律的哲学层面分析，比如关于政治的起源、本质、规律、目的和手段，以及对政治理论、学说、思想、观念本身的"元政治学"研究[2]。在这个意义上，马克思主义哲学当然是甚至首先是一种政治哲学，因为它包含了对人类社会尤其是资本主义社会的政治活动以及各种理论认知的批判性科学分析。

就后者而言，它意指一种特定取向或样态的政治实践或认知的哲学世界观及其价值基础，或者说关于为何以某种方式阐释或实践某种形式政治的哲学理论依据，比如当代社会中的自由民主主义、社会主义、保守主义、新自由主义、新极右翼主义、生态主义和女性主义等，都更多是一种政治学分支意义上的政治哲学，因为它们构成了某种特定形式或样态的进一步政治理论

---

[1] 杰弗里·托马斯：《政治哲学导论》，顾肃、刘雪梅译，中国人民大学出版社，2006年版；安德鲁·文森特：《现代政治意识形态》，袁久红译，江苏人民出版社，2005年版；威尔·金里卡：《当代政治哲学》，刘莘译，上海三联书店，2004年版。

[2] 阿兰·巴迪欧：《元政治学概述》，蓝江译，复旦大学出版社，2015年版。

分析或政策主张的价值观基础和话语语境。更具体地说，政治学视域下的"政治哲学"包含着三个内在构成性的元素或侧面：对社会主导性现实的批判性分析、对未来社会替代性方案的愿景构想、走向这一替代性社会的道路或战略。就此而言，如此意义上的政治哲学类似于人们通常所指称的政治理论流派或政治意识形态。英国学者安德鲁·多布森在阐述生态主义思想何以是一种独立的政治意识形态时①，所采取的正是这样一种分析理路。上述区分当然只是大致意义上的，但已可以清楚表明，本章对社会主义生态文明的政治哲学基础所做的探讨，就是在后者即政治学视域下展开的。

对于方法论层面上的第一个问题，即它为什么需要讨论，笔者认为，这主要是由于如下理由，"社会主义生态文明"建设实践作为一个特定政治选择，需要一种更深层理论基础意义上的或政治哲学层面上（也可以说广义上"本体论"）的根据。换言之，社会主义生态文明的理论与实践（目标与战略）应该是一个内在契合一致的整体和过程，但现实中显然并不必然会如此。

具体来说，一方面，"社会主义生态文明"这一概念，囊括了两个密切关联但却并不彼此等同的要素，即生态可持续性考量（生态主义）和社会公平正义考量（社会主义）。一般意义上的"生态文明（建设）"概念，作为当代中国政治与话语语境下的一个主流性环境社会政治术语或理论，更多是对生态环境问题或挑战应对的一种"普适性"或"浅绿"概括与表达（侧重于经济技术与法律规制在生态环境质量改善中的积极作用）②，目的是吸引尽可能广泛的社会公众加入这一进程之中来。因此，它的主要特点或"优点"，就是社会主体范围和政策工具手段的包容性与多样性。就此而言，生态文明（建设）概念或理论本身，并不必然是激进的或社会主义的；相反，在现实中，它往往被理解和界定为经济社会现代化与发展进程中的"与自然关系方面"或绿色维度，也就是人们通常所指的广义的生态环境保护治理工作。

相比之下，更为具体明确的"社会主义生态文明"概念，立足于生态环境问题应对的社会公平正义尺度，并内在地蕴含着和要求进行现代经济社会制

---

① 安德鲁·多布森：《绿色政治思想》，郇庆治译，山东大学出版社，2005年版，第264-265页。

② 郇庆治：《绿色变革视角下的生态文化理论及其研究》，《鄱阳湖学刊》2014年第1期，第21-34页。

度的深刻重构。因而,"社会主义"并不是"生态文明"的一个可有可无的前缀,而是一种"红绿"整合意义上的旗帜鲜明的政治规定性。换言之,在笔者看来,社会主义生态文明是一个政治意识形态立场与政策取向更为明确的独立性概念,而且只能将其作为一个整体来理解对待,内在地规定着"生态可持续性考量"和"社会公平正义考量"的有机结合与统一。① 由此可见,"社会主义生态文明"概念,蕴含着一种特定构型的生态文明目标追求和建设路径,尤其是强调其中的社会正义(公平)意涵或侧面。很显然,对此还需要做出更加充分的理论阐释与说明。

另一方面,"社会主义生态文明理论"与"社会主义生态文明实践"的整体统一性和良性互动,需要一种更高层面上的价值取向或意识形态规约来加以保障或促进。必须看到,当代中国在这方面存在着一种十分吊诡的情景:社会主义生态文明话语或理论的表面化繁荣,同生态文明建设实践中对社会主义价值(政治)取向的明显淡漠或抵触。就前者而言,无论是 2012 年党的十八大报告和修改后党章的权威表述还是少数相关学者的理论阐发②,都并未能够转化成为对社会主义生态文明理论本身的更为系统的学理性讨论,尽管大量的学术研究课题和著述的标题都使用了"社会主义生态文明"这一语词或说法。

就后者来说,党的十八大之后日渐趋向政策实践层面的生态文明体制与制度改革构想,以及现实中大量铺开的各类生态文明示范区、试验区建设,都很少触及或在有意无意地回避社会主义视野下的政策创议或可能性,比如国有企业的社会(主义)环境责任担当形式、美丽乡村建设中公共空间或集体所有权形式的重构、基于公民社会平等权利保障的全国性生态补偿机制创建等。而上述状况所提出或凸显的一个深层次问题是,许多学者认为的中国共产党领导下社会主义国家的生态文明建设理所当然是指向社会主义的,至少

---

① 郇庆治:《生态文明理论及其绿色变革意蕴》,《马克思主义与现实》2015 年第 5 期,第 167-175 页;《生态文明概念的四重意蕴:一种术语学阐释》,《江汉论坛》2014 年第 11 期,第 5-10 页。

② 余谋昌:《生态文明论》,中央编译出版社,2010 年版,第 25-34 页;陈学明:《生态文明论》,重庆出版社,2008 年版,第 8-16 页;郇庆治:《"包容互鉴":全球视野下的"社会主义生态文明"》,《当代世界与社会主义》2013 年第 2 期,第 14-22 页;郇庆治:《社会主义生态文明:理论与实践向度》,《江汉论坛》2009 年第 9 期,第 11-17 页。

从逻辑上说并不必然成立——长期缺乏科学系统的社会主义生态文明理论和缺乏这样一种理论正确指导的生态文明建设实践，都可能会导向另外一种前景或结果。对此，笔者认为，一项绝非多余的预防或矫正性举措，就是深入阐明一种可以作为二者共同基础的、处于更高阶位的政治价值观或意识形态取向。

对于方法论层面上的第二个问题，即如何对它展开讨论，在笔者看来，这首先需要做出一种明确的论域上的限定。毫无疑问，"社会主义生态文明"理论与实践是基于多方面的理论渊源和经济社会条件的，也就是说，人们可以在十分不同的理论与学科视域下来讨论它的理论基础或"本体论"依据。比如，人们既可以集中于社会主义制度框架下"生态文明"的生态主义价值认知的激进性质，也可以侧重于其经济社会文化等方面的后现代主义的文明阶段性特征。相应地，这就需要追溯与归纳它在自然价值认可、文明类型及其发展动力、技术能源支持等不同议题领域中的本原性价值或认知。

而基于一种绿色左翼或"红绿"政治的立场，笔者想强调并希望着重讨论的则是对生态文明的"社会主义"前缀的马克思主义政治哲学基础的阐发，或者说，应如何确定或概括一种对于"社会主义生态文明"的马克思主义政治哲学基础的更精确表述。而一旦具体到这一层面，就不难发现，候选者中除了经典马克思主义的历史唯物主义(辩证唯物主义、实践唯物主义)，还有生态马克思主义(生态社会主义、马克思主义生态学或社会主义生态学)、马克思主义生态文明理论、约翰·贝拉米·福斯特的生态唯物主义、小约翰·柯布等的有机马克思主义等诸多理论流派或说法。而笔者的问题是，究竟哪一种"红绿"政治哲学理论或话语，或者说它们某种形式的化合，能够对"社会主义生态文明"的理论与实践提供一种更为可靠的基础性支撑呢？

正如前文已阐明的，对一种政治哲学或意识形态的功能的一般性界定，包括提供主导性现实的批判性阐释、未来社会愿景构想和政治变革战略与路径等三个方面，而作为"社会主义生态文明"之理论根基的某种形式的马克思主义政治哲学也不例外。更进一步说，"社会主义生态文明"作为对"社会主义"的左翼政治旨向与"生态主义"的自然价值感知的自觉结合，其哲学基石或依据是一种能动性的社会关系以及建立在这种能动性社会关系基础上的、不断趋于改善的社会—自然关系或"社会的自然关系"。而从一种"元政治学"或

"元理论"的分析视角来看，上述设定或判断并不是可以不证自明的，而是需要做一番义理层面上的哲学阐述。这其中至少会涉及如下三个根本性的问题：第一，人类社会关系是否以及在何种程度上是一种能动性或自主性的关系？第二，社会—自然关系与社会关系之间又是一种什么样的关系，何者更具有决定性意义？第三，能动性的社会关系一定会导致一种不断进步的社会—自然关系吗，抑或相反？详尽地讨论这些问题本身并不是笔者在本章的任务，但对它们的明确理解却可以成为进一步批判性分析有关"红绿"政治哲学理论流派的重要尺度或参照。

二、唯物史观、生态马克思主义以及其他绿色左翼理论

历史唯物主义或唯物史观就其宗旨而言，致力于成为一种对人类社会历史及其发展规律和变革机制的科学阐释。在它看来，任何一个社会或文明形态，都注定有一种特定构型的，也即历史性的人类社会关系和社会—自然关系，封建时代是如此，资本主义社会也是如此，因而，从原始社会到资本主义社会的人类社会关系和社会—自然关系，是一个逐渐演进的历史过程。

更具体地说，一方面，由于自然界及其物质性存在始终是或已日益成为人类社会实践的对象化存在，尤其是在现代工业社会中，所谓的社会—自然关系在本质上不过是社会关系的展现或延伸，或者说就是一种社会关系，这大致是实践唯物主义的理论立场；另一方面，对宇宙整体和地球自然生态系统的科学认知都在日益清楚地表明，人类社会及其实践活动只不过是复杂得多、悠久得多的宇宙或地球整体演进与运动过程中的一个部分或瞬间，人类的各种活动甚至肉体生存都离不开一些基本的自然物质和生态条件，因而自然界的本体决定性地位构成着社会关系及其历史性展开的终极性限制，这可以说是辩证(自然)唯物主义或自然辩证法所展现出的生态意蕴。

尽管马克思恩格斯本人对于人类社会的经济活动(劳动实践)和自然科学认识的不同方面的侧重，以及具体研究领域中个别性措辞或表述的差异(这是非常自然的现象)，但对于他们二者来说，一种对人类社会的整体性、历史性的共同理解是毋庸置疑的，也就不存在任何意义上的根本性对立。换言之，在马克思恩格斯视野下的人类社会及其发展过程中，就像不存在能够脱离社会的自然一样，也不存在可以完全摆脱自然的社会，自然物质性力量对于人

类社会的约束性作用和人类社会对于自然物质性力量的能动性改变,始终是自文明时代以来统一性的人类社会的两个侧面,而正是它们之间的相互制约与促动构成了历史演进和发展的内在动力。①

依此,我们似乎可以通过论证历史唯物主义、实践唯物主义和辩证(自然)唯物主义是一个整体或"一体三翼"(即唯物主义的自然观、实践观和历史观),来宣称历史唯物主义或唯物辩证历史观其实就是一种"绿色马克思主义"②,并构成了"社会主义生态文明"的政治哲学基础。但依然存在的问题是,除了实践唯物主义与辩证(自然)唯物主义在理论阐发思路上的明显张力或冲突——尤其体现在对社会关系与社会—自然关系之间关系的理解上(究竟何者更具有决定性意义),更为突出的是,资本主义社会条件主导下的社会—自然关系似乎正呈现为一种无可逆转的衰败趋势——特别是在全球层面上,而这一事实所引发的一个合理推论是,人类社会关系的"进步性替代"(包括社会主义取代资本主义)未必能够确保一种最终得以拯救的或实质性改善的社会—自然关系。换言之,"社会主义生态文明"的未来——就像社会主义本身的未来一样——并不是一种可以必然实现的前景③,至少需要做出更深入的论证。

生态马克思主义(包括生态社会主义、马克思主义生态学、社会主义生态学等略显不同的表述)的理论实质在于方法论层面上的重要创新,即明确尝试把生态学思维(议题)与马克思主义传统相结合,以便弥补经典马克思主义尤其是历史唯物主义的"自然生态关注不足"或"理论空场"。这方面的典型代表是美国生态马克思主义者詹姆斯·奥康纳。④ 他的研究进路是,先将人类社会或文明明确地划分为社会关系和社会—自然关系这两个层面,然后指出,马克思所集中关注的是第一个层面,并通过对经济性社会关系的分析揭示了资本主义社会条件下的"第一重矛盾"(即生产过剩与消费需求不足之间的矛

---

① 郇庆治:《自然环境价值的发现》,广西人民出版社,1994年版,第1-24页。
② 黄瑞祺、黄之栋:《绿色马克思主义:马克思恩格斯思想的生态轨迹》,载郇庆治(主编):《当代西方绿色左翼政治理论》,北京大学出版社,2011年版,第41-63页。
③ 张云飞:《唯物史观视野中的生态文明》,中国人民大学出版社,2014年版,第231-278页。
④ 詹姆斯·奥康纳:《自然的理由:生态学马克思主义研究》,唐正东、臧佩洪译,南京大学出版社,2003年版,第48-80页。

盾);而在他看来,资本主义社会条件下还存在着被马克思所忽视的第二个层面上的"第二重矛盾",即一般性生产条件(包括自然生态条件)和资本主义生产之间的矛盾。奥康纳认为,无论是对现实资本主义社会的生态批判,还是未来社会的生态社会主义替代,都应该是一种双重意义——社会关系和社会的自然关系——上的矛盾消解。

在笔者看来,相对于经典马克思主义,生态马克思主义同时是一种话语与方法论意义上的革新,有助于我们更全面客观地认识当代资本主义社会的现实——尤其是社会的自然关系与社会关系的辩证互动或转化,比如德国学者乌尔里希·布兰德近年来对"绿色资本主义"与激进"社会生态转型"议题的研究。[①] 他的一个基本看法是,像德国、奥地利这样的核心欧盟国家通过在全球层面上的社会关系与社会的自然关系的主动调整,使得一种局部性有利的绿色资本主义的出现成为可能。而更为重要的是,广义的生态马克思主义——而不仅仅被理解为一个国外马克思主义理论流派——有可能成为现时代马克思主义的一种主流性或前沿性表达[②],同时体现在抗衡资本主义经济政治全球化和探寻社会主义替代性选择两个方面。相应地,未来确定性意涵相对较弱的生态马克思主义,与致力于创造一种"红绿"未来的"社会主义生态文明"理论和实践似乎更具亲和性。

当然,生态马克思主义研究也存在着它自身的方法论难题或挑战。笔者认为,其最大的方法论难题,也许不在于如何更科学地阐释社会关系与社会的自然关系之间的关系——比如简单承认它们之间的辩证互动性似乎也会导致新的问题,而是对生态学的科学或"自然本体"意涵的更进一步消化吸纳,那将同时意味着生态马克思主义向生态学的趋近和生态马克思主义自身的革命性变革,比如最终承认自然生态的固有或独立价值[③]。

---

① 乌尔里希·布兰德:《如何摆脱多重危机?一种批判性的社会——生态转型理论》,《国外社会科学》2015 年第 4 期,第 4—12 页;乌尔里希·布兰德、马尔库斯·威森:《绿色经济战略和绿色资本主义》,《国外理论动态》2014 年第 10 期,第 22—29 页;乌尔里希·布兰德、马尔库斯·威森:《全球环境政治与帝国式生活方式》,《鄱阳湖学刊》2014 年第 1 期,第 12—20 页。

② 王雨辰:《生态批判与绿色乌托邦:生态学马克思主义理论研究》,人民出版社,2009 年版,第 2 页。

③ 乔尔·科威尔:《资本主义与生态危机:生态社会主义的视野》,《国外理论动态》2014 年第 10 期,第 14—21 页。

至少可以在某种意义上划归生态马克思主义或"红绿"理论阵营的"生态唯物主义"和"有机马克思主义",是分别由美国的生态马克思主义学者约翰·贝拉米·福斯特和以小约翰·柯布为核心的过程哲学学派所提出的。就前者来说,福斯特与其他生态马克思主义者的最大不同,是着力于从马克思的著述文本中概括与挖掘马克思的生态学思想或"生态世界观",并由此展开了对资本主义社会及其生态危机的激烈批判。他明确宣称,"马克思的世界观是一种深刻的、真正系统的生态世界观,而且这种生态观是来源于他的唯物主义的"①。可以说,上述宣称也同时彰显了福斯特生态马克思主义研究的方法论优点和缺陷。注重对马克思恩格斯理论文本的系统性挖掘与阐释,无疑是应该高度肯定的②,但将马克思的生态思想归结为一种"生态唯物主义"或"唯物主义自然本体论"并不足够准确或深刻(认为马克思的思想是坚持唯物主义自然本体地位的因而是合乎生态的)③,更不能简单化或极端化为对所有那些尝试创新性结合生态学议题与马克思主义传统的绿色左翼学者努力及其研究成果的不加区别的宗派性拒斥或鄙视④。

相比之下,小约翰·柯布及其同事近年来推出的"有机马克思主义"理论,是他们长期坚持的"过程马克思主义"或"建设性的后现代马克思主义"(力图将怀特海的过程哲学与马克思主义相结合)的一个升级版⑤,尤其强调了中国传统文化对于克服当前全球性生态环境危机、中国生态文明建设实践对于世界各国探索资本主义替代性模式的时代价值——其最著名的口号就是"世界生

---

① 约翰·贝拉米·福斯特:《马克思的生态学》,刘仁胜、肖峰译,高等教育出版社,2006年版,前言第3页。
② 陈学明:《谁是罪魁祸首:追寻生态危机的根源》,人民出版社,2012年版,第42页。
③ 李本洲:《福斯特生态学马克思主义的生态批判及其存在论视域》,《东南学术》2014年第3期,第4-12页。
④ 泰德·本顿:《福斯特生态唯物主义论评》,载郇庆治(主编):《当代西方绿色左翼政治理论》,北京大学出版社,2010年版,第64-71页。
⑤ 菲利普·克莱顿、贾斯廷·海因泽克:《有机马克思主义:生态灾难与资本主义的替代选择》,孟献丽、于桂凤、张丽霞译,人民出版社,2015年版;小约翰·柯布:《论有机马克思主义》,《马克思主义与现实》2015年第1期,第68-73页。

态文明的希望在中国"①，并因而受到了中国学界超常的热情关注②。应该承认，冠之以"有机"哲学前缀的"有机马克思主义"——同时从古典哲学有机论和现代生态学中汲取了营养，因而对自然生态的哲学伦理理解确实要高于大多数的生态马克思主义主流学派或学者，但就像"自然唯物主义"是对现代生态学的一种粗略或近似概念化一样，"过程哲学"或"有机哲学"毕竟也不是一种典型的当代生态哲学，更不能够等同于生态主义。

因而，无论是"生态唯物主义"还是"有机马克思主义"，都算不上、似乎也难以成为一种对人类社会关系与社会—自然关系之间关系的更具特色的完整政治哲学阐述。③ 至少，笔者并不认为，它们与"社会主义生态文明"的理论和实践更为接近一些。

三、亟待深化社会主义生态文明政治哲学基础的探讨

如果说某种程度上的文明生态化或绿化——作为对现代工业社会或文明所面临着的生态环境困境的社会性应对——是人类社会未来发展中的一个可以肯定的趋向，当代中国的生态文明及其建设话语与实践是这样一个全球性趋势下的具体体现，那么，明确将生态可持续性与社会公正相统一作为最高目标和准则的、特定版本的"社会主义生态文明"——充分考虑甚至立足于后者的更高水平保障来推进前者的真正实现，即便在当今中国，也只是其中的一种政治可能性或选项。

承认这样一种相对不确定意义上的"红绿"未来，对作为其学理支撑的政治哲学提出了更具体但也更高标准的要求。在价值向度上，它必须能够明确阐明，为什么社会公正基础上的生态可持续性是一个更值得追求的目标理想

---

① 柯布、刘昀献：《中国是当今世界最有可能实现生态文明的地方》，《中国浦东干部学院学报》2010年第3期，第5-10页；张孝德：《世界生态文明建设的希望在中国》，《国家行政学院学报》2013年第5期，第122-127页。

② 张亮：《面向生态、辩证法与大众：马克思主义哲学新视野》，《中国社会科学报》2016年1月5日，第2版。

③ 在2016年8月17日由北京林业大学主办的"美国有机马克思主义生态文明思想研究"学术研讨会上，笔者强调指出，无论从阐明一种政治替代性愿景及其战略的完整意涵还是为社会主义生态文明这种特定绿色政治与政策提供合法性论证来说，我们都很难说有机马克思主义更接近于社会主义生态文明的政治哲学基础，但并未得到出席本次会议的小约翰·柯布教授和王治河博士的明确回应。

和准则？这其中的关键点恐怕是，只有面向和服务于尽可能广大或多数社会主体(以及生物种属)的生态可持续性追求与举措，才可以获得环境(生态)正义意义上的政治合法性辩护，尤其不能用少数社会群体的物质私利比如资本所有者的权益来辩护大众甚至全球生态可持续性名义下的政策举措①——比如"碳交易"或"碳金融"与抑制全球气候变化之间就是一个包含着诸多可异化节点的价值链条。

在科学向度上，它必须能够明确阐明，为什么社会公正保障与促进和生态可持续性改善可以是相互促进而不是彼此冲突的？这其中的关键点恐怕是，只有充分动员起来大多数的社会主体的生态可持续行为，才会成为整个社会和大自然的生态可持续水平不断提高的持久性动力与保障，很难想象，一个社会与环境严重非正义的文明中能够产生和维持生态可持续的自觉行动——就像"贫富两极分化"就没有社会主义一样，"贫富两极分化"的现实及其政治也不会带来真正的或持久的生态可持续性("生态主义")。

概言之，在笔者看来，"社会主义生态文明"的立足之本或力量就在于相信，对一种公正的社会关系的自觉意识与追求更可能会促动或导向一种和谐共生的社会—自然关系，而从目前来看，学界对这样一种政治哲学的阐发还远远不够。②

最后需要指出的是，推动社会主义生态文明的政治哲学基础认知不断走向深化和牢固的重要动力，是依然充满巨大想象空间的新时代中国生态文明建设实践。在当下的各种形式生态文明建设示范区(试验区、先行区)探索中，会很容易发现，无论是仍处在规划与初创阶段的国家公园建设还是已经如火如荼开展着的美丽乡村建设，都会时常遇到国家或公共所有权革新、创新集体经济(资产)形式、新公共空间或共同体感塑造等一系列明显具有社会主义趋向的制度与政策选择可能性。问题只是，如何使它们成长为一种更加明确的大众性政治自觉，并逐渐成为一个个具有政治可信度和吸引力的"红绿故事"(red-green stories)。③ 也正是在这一意义上，笔者认为，新时代中国的社

---

① 郇庆治：《终结无边界的发展：环境正义视角》，《绿叶》2009年第10期，第114-121页。
② 王韬洋：《环境正义的双重维度：分配与承认》，华东师范大学出版社，2015年版。
③ 笔者相信，这些"红绿故事"将会成为未来"中国故事"(或中国道路与模式)的最具国际吸引力与传播力的篇章。

会主义生态文明学者肩负着一种"铁肩担道义、妙手著文章"的历史责任。

第二节 作为一种政治哲学的生态马克思主义

笔者在前文中分析社会主义生态文明的政治哲学基础时已提出，一种广义的生态马克思主义或生态社会主义理论似乎是理由更为充分的候选者①。因为，相较于古典马克思主义，生态马克思主义首先是一种方法论基础意义上的革新，从而不仅有助于人们更全面客观地认识当代资本主义社会的生态现实，而且有可能拓展成为现时代马克思主义的一种主流性或前沿性表达。当然，上述研判何以能够成立，还在很大程度上取决于对生态马克思主义作为一种环境政治哲学的理论意涵的进一步阐发，而这也构成了本节将要探讨的主题。接下来，笔者将依次讨论三个密切关联的问题，即生态马克思主义的政治哲学意蕴、作为一种政治哲学的生态马克思主义的阶段性成长、生态马克思主义作为一种政治哲学所面临着的时代与实践挑战。

一、生态马克思主义的政治哲学意蕴

"政治哲学"尽管就其内容而言十分古老，因为古代中外思想家的政治思想和学说大都包含着政治哲学的意涵，但它作为一个概念范畴直到20世纪上半叶才逐渐流行于学术界，而且即便在今天也不是一个被普遍接受的学科名称。

概括地说，"政治哲学"无非是对哲学与政治(学)的一种交叉性思考，并因侧重点不同而呈现为"作为哲学的政治哲学"和"作为政治学的政治哲学"这两种基本形式②。而笔者在此所使用的"政治哲学"概念，主要是在后一种意义上来理解与界定的。也就是说，它意指一种特定取向或样态的政治实践或认知的哲学世界观及其价值基础，或者说关于为何以某种方式践行或阐释某种形式政治的哲学理论依据。相应地，像其他政治理论流派比如自由民主主

---

① 郇庆治：《社会主义生态文明的政治哲学基础：方法论视角》，《社会科学辑刊》2017年第1期，第5-10页。
② 白刚：《作为"哲学"的政治哲学》，《光明日报》2015年7月31日，第14版。

义、社会主义、保守主义、新自由主义、新极右翼主义、生态主义和女性主义一样，生态马克思主义也是一种政治哲学，因为它们都构成了某种特定方式或样态的进一步政治理论分析或政策实施的价值观基础和话语语境。更进一步说，政治学视域下的"政治哲学"概念（理论）包含着三个内在构成性的元素或侧面：对社会主导性现实的批判性分析、对未来社会替代性方案的愿景构想、走向这一替代性社会的道路或战略①。生态马克思主义也不例外。

基于上述概念性分析，可以对生态马克思主义的"红绿"或批判性政治哲学质性做如下两层意义上的概括②。

1. 对当代资本主义社会条件下生态环境困境或危机的系统性批判

在生态马克思主义看来，人类社会一直都包含着或呈现为社会的自然关系（人与自然关系）和社会关系（人与人关系）这双重维度下的基础性关系。从长远和本源意义上说，社会的自然关系无疑是更具有决定性影响的方面，因为一个文明时代的特定物质生产或经济技术条件（比如可利用的材料能源形态和机械工具种类），往往形塑着人们之间的社会生活与交往方式，也就是决定着特定构型的社会关系，但在较短（有限）的时空范围内，或者说物质生产与经济技术条件大致稳定的情况下，社会关系及其局部性、渐进性调适，则有可能呈现为一个具有强大规约性力量（同时在现实社会政治政策体系和话语语境意义上）的方面，并对社会的自然关系造成重要影响。

生态马克思主义认为，这种辩证性理解对于认识资本主义社会也是总体适用的。一方面，资本主义社会中的社会的自然关系和社会关系也是彼此关联、相互因应的，尤其是在其历史发展过程中的某些稳态性阶段（而非在革命性时期）——社会关系中的局部性或渐进性调整，总能在一定程度上缓和或改善社会的自然关系上的失调或困境，反之也是如此。另一方面，对于这二者间关系的本质规定性或演进趋势，与经典马克思主义所强调的资本主义社会中社会的自然关系与社会关系之间的社会矛盾性及其政治冲突不同，生态马

---

① 安德鲁·多布森：《绿色政治思想》，郇庆治译，山东大学出版社，2005年版，第264-265页。

② 郇庆治：《21世纪以来的西方绿色左翼政治理论》，《马克思主义与现实》2011年第3期，第127-139页。

克思主义更关注的是其社会的自然关系与社会关系之间的生态矛盾性及其政治冲突。因而，就像经典马克思主义者断定资本主义社会的"社会基本矛盾"将注定其不可避免地被历史性取代一样，生态马克思主义者断言，资本主义社会的"生态基本矛盾"将会成为其不可避免地被历史性取代的另一个"诅咒"。

更具体地说，在生态马克思主义看来，现实资本主义制度下的社会的自然关系，终究不过是其社会关系的一种展现或拓展，而社会关系最多只能局部性或选择性改进而不能逆转持续紧张的社会的自然关系。相应地，资本主义社会条件下的生态环境困境或危机，不仅是一种内源性的必然结果甚或"必需"（不断地以生态非理性方式榨取自然并将生态恶物或负担外部化、普通大众化是资本实现增殖与积累的必要条件或路径），也将是一种危机范围与深刻程度不断累积的历时性过程，直至最终演化成为一种系统性总危机。

需要指出的是，生态马克思主义对当代资本主义的生态批判，不仅是全面而彻底的，还是辩证而科学的。这就意味着，它并不轻易或简单断言，在欧美资本主义国家或当今世界中，"生态基本矛盾"已经取代"社会基本矛盾"上升成为主要矛盾，或者说，这种"生态矛盾"已经到了必然引发革命性政治冲突的历史性拐点。

2. 一种特定而明确的绿色政治变革目标、议程和战略或"替代性愿景"——生态的社会主义政治及其未来

生态马克思主义认为，对资本主义制度下的生态环境危机状况或反生态本性的批判立场固然重要，但至少同样重要的是，需要主动构建并践行一种基于替代资本主义总体性架构的社会主义政治主张和行动战略。换言之，生态马克思主义不仅是绿色的，还是红色的；不仅是理论的，更是实践的。

就前者而言，生态马克思主义是一种与古典马克思主义有着明确传承关系的"红绿"环境政治社会理论。从广义的绿色政治理论谱系来说，对资本主义社会的生态批评，至少包括"深绿""红绿""浅绿"三大阵营或派别[①]。"深绿"强调的是基于社会个体成员的自然生态价值与伦理观念的生态中心主义变

---

① 郇庆治：《绿色变革视角下的生态文化理论及其研究》，《鄱阳湖学刊》2014 年第 1 期，第 21-34 页。

革,"红绿"强调的是社会经济基本制度的社会主义取代或重建,而"浅绿"强调的是环境友好的经济技术或行政管理手段的渐进引入。无疑,主张对资本主义的社会主义替代的生态马克思主义属于"红绿"阵营,而且构成了内部包括生态马克思主义、绿色工联主义、生态女性主义、社会生态学、包容性民主理论等具体派别的"红绿"谱系的旗帜或基石。

具体地说,在生态马克思主义看来,"去资本主义化"或社会主义性质的社会关系重建,将会为社会的自然关系的实质性变革奠定基础并创造条件。人与人关系的社会主义重建,将同时意味着人的政治与社会解放和自然本身的政治与社会解放,相应地,人们更有可能以一种自由的状态和智慧去构建与生态自然之间的良性互动关系,包括尽可能生态化为了满足人类物质性生存需要而依然保留着的物质变换关系,其结果将是人类合理需要的最大程度满足和自然生态(内在)价值的最大程度实现①。依此而言,生态马克思主义既是一种"以红促绿""红绿交融"的政治,也是一种更激进的绿色政治(相对于"深绿"理论而言)。

就后者来说,生态马克思主义大致认为,"去资本主义化"或生态社会主义的构建是同一个历史实践进程的两面。这意味着,一方面,对资本主义的现实替代是一个非常复杂的系统性工程。因为,资本主义其实是一个包含着从物质性经济社会结构到精神性价值观念的系统性整体,而远非仅仅是人们通常所指称的市场体制、经济财产所有关系以及民主政治。比如,对于生态环境问题及其挑战,"绿色资本主义"或"生态资本主义"不仅构成了一种系统性的理论阐释(至少就其自身逻辑而言),而且呈现为一种表面看起来颇具成效的实践应对(至少就其局部或特定议题而言)②。换言之,对资本主义的现实取代何时或如何直指其理念与制度内核,从而呈现为一种系统性的"格式塔转换",并非易(近)事。

另一方面,生态的社会主义政治的构建或实践,也将是一个充满不确定性甚或曲折的过程。因为,社会主义并非简单是或可以轻易成为资本主义现

---

① 乔尔·科威尔:《资本主义与生态危机:生态社会主义的视野》,《国外理论动态》2014年第10期,第14-21页。
② 郇庆治:《21世纪以来的西方绿色左翼政治理论》,《马克思主义与现实》2011年第3期,第127-139页。

实的对立面，而且，生态学和社会主义之间唯物辩证法话语意义上的辩证统一或否定之否定，未必一定是我们所真正期望的未来目标。国际社会主义运动的历史实践和社会主义国家的生态治理实践都表明，生态的社会主义的"红绿"未来与"红绿政治"本身一样，都需要现实中的艰苦卓绝奋斗或斗争，而不能寄希望于任何必然实现意义上的规律或趋势。

正是基于上述两个方面的社会实践依赖性或不确定性，生态马克思主义所理解或期望的"红绿"社会政治变革，具有强烈的"实践指向"或乌托邦色彩，即生态的社会主义的未来将在很大程度上取决于现时代人们的实践追求及其努力程度。大致说来，绝大多数生态马克思主义者都会承认，这种生态的社会主义政治的核心是坚持生态可持续性和社会主义公正目标的自觉结合，尤其不能接受社会主体多数和边缘弱势群体不成比例地承担生态环境问题应对的经济社会代价——他们在双重剥夺性社会框架下所遭受的非正义待遇及其对于一种新型社会关系的自觉追求将是绿色政治变革发生并最终取得成功的原动力。

相应地，在大部分生态马克思主义者看来，各种形式的新型社会运动主体和较为传统的劳工团体（工会）之间的政治联合，仍是最基本的绿色政治变革力量。换言之，"红绿"社会政治动员的首要战略，仍应着眼于反对和抗拒资本主义社群及其力量的不断壮大。而对于生态社会主义制度框架构成性要素及其变革路线图的勾画，只有极少数学者认为已是当下必需的或迫切的（尤其是对于欧美学者来说）①。

综上所述，生态马克思主义既是对古典马克思主义理论体系的补充、拓展与深化，也构成了一种较为完整的马克思主义的政治生态学或绿色哲学。

二、生态马克思主义理论构建及其在中国的发展

需要指出的是，这里所使用的"生态马克思主义"概念，更多是一种宽泛或综合意义上的用法，而不是指某一具体形态的国内外生态马克思主义理论流派。准确地说，它所指称的是生态马克思主义作为一种政治哲学发展至今

---

① 萨拉·萨卡：《生态社会主义的前景》，载郇庆治（主编）：《重建现代文明的根基：生态社会主义研究》，北京大学出版社，2010年版，第283—300页。

所达成的共同性认识,其中至少已经历了经典马克思主义、欧美生态马克思主义、当代中国的生态马克思主义理论等体系样态①。

1. 经典马克思主义的生态思想

对于经典马克思主义的生态思想或意蕴的归纳概括,既可以称之为马克思的生态学、马克思恩格斯生态思想、马克思主义(社会主义)生态学,也可以直接使用人们更为熟悉的历史唯物主义(唯物史观)和辩证唯物主义。而从社会关系(人与人关系)和社会的自然关系(人与自然关系)这双重关系的视角来说,马克思恩格斯理论分析的方法论特点是将后者最终归结到(当然并非是简单等同于)前者,即在不同历史时期所形成的物质性社会关系,并特别强调了其中经济社会关系(尤其是生产资料所有权关系)的决定性意义②。

也就是说,在马克思恩格斯看来,资本主义社会中的生态环境破坏或危机,并非是一种自然现象或社会普遍性现象,而是特定类型的经济社会关系即资本主义生产(消费)关系的必然性结果或"必需"。他们甚至认为,资本主义的工业化与城市化发展,已经使社会的自然关系和社会关系这双重关系日益融合成一种关系,即社会(生产)关系,就像原来独立存在的自然史(科学)和社会史(科学)正日益整合成一种历史(科学)。"自然科学往后将包括关于人的科学,正像关于人的科学包括自然科学一样:这将是一门科学""自然界的社会现实,和人的自然科学或关于人的自然科学,是同一个说法。"③

就此而言,马克思恩格斯生态思想的要义,并不在于学界通常讨论的他们对于现实性生态环境问题或生态科学关注的多少(尽管这当然也很重要),而在于他们对于资本主义作为一种现代社会生产(经济)关系的内源性否定,

---

① 郇庆治:《生态马克思主义与生态文明制度创新》,《南京工业大学学报(社科版)》2016年第1期,第32—39页。

② 需要强调的是,生态马克思主义这种基于双重关系视角的分析与马克思恩格斯关于社会基本矛盾(生产力和生产关系之间、经济基础和上层建筑之间)的分析并不完全对应,但也不存在矛盾。对于马克思恩格斯而言,他们要回答的核心性问题是包括资本主义社会在内的人类社会历史性变迁的可理解性或规律性,而他们的基本观点是,社会物质生产实践及其经济基础关系的不断演进是最终决定性的力量。相比之下,生态马克思主义更多侧重于对作为一个社会整体的社会的自然关系与社会关系这两个层面本身及其辩证(实践)互动性的分析,尤其是更明确承认社会的自然关系作为一种自然生态关系而不只是物质生产关系对社会关系的现实制约性影响。

③ 《马克思恩格斯文集》(第一卷),人民出版社,2009年版,第516页和第534页注释。

即资本主义的社会经济关系的剥夺性和非理性性质注定了其社会的自然关系的剥夺性和非理性性质,因而都只能是暂时的或过渡性的,其未来则是科学的社会主义或共产主义。相应地,其中的社会的自然关系将会呈现为,"社会化的人,联合起来的生产者,将合理地调节他们和自然之间的物质变换,把它置于他们的共同控制之下,而不让它作为盲目的力量来统治自己;靠消耗最小的力量,在最无愧于和最适合于他们的人类本性的条件下来进行这种物质变换"①。换言之,马克思恩格斯在社会的自然关系与社会关系这双重关系上的唯物辩证理解(同时是历史唯物主义的和辩证唯物主义的),已经奠定了一种我们今天所理解的生态马克思主义的重要理论基础,或者说,它本身就是一种生态的马克思主义(尤其是在承认社会的自然关系的本体决定意义上)。

应该说,马克思恩格斯将社会的自然关系归结到社会关系的一般性分析方法,并不必然意味着对社会的自然关系本身复杂性的否认或无视。比如,恩格斯在自然辩证法主题下的相关讨论,就深刻阐明了一种基于自然界演进而不是人类社会立场的对人与自然关系的更宽阔科学理解。② 然而,必须承认,这一方法论特点不可避免地导致了对这两个层面本身及其相互关系的具体性分析的弱化——这既体现在对资本主义制度框架下社会的自然关系与社会关系互动机制复杂性的准确阐释(尤其是伴随着资本主义的全球化而不断展开的历史性进程),也体现在对地球生态系统作为人类社会存续前提条件的约束性意义的科学解读(比如全球生态承载与吸纳能力极限问题的渐趋凸显)。

2. 欧美生态马克思主义

概言之,欧美生态马克思主义是沿着如下两条进路而展开或构建起来的:一是系统整理与挖掘马克思恩格斯的生态环境议题有关阐述,也就是致力于回答马克思恩格斯究竟有没有自己的生态学思想(体系)的问题;二是试图从一种一般性的马克思主义或社会主义立场来分析当代资本主义社会条件下的生态环境挑战或危机,并进而大致分成两个相互联系的理论派别。前者以约翰·贝拉米·福斯特等人为主要代表,后者以詹姆斯·奥康纳等人为主要代表。

---

① 《马克思恩格斯文集》(第七卷),人民出版社,2009年版,第928-929页。
② 恩格斯:《自然辩证法》,人民出版社,1984年版,第5-23页、第295-308页。

福斯特的"生态唯物主义"或"唯物主义自然本体论",致力于用一种重新释读经典文本的方式,把马克思恩格斯的生态思想阐释归纳为一种辩证的自然(生态)唯物主义。换言之,他以一种较为传统的理论阐发方式,重新强调了社会的自然关系相对于社会关系的本源性或决定性意义,并依此论证了经典马克思主义的合生态本性。"马克思的世界观是一种深刻的、真正系统的生态(指今天所使用的这个词中的所有积极含义)世界观,而且这种生态观是来源于他的唯物主义的""如果不了解马克思的唯物主义自然观及其与唯物主义历史观之间的关系,就不可能全面理解马克思的著作"[①]。相应地,"物质变换(新陈代谢)"及其断裂成为他所指称的"马克思的生态学"的关键性概念,以及对资本主义社会进行生态批判的最主要理论武器。

相比之下,奥康纳的"第二重(生态)基本矛盾"理论,具有更为明确的理论革新意识和意义。他的基本论证思路是,马克思恩格斯的唯物史观所侧重的是对资本主义社会关系,尤其是经济社会结构性关系的分析,并得出了资本主义社会将会因为其第一重(社会)基本矛盾而陷入消费性总危机的结论;而被马克思恩格斯所忽视的是,资本主义社会其实还存在着社会的自然关系层面上难以克服的第二重(生态)基本矛盾,并将因此导致其陷入一种供给性总危机。"因此,有两种而不是一种类型的矛盾和危机内在于资本主义之中;同样,有两种而不是一种类型的由危机所导致的重新整合和重构(它们是以更为社会化的形式为发展方向的)内在于资本主义之中。"[②]在奥康纳看来,社会的自然关系与社会关系这双重(矛盾)关系的辩证互动,理应成为当代资本主义社会的马克思主义批判和社会主义替代的应有内容。

与福斯特对"生态学"或"生态思想"概念的简约化处置——即承认自然生态的本源地位的唯物主义立场——相比,奥康纳对社会的自然关系及其"第二重基本矛盾"的概括显然要更深刻一些。因为,它从方法论层面上提供了在经典马克思主义视域下略显粗糙的理解走向进一步细化、深化的可能性——更接近于或基于当代生态学的科学基础,即包括人类社会在内的生态(地

---

① 约翰·贝拉米·福斯特:《马克思的生态学:唯物主义和自然》,刘仁胜、肖峰译,高教出版社,2006年版,第24页。
② 詹姆斯·奥康纳:《自然的理由:生态马克思主义研究》,唐正东、臧佩洪译,南京大学出版社,2003年版,第275页。

球)共同体首先是一个相互依存的自然生态系统,从而使马克思的生态学或马克思恩格斯生态思想最终走向一种马克思主义(社会主义)生态学。

当然,无论是福斯特还是奥康纳的观点,都不是被普遍接受或没有争议的。比如,大多数生态马克思主义者都不同意福斯特关于马克思有着完整的生态学思想体系的论断,而作为亲密同事或同道者的保罗·柏克特也不赞成奥康纳对于社会的自然关系和社会关系之间的二元划分①。而对于欧美国家的生态马克思主义者主体来说,其更大的不足或缺陷在于对现实资本主义的社会主义替代的路径与战略的分析。比如,无论是福斯特还是奥康纳,其实都很难说提出了明确的政治变革或转型战略,尽管他们对传统社会主义实践的普遍性的看法有着明显不同②。

3. 当代中国的生态马克思主义理论

当代中国的生态马克思主义研究的独立学科地位,当然是一个可以讨论的问题。但必须指出的是,国内学界自改革开放以来的生态马克思主义或生态社会主义研究的理论成果,绝不仅限于对马克思恩格斯生态思想的整理挖掘和对欧美生态马克思主义流派的译介述评。笔者认为,这其中特别值得提及的,一是以老一代学者为核心引领的对马克思主义生态哲学、社会主义政治经济学等分支学科的原创性理论研究。前者比如中国社会科学院余谋昌教授自20世纪70年代末以来对生态哲学、生态伦理、生态文化和生态文明等学科议题的开拓性研究,并明确提出了"生态社会主义是生态文明的社会形态"③;后者比如中南财经政法大学刘思华教授长期以来从事的对生态马克思主义经济学或"社会主义生态文明的经济学"的研究,他早在1989年就明确提出"在社会主义制度下,人民群众的全面需要及其满足程度和实现方式,是社

---

① Paul Burkett, *Marx and Nature, A Red and Green Perspective* (New York: St. Martin's Press, 1999).
② 这方面值得关注的一个例子,是近年来关于有机马克思主义及其与生态马克思主义关系的讨论。有机马克思主义作为一个理论流派当然不限于菲利普·克莱顿和贾斯廷·海因泽克,以及他们的《有机马克思主义:生态灾难与资本主义的替代选择》(孟献丽、于桂凤、张丽霞译,人民出版社,2015年版),而是至少应包括小约翰·柯布的代表性著述。而仅从《有机马克思主义》一书的篇章结构来看,虽然明显呈现为一个"现实资本主义批判""现代马克思主义反思"和"有机马克思主义阐发"的渐次递进架构,但却很难说"它比生态学马克思主义走得更远""它有望为关于资本主义替代选择的激烈争论奠定基础"(小约翰·柯布评语)——尤其是在提供一种系统性政治哲学的意义上。
③ 余谋昌:《生态文明论》,中央编译出版社,2010年版,第64页。

会主义物质文明、精神文明、生态文明三大文明建设的根本问题",而建设社会主义现代文明,就是要"达到社会主义物质文明、精神文明、生态文明的高度统一"①。应该说,这些老一辈学者研究上的最大方法论特点是,他们并未或很少经受欧美生态马克思主义这一理论中介的"熏染"或"矫正",因而往往有着更多经典马克思主义阐述的理论品格(绝非只是缺乏批判性的负面意义上)。

二是围绕着"社会主义生态文明"概念的对于生态马克思主义理论的生态文明制度创新规约意义的讨论。十分吊诡的是,社会主义生态文明的目标与政治这一在当代中国最不应该成为问题的问题,已然成为中国生态马克思主义研究中最具理论挑战与发展潜能的议题领域。甚至可以说,"社会主义生态文明"概念写入2012年党的十八大报告和修改后的党章,并未从根本上扭转生态文明建设实践中"社会主义"这一重要前缀被严重虚化或遮蔽的事实。这其中的一个核心性问题,是尚处于初级阶段的社会主义制度下对于国内外资本以及市场机制作用的原则性立场和制度性构设②。应该说,"社会主义市场经济"这一核心性概念,其实就已明确包含着对现代市场经济形式及其资源配置效率的技术性功用的肯定和对社会主义长远目标的政治坚持,而后者的首要任务正是对资本主义市场经济条件下必然造成的社会不公正与生态破坏的制度性约束或规避。但现实中的情形却是,长期以来对欧美新自由主义经济及其政治的非批判性立场甚或无原则推崇,对社会主义基本经济与政治目标的去魅化乃至污名化,已经合流成为一种对社会主义政治的解构或否定性背景与语境。而正是在这种挑战性氛围下,在笔者看来,尤其是党的十八大以来渐趋活跃的当代中国的生态马克思主义以及社会主义生态文明理论与实践研究,可以发挥一种重新嵌入或再启蒙的功能——同时在生态主义和社会主义的意义上。

三、作为一种政治哲学的生态马克思主义所面临的挑战

如前文所述,在笔者看来,生态马克思主义已经不再简单是一个普通的

---

① 刘思华:《理论生态经济学若干问题研究》,广西人民出版社,1989年版,第275-276页。
② 陈学明:《生态文明论》,重庆出版社,2008年版,第59-63页。

国外马克思主义理论流派，而是成为一种具有更大普遍性的绿色或批判性政治哲学。它所关涉的是包括当代中国在内的人类现代社会如何构建并争取一个值得生活其中的生态化社会或未来。就此而言，作为一种政治哲学的生态马克思主义，还面临着哪些有待深入探讨的理论性议题呢？笔者认为，如下三个方面也许是必须要回答或最具挑战性的。

1. 资本主义社会关系的绿色变革力度及其潜能

一般性地认可资本主义社会制度下的社会关系调节作用与可能性并无过错，但现实是，20世纪70年代初以来由欧美发达资本主义国家倡导并引领的生态环境难题应对，已经在相当程度上被模式化甚或意识形态化了。其主要理论形态就是所谓的"绿色资本主义"或"生态资本主义"。这一理论在较为客观地阐述了欧美资本主义国家利用各种有利性国内外条件实现局地性生态环境较大幅度改善这一事实的同时，也有意无意地制造了一个颇具理论迷惑性甚或欺骗性的政治谜题，即这些国家所依仗的"绿色资本主义"旗帜下的生态现代化或可持续发展战略的全球普适性。应该承认，它所挑战的不仅是资本主义社会的自然关系的基本矛盾性质及其政治变革必然性，还包括资本主义的生态社会主义政治替代的合法性，以及社会主义生态文明建设实践的政治哲学基础。换言之，如果接受资本主义社会可以最终做到有效解决生态环境难题，如果接受自然生态的资本化或市场化是一种可以不受约束的普遍性应对思路，那么，关于生态社会主义政治替代或社会主义生态文明创建的理论前提，将会发生坍塌或陷入严重危机。

因而，生态马克思主义尤其是当代中国的生态马克思主义研究的首要任务，就是对欧美"生态资本主义"的现实政策成效及其意识形态合法性做出科学分析或实现"脱钩"。其关键在于，既要实事求是地看到欧美资本主义国家生态环境难题应对中的政策工具性层面的切实进展及其效果（尤其是在局地范围或特定议题领域上），又要通过客观分析这些政策工具在中长期时间内、更大范围上或其他议题领域中所造成的不利影响，来剥离或"去魅化"其意识形态光环。而这种分析的直接性目标是，从理论上阐明少数发达资本主义国家中社会关系的绿色调整的边际效应递减轨迹或自我否定机理，以及将会随之出现的社会主义政治变革的历史性节点或"拐点"。

2. 社会主义社会关系政治替代的不彻底性及相应的现实变革难度

必须承认，即便按照经典马克思主义关于未来革命的粗略构想，人类现代社会中迄今所发生的对资本主义经济政治制度的替代也并不是彻底的或纯粹的。换言之，现实的社会主义国家中的社会关系重建，既不纯粹是作为马克思恩格斯所批判的资本主义社会关系的对立面的新型物质性社会关系，也不完全是在一种全新的国内外环境中进行体制创新与自我革新的自主性实践。比如，萨拉·萨卡将苏联社会主义失败的原因归结为如下两点，即世界两极格局下致力于与美国争夺霸权的粗放式经济模式终将触及的"生态极限"和随着执掌政权的官僚特权阶层的利益固化而逐渐导致的社会主义价值与伦理的失落。[①] 前者所损害的是新型社会主义制度所依托的生态自然基础，而后者所侵蚀的则是新型社会主义制度所依托的大众观念基础。就当代中国而言，关于"社会主义初级阶段"的理论概括，虽然使改革开放政策的引入实施过程中避免了许多终极价值意义上的拷问，但也的确在某种程度上弱化了人们本应持有的更为清醒的理论自觉，并进而加剧了现实中社会关系与社会的自然关系变化之间的不协调或失衡性。

上述事实所表明的，在笔者看来，并非是社会主义的制度性生存只能借助于一种极端理想化的整体性环境，而是必须清楚地意识到现实社会主义条件下进行绿色变革的复杂性与长期性，尤其不能寄希望于僵化与生硬的意识形态话语宣传。比如，对于现今中国的生态马克思主义者来说，立即消除资本或市场与无原则地利用资本或市场都不是应该倡导的选择，而对于正确合理的立场必须有着清醒的政治自觉。因为，欧美资本主义国家的历史经验已反复表明，自由放任的市场与肆意妄为的资本，都不会供给或"外溢"出社会主体公众所需要的社会公正与生态可持续性，而有效规约市场和资本及其运行逻辑的制度性力量，只能是社会主体公众的政治民主发展成果。就此而言，必须看到，社会关系（包括经济生产关系）的进一步民主化调整或重构，理应成为新时期中国改进与矫正当前严重失衡甚或失序的社会的自然关系思考的一个重要维度。

---

① 萨拉·萨卡：《生态社会主义还是生态资本主义》，张淑兰译，山东大学出版社，2008年版，第57-91页。

3. 马克思主义或社会主义生态学的"绿色边界"

一般而言,对于生态马克思主义者来说,尊重自然生态资源的价值和承认自然生态系统及其元素的内在价值,并不是一回事。也就是说,建基于马克思主义的哲学与政治传统,生态马克思主义总体上是属于人类中心主义的或弱人类中心主义的,但肯定不是生态(生命、生物)中心主义的。因为,后者的一个最基本理论观点,就是认为自然生态系统及其元素拥有像人类一样的平等价值主体地位,尽管它也承认自然生态内部(比如生物物种种属之间)和人类社群内部(比如代际之间)的价值主体地位存在着某种位阶差异。应该说,生态马克思主义的这种(弱)人类中心主义立场,有效规避了与人类作为地球上思维和实践唯一主体这一事实(至少是在清晰与完整性的意义上)相冲突的难题。不仅如此,将生态保护意识、责任与行动明确归结为一种人类(社会)现象,也更符合现代工业文明时代人与自然关系上不断凸显的"人类世"特征。但无论从其历时性发展还是其可能达致的边界而言,生态马克思主义都一直面临着如何界定"生态学"或"生态思想"意涵的问题,其实质则是如何在理论上更接近于或立足于现代生态学,在实践中培育出千万社会主义"生态新人"。

正是在上述意义上,笔者认为,乔尔·科威尔对自然生态价值的探讨具有一种开拓性意义[①]。这倒不是因为,他也许是偶然提及的"自然生态的内在价值",标志着生态马克思主义者趋近生态中心主义或"深生态学"话语的新边界,而是因为,他在一定程度上激活(或复活)了关于生态马克思主义的自然解放与人类解放意涵及其现实政治前景的讨论[②],可谓意境深远。相比之下,以小约翰·柯布、菲利普·克莱顿等为主要代表的有机马克思主义对有机哲

---

① 乔尔·科威尔:《资本主义与生态危机:生态社会主义的视野》,《国外理论动态》2014年第10期,第14—21页。

② 作为第一代生态马克思主义者的赫伯特·马尔库塞,就曾提到过"自然主体"概念,其目的就是为了在马克思主义理论视野下确立自然生态的价值主体地位。在马尔库塞看来,依据马克思在《1844年经济哲学手稿》中的观点,人与自然界是互为主体,或者说,自然是一个"活的对象"、一种有"主体性"的客体。他认为,一旦承认自然界的这种"主体—客体"地位,我们就必然会把自然的解放视为人的解放的手段。这是因为,自然的解放除了可以使它成为享乐的工具、推动社会的变革,还可以促进人与自然之间建立起一种新型的关系、可以培养人的新的感受力。参见郇庆治:《从批判理论到生态马克思主义》,《江西师范大学学报(哲社版)》2014第3期,第42—50页。

学、过程哲学或生态哲学的强调,以及对近代机械论哲学的批评,都更可能是对生态马克思主义的哲学与政治内核——对资本主义社会的自然关系和社会关系本身的集体大众性抗拒与反叛——的一种偏离而不是超越。

第三节 从生态马克思主义到马克思主义生态学

如上所述,笔者认为,宽泛意义上的生态马克思主义或生态社会主义,更有理由被视为"社会主义生态文明"理论与实践的适当的政治哲学基础。因为,它作为一个话语理论整体较好地回答了社会主义政治与生态可持续性考量相结合的必要性和现实可能性。相应地,如此理解的生态马克思主义或生态社会主义,也就不再只是一个欧美或国外马克思主义流派,而是成为包括当代中国学者思考成果在内的时代化与普遍化的马克思主义理论或环境政治哲学。也正因为如此,"马克思主义生态学"也许是一个相较"生态马克思主义"而言的更为准确的伞形概念表述,可以清晰表明或彰显当代中国社会主义生态文明建设的理论主体性与实践自主性。

一、当代中国语境下的"生态马克思主义"理论谱系

目前,围绕着学界通常所指称的生态马克思主义或生态社会主义概念,至少存在着三组尽管称谓略显不同但却意涵十分接近的术语集群,即广义或复数意义上的生态马克思主义、生态社会主义和绿色左翼理论。[①]

其一,就前者而言,除了偶尔被提及的"生态马克思主义"和"生态学马克思主义"之分(即它的前缀修饰是 eco- 还是 ecological),我们至少还可以发现诸如马克思的生态学、马克思恩格斯的生态(环境)思想或自然观、绿色马克思主义、马克思主义生态学等具体性表述。

这其中最具代表性的,分别是本·阿格尔的《西方马克思主义概论》(1979)与詹姆斯·奥康纳的《自然的理由:生态学马克思主义研究》(1998)——所使用的都是"生态学马克思主义"这一提法(就其英文直译而言)、约翰·贝拉米·福斯特的《马克思的生态学:唯物主义与自然》(2000)、

---

① 郇庆治:《马克思主义生态学导论》,《鄱阳湖学刊》2022 第 4 期,第 5-8 页。

霍华德·帕森斯的《马克思恩格斯论生态》(1977)、特德·本顿的《马克思主义的绿化》(1996)，而莱纳·格伦德曼(Reiner Grundmann)的《马克思主义与生态》(1991)，更接近于福斯特所理解的"马克思的生态学"或帕森斯所理解的"马克思恩格斯的生态思想"，还算不上是一种更宽泛意义上的"马克思主义生态学"理论。

在笔者看来，这里的"马克思主义生态学"概念，既可以在涵盖更宽广理论流派范围的意义上来理解，即包括"马克思的生态学""马克思恩格斯的生态(环境/自然/生态文明)思想(观)""绿色(化)马克思主义""绿色议题马克思主义(比如生态女性马克思主义)"等在内的不同分支学派，也可以在更具灵活性的研究方法论的意义上来理解，而对马克思主义唯物辩证的或批判性经济社会结构分析的承继，构成了它们绿色分析的共同"底色"或"底线"。

相应地，上述这些概念与著述，也构成了广义或宽泛意义上的生态马克思主义研究视域下的三种主要进路[①]：以诠释与阐发为主、阐释与拓展并重、以创新与重构为主。

其二，就中者来说，生态社会主义还有着社会主义生态学、绿党(绿色)社会主义、生态民主社会主义等不同称谓，但却并未形成"马克思的生态社会主义思想"或"马克思恩格斯的生态社会主义思想"之类的提法。这在很大程度上要归因于马克思恩格斯所创立的科学社会主义理论(或共产主义理论)的广泛性社会影响，即并不存在科学社会主义理论体系之外的独立的生态社会主义思想，同时也与社会主义在欧美国家是一个历史更为悠久与意涵宽泛的社会政治思潮相关，也就是说，作为被修饰限制对象的"社会主义"，并不局限于科学社会主义的主流性理解甚或这一理论本身。

这其中在国际学界影响最大的，无疑是戴维·佩珀的《生态社会主义：从深生态学到社会正义》(1993年)、萨拉·萨卡的《生态社会主义还是生态资本主义》(1999年)和乔尔·科威尔与迈克尔·洛维的《生态社会主义宣言》(2008年)，尽管马丁·赖尔(Martin Ryle)和亚当·别克(Adam Buick)分别于1988年、1990年就已出版了同名的《生态与社会主义》。依据萨卡所做的考

[①] 郇庆治、陈艺文：《马克思主义生态学构建的三大进路》，《国外马克思主义评论》2021年第2期(第23辑)，上海三联书店，第123—155页。

证,奥西普·弗莱希特海姆(Ossip Flechtheim)最早在《生态社会主义和对"新人"的希冀》(1980年9月20日《法兰克福评论报》)一文中提到了"生态社会主义"概念,但事实上,他在收入两年前出版的声援鲁道夫·巴罗大会文集的另一篇文章《生态社会主义?今日的社会主义是全球的、人道的和生态的社会主义》中已经明确使用了它。此外,法国环境主义者雷内·杜蒙(René Dumont)在《希望在于社会主义的生态学》(1977年)中最早提出了"社会主义的生态学"这一术语,不久之后,雷蒙·威廉斯(Raymond Williams)也在《社会主义与生态》(1982年)中使用了"社会主义生态学"这个概念。另外,科威尔由于在《自然的敌人:资本主义的终结还是世界的毁灭?》(2001年)中强调了"生态社会主义革命"的思想,又被称为"革命的生态社会主义",而萨卡为了突出自己理论不同于主流生态社会主义的生态激进特征,自称为激进的"生态的社会主义"。

但需要指出的是,严格说来,就像"红色"绿党与"绿色"绿党之间的划分一样,所谓的"绿党社会主义"或"绿色运动社会主义"并不是一个准确的称谓,因为对于生态社会主义的政治信奉更多来自激进的社会主义政党,而不是绿党(或绿色运动),尽管欧美国家的一些绿党比如德国绿党在初创时期确实曾存在过一个较为强大的左翼派别,另一些绿党比如荷兰绿党和英格兰绿党至今仍存在一个比较强势的左翼支派。相较之下,生态社会主义是一个比社会主义生态学在学界接受度更高的表述形式,虽然著名的《资本主义、自然、社会主义》(CNS)就把自己定性为"社会主义生态学"期刊。

其三,就后者来说,绿色左翼理论既可以被理解为一个覆盖范围最为宽泛、方法论意义上最具弹性的伞形概念,囊括了包括上述的生态马克思主义、生态社会主义各个分支流派在内的试图将左翼人文社会科学学科(或政治社会传统)和生态议题关切相结合的数量众多的系统性学理阐释,也可以被理解为除了上述两个主要类别之外的与马克思主义理论传统和社会主义变革政治相关联、但理论与政治立场较为温和的一些分支流派,比如激进的或批判性的政治生态学、"红绿"社会政治运动理论或"绿色左翼"政治理论、单一议题性"红绿"理论等。

这其中较具代表性的,是安德烈·高兹的《作为政治的生态》(1975/1977年)与《资本主义、社会主义、生态:迷失与方向》(1991年)和乌尔里希·布兰德与马尔库斯·威森的《资本主义自然的限度：帝国式生活方式的理论阐释及其超越》(2017年)——尽管他们所理解与使用的"政治生态学"概念的具体意涵有着显著的区别、鲁道夫·巴罗的《从红到绿》(1984年)和德里克·沃尔(Derek Wall)的《绿色左翼的兴起：世界生态社会主义运动的内部视角》(2010年)等。

除此之外，还有许多更为具体的或单一议题性的"绿色左翼"理论，比如默里·布克金的《自由生态学：等级制的出现与消解》(1982年)等著述所开创的"社会生态学"或"进步的自治市镇主义"、艾瑞尔·萨勒(Ariel Salleh)的《作为政治的生态女性主义：自然、马克思与后现代》(1997年)所倡导的"躯体性生态女性主义"、塔基斯·福托鲍洛斯的《走向包容性民主：增长经济危机和新自由计划的必要性》(1997年)所构建的"包容性民主理论"、米利亚姆·兰和杜尼娅·莫克拉尼(主编)的《超越发展：拉丁美洲视点》(2011年)所提出的"超越发展理论"、杰夫·尚茨(Jeff Shantz)的《绿色工联主义：一种替代性红绿视点》(2012年)所阐发的"绿色工联主义"、菲利普·克莱顿和贾斯廷·海因泽克的《有机马克思主义：生态灾难与资本主义的替代选择》(2013年)所体系化的小约翰·柯布的"有机马克思主义"、维克多·沃里斯(Victor Wallis)的《红绿革命：生态社会主义的政治与技术》(2018年)所概括的"'红绿'技术观"，等等。

应该说，尽管它所存在着的难以避免的重复交叉等局限，上述理解分析框架也可以作为观察与反思中国自20世纪80年代中期开始的生态马克思主义或生态社会主义研究的历史发展的基本线索。

比如，王瑾最早在《生态学马克思主义》(1985年)和《"生态学马克思主义"和"生态社会主义"》(1986年)的论文中，比较阐释了"生态马克思主义"和"生态社会主义"这两个基本概念，并确立了它们的主体性中文表述形式。陈学明的《生态社会主义》(2003年)是国内最早的以生态社会主义为标题的学术专著，而刘仁胜的《生态马克思主义概论》(2007年)、徐艳梅的《生态学马克思主义研究》(2007年)、曾文婷的《"生态学马克思主义"研究》(2008年)等一批该主题著作的集中出版，则是中国生态马克思主义研究学科方向确立的重要标志。在此前后，周穗明和陈永森对生态社会主义、王雨辰和吴宁对生态马克思主义的系列性讨论著述，前两者如《关于生态社会主义的一些情况》(1994年)、《从红到绿：生态社会主义的由来与发展》(1995年)、《生态社会主义述评》(1997年)和《西方生态社会主义与中国》(2010年)、《人的解放与自然的解放：生态社会主义研究》(2015年)，后两者如《生态批判与绿色乌托邦：生态学马克思主义理论研究》(2012年)和《生态学马克思主义与生态文明研究》(2015年)、《生态学马克思主义思想简论》(2015年)——尤其是对安德烈·高兹的研究，是这两个分支领域中最主要的代表性成果。

相比之下，对马克思恩格斯生态(环境/自然/生态文明)思想的研究，始终是中国学界关注的重点并且成果丰硕，比如解保军的《马克思自然观的生态哲学意蕴："红"与"绿"结合的理论先声》(2003年)和《马克思生态思想研究》(2019年)、方世南的《马克思环境思想与环境友好型社会研究》(2014年)和《马克思恩格斯的生态文明思想：基于〈马克思恩格斯文集〉的研究》(2017年)、张云飞的《唯物史观视野中的生态文明》(2014年)，等等。

而最令人欣喜的是，年青一代学人正在脱颖而出，比如蔡华杰的《另一个世界可能吗？当代生态社会主义研究》(2014年)、温晓春的《安德烈·高兹中晚期生态马克思主义思想研究》(2015年)和廖小明的《生态正义：基于马克思恩格斯生态思想的研究》(2016年)等。

二、走向"马克思主义生态学"

多少有些偶然但却十分幸运的是，自20世纪90年代中期以来，笔者及其所带领团队的研究"成功"穿越了上述生态马克思主义理论谱系下的三个议题领域。

2009年之前要特别感谢山东大学政治学与公共管理学院(山东大学当代社会主义研究所)，关于欧洲绿党政治研究的博士论文，不经意间实现了传统的科学社会主义与国际共产主义运动理论和那时迅速崛起的国际政治学科之间的"无缝对接"，使得笔者对于中国绿色可持续发展理论与实践的思考从一开始就置于当代人类社会发展大趋势的框架和国际比较的视野之下，而前后长达三年之久的海外留学经历所累积起来的是至少与经典书本阅读同样重要的研究基础；从那时至今则要衷心感谢北京大学马克思主义学院，生态马克思主义或生态社会主义研究这一当初的辅助性甚或边缘性学科方向，由于党和政府大力推进社会主义生态文明建设的战略抉择而"华丽转身"，使得许多在过去看来明显是异域的、怪异的或政治不怎么正确的理念与做法，具有了迅速凸显的现实相关性甚或借鉴意义，而观察视角与议题关注上的"国内转向"，也意外开辟了远超乎预想的广阔研究空间和可能性。

笔者在上述三个议题领域中的主要学术成果，分别是专著《自然环境价值的发现：现代环境中的马克思恩格斯自然观研究》（1994年）、编著《重建现代文明的根基：生态社会主义研究》（2010年）——同年由斯普林格出版社出版的英文版采用了《作为政治的生态社会主义》的标题——和《当代西方绿色左翼政治理论》（2011年），而2000年出版的专著《欧洲绿党研究》同时扮演了一种奠基性的和承上启下的转型促动角色。

可以说，正是基于上述机会结构性的环境条件和渐趋自觉的目标认知，笔者及其学术团队过去十多年来的研究逐渐形成了如下的自我定位，即把广义的生态马克思主义或生态社会主义研究——尤其是当代中国的社会主义生态文明理论与实践——嵌入到一个更为宏阔的绿色理论视野或语境之中，或者说一个"深绿—红绿—浅绿"的三维分析认知框架，从而力图做出对生态马克思主义或生态社会主义本身的一种生态（环境）主义理论视角下的理解与阐释。

更具体地说，在笔者看来，对生态马克思主义或生态社会主义的经典文本阐释与时代意涵拓展，可以同时在环境社会政治理论的绿色变革或转型阐释与促进潜能、生态文化理论及其学术流派间交流互鉴和环境人文社会科学学科交叉融合的不同意义上得以推进，而2012年党的十八大所开启的新时代中国特色社会主义生态文明建设行动成为最为理想的理论验证与实践检验背景平台。对于当代人类社会的绿色变革或转型而言，以生态马克思主义或生态社会主义为核心的"红绿"理论无疑是非常重要的甚至是根本性的，但却并不能够提供一种可以无视其他理论包括各种"浅绿"理论的关于变革目标以及动力机制的独断性阐释与规划；对于作为资本主义现代文明整体性替代的生态文明的理论大厦构建来说，不同生态文化理论及其学术流派其实都扮演着各自视角下的生态化解构和重释角色，相应地，生态马克思主义或生态社会主义绝不仅仅是一个贡献者，同时也是一个学习者，完全（理应）可以从相互间的交流互鉴中反观与提升自身；在已经初步形成的深度交叉融合的环境人文社会科学学科体系中，生态马克思主义或生态社会主义的前瞻性与引领意义,至少同时是由于它们的马克思主义哲学政治学基础和社会大众利益价值关切,也就是学科(术)科学性和政治正确意识形态立场的有机统一。

正是本着这一目的追求,笔者认为,更明确地把中国学者自己当作思考与行动主体的"马克思主义生态学",对于尤其是本书所着力于探讨的当代中国的社会主义生态文明理论与实践而言是一个更为恰当的伞形概念选择,相比之下,"社会主义生态学"和"绿色左翼理论"则可能显得有些不够主题(主体)鲜明或准确,虽然它们在很多情况下可以在互换意义上使用。

结 语

如上所述,关于社会主义生态文明的政治哲学基础的讨论,既可以理解为一种纯粹环境政治哲学意义上的理论阐发,即我们为什么和如何创建一个"红绿"质性的未来生态化社会,也可以理解为对 2012 年党的十八大和 2017 年党的十九大所提出的"社会主义生态文明观"的政治哲学概括阐释,即表明或彰显这一术语的"社会主义"前缀的深刻政治与政策意涵。而在现实实践中,上述两个方面的协同及其有机结合尤为重要。[①] 也就是说,某种政治愿景及其目标追求的政治哲学基础固然重要,但至少同样重要的是这种政治愿景及其目标追求的政治行动主体特别是领导者群体的理论自信、政治意愿和战略定力,社会主义生态文明也是如此。因而,我们在阐发完善社会主义生态文明政治的哲学基础的同时,还要更多关注这一理论基础在执政党及其领导政府乃至整个社会的大众政治文化认同和制度化呈现,唯有如此,才能期望,社会主义生态文明在新时代中国甚至是全球性的持续健康实践推进及其影响。

[①] 郇庆治:《以更高理论自觉推进全面建设人与自然和谐共生现代化国家》,《中州学刊》2023 年第 1 期,第 5-11 页;《以更高的理论自觉推进新时代生态文明建设》,《鄱阳湖学刊》2018 年第 3 期,第 5-12 页。

第四章

生态马克思主义的中国化：意涵、进路及其限度

本章撰写的直接起因，是2019年1月25日时任光明网理论频道记者葛佳意对笔者所做的学术专访。她概括提炼了文中所讨论的关于生态马克思主义研究及其对于当代中国相关性的九个问题，并在访谈后将笔者的应答记录整理成稿。而在笔者看来，这一文稿已经远远超出了一般意义上的关于一个欧美马克思主义学术流派的交流对话，而更像是对于生态马克思主义研究中国化的意涵、进路及其限度的系统性探讨，即如何在当代中国话语语境或视域之下来理解和阐释生态马克思主义与社会主义生态文明理论和实践之间的建设性互动。鉴于此，笔者在记录整理稿的基础上做了结构性调整和内容上的修改补充，希望可以推进国内学界对于这一议题的讨论。①

第一节 作为一个理论话语体系的生态马克思主义

生态马克思主义是西方马克思主义中最有影响力的流派之一，或者说最为活跃的思潮之一。其主要支持性理由是，它所依托的基本理念及其大众化

---

① 王雨辰：《生态学马克思主义的探索与中国生态文明理论研究》，《鄱阳湖学刊》2018年第4期，第5-13页。

传播、理论的系统化与逻辑化等方面,近些年来在诸多马克思主义支派当中进展较快、成效较大;此外,还体现在跨领域、跨学科介入的意义上,生态马克思主义似乎可以更容易地实现与其他人文社科领域和学科的交流互动,并产生了一定的影响。

一、生态马克思主义形成发展的四个活跃节点

生态马克思主义作为一个学术理论流派,所关涉到的第一个问题是如何理解其阶段性成长或做怎样的阶段性划分。目前,国内学界的主流性观点,是把生态马克思主义的发展历程划分为逐渐走向成熟的或理论形态不断趋于激进的三个阶段:形成时期(威廉·莱斯和本·阿格尔的生态马克思主义)、成熟时期(欧洲的生态社会主义)和发展时期(北美的生态马克思主义)。[①] 但在笔者看来,也许将它们概括为 3~4 个高潮或活跃节点会更贴切些。

第一个节点大致对应于 20 世纪 60 年代末、70 年代初的形成时期。国内学界普遍认为,1972—1976 年与德国法兰克福学派代表性人物赫伯特·马尔库塞有着师生关系的加拿大学者莱斯和阿格尔,最早确立了生态马克思主义这一理论流派。但严格说来,这一流派的创立者中至少还应加上两个人:法国的安德烈·高兹和马尔库塞。高兹从对资本主义时代变化语境下的社会主义革命及其主体的讨论中,提出了社会主义的政治生态学问题,即生态变革理应成为资本主义政治变革或替代的有机组成部分,他的《作为政治的生态》(1975 年/1977 年)其实就是一个社会主义政治生态学的论纲;马尔库塞的理论贡献并非只是法兰克福学派意义上的社会批判,而是他晚年撰写的《反革命和造反》(1968 年)、《论解放》(1969 年)等论著已经具有颇为明晰的生态马克思主义表征。

国内学界大都只介绍莱斯和阿格尔的著作,并将他们与法兰克福学派的批判理论传统相联系,尤其是莱斯的《自然的控制》(1972 年)和《满足的限度》(1976 年),而实际上,高兹和马尔库塞至少是与他们同等重要的。

[①] 杨少武、梁旭辉:《生态学马克思主义的发展历程及其对我国生态文明建设的启示》,《喀什大学学报》2019 年第 1 期,第 15-20 页;刘仁胜:《生态马克思主义概论》,中央编译出版社,2007 年版,第 1-12 页。

第二个节点大致对应于20世纪70年代末、80年代初,并且更多是与苏联和中东欧国家的经济政治转型相关联。这一时期的讨论始于民主德国、波兰、捷克等国家的"持不同政见者"对传统社会主义模式及其生态缺憾的批评,并继而希望把生态概念引入到社会主义理论的视野。这段时间内最值得关注的学者有两个:鲁道夫·巴罗和霍华德·帕森斯。长期生活于民主德国的巴罗,在80年代初就致力于"红绿"思想与运动的结合,并积极参加了早期的绿党政治与民主社会主义党的创建,《社会主义、生态和乌托邦》(1983年)、《从红到绿》(1984年)、《创建真正的绿色运动》(1986年)、《避免社会与生态灾难:世界转型政治》(1987年)等,是他这一时期的代表性论著,其主旨是如何在实施一种不同于西方资本主义和苏联东欧社会主义的旧政治模式的同时,创建一种超越工业文明的新文明。

英国哲学家帕森斯的《马克思恩格斯论生态》(1977年),从经典文本的视角概括了马克思主义生态思想的主要内容,不仅从正面回应了学界尤其是"深绿"思想与运动对马克思主义缺乏生态观点的批评,而且以摘录的方式首次整理了马克思恩格斯的代表性论述,从而为后来的马克思恩格斯生态思想的理论归纳与阐释提供了模板——比如德国学者埃尔马·阿尔特瓦特(Elmar Altvater)和沃夫冈·米特(Wolfgang Mehte)分别在1980年、1981年就开始系统探讨的马克思主义(社会主义)生态学议题(即《生态与社会主义》和《生态与马克思主义》)。

此外,这一时期还应包括苏联的一些辩证唯物主义和历史唯物主义哲学家关于生态环境议题的讨论,比如对于生态(物)圈的哲学探讨、人与自然环境辩证关系的探讨等。它们虽然并没有使用生态马克思主义或生态社会主义之类的称谓,但却明显属于唯物主义自然本体论或生态唯物主义本体论的范围。

第三、第四个时间节点非常明确。第三个节点是指1991—1996年出版了多部关于生态马克思主义和生态社会主义的典范之作。这其中包括莱纳·格伦德曼的《马克思主义与生态》(1991年)、安德烈·高兹的《资本主义、社会主义、生态》(1991年)、戴维·佩珀的《从深生态学到社会正义》(1993年)和特德·本顿的《马克思主义的绿化》(1996年)等。格伦德曼的《马克思主义与生态》提出了后来为生态马克思主义学界所熟知的著名论断,即生态环境问题的产生不在于人试图掌控自然,而在于人掌控社会与自然关系的水平还较低,能力还不够,而高兹的《资本主义、社会主义、生态》则进一步系统阐发了他的社会主义政治生态学观点,使经济理性服从于社会理性与生态理性和社会主义对资本主义的历史性替代有着相同的绿色政治意涵;佩珀的《从深生态学到社会正义》在中国学界产生了十分广泛的学术影响,尤其是它对于生态社会主义理论及其马克思恩格斯文本基础的系统性梳理,但该书的主要目的,是希望绿色无政府主义运动自觉实现与传统左翼运动的政治联合;本顿主编的《马克思主义的绿化》更多强调的是马克思主义应主动吸纳生态环境议题(尤其是就他本人而言),而《生态马克思主义》(2013年)的中文译本书名显然未能彰显这一主题。

第四个节点是指1998—2001年以北美学者为主体的生态马克思主义著述丰产时期,几乎每年都有名作问世,比如詹姆斯·奥康纳的《自然的理由:生态学马克思主义研究》(1998年)、保罗·柏克特的《马克思与自然:一种红绿观点》(1999年)、约翰·贝拉米·福斯特的《马克思的生态学:唯物主义与自然》(2000年)和乔尔·科威尔的《自然的敌人:资本主义的终结还是世界的毁灭?》(2001年)等。奥康纳的《自然的理由:生态学马克思主义研究》的最主要贡献,无疑是关于资本主义社会的"第二重基本矛盾"的观点,强调对于当代资本主义的历史性替代必须包含一种生态马克思主义的理论观点与政治进路;柏克特的《马克思与自然:一种红绿观点》虽然在是否应当承认资本主义社会的第二重基本矛盾上与奥康纳有歧见,但更强调的是构建生态马克思主义经济学的重要性,尤其体现在他日后的另一部著作《马克思主义与生态经济学》(2009年)中;福斯特的《马克思的生态学:唯物主义与自然》着力于重新挖掘马克思恩格斯的生态思想资源,并强调马克思恩格斯不仅有着自己的生态学,而且马克思主义本身(或称之为"生态唯物性"或"生态唯物主义本体论")就是最好的生态学或可持续发展理论;科威尔的《自然的敌人:资本主义的终结还是世界的毁灭?》更多强调的是革命的社会主义生态学,认为人类社会与自然的真正和解只能意味着资本主义制度体系的终结。

相比之下,这一时期的欧洲大陆显得要沉寂得多,值得特别提及的也许是萨拉·萨卡的《生态社会主义还是生态资本主义》(1999年)和乔纳森·休斯的《生态与历史唯物主义》(2000年),尽管前者较为激进的生态立场很难代表或影响欧洲大陆生态马克思主义学界的主流。

在上述基础上，我们可以进一步追问如下两个问题，第一，历经四个阶段性高潮或活跃节点之后的生态马克思主义是否变得越来越体系化或成熟？第二，是否可以断言生态马克思主义已经或正在进入一个新的阶段或第五个活跃节点？

对于第一个问题，在笔者看来，答案基本上是肯定性的。也就是说，如今的生态马克思主义作为一个理论话语体系，已经明确包含着对资本主义生态环境问题深层原因和未来绿色社会主义解决途径的系统性分析及其政治过渡战略。当然，无论就理论分析与政治战略这两个侧面阐述的平衡性来说，还是就四个时间节点的具体情况而言，都还依然存在许多值得关注和深入讨论的挑战性问题。

从环境政治学的视角来看，前四个时间节点中第一个节点的特点是理论来源的多元性，尤其是对生态主义理念的更开放立场，而第二个节点的红色传承特征更为明显，第三个和第四个节点无疑是理论水准最高的两个，但其中不同学者的价值取向与政治立场也有所区别，而且似乎并不明显存在理论形态上的线性递进走向。比如，恐怕很难说休斯、佩珀和帕森斯对马克思恩格斯生态思想的理论归纳与阐释之间存在着清晰的代际承继性。

对于第二个问题，笔者认为，答案很明确，但却更多是在否定的意义上。应该说，前四个高潮或活跃节点的出现都有着它们自己的理由，但却并没有一种普遍性的或持续存在的理由。第一个节点的出现更多是为了回应生存主义、环境危机论等理论冲击，结果是生态马克思主义的阐述包含了许多生态激进主义或生存主义的看法，比如莱斯关于节俭社会、合理消费与理性需要的观点；第二个节点的出现主要是为了应对现实社会主义在苏联中东欧国家所遭遇的严峻挑战，生态马克思主义的阐述着力于论证社会主义制度及其理念与生态环境保护的内在一致性，比如巴罗至少最初的理论分析是建立在现实社会主义可以实现与生态环境保护双赢的基础上的；第三个、第四个节点的出现更多是由于学院派学者的努力而不是来自实践的直接推动，因为无论是格伦德曼、佩珀还是奥康纳、福斯特，都有着一定的高校或研究机构任职的背景，可以说，主要是由于生态环境议题的日益国际化、大众化吸引了这些马克思主义专业知识较为深厚或兴趣较为浓郁的学者，用一种明确的生态马克思主义或生态社会主义的理论立场来系统性阐释生态环境问题。

至于所采用的名称是马克思恩格斯的生态思想(学)、马克思主义生态学，还是社会主义生态学或社会主义政治生态学，都与研究者的知识背景或生活环境有着密切关系——尤其是第三个节点的欧洲地域特征和第四个节点的北美地域特征，而不能笼统归纳为一种单一的理论逻辑或分析线索。

那么，为什么很难形成或发现一个较为清晰的第五个高潮或活跃节点呢？在笔者看来，一个很重要的原因是进入21世纪以来国际环境政治主题的明显变化，即从传统的生态环境保护治理议题转移到全球气候变化应对议题，而对于后者左翼学界的理论回应并不明确或不容易做出有特色的理论回应。比如，这方面人们使用较多的伞形概念是环境正义或气候正义，但环境正义或气候正义的左翼政治色彩并不十分突出，因而很难对接像阿格尔的消费危机和奥康纳的第二重基本矛盾那样的马克思主义基础概念。

不仅如此，原来国际或全球层面上较多使用的帝国主义论、世界体系论和南北分立等概念术语，似乎也不容易找到一个适当的切入点或衔接点。的确，"生态帝国主义""生态殖民主义""帝国式生活方式""生态转嫁""让穷国吞下污染"等范畴术语，经常被用来批评现行国际经济政治秩序下的不平等和非公正现象，但现实中发达与不发达国家之间或南北国家之间、发达国家和发展中国家内部的阵营划分，正变得日益不清晰或模糊。因为，从全球生态环境变化更积极应对的视角来说，发展中国家的立场既不再是天然统一的，也不再是与左翼政治取向必然一致的，而且站在大多数发展中国家的现实立场上未必一定就是正当的，而有可能是政治过时的甚或错误的。

因此，全球生态环境治理与气候变化语境下的马克思主义理论分析，其实是一个相对薄弱的环节，而现有的学术研究成果也缺乏一种明晰的或连贯的马克思主义政治特征。[①] 结果是，生态马克思主义对于某一时间段的某些议题可能会显得更活跃些，而在其他时间和议题上则难免陷于落寞。

---

① Patrick Bond, *Politics of Climate Justice: Paralysis Above, Movement Below* (Scottsville: University of KwaZulu-Natal Press, 2012); Naomi Klein, *This Change Everything: Capitalism vs. the Climate* (New York: Simon&Schuster, 2014); Dominic Roser and Christian Seidel, *Climate Justice: An Introduction* (Oxon: Routledge, 2017); 陈俊:《正义的排放：全球气候治理的道德基础研究》，社会科学文献出版社，2018年版。

二、生态马克思主义的理论体系意涵及其主要维度

1. 对资本主义社会的政治经济学批判和政治生态学批判

生态马克思主义作为一个学术理论流派，所关涉到的第二个问题是它的话语体系意涵及其主要维度。概括地说，它包括两个主要的层面，一是对资本主义经济政治制度体系的批判，或称之为对资本主义社会的政治经济学批判和政治生态学批判，二是对不同于资本主义社会的绿色新社会或社会主义社会的愿景构想，以及向这样一个新社会过渡的机制路径与政治战略。

对于前者而言，政治经济学批判和政治生态学批判实际上是密切联系在一起的，但大致说来，越是接近于马克思主义的理论源头的话，它就越会呈现为一种政治经济学批判，而后来的学界则越来越强调生态马克思主义的政治生态学批判意涵。当前，完整的生态马克思主义批判，理应是二者的内在结合或互补，但国内学界更多强调或熟悉的是政治经济学批判，而欧美学界的主流似乎在日益弱化政治经济学批判这一维度。

需要指出的是，第一，政治生态学批判这一维度，包括政治生态学这一术语，源自法国的安德烈·高兹。他的《作为政治的生态》，确立了"政治生态学"这一术语或理论维度在广义的生态马克思主义领域中的地位，但他所阐述的更多是一种社会主义政治生态学。也就是说，政治生态学对他而言更多是与社会主义对资本主义的历史性替代相联系的，而随后的欧美学者一般是在较为温和的或绿色左翼的立场上继续使用这一概念。第二，政治经济学批判始终是非常重要的，但在当前的国内语境中，它却很容易简化或自我矮化为对马克思主义政治经济学观点的复述。结果是，虽然自我声称是生态马克思主义质性的阐述，但却并没有真正体现为一种生态马克思主义的政治经济学分析，而是停留在经典马克思主义的政治经济学理论层面。

毫无疑问，生态马克思主义对资本主义经济政治制度体系的批判，也包括对资本主义的经济政治全球化的批判，而且它把这种全球化理解为资本主义发展的必然性要求和内在组成部分。在它看来，资本主义制度自诞生以来就同时在时间上和空间上不断扩展。可以说，资本主义的历史就是一个在时间上和空间上持续扩张与拓展的过程，直到其彻底消亡之前都会是如此。

值得注意的是，资本主义经济政治的最近一轮的空间扩展，始于20世纪70年代末的新自由主义兴起及其霸权，并在随后的30年左右深刻改变了当代资本主义社会内部的经济政治环境和世界经济政治格局。这大概也是为什么，像大卫·哈维等这样的空间或都市马克思主义学者及其理论著述，近年来引起了国内外学界的广泛关注。① 因为，空间或都市马克思主义集中探讨了全球化资本主义在国内和国际层面上的空间扩张过程及其具体样态，并强调它们并没有改变经典马克思主义所概括的资本（增值）逻辑或资本主义发展的不平衡规律。依据马克思主义的基本观点，资本无论是时间上的延续还是空间上的扩张，都是为了实现其基本属性，即资本的增值，因而具体形态或场域的变化并不会改变资本的社会性质或社会构型，也就不会改变其社会非公正和反生态的本质——同时在国内和国际层面上。

因此，政治生态学批判也可以理解为政治经济学批判基础上的一个新的批判维度或论域，或者说，它是对当代资本主义社会的在原初的政治经济关系批判基础上的对政治权力关系的批判。具体地说，政治经济关系批判往往最后落脚于社会的经济关系，而经济关系又会归结于经济的财产所有权关系，相形之下，政治生态关系批判更多着眼于社会的权力等级关系或组织结构关系，也就是更多考虑各种 power 或 domination 关系所导致的生态环境问题。换言之，政治生态学批判所强调的不再是社会关系背后的经济（所有权）关系，而是把传统意义上的政治学的权力关系（经济基础与国家）扩展到比较宽泛的政治社会意义上的权力支配关系，并考察这些支配型关系所引发的生态学后果和影响。这方面的先驱性学者，是法国的米歇尔·福柯。他强调指出，"个体的"其实是"政治的"，即个体的行为生活有着明确的政治意涵。② 这一观点的进一步扩展便是，个体的衣食住行都是一种现实的生态政治（的体现或映照）。

当然，像政治经济学批判一样，政治生态学批判并不是大众化政治话语中所意指的政治批判，甚至不是简单意义上的批评，而是一种严谨的科学分

---

① 强乃社：《国外都市马克思主义的几个问题》，《马克思主义与现实》2017年第1期，第124-131页。

② 米歇尔·福柯：《生命政治的诞生》（1979年），莫伟民、赵伟译，上海人民出版社，2011年版，第38页。

析。它当然包含着一种对当代资本主义社会的批评性态度,但这种批评性态度是通过学理性的话语与言说逻辑来表达的。因而,生态马克思主义同时是对资本主义社会的政治经济学批判和政治生态学批判,并且同时是在时间和空间的意义上,而当下空间批判理论的一个重要侧面或论域,就是资本主义经济政治的全球化,强调它不过是资本主义发展的内在必然要求和现时代体现。

  对于后者而言,应该说,国内学界对这个方面的关注与阐释,迄今为止还是很不充分的。这其中的一个关键性问题,是如何判断现实资本主义社会的自我调整成效及其潜能。经典马克思主义理论特别是它的经济危机理论,对于认识资本主义的长周期发展趋势无疑是非常重要的,但经验一再表明,现实中资本主义的确经常会遭遇各种形式的经济与社会危机,然而,每次危机过后它都会进入一个新的发展阶段,比如从原来的商业资本主义到后来的制造业资本主义,再到后来的金融资本主义,直至今天的信息化资本主义。也就是说,生态马克思主义必须深入分析资本主义的历次危机应对及其随后发生的体制机制变化,以及这些变化在何种程度上改变了最初意义上的资本主义制度构架,仅仅坚持经典马克思主义的经济危机理论和笼统强调资本主义发展的不均衡性是远远不够的。

  这方面必须提及的是卡尔·波兰尼的"大转型"理论。这一理论的重要价值在于,它较为科学地阐释了英国如何从最初的不成熟的资本主义社会逐渐过渡到一种成熟的资本主义新社会形态。其基本结论是,资本主义社会根本不是从封建社会自发转变过来的,不是一个自我渐进生成的过程,而是资产阶级国家在其中发挥了一个十分重要的促动作用。正是在掌握政权的资产阶级国家的强力推动下,资本主义社会逐渐实现了人、土地、劳动、商品之间从封建性关系向资本主义关系的转型。最后,人们成为在资本家工厂中只能靠挣取工资来维持生计的劳动者或工人,而其他所有社会元素都变成了附属于新的资本主义生产的构成性元素,成为资本实现其增值要求的一个链条环节。[①] 结果是,随着资本主义社会关系的逐渐形成,资本主义的人与自然关系

[①] 卡尔·波兰尼:《大转型:我们时代的经济与政治起源》,冯刚、刘阳译,浙江人民出版社,2007年版,第59—66页。

或社会的自然关系也相应确立。总之，波兰尼的主要观点是，就像资本主义的社会的自然关系是一个主动构建自身的历史过程一样，未来社会主义的社会的自然关系也不应是一个自由竞争和发展过程的结果。

此外，葛兰西的文化霸权理论和规制理论，也从一个相近似的视角阐明，为什么现实中的资本主义社会能够屡次摆脱所遭遇的经济危机并进入一个相对稳定的新发展阶段。

2008年前后发生的新一轮经济金融危机，既是对经典马克思主义关于资本主义经济危机理论的再次验证，也提出了需要生态马克思主义认真分析的关于资本主义发展新情况新变化新阶段的一系列问题。这其中的一个代表性议题就是，应如何认识欧美资本主义国家围绕生态环境挑战应对而采取的诸多战略举措，比如绿色增长、绿色经济或"绿色新政"。对此一个较为系统的批判性理论阐释，是以德国学者乌尔里希·布兰德为代表的激进"社会生态转型理论"或"批判性政治生态学"[1]。

借助于马克思的唯物史观、波兰尼的大转型理论和葛兰西的规制理论，布兰德等分析后认为，资本主义社会虽然从宏观的长周期视角来说确实存在着马克思所阐明的经济危机机制和趋势，但这并不排除它在中短期内拥有克服或应对危机的治理工具和手段。也就是说，目前的生态环境难题对于当代资本主义国家特别是欧美工业发达国家来说，更多被界定为一种暂时性、局部性和阶段性的挑战或危机，并且相信，这些危机可以通过国家或跨国层面上的更有效规制得以缓解或消除，而更有效规制的基本战略就是实施绿色增长、绿色经济、可持续发展。一方面，它们的确看到并承认传统意义上的资本主义工业化(城市化)发展已经难以为继，另一方面，它们又认为依然可以通过生态现代化、可持续发展、绿色经济和绿色增长等"绿色新政"手段暂时解决或控制问题。

那么，欧美国家的这种危机应对战略("选择性绿化或生态化")，何以可能会奏效或取得成功呢？布兰德提出了一个"帝国式生活方式"的概念，也可

---

[1] Ulrich Brand and Markus Wissen, *The Limits to Capitalist Nature: Theorizing and Overcoming the Imperial Mode of Living* (London: Rowman & Littlefield International, 2018); 乌尔里希·布兰德、马尔库斯·威森：《资本主义自然的限度：帝国式生活方式的理论阐释及其超越》，郇庆治等编译，中国环境出版集团，2019年版。

以称之为"帝国式生产方式和生活方式"①。其基本看法是,在全球化不断扩展与深化的背景下,像核心欧盟国家这样的西方国家,凭借它们在当今国际经济政治秩序中的有利位置,不仅可以有保证地廉价获得所需的自然生态与经济活动资源,而且能够较容易地回避或转移出高标准物质生活所导致的生态破坏和环境污染代价,因而既可以维持它们长期以来所达到的较高的物质生活水平,同时又能保证它们较好的生态环境治理。依此而言,这些国家范围内的绿色增长或绿色经济,也就是所谓的"绿色资本主义"或"生态资本主义",的确是可以(部分)实现的。

但从生态马克思主义或绿色左翼的立场来看,绿色增长或绿色经济又确实是难以真正奏效的。因为,一方面,从全球视野来看,这种"浅绿"变革所导致的生态环境损害的总量或程度并不会减低,说不定还会有所增加,因为与资源环境友好的经济技术相伴随的往往是更大规模或数量的自然生态开发利用;另一方面,这种绿色增长或绿色经济无论在国内还是国际层面上,都依然是社会非公正的或反生态的,因为它们明显地呈现为国内外的选择性议题领域绿化和国际层面上以牺牲穷国与发展中国家权益为代价,来维持少数发达国家的高物质福利水平和生态环境质量,其资本主义甚或帝国主义的表征是显而易见的。

那么,欧美国家中激进绿色变革或"社会生态转型"的战略支点与进路又在何处呢?布兰德认为,其关键是实现全球层面上左翼社会政治力量的重新组合,形成一种新型的绿色左翼联盟或"转型左翼",否则一切都将无从谈起。概言之,生态马克思主义并不一般性地赞成或反对绿色增长和绿色经济,但的确认为,资本主义社会条件下的绿色增长和绿色经济,不会自动演进成为对资本主义制度体系本身的变革或替代。

2. 生态社会主义社会的政治构想与过渡路径战略

相应地,另一个十分重要的问题是生态马克思主义如何理解未来绿色社会的一般性经济或发展特征。生态马克思主义反对资本对利润的无尽贪婪,当然是如此,而这主要是针对资本主义经济社会制度条件下的情形而言的。

---

① 乌尔里希·布兰德、马尔库斯·威森:《资本主义自然的限度:帝国式生活方式的理论阐释及其超越》,郇庆治等编译,中国环境出版集团,2019年版,第2-4页。

在它看来，资本的持续增值是资本作为一种经济社会关系（即资本主义制度）的必然性要求或"绝对律令"，而资本增值的实现总是基于或离不开对作为经济生产活动基础的自然生态资源或条件的非理性耗费。但需要指出的是，生态马克思主义的要义，并不是对资本（尤其是作为一般交换手段的货币）或经济增长本身的简单化拒绝，而是更加强调一个健康社会中经济发展、社会公正与生态环境可持续性之间的协调平衡，而资本主义社会从本质上就不是这样一种社会形态。相应地，未来的社会主义社会之所以是一个更值得期待的替代性选择，恰恰是因为，它可以更为合理有效地实现上述三者之间的协调平衡。[①] 而即便是在资本主义主导的社会条件和国际秩序下，生态马克思主义也并不拒斥一般意义上的或所有领域中的经济增长（发展）。这是因为，无论是对于经济发达国家中的社会弱势群体还是广大的发展中国家来说，捍卫或实现其基本社会权益的重要手段，仍是必需的和适度的经济发展，而真正的关键是这种发展所带来的物质财富的更公正分配，尤其不能使其沦落为实现国内或跨国资本增值的工具。

因而，生态马克思主义视域下的未来社会主义经济或经济发展，一是将会信奉和践行一种更加完整的公平观念，二是将会做到按照人们的切实需要而不是资本赢利或扩张需要（如果还存在资本的话）来组织生产。社会公平或社会可持续性无疑是生态马克思主义所特别关注的，这既包括社会物质财富生产及其分配的更民主掌控与更彻底实现，比如在世界各国之间以及社会各阶层族群性别之间，也包括生态环境难题治理过程中经济社会成本的更公正分担，尤其不能以牺牲社会底层或弱势群体的基本权益来换取公共生态环境质量的改善。

但需要强调的是，完整意义上的生态马克思主义公平概念，还应包括环境公正和生态正义。也就是说，无论是基于何种理由对其他个体和群体的环境或生态权益的歧视与剥夺，也会或多或少地涉及正义问题。比如，一个人或群体的满足其基本需要的经济生产，如果严重影响到了他人的生存环境条件，也会失去其价值正当性。

[①] 乔纳森·休斯：《生态与历史唯物主义》，张晓琼、侯晓滨译，江苏人民出版社，2011年版，第228-286页。

当然，这里真正困难的是如何处理好社会公平与环境公正之间的平衡以及可能会出现的矛盾冲突。应该说，生态马克思主义对这二者之间的关系仍没有给予充分关注，更未深入讨论严格意义上的生态正义问题(即人类社会与生物物种之间的正义关系考量)。

无论如何，今天的生态马克思主义，不仅要接受社会公平(社会可持续性)和环境公正(生态可持续性)对经济增长目标与范围的必要约束(经济可持续性)，还要承认社会公平(社会可持续性)与环境公正(生态可持续性)彼此之间的相互制约，而且狭义上的生态正义——尤其是在关系到生物物种生死存亡的意义上，恐怕应具有相对于人类社会传统的社会公正、经济公正的更高价值等级和优先性。

至于如何实现生态马克思主义所倡导的按需要组织生产，其实也是一个颇为复杂的问题。前文已经提到，莱斯标志着生态马克思主义诞生的《满足的限度》所讨论的主题就是需要问题。他强调指出，资本主义社会条件下的大众需要已经成为资本主义生产及其整个制度体系的一个构成部分，并因而成为资本主义生态危机的重要原因。而2017年党的十九大报告对致力于满足人民群众不断增长的"美好生活需要"的阐述，则进一步彰显了生态马克思主义视角下需要理念探讨的必要性。也就是说，美好生活需要在何种意义上不同于马克思主义传统理解的物质文化生活需要和精神生活需要，而这些新需要又如何在一种社会主义生态文明建设的背景和语境下被不断地激发出来和保持自我革新状态。

这方面的一个核心性考量，还是要把"需要"置于经济公正、社会公正和环境公正相统一的评估框架之下，即某一个体或群体的需要必须尽可能地同时满足所处社会或社区的经济理性、社会理性和生态理性水平。这其中既包括生产厂商的某种生产经营需要，也包括各级政府的某种公共治理需要，还包括个体的某种消费需要。比如，一个生活在严重干旱地区的群体或个体，就不能过分追求雨量或淡水充沛地区的许多种生活方式与风格，因为这些需要是不符合该地区应当拥有的经济理性、生态理性和社会理性的。

当然，更具挑战性的，恐怕是如何保证一个社会按照新的需要观念和体系来组织经济生产。生态马克思主义对此的回答是，更具有根本性的还是新的社会关系、新的制度环境和社会文化条件，只有它们才能确保带来经济活动各个环节的制度性改变或观念的价值观层面上的转变。相比之下，某些枝节性或局部性的变革比如绿色消费倡导只具有相对有限的意义。绿色消费观念与行为的引入推广当然并非无益，但从生态马克思主义的视角来讲，更值得关注的是一个社会整体性制度框架的设计、革新和变革。因而，尽管现实中更多受到青睐的绿色变革，往往是欧美资本主义国家所倡导推动的"浅绿"或生态资本主义性质的改良举措，而且它们确实也取得了某些方面或某种程度上的成效，但必须清楚，世界其他国家其实很难对欧美国家的这些经验性做法进行复制模仿。

比如，中国要想通过"一带一路"倡议将生态环境负担转移到拉美国家、非洲国家已经非常困难，转移到欧美国家则更是不可行。近年来，我国与许多发展中国家合作项目的断停，大都是由于环境因素（理由）所致，因为这些国家要比改革开放之初的中国具有强得多的生态环境意识。当然，同样不容忽视的是，马克思主义生态学的理论取向决定了，当代中国自觉接受它对于社会主义生态文明理论与实践的引领和规约作用，更加强调与致力于自身的经济社会制度领域及其基础性变革。

第二节　对"绿色资本主义"的生态马克思主义批评及其超越

必须看到，生态马克思主义实现其理论话语体系化以及未来发展的重要进路，是批判性总结与反思资本主义社会条件下一直进行着的各种"浅绿"努力以及由此所提出的挑战性问题。概括起来，它们包括如下三个基础性问题：一是应该拒斥各种技术形式或科技本身吗？二是究竟应如何评估现实中经济技术进步、法律制度、政策工具对减缓乃至逐渐消除自然生态损害的积极作用？三是绿色资本主义的实践及其进一步拓展有没有可能逐渐挣脱其意识形态和制度架构羁绊，从而走向一种绿色社会主义转型？

一、生态社会主义的科技观

对于第一个问题，笔者认为，可以从如下两个方面来理解。一方面，作为生态马克思主义重要理论渊源和构成部分的法兰克福学派学者尤其是马尔库塞,就已经对资本主义社会条件下的科技及其进步采取了严厉的批评性立场。其主要原因是,在他们看来,科技及其进步在资本主义社会条件下是无法做到价值中立的,而是必须服从或服务于资本主义的生产消费过程或资本增值律令,甚至逐步沦为资本主义社会或文化意识形态的基本组成部分,也就是葛兰西所指称的,科技进步是资本主义意识形态霸权统治的一个构成性元素。就此而言,生态马克思主义对于资本主义社会环境下的科技及其进步确实持一种批判性态度。

但另一方面,就像马克思主义所批判的资本主义科技及其进步主要是针对其一般社会环境或条件一样,它也的确认为,未来的社会主义制度构架可以使得科技的应用与创新在满足人类社会理性需要的同时,呈现为十分不同的社会形式或生态影响。也就是说,社会主义社会条件下的科技,将会成为社会主义整体性制度框架的一部分或支撑性元素。需要指出的是,这意味着,社会主义社会条件下的科技的最大特征,是它的不同于资本主义社会的服务目标、存在形式和应用方式,而并不是呈现为比资本主义社会更大规模或更加复杂的物质技艺系统(比如更难以为普通群众所掌握与控制和依赖或耗费更多的自然生态资源)。

对此,美国学者维克多·沃利斯做了较为系统性的阐述。[①] 在他看来,资本主义社会条件下的科技进步是没有前途的,因为它只能服务于资本主义的经济政治制度体系,屈从于资本增值的经济理性逻辑,而不可能促进社会公正或生态可持续性。资本主义社会条件下所面临的科技问题,并不在于技术的先进性不够,而是发展与应用科技的环境条件。也就是说,现实中所缺乏的主要不是更先进、更大规模或更昂贵的科技,而是负责正确驾驭科技研发潜能的社会环境和制度条件。

正是在这一意义上,生态马克思主义坚持认为,只有全面建立资本主义替代之后的社会主义制度框架体系,才能为适当的、健康的科技创新及其应用提供前提条件。换言之,社会主义社会的科技政策优势或着力点,不是专注于发明更尖端的、更昂贵的或更大规模的技术形态,而是为面向大众需要

---

① Victor Wallis, *Red-green Revolution: The Politics and Technology of Eco-socialism* (Toronto: Political Animal Press, 2018).

的科技创新与应用提供更好的社会环境与制度条件。依此而言，科技及其进步在生态马克思主义理论与实践中，又并不必然是一个负面性存在，而是取决于它所依存的一般性经济社会条件，社会主义社会条件下的科技及其应用，理应与资本主义社会条件下的情形有着实质性的不同。

二、如何看待"绿色资本主义"的自我修复功能

对于第二个问题，生态马克思主义确实认为，资本主义的制度体系和生产生活方式必然会导致生态危机，就像它必然会导致经济危机一样。这是就资本主义的制度本性、整体性状况和长期性趋势而言的，而且显然是无可置疑的。那么，由此所产生的一个问题便是，究竟应如何认识资本主义社会条件下经济技术进步、法律制度、政策工具对减缓乃至逐渐消除现实自然生态损害的积极影响。

客观地说，无论是国内还是国外的生态马克思主义研究，都相对忽视了既定制度条件下短期内人为努力有可能取得的积极成效，其直接影响就是对资本主义社会生态化潜能或"绿色资本主义"现实发展的更科学判断——日本青年学者斋藤幸平依据《马克思恩格斯全集》历史考证版对马克思生态思想所做的最新研究成果《马克思的生态社会主义：资本主义、自然与未完成的政治经济学批判》(2017)[①]，是对这方面的一个重要弥补。事实上，自20世纪70年代初开始的诸多"浅绿"政治与政策努力，确实在一定程度上改变了欧美资本主义国家曾经极端恶劣的生态环境状况，比如马克思恩格斯和查尔斯·狄更斯等所描述的英国工业化城市以及生活于其中的工人群众的非人道生活环境状况，而且主要通过经济科技进步、法律制度、政策工具等所实现的生态环境治理，成为自那时以来国际社会主导性的理论与政策范式。

但也必须看到，生态马克思主义所强调的规约经济技术进步、法律制度、政策工具参与生态环境治理的一般性社会(制度)条件，是更具决定性的。第一，资本主义社会制度条件下的经济技术进步、法律制度、政策工具参与生态环境治理，总体上说是受制于或服务于这一社会制度本身的，而不会从根

---

① Kohei Saito, *Karl Marx's Ecosocialism: Capital, Nature and the Unfinished Critique of Political Economy* (New York: Monthly Review, 2017).

本上改变或替代它。也就是说，经济技术进步、法律制度、政策工具，确实会在直接或近期的意义上去抑制甚至清除这样那样的具体性生态环境问题，从而达到生态环境质量改善的目的，但所有这一切的发生必须遵从或不会改变的，是资本主义性质的社会权力架构和经济运行逻辑，尤其是增长律令和资本逻辑主宰下的市场选择机制，而这意味着，它们只能是一种社会上非公正、生态上破坏性的过程——特别是在利益排他性的外部性领域（同时包括国内国际两个层面）。不仅如此，即便这种"浅绿"的生态环境治理成效的取得，也离不开各种形式的激进社会政治思潮与实践的迫使推动，比如欧美国家中的环境新社会运动和绿党政治所发挥的作用。

第二，在新的生态社会主义制度条件下，经济技术进步、法律制度、政策工具可以具有不同的样态、发挥不同的效应、适用不同的机制，从而带来更积极的生态环境治理成效，因而"社会主义是最好的生态学"。必须承认，对此学界的研究还是很不充分的。① 比如，迄今并未能够从学理上深刻阐明，为什么社会主义制度条件下的国家主导经济，可以更好地实现经济、社会与生态的协调均衡发展，为什么国有（营）企业在社会主义经济政治大框架下，应该也能够承担更大的生态环境社会责任。以当代中国为例，既然国有（营）企业可以制度化规定拿出一定比例的利润作为覆盖整个社会的社会保障基金，那么，它们也可以制度化规定拿出一定比例的利润作为应对全社会重大生态风险的环境基金。这样做的一个直接效果，是实质性改善国有（营）企业与经济的社会公众形象，也就是社会主义基本经济制度的形象。

因而，生态马克思主义研究既应坚持一些根本性的理论原则，更要深入探讨新的时代背景和话语体系下的新情况新表现。应该说，大力推进生态文明建设就是一种新时代中国特色社会主义现代化建设的宏大背景与语境下的创新实践。这其中，所关涉到的或值得关注的，不仅是各种经济技术进步、法律制度、政策工具上的具体创新形式与发挥作用路径，还包括在话语体系创新、社会主义政治革新和全球化理论视野等方面的许多质的飞跃，而这显然并非易事。比如，生态文明（建设）这一话语理论体系虽然已经提出了十多

---

① Salvatore Engel-Di Mauro, *Socialist States and the Environment: Lessons for Ecosocialist Futures* (London: Pluto Press, 2021).

年的时间，而且任何一个高校的大部分学院的学者都在从事相关性的学术探索与科技创新，但他们中的相当一部分依然并不接受生态文明(建设)这一新伞形概念或话语体系，而是继续偏爱可持续发展、生态环境治理等这样的较传统概念。这其中虽有生态文明及其建设作为一个话语体系仍然存在的理论阐释问题，但也不能否认，许多学者仍未意识到新时代中国生态文明建设作为一个国家重大战略所带来的研究方向上的质的变化。

同样重要的是，还需要强化对世界其他国家代表性实例的更具体性研究。比如，德国如何从20世纪80年代初期的欧盟环境治理落后国，在90年代之后"华丽转身"成为欧盟乃至全世界的环境治理优等生？日本在20世纪70年代初之后逐渐走上了"生态现代化"旗帜下的生态环境治理道路，这其中到底有哪些值得借鉴的经验教训？对此，必须做出更为清晰系统的总结。笔者想强调的是，生态马克思主义的立场与观点，更不用说政策建议，同样需要建立在对事实的了解、对经验的分析的基础之上，也不能因为对方是资本主义国家就简单化否定。在此基础上，我们才可以自信地说，社会主义国家和资本主义社会不一样，可以走得更远。

三、当代欧美国家的"红绿"激进变革潜能

对于第三个问题，前文已经阐明，"绿色资本主义"或"生态资本主义"质性的系列举措，确实可以直接性或暂时性地解决许多传统意义上的生态环境难题，从而带来局地性或少数集群的生存环境质量的改善。这是无可否认的，而欧美发达工业化国家就是这方面的典型例子。比如，到20世纪80年代末、90年代初，曾经危害严重的泰晤士河水污染、德国南部黑森林酸雨侵蚀、伦敦和巴黎城区烟雾等问题的治理，都取得了切实的成效。也正是在上述意义上，生态马克思主义不仅承认"绿色资本主义"或"生态资本主义"性质变革的现实可能性，而且承认它在一定范围或程度上的进步性，尤其是对于那些曾经深受环境污染之苦的当地民众而言。

但同样，笔者也已经阐明，生态马克思主义对"绿色资本主义"或"生态资本主义"的批评，主要针对的是它整体性的社会非公正性和生态不可持续性。也就是说，这种范围与程度都有限的"绿化"，是高度片面性和严重歧视性的。它往往只选择那些可以通过市场机制运作、能够为资本带来利润的自然生态

资源领域进行"绿化",因而很难全面考虑自然生态系统的整体性或内在性要求;它往往在国内与国际社会中,都屈从于那些霸权性社会主体(尤其是主导性国家和阶级)的利益关切与话语表述,而有意无意地漠视或牺牲那些弱势群体的合理权益和正当诉求。

而更深层次的问题还在于,这些国家、国家集团和社会阶层,是否真的凭借其绿色改良性的系列举措实现了一个更可持续的高级状态,或者依此开启了走向这样一种理想状态的变革进程呢?在这方面,对2008年西方国家经济与金融危机之后十年多来变化趋势的深入观察,已经可以让我们得出较为清晰的结论。① 即便是在传统意义上的欧美资本主义体系的核心区域,从英国的脱欧僵局到法国巴黎的持续骚乱,所展现的都已经是远远超出生态环境政策困境的公共治理危机和政治合法性危机,而在那些次核心区域(比如希腊、西班牙)和长期的边缘性区域(比如广大发展中国家),各种危机的综合性和深刻性则更是"剪不断、理还乱"。因而,欧美资本主义国家虽然身处相对清洁的生态环境之中,但感受更强烈的恐怕应是近忧远虑而不是舒适惬意。

那么,这些国家会主动选择一条趋向激进的绿色社会主义变革道路吗?看起来也不会。至少从目前的主流认知来看,正如前文所讨论的,它们依然相信,生态环境危机在资本主义制度体系之下是总体可控的,而"绿色资本主义"或"生态资本主义"是正确的危机处置战略。甚至可以认为,这些国家已经把国内外尤其是全球层面上的生态环境困境,视为资本主义实现其阶段性发展的又一个机遇,而它们再次处在了一个新的历史时代的潮头——2010年代以来欧盟对绿色经济和绿色增长的极力推崇倡导,多少蕴含着这样一种新资本主义意识形态的意味。

实际上,像马丁·耶内克这样的生态现代化理念与战略的主要创立者,就已清醒地意识到并讨论了这一理论的内在局限性或保守性。② 在他们看来,它的最大风险是满足于甚至沉湎于经济技术改良所取得的局部性或暂时性成

---

① 贾庆国:《欧美政治格局变化及其对亚洲经济的影响》,《当代世界》2017年第3期,第4-7页;徐秀军:《金融危机后的世界经济秩序:实力结构、规则体系和治理理念》,《国际政治研究》2015年第5期,第82-101页。

② 马丁·耶内克、克劳斯·雅各布(主编):《全球视野下的环境管治:生态与政治现代化的新方法》,李慧明、李昕蕾译,山东大学出版社,2012年版,第24-26页。

效，而忽视或回避更具根本性的结构性变革需要，结果，生态现代化理念或战略会随着它看起来切实有效的推进而变得日益固化或保守（即所谓的"路径依赖"）。

因而，观察无论是欧美国家当下的社会生态转型举措，还是未来的绿色激进变革潜能，都应自觉立足于一种全球视野。从全球经济政治一体化的视角来看，作为欧盟核心国家的法国和德国，都同时存在着诸多宏观性或结构性的问题，而不只是生态环境问题，并且这些问题都不太容易只在欧盟的制度框架下得以有效解决，尽管这些国家总体来说还依然享有一种相对舒适的经济发达、社会稳定、生态环境良好的国际地位。而着眼于中长期的发展趋势——尤其是像中国、印度这样的新兴经济体的逐渐崛起，无论是英国、法国的制造业衰微问题还是德国的人口总量萎缩问题，都难以通过目前的生态现代化理念与战略得到实质性的解决或改善，而所有这些难题的盘根错节，很可能将会使得欧盟国家内部继续变得缺乏彼此包容和团结，对外则继续趋向保守和孤立。

然后可以设想的是，一方面，欧美国家在全球气候变化应对等国际生态环境治理领域中的引领地位，将会继续走向式微。这倒不是说，它们会放弃目前已经达成的各种国际协议和全球生态环境治理制度与话语体系，而是说，它们在20世纪80年代末曾经一度拥有或展现的世界领导者的形象，将继续实现"去魅化"。

另一方面，欧美国家中的"红绿"未来社会选择或绿色社会主义未来，将会变得更加艰难。这是因为，"绿色资本主义"或"生态资本主义"无法克服的诸多结构性问题，只能通过一种新型的生态的社会主义来解决，但问题是，向绿色社会主义的转变离不开一种的新的生态的社会主义政治。目前，在欧盟国家中最接近于这一政治的政党，是左翼党、绿党和社会民主党，也就是所谓的"大左翼"政党。然而，这些政党都是全国性议会政党，因而不可能在其纲领中明确主张推翻资本主义制度。即便较为激进的左翼党，比如德国左翼党，虽然仍强调必须根本性地替代当下的资本主义并走向社会主义，但几乎不怎么说，如何从资本主义转变（过渡）到社会主义。换言之，如果指望左翼党在德国境内倡导并实施一种激进的社会生态转型政治或绿色社会主义政治，其实是不太现实的。这其中，既有如何做到不违背现行德国宪法和议会(政党)政治法律准则的问题,还有如何实现大众社会政治动员的问题。① 不仅如此,现实中的新社会运动或传统社会运动(比如工人运动),似乎也越来越难以呈现为绿色政党政治的支撑性甚或资本主义社会的替代性力量。

一般来说,激进的社会变革包括绿色社会主义变革,大致在如下两种情形下更容易发生,一是资本主义社会内部的各种矛盾错综复杂,使得整个社会的正常运转变得难以为继,二是来自外部的竞争压力,使得资本主义社会作为一种制度和话语体系必须做出实质性改变或回应。前一种情形更接近于马克思恩格斯所预言的资本主义经济危机将导致社会主义革命的状况,目前可以判定的是,资本主义社会的系统性(全球性)危机,仍将是其走向绿色社会主义变革的前提性条件;后一种情形更接近于苏联中东欧国家的史无前例的社会主义实践尝试,目前可以想象的是,世界资本主义体系边缘国家的社会主义性质的开拓性创新,将会构成这一体系本身断裂的强有力推动。依此而言,"绿色资本主义"或"生态资本主义"性质的改良尝试,并不会改变或消除资本主义本身,而是很可能会将其推向新的发展阶段。也就是说,它们所服务或代表的是延续而不是决裂。

不仅如此,主张这些改良举措的绿色左翼("大左翼")政党及其相关联的社会政治运动,也更像是当代资本主义社会运行机制中的一个组成部分,而不是它的"掘墓人"。当然,左右政治(政党)及其对立本身就是资本主义民主政治体制的一部分,它的历史作用的发挥及其耗尽,也只能是一个历史性过程。因而决不能因此批评说,左翼政治的抗争虽然使普通民众获得了某些权利与权力,但却在事实上巩固、拓展与延续着资本主义,更不能说劳动者的历史性反抗都是徒劳的或错误的。

第三节　生态马克思主义发展的当代中国语境与视域

随着在当代世界的不断扩展,生态马克思主义已经不能简单化理解为

---

① 郇庆治:《欧洲左翼政党谱系下的"绿色转型"》,《国外社会科学》2018 年第 6 期,第 42—50 页。

一种欧美或国外的马克思主义流派,相应地,生态马克思主义的中国化或当代中国的生态马克思主义等伞形概念,就为分析迅速进展中的社会主义生态文明理论与实践提供了一个重要的话语语境或视域。笔者对此的阐释是,如今的生态马克思主义是一个需要从广义上理解的概念,如果将其主要意涵界定为现实资本主义批判和未来社会主义建构这两个方面,那么,它至少应该包括马克思恩格斯的生态思想、欧美各国的各种生态马克思主义(生态社会主义)或绿色左翼思潮及其运动、当代中国生态马克思主义学者的理论研究与著述。① 尤其需要指出的是,国内生态马克思主义研究的代表性学者,比如中国社会科学院的余谋昌先生、中南财经政法大学的刘思华先生、复旦大学的陈学明先生等对生态马克思主义哲学、经济学与政治学所做的系统而独到的研究②,当前更多中青年学者在社会主义生态文明及其建设理论框架下所做的学术探索,都值得认真总结和宣传。总之,这三部分的内容综合起来,就构成了一个广义的生态马克思主义或马克思主义生态学理论话语体系,并可以为当代中国背景语境下的社会主义生态文明建设实践提供一个认知分析框架。

一、生态马克思主义研究与中国生态文明及其建设实践的密切关联

对此,笔者认为,如下两个方面是特别需要强调的。

第一,拥有明确而自觉的生态马克思主义立场,就可以较为理性地思考与对待生态环境治理实践中的一些被认为是理所当然的主流性制度设想、政策举措。试想,当下中国的绝大部分生态环境治理政策举措,都是从欧美国家中借鉴引进过来的,而从非洲和拉美国家中借鉴引进过来的可谓少之又少。而必须清楚的是,这些制度举措之所以在欧美国家中得以较为成功或有效地施行,肯定有着其特定的制度与环境条件,因而需要预先做出更为全面的分析评估。

---

① 郇庆治:《作为一种政治哲学的生态马克思主义》,《北京行政学院学报》2017 年第 4 期,第 12—19 页。
② 刘思华:《生态马克思主义经济学原理》,人民出版社,2006 年版;陈学明:《谁是罪魁祸首:追寻生态危机的根源》,人民出版社,2012 年版;余谋昌:《生态文明论》,中央编译出版社,2010 年版。

这方面的一个典型例子是垃圾分拣。同样是垃圾分拣，大部分欧美国家实施的效果就比较好，但在中国包括在首都北京做起来就非常困难。其中，过分强调使得垃圾分拣及其处理赢利或自负盈亏，不但有违城乡环境治理的初衷，而且在实际上也很难操作。这里的关键恐怕还是因地制宜的制度设计问题，简单指责市民的环境意识或公民觉悟都无济于事。另一个例子是碳税及其碳交易机制。它在欧美国家更多是作为一个经济政策工具来使用的，运作效果就比较明显，其主要原因在于，欧美国家有着相对完善的市场环境和企业自主经营环境。中国需要依据自己的国情，尽快达到节能减排、改善生态环境的治理效果，是这一议题政治的本心和初衷。至于它能不能最终形成一个庞大的、数万亿人民币的统一市场，是从欧盟的体制设想及其实践推导出来的结果，连美国也未必能够做得到。

因此，对于不同经济政治制度条件下的生态环境治理手段，要具有自觉的反思意识，并不是把在其他国家中看似有效的制度机制引入国内，变成法律条文，就一定能够行得通的。总之，要立足于当今中国的具体情况，立法、行政监管和经济政策工具本身并没有高低之分，只要能够取得促进节能减排、产品升级和经济转型的效果，那就是好的。

第二，生态马克思主义或生态社会主义制度变革的许多理念和设想，可以与新时代中国社会主义现代化建设"三步走"的战略蓝图有机结合。生态马克思主义或生态社会主义所倡导的制度变革，指向或意味着一系列更彻底的、更根本的、更社会主义的制度性原创和尝试，因而这其中的政治想象与实践空间是巨大的。

比如，社会主义生态文明建设视野下的新农村建设，在笔者看来，应该更多关注如何突出其丰富的自然、人文与历史遗产的保护。因为，只有把自然、人文与历史遗产保护好，才有可能稳定并发展农村的集体资产、集体经济和集体认同，才有可能留住人们对乡村的深刻记忆。反之，如果只是简单采用市场经济的模式，即把大项目大资本大公司引入乡村，即便是原初村民中的每个人都分到了一定股份或现金，也会带来诸多始料未及的后续性问题。当然，这其中最具挑战性的，是如何维持与培育社会主义乡村中的居民集体感，否则，城市（镇）化进程将会不可逆转地持续下去，而广大农村则会持续走向破落衰败，直至被消灭或消失。而随着城市（镇）化比例的不断提升，还必须考虑的是，这些越来越多的市镇新居民将来何以维生、如何生活，也是一个非常严肃的问题。可以想象，在70%乃至更高城市(镇)化率的未来情形下，再加上中国经济现代化建设的高峰终将过去，城镇居民的稳定就业将是一个十分严峻的挑战。基于上述预判，必须突破现在许多关于现代化或城市(镇)化模式的既有认知，更大胆地思考在一种全新制度框架下的乡村振兴战略，真正走出社会主义农村未来发展的新路子。总之，笔者认为，在集体村社、社会主义等伞形概念下思考农村的生态文明建设及其制度创新，比如把对于生态经济和社会主义生产分配关系的研究相融合，可以提出一些全新的农村愿景想象和政策举措。

需要强调的是，笔者绝非声称，生态马克思主义理论能够解决当代中国的所有生态环境问题，而只是说，生态马克思主义思维或进路可以提供一些与众不同的政治想象和可能性。笔者2015年夏去安徽滁州农村调研生活垃圾处置的地方经验时，观察到了一个更值得关注的现象，村里的楼房盖得都很漂亮，因为政府出资一多半来建造，但却很少村民在居住；年轻人都去南京、合肥等大城市打工了，只有到了春节等节假日时，村子才会突然间喧闹起来，而平时则更多是一种生趣贫乏的落寞景象。只有老人生产生活的农村当然不能称之为新农村，而这样的农村也不应代表中国农村的未来。对此，生态马克思主义可以通过在生态环境问题思考与应对上的创见提供一些全新的可能性，而政府与民众则可以从这些新的可能性中找出较好的路径和政策选择。

二、生态马克思主义研究与社会主义生态文明理论构建及其践行的互动关系

这里尤其需要强调的，是对习近平新时代中国特色社会主义生态文明思想的理论概括和对2017年党的十九大报告所提出的"社会主义生态文明观"、2012年党的十八大报告所提出的"走向社会主义生态文明新时代"的理论阐发①。

从最一般意义上说，笔者认为，可以从如下两个方面来思考和讨论这

---

① 郇庆治：《社会主义生态文明观阐发的三重视野》，《北京行政学院学报》2018年第4期，第63-70页。

一问题：一是广义的生态马克思主义研究及其成果，对于中国的社会主义生态文明理论和实践具有哪些规约性或启发性的价值？二是中国的社会主义生态文明理论和实践，为广义的生态马克思主义研究提供了哪些新的理论观点或滋养？就前者来说，只要着眼于一个广义而非狭义的生态马克思主义概念，就很容易理解，不仅马克思恩格斯关于人与自然关系的思想或生态文明理论，是中国社会主义生态文明理论和实践的重要思想引领与指导，而且欧美国家和当代中国的生态马克思主义者的理论研究成果，也是中国社会主义生态文明理论和实践的有益思想资源与助推。而这其中一以贯之的，则是对资本主义制度体系的总体性否定立场和对未来绿色社会主义社会的自觉追求。

就后者而言，中国社会主义生态文明理论和实践的创新意义，明显包含着两个不可分割的维度，即社会主义政治维度和生态主义政治维度。也就是说，社会主义生态文明建设实践上的成功以及与之相伴随的理论上的证实，将同时意味着一种古典社会主义政治的生态主义（"绿色"）革新和一种生态主义政治的社会主义（"红色"）革新。就此而言，它将是在当代中国背景与语境下的对生态马克思主义两大基本理论追求（社会公正与生态可持续性）及其结合的验证，对于世界范围内的绿色（或资本主义替代性）变革也将具有方向性引领与示范意义。

从研究方法论的层面上说，笔者认为，一个基础性的问题，仍是对"社会主义生态文明"概念和人们通常使用的"生态文明"概念做出一种更为明确的区分。[①] 而对于后者，又可以分为两种具体情况：一是认为社会主义初级阶段的制度环境与政治语境注定了，中国的生态文明及其建设只能是社会主义的，这在学术理论界较为普遍；二是认为生态文明及其建设的主体性内容即"国家生态环境治理体系与治理能力现代化"决定了，社会主义未必是生态文明的最为关键或必要的前缀，这在政策监管部门中较为普遍。这二者的共同之处在于，它们都认为，生态文明及其建设的社会主义修饰，最多只具有政治意识形态宣示或强调的意义，而不具有实质性的意涵。

部分基于上述理由，同时也是着眼于推动对中国社会主义生态文明理论

---

① 郇庆治：《社会主义生态文明：理论与实践向度》，《江汉论坛》2009年第9期，第11-17页；《生态文明概念的四重意蕴：一种术语学阐释》，《江汉论坛》2014年第11期，第5-10页。

和实践更为学理性的研讨,笔者多次指出,围绕着对"习近平新时代中国特色社会主义生态文明思想""社会主义生态文明观""社会主义生态文明新时代"等重要表述的深入阐释,更系统性地阐发"生态文明(建设)"概念的"社会主义"这一前缀是非常必要的。① 这样做的一个直接好处就是,可以更自觉地把广义的生态马克思主义理论以及新时代中国特色社会主义思想的基本立场与观点,引入到中国生态文明及其建设的学术讨论与政策实践,尤其是对区域经验案例的概括总结。

对于深度挖掘经典马克思主义的生态理论意涵,中国人民大学的张云飞教授、苏州大学的方世南教授、哈尔滨工业大学的解保军教授等,已经做了大量的卓有成效的工作②,而笔者所带领的北京大学团队,则将着力点放在了略微不同的方面。通过自2015年起开始的与德国罗莎·卢森堡基金会的合作,笔者确立了"社会生态转型与社会主义生态文明"这一中长期的联合研究主题。其基本目标是,通过欧美"绿色左翼"学界关于"社会生态转型"理论及其实践研究和中国学界关于社会主义生态文明理论及其实践研究之间的交流对话,共同创建一个生态马克思主义(生态社会主义)话语建构与实践创新的全球性网络平台。为此,笔者在2015年组建了"中国社会主义生态文明研究小组",该小组每年秋季举办一个学术年会,每年暑假举办一次博士生论坛,中间还会有一些小规模的专题研讨和学术调研活动。迄今为止,这种理论与实践两个层面密切结合和国内外学界深度合作的新型研究模式,已经取得了一些重要成果,正致力于能够逐渐发展成为一种新型的学术共同体并扮演某些高端智库的角色。

需要指出的是,当代中国的社会主义生态文明及其建设,不仅提出或彰显了一系列经典马克思主义或科学社会主义理论论域下的重大时代命题,也形成或凸显了大量一般环境人文社会科学学科视域内的重要学术议题。比如,对于公平或公正议题,学界过去更多关注或讨论的是马克思主义究竟有没有

---

① 郇庆治:《生态文明及其建设理论的十大基础范畴》,《中国特色社会主义研究》2018年第4期,第16-26页。
② 解保军:《马克思生态思想研究》,中央编译出版社,2019年版;方世南:《马克思恩格斯的生态文明思想:基于〈马克思恩格斯文集〉的研究》,人民出版社,2017年版;张云飞:《唯物史观视野中的生态文明》,中国人民大学出版社,2014年版。

当代意义上的公平观或正义观，因为马克思恩格斯首先是在消灭资本主义制度的意义上去探讨公平和正义的，而不太会认为有必要讨论资本主义制度之下的公平和正义，或者说社会主义制度变革才是最大的公平和最大的正义。然而，社会主义生态文明建设尤其是环境公正甚或生态正义概念与话语的引入，会使得人们对于公平或正义本身的理解发生重要改变，从而深化与丰富的将不限于马克思主义理论。

三、生态马克思主义研究与中国社会主义生态文明建设整体性视野及其全球话语权之间的相互构建

对此，在笔者看来，也可以从如下两个层面来展开讨论：一是生态马克思主义意味着或指向一种更为积极的全球生态环境治理体系与进路，二是社会主义生态文明及其建设理应是国际维度与国内维度的自觉契合或统一。

其一，现行的国际生态环境治理与合作体系，大致是从1972年举行的联合国斯德哥尔摩人类环境会议开始逐渐建立起来的，联合国机构框架和欧美发达工业化国家的领导者作用，是其中的两个主要特点。前者尤其体现在联合国机构名义下的国际条约谈判以及缔结条约或协议后的主权国家贯彻落实，后者尤其体现在欧美发达工业化国家同时是生态环境治理与合作国际行动的主要资金技术供给者和主要话语政策倡议提供者。也就是说，这样一个国际生态环境治理与合作体系，是与长期以来存在的国际经济政治秩序架构大致对应的，无论是就其中的欧美发达国家与广大发展中国家之间的巨大地位差异，还是这种差异所蕴含着的经济政治与话语权力差别来说，都是如此。

自那时以来，虽然联合国的机构框架并没有发生实质性的变化，但欧美发达工业化国家的领导者能力及其意愿，却经历了一个悄然改变的过程。可以说，1992年联合国里约环境与发展大会以及随后开启的全球气候变化治理与合作政治，恰好贯穿了这样一个此消彼长的演进历程，即欧美发达工业化国家的领导者能力与意愿趋于衰弱，而包括中国在内的世界新兴经济体的捍卫民族国家经济社会发展权利的能力与意愿逐渐上升。[①] 到2015年末《巴黎协

[①] 李慧明：《生态现代化与气候治理：欧盟国际气候谈判立场研究》，社会科学文献出版社，2018年版，第86-106页。

定》签署时，中国政府已经明确表示愿意承担符合自身国家实力的国际生态环境治理与合作责任——2017年党的十九大报告表述为"成为全球生态文明建设的重要参与者、贡献者、引领者"。

而从生态马克思主义的理论视角来看，目前的国际生态环境治理与合作体系，还是十分不充分的。一般而言，生态马克思主义虽然反对资本主义的经济政治全球化，但着眼于实现社会公正和生态可持续性的总体目标（尤其是在世界各国和较大区域之间），对于一种更大范围的直至全球化的生态环境治理与合作及其渐趋制度化，持一种肯定的态度，至于具体的组织形式与政策工具手段，则是可以讨论的。

不仅如此，在它看来，欧美资本主义国家的经济政治霸权地位及其行为，是通向这种新型治理与合作体系和进路的阻碍而不是动力。由此可以得出的明确结论是，当代中国在国际舞台上践行与推进生态马克思主义政治理念的重要体现，就是不断构建一种新型的国际生态环境治理体系和进路，而这几乎不可避免地要最终改变目前依然由少数欧美发达工业化国家所主导的政策与话语框架，只不过必须是以一种更加符合社会公正与生态可持续性原则的方式。[①] 应该说，这才是中国党和政府所主张的"坚持推动构建人类命运共同体"的生态维度的完整意涵，而不能简单解释为加入或扩展当前的生态环境治理与合作体系。

其二，社会主义生态文明及其建设的国内和国际维度的统一性，主要不是什么理论问题，而更多的是实践层面上的问题。也就是说，由于现实国际经济政治格局中毕竟存在着发达工业化国家和发展中国家之间的显著区别，因而，即便是致力于社会主义生态文明建设的发展中国家比如中国，也有理由声称或要求发达工业化国家践履自己尤其是与历史原因相关的特殊国际生态环境治理与合作责任，以及依据自身的经济社会现代化水平与能力来渐次提升在国际生态环境治理与合作中的义务责任，也即在国际社会中逐渐达成共识的"共同但有区别的责任原则"。

客观地说，中国对于国际生态环境治理与合作的参与立场，也的确大致

---

① 郇庆治：《"碳政治"的生态帝国主义逻辑批判及其超越》，《中国社会科学》2016 年第 3 期，第 24-41 页。

经历了这样一个逐渐提高的变化过程,从20世纪70年代初的明确承担道德责任到90年代初后的明确承担政治责任,再到2015年以后的主动承担法律责任,而这样一种演进反映了中国自身发展阶段的变化和世界经济政治格局的变化。①

但从社会主义生态文明理论及其实践的视角来说,实现这种国内与国际维度的一致性,就有着更为特殊的重要性。一方面,国际维度与国内维度的强烈反差,将会直接影响到国内层面上那些先进或激进政策的贯彻落实,甚至会影响到执政党和政府的政治公信力与合法性,另一方面,国际维度上的生态环境治理与合作表现,将会直接影响到中国与世界各国包括广大发展中国家在其他诸多政策议题上合作共治的政治可信性和说服力。换句话说,社会主义生态文明及其建设的理论阐释固然非常重要,但最终能够检验和证实理论的有效性与科学性的还是实践,尤其是地方、国内和国际层面上具有从核心理念、制度构架和战略政策内在契合性的实践。这方面最典型的实例当属中国政府对于《巴黎协定》谈判及其落实的更积极立场,以及它所带来的中国在全球气候变化应对政治与合作中国际形象的重大改变。如今,不管《巴黎协定》在贯彻落实过程中还会遭遇到什么困难和曲折,中国在国际环境政治舞台上的形象确是大幅度提升了。

而这两个维度的趋合或统一,不仅会大大改进中国全球生态文明建设参与及其宣传的效果,也会借助于正向的外部反馈反过来推动国内层面上的生态文明建设。如今,中国学者不仅已能够做到向欧美国家学者甚至驻华机构来宣讲习近平生态文明思想,而且能够在国际学术交流与对话场合自主评述像浙江安吉的美丽乡村建设、内蒙古库布其的沙漠治理、山西右玉的生态环境恢复、河北保定的"未名公社"等一系列社会主义生态文明建设的生动案例。总之,这些都是非常积极的信号,是一个良好的开端,而中国社会主义生态文明研究学界还有大量的工作可以做。

---

① 郇庆治:《中国的全球气候治理参与及其演进:一种理论阐释》,《河南师范大学学报(哲社版)》2017年第4期,第1-6页。

结　语

　　如上所述，广义上的生态马克思主义中国化，包括理论知识体系的传播吸纳和认知践行方法的参考借鉴这两个不可分割的方面。就此而言，过去近半个世纪中，生态马克思主义在当代中国同时经历了从碎片化知识到系统性学科话语、从外来学科理论到主体性研究的演进提升过程，结果是，中国生态马克思主义学者如今不仅可以做到即时性地了解欧美国家同行的最新学术研究成果，而且可以自信自主地开展对现实实践中生态文明及其建设问题的研究。当然，这种巨大进步的取得，不但要归因于中国生态(国外)马克思主义研究学界的持续不懈努力，还要承认已然发生阶段性变化的中国社会主义现代化实践的基础性支撑作用——尤其是在如何更科学地处理现代化社会与自然生态系统的关系方面，马克思主义的理论分析方法和社会主义的政治显然有着不容抹杀或忽视的启思价值，而"社会主义生态文明"理论与实践则是这样一种新思考与新探索的中国形式表达。最后需要强调的是，这种中国化过程同时还是一个时代化的过程，因为无论是马克思主义生态学还是社会主义生态文明理论，都意味着它们是一种更多面向未来意义上的、也就是实践结果更具开放性的理论，其中最为重要的，并不是我们是否可以成为忠诚而合格的理论传播者，而是我们是否可以成为富于理论创新精神的实践创造者。

第五章

社会生态转型、超越发展与社会主义生态文明

无论从自我丰富提高还是国际比较研究的视角来看,当今世界各国的形态各异的"绿色左翼"社会政治思潮与运动,都构成了当代中国社会主义生态文明理论与实践不断取得进展的全球性视野和语境。基于此,笔者及其研究团队近年来特别追踪关注了欧美的"社会生态转型"理论和拉美的"超越发展"理论[1]。其主要结论性看法是,无论是社会生态转型理论还是超越发展理论,都可以对新时代中国的社会主义生态文明理论与实践提供某些启思,尽管它们都不属于典型的或激进的生态马克思主义或生态社会主义派别,而且作为一种"红绿"变革战略或"转型政治",还各自面临着诸多基础性的难题与挑战。

第一节 布兰德的社会生态转型理论

"绿色增长""绿色经济"与"绿色资本主义",是近年来国际学术界较多讨论的一个新兴议题。奥地利维也纳大学乌尔里希·布兰德(Ulrich Brand)教授基于一种"绿色左翼"的立场,对该议题做了较为系统与深入的分析,并提出

---

[1] 郇庆治:《布兰德批判性政治生态学述评》,《国外社会科学》2015年第4期,第13-21页;《拉美"超越发展"理论述评》,《马克思主义与现实》2017年第6期,第115-123页。

了自己激进的"社会生态转型"观点,从而构建了一个相对完整的"批判性政治生态学理论"。① 结合他 2015 年 4 月在中国高校的系列演讲②,以及最近几年来所发表的有关著述,笔者将从如下三个方面概述其主要学术观点,即对绿色资本主义的批判性分析、关于社会生态转型的基本主张和转型视野下的全球绿色左翼,并做一个简短的评论。

一、对绿色资本主义的批判性分析

乌尔里希·布兰德整个理论分析的起点,可以说,是对欧美社会中关于"绿色增长"或"绿色经济"政策和战略讨论的一种"绿色左翼"回应。③

众所周知,在 2012 年里约纪念峰会前后,"绿色经济"或"绿色增长"概念,成为国际可持续性(发展)话语中的一个热门术语。其标志则是,包括联合国环境规划署、欧盟委员会、经济合作与发展组织等在内的各种版本的"绿色新政""绿色经济倡议""绿色增长战略"和"绿色技术转型"的报告纷纷出炉。从"绿色左翼"立场来看,布兰德认为,一方面,这是欧美资本主义国家"反危机战略"的一部分或"升级版"。鉴于欧美国家自 2008 年以来深陷其中的经济危机,以及越来越多的人认识到,20 世纪 80 年代末所提出的可持续发展战略并未得到有效落实,政治家们将他们的目标与希望转向了所谓的"绿色经济"。正因为如此,这些报告的一个共同特点就是,它们都声称,现行的经济与社会发展模式已经陷入困境,而"绿色经济"和"绿色增长"不仅可以摆脱当下的经济(发展)危机,还将会引向一种双赢或多赢的绿色未来。

另一方面,这些研究报告就像从未质疑过经济增长的必要性和合意性一样,也没有认真讨论过,绿色经济目标或潜能的实现可能会遇到的结构性

---

① 当然,即便在欧美大陆和德国,乌尔里希·布兰德也不是从事社会生态转型研究的唯一学者。比如,Mario Candeias, *Green Transformation: Competing Strategic Project* (Berlin: RLS, 2013), translated by Alexander Gallas;扬·图罗夫斯基:《关于转型的话语与作为话语的转型:转型话语与转型的关系》,载郇庆治(主编):《马克思主义生态学论丛》(第 5 卷),中国环境出版集团,2021 年版,第 55-74 页。

② 2015 年 4 月 1-10 日,北京大学与德国罗莎·卢森堡基金会合作,分别在北京大学、中国人民大学、中南财经政法大学、武汉大学、复旦大学和同济大学等国内高校,举办了"绿色资本主义与社会生态转型"系列研讨会,乌尔里希·布兰德教授应邀做了主题演讲。

③ Ulrich Brand, "Green economy--the next oxymoron? No lessons learned from failures of implementing sustainable development", *GAIA*, 21/1(2012), pp. 28-32.

阻力与障碍。在他看来，除了根深蒂固的资本主义逐利性市场和技术发展机制，以及作为其基础的统治性权力关系和社会的自然关系，还必须注意到，包括中国、印度与巴西等在内的新兴经济体正在成为世界稀缺资源的强有力竞争者，现行的国家规制框架基本上是在保护和促进不可持续的生产与消费实践，绿色经济在许多情况下被等同于绿色增长，而开放市场与剧烈竞争的自由主义政治，正在导致一些全球南方国家的去工业化，以及伴随着经济全球化而来的一种以西方为主导的"帝国式生活方式"（imperial mode of living）的全球化。

在布兰德看来，由于目前关于"绿色经济"的讨论，几乎没有触及这些结构性阻力或"硬事实"，因而可以预见，"绿色经济"作为一种综合性的经济社会变革战略，很难取得其所宣称的宏大或"多赢"目标。也正因为如此，一些学者已指出，绿色经济战略很可能会沦落为像20世纪90年代的可持续发展战略一样的命运。但他认为，事情并非如此简单，因为事实上，欧美国家经济的一种"选择性"绿化正在发生。只不过，可以确信的是，这种高度部门性与区域选择性的绿化，将会很难有效解决环境恶化和贫穷难题，更不会着眼于形成新的富足生活形式及其观念。而这其中的最大危险是，绿色经济战略将会以其他部门和地区为代价来推进或实现。

对于绿色经济的"选择性"或社会生态歧视性特征，布兰德还结合欧美学界关于"去增长""自然金融化"等议题的讨论①，做了更深入的分析。对于前者，他认为，促成人们对经济增长与繁荣问题强烈关注的原因，是2008年以来的经济危机、经济合作与发展组织国家经济增长率的下降和生态危机的重新政治化。人们由此得出的一个广泛共识是，长期以来由市场调节商品与服务的年度性生产与消费增长，已经难以为继。在此基础上，许多学者提出了应转向"有质量的增长""替代性增长"甚或"去增长"的看法。但在布兰德看来，上述关于增长的反思与争论，大都忽视了如下事实，即资本主义条件下的经济增长作为一种社会关系，是与社会统治和社会结构的再生产密不可分

---

① Ulrich Brand, "Growth and domination: Shortcomings of the (de-)growth debate", in Aušra Pazèrè and Andrius Bielskis (eds.), *Debating with the Lithuanian New Left* (Vilnius: Demons, 2013), pp. 34-48; Ulrich Brand and Markus Wissen, "The financialisation of nature as crisis strategy", *Journal für Entwicklungspolitik*, 30/2 (2014), pp. 16-45.

的。也就是说，借用传统的法兰克福学派的批判理论，社会统治也是一种统治性的社会的自然关系的基础，应该被视为现存的社会生态难题的主要动因之一和各种替代性方法的主要障碍之一。

他进而指出，批判理论语境下的"统治"，是指社会结构沿着阶级、性别、种族、代际和区域等维度的一种复合性的政治、经济与文化层面上的再生产方式。这种统治关系及其再生产，往往体现为统治者对被统治者的一种全面"霸权"（葛兰西术语）——尤其呈现为由被统治者的主动或被动同意，以及他们的日常生活实践活动，来生产和再生产这样一种压迫性的社会与权力结构。依此而言，"去增长"争论中经常被作为解决方案提及（推荐）的自然"商品化"或"绿色经济"，也是一种特定的社会关系，其目的是保证霸权和不同维度下的非对称社会结构。结果很可能是，对自然的破坏和社会控制都会强化而不是减弱。因此，他认为，衍生于"去增长"争论的发展绿色经济倡议，必须更多关注和致力于克服与社会结构和资本主义增长过程密不可分的统治议题，而生态女性主义和新马克思主义的批评提供了有益的启迪。

对于后者，布兰德认为，如果把"金融化"理解为对一种一般性趋势的概括，即金融动因、金融市场、金融角色和金融机构在当代经济与社会中不断增加的作用，那么，从政治生态学和葛兰西的霸权理论来看，当前关于"自然金融化"的讨论，存在着至少两个方面的缺点。其一，往往被忽视的是，金融化过程不仅有一个投资与生产的向度，还有着一个最终实现与消费的向度。因此，它不能仅仅被理解为一种抽象的宏观需求，还必须理解为一种具有包括经济意蕴在内的多重意涵的"帝国式生活方式"。也就是说，要想更好地理解自然金融化的动力机制，就还必须深入分析金融化的社会后果。

其二，国家往往被描绘为一个为资本积累提供政治法律空间的实体。这在一定程度上当然是正确的，但还必须看到，国家的职能与作用并非仅限于此。尤其是，国家也是一种社会关系。国家是各种社会主体为了实现其利益一般化而角力其中的舞台，同时自己的利益也会在这一进程中被改变或重塑。就自然的金融化来说，国际性国家机器比如世界银行或国际货币基金组织的作用尤为重要。总之，在他看来，"自然的金融化"会在改变社会的自然关系的同时，也将改变社会力量之间的关系。不同国家机器框架内的社会与政治斗争，将会使得某种构型的社会的自然关系更容易发展，并使得其他替代性类型关系的生长更加困难。依此而言,"自然的金融化"就像其他的绿色经济或绿色增长战略一样,并不是一种自然而然的经济过程或结果,而是欧美资本主义国家力图摆脱目前的生态或多重危机的"被动革命"战略的一部分。

与"绿色经济"密切关联但又颇为不同的一个概念,是"绿色资本主义"①。布兰德认为,如果仅仅从"绿色增长"或"绿色经济"(生态现代化)的现实可能性的意义上,来谈论绿色资本主义——也即是将后者当作一个分析性而不是规范性的概念,那么,至少在像德国和奥地利这样的核心欧盟国家中,它已经是一个不争的事实。德国经济之所以在2008年以来的欧美持续性经济危机中表现尚佳,在很大程度上正是得益于其制造业的技术改进或绿色化提升。更为重要的是,在布兰德看来,如果遵循历史唯物主义的分析逻辑,那么必须承认,绿色经济战略的实施与推进,可以有助于一种特定的"社会的自然关系"(借助于国家)即绿色资本主义的出现。

一方面,资本主义无疑是一种社会性(规制)关系,但也同时是一种社会的自然(规制)关系。相应地,资本主义作为一种社会性关系的改变,也将会导致(需要)其作为一种社会的自然关系的改变。而且,必须承认,资本主义自诞生以来就一直处在不断变化或自我调整过程之中。只不过,就像所有资本主义条件下的社会的自然关系一样,"绿色资本主义"也将是"选择性的",允许某些人获得更多的收入和享受更高的生活水准,但同时却排斥其他人和地区,甚至会破坏后者的物质生活基础。也就是说,至少在某种程度上,作为对绿色经济或"危机应对战略"的回应,一种"选择性的"绿色资本主义(集中于某些特定议题或政策领域的绿化)是可能的,或正在形成之中的。因此,绿色资本主义的宗旨或本质,在于一种社会生态歧视性的社会关系和社会的自然关系的自我复制或"再生产"——不仅借助于不公平的自然资源占有与使用关系,还借助于看似均质化的人们的日常生活方式及其理念。这其中,标榜价值中立的国家扮演着一个十分重要的角色。甚至可以说,绿色资本主义是当代资本主义国家主导下的一个自我修复或重塑工程。

---

① Ulrich Brand, "Green economy and green capitalism: Some theoretical considerations", *Journal für Entwicklungspolitik*, 28/3 (2012), pp. 118-137; Ulrich Brand and Markus Wissen, "Strategies of a green economy, contours of a green capitalism", in Kees van der Pijl (ed.), *The International Political Economy of Production* (Cheltenham: Edward Elgar, 2015), pp. 508-523.

另一方面，这种绿色资本主义——至少在欧美核心国家——之所以可能，除了由于资本主义经济本身发展的时空不均衡性，还由于当前国际经济政治秩序方面的原因。尤其是，"帝国式生活方式"的霸权，使得欧美国家在国际贸易、国际劳动分工、自然资源获取、环境污染空间使用等方面，依然处于一种整体性优势地位——它们能够在维持其优越的物质生产生活水平的同时，享受着较高的自然生态环境质量。不仅如此，大多数发展中国家或新兴经济体中的精英阶层，也都无意识地把这种"帝国式生活方式"本身视为自己的目标或追求，而被遮蔽或严重忽视的是，资本主义社会条件下生产方式、发展方式和规制方式的有限绿化，几乎必然是排斥性的——不仅不可能阻止或消除环境破坏，而且会意味着剥夺与统治结构（关系）的再生产，包括在国际与全球层面上。

需要指出的是，"帝国式生活方式"是布兰德特别强调的一个中介性分析概念。① 概括地说，它不仅仅意指不同社会环境下的生活风格差异，而且要表明一种主导性的生产、分配和消费样态，以及更为基础性的一种关于"好生活"的话语和价值态度取向——不仅已主宰着所谓的北方国家，也越来越多地存在于所谓的南方国家或"新兴经济体"国家。之所以是"帝国性的"，因为人们的日常生活都过分依赖于其他国家或地区的资源和廉价劳动力——主要是借助于世界市场，而这种可获得性是通过军事力量和内嵌于国际制度之中的非对称力量关系来加以保障的。

二、关于社会生态转型的基本主张

首先需要指出的是，对于转型的不同意涵，即"transition"或"transforma-

---

① Ulrich Brand and Markus Wissen, "Global environmental politics and the imperial mode of living: Articulations of state-capital relations in the multiple crisis", *Globalizations*, 9/4 (2012), pp. 547-560; 乌尔里希·布兰德、马尔库斯·威森：《全球环境政治与帝国式生活方式》，《鄱阳湖学刊》2014年第1期，第12-20页; Ulrich Brand and Markus Wissen, "Crisis and continuity of capitalist society-nature relationship: The imperial mode of living and the limits to environmental governance", *Review of International Political Economy*, 20/4 (2013), pp. 687-711; 乌尔里希·布兰德：《绿色经济、绿色资本主义和帝国式生活方式》，《南京林业大学学报（人文社科版）》2016年第1期，第81-91页。

tion"，乌尔里希·布兰德曾做了专门性的阐释。① 在他看来，"transition"的本意是"过渡"或"穿越"，在政治学科中意指一种政治体制意义上的变迁，比如从威权体制和军事独裁转向或多或少的自由民主体制，而"transformation"的本意是"重建"或"转变"，指的往往是比如中东欧国家社会主义计划经济向资本主义市场经济的改变。但事实上，政治体制上的自由民主制转向和经济体制上的市场经济转向，都往往被人们认为是向资本主义体制的"transition"而不是"transformation"。对此，布兰德所做的具体区分是，"transition"是一种政治上有目的控制的过程，比如借助于国家实现的对发展路径与逻辑、各种力量结构与关系的有计划干预，以便使主导性的发展遵循一个不同的方向，而"transformation"是一种综合性的社会经济、政治与社会文化变革过程，同时将控制与战略相结合但又不限于此。

因而布兰德认为，目前大多数关于"绿色经济"或"社会生态转型"的研究都属于前者，更多强调的是社会主体比如企业和革新过程身处其中的政治框架的改变，尽管它们也许会经常提到社会向度（比如价值观变革）或已出现的技术发展；后者意义上的"转型"，像"绿色资本主义"一样，也更多是一个分析性概念，并不能简约为一个规范性的、走向一种可持续团结社会的变革立场。

依此而言，布兰德所理解或倾向于的"转型"更接近于后者，尤其是卡尔·波兰尼的"大转型"概念②。具体地说，作为一个在相当程度上建立在唯物史观基础上的批判性分析概念③，布兰德认为，"转型"所强调的是当前社会生态关系和多重危机的权力驱使、统治决定和霸权与危机驱动的特征，因而是必须要面对的。比如，市场也被认为是一种历史性的社会关系，是特定

---

① Ulrich Brand, "Green economy and green capitalism: Some theoretical considerations", *Journal für Entwicklungspolitik*, 28/3 (2012), pp. 120-127；乌尔里希·布兰德、马尔库斯·威森：《绿色经济战略和绿色资本主义》，《国外理论动态》2014年第10期，第22-29页；乌尔里希·布兰德：《作为一个新批判性教条的"转型"概念》，《国外理论动态》2016年第11期，第88-93页。

② Karl Polanyi, *The Great Transformation: The Political and Economic Origins of Our Times* (Boston: Beacon Press, 1944/2001).

③ Ulrich Brand, "How to get out of the multiple crisis? Towards a critical theory of social-ecological transformation", *Environmental Values*, 25/5 (2016), 503-525；乌尔里希·布兰德：《如何摆脱多重危机？——一种批判性的社会—生态转型理论》，《国外社会科学》2015年第4期，第4-12页。

的社会生产生活关系和社会权力关系的一部分。

按照布兰德本人的界定,"社会生态转型"(social-ecological transformation)是一个伞形概念,用以概括从应对社会生态危机实践努力中产生出的政治、社会经济与文化替代性思考。① 在政治战略层面上,它指的是大多数智库与国际机构所发表的政策或战略研究报告,其中提出了对危机性质的阐释以及克服危机的建议。这些报告的共同特点是,认为经济增长是可以与社会和生态目标相协调的。在学术讨论层面上,它指的是以一种更根本性的方式来思考与应对危机,不仅挑战现行的技术和市场结构,而且挑战作为其基础的生产和消费构型。

就前者来说,联合国环境规划署最早在 2008 年的《绿色经济创议》中提出的"绿色经济"、联合国经社理事会所主张的"绿色技术大转型"、欧洲委员会 2011 年提出的"可持续增长"、联邦德国政府 2011 年提出的"可持续性社会契约"等,大致属于这一范畴。在布兰德看来,这些报告有两个明显特点,一是认为经济增长是必要的、积极的和可以与环境相协调的,二是非常信任既存的政治与经济机构和精英,认为它们愿意并能够引领这一绿化进程。然而,这些报告的缺陷是显而易见的:强调了强有力的规制框架的作用,但却忽视了主宰性的权力关系;现行制度框架下能否实现经济增长与资源使用和环境影响的"绝对脱钩",并未得到经验性的证明;新自由主义的开放市场政策和激烈竞争,已在导致许多南方国家和地区的去工业化;日趋全球化的自由市场,正在导致一种"帝国式生活方式"的普遍化,如此等等。

就后者来说,主要侧重于社会生态转型的物理基础的"社会新陈代谢"或"社会生态转变"理论、更多集中于社会与制度层面以及技术与社会革新的"转型研究与管理"学派、更加强调体制革新中的消费者层面与人们日常生活复杂性的"实践理论"、更加强调弱化经济增长指标重要性的"去增长理论"、更加关注权力与统治关系的批判性地理学或政治生态学理论等,大致属于这一范畴。布兰德认为,上述理论流派的共同特点是,强调在渐进性改良和特定政

---

① Ulrich Brand and Markus Wissen, "Social-ecological transformation", in Douglas Richardson et al., (eds.), *The International Encyclopedia of Geography* (Hoboken: John Wiley & Sons, 2017), pp. 223-245.

策领域之外，必须引入社会经济的、政治的和文化的深刻变革；转型被理解为一种综合性的非线性过程，因为它要关涉到整个社会的方方面面；技术革新固然重要，但社会生态转型中起更关键作用的是社会革新。

在布兰德看来，从政治生态学的视角看，自然是被社会的——即社会经济的、文化的和政治或制度的——生产与占有的。其焦点不在于"环境"，而在于"自然占有的社会形式"，也即在其中人们的基本需要比如衣食住行和健康与生育等得以满足的方式。这当然不是要否认上述生理物理过程的物质属性，而是说，它们是由社会所决定的。相应地，自然的物质属性也会影响社会进程。尤其是，这些过程的规模大小，对于改变人们获取自然资源的条件和重塑社会的自然关系是至关重要的。在资本主义条件下，主要由劳动来进行调节的人类社会与自然之间的物质变换，具有一种特定的形式：使用价值的生产是为了交换价值和利润；资本与工资劳动和其他劳动之间存在着一种等级制；与资本主义经济和阶级关系相分离的现代国家的形成。

因此，布兰德认为，关于社会生态转型的一个关键性假定是，在现代资本主义社会中，变化时刻都在发生着。正如马克思恩格斯在《共产党宣言》中所指出的[①]，资产阶级如果不能够持续地革命性变革生产工具、生产关系以及整个社会关系的话，将无法生存下去。甚至可以说，正是持续的生产革命性变革、各种社会关系的永无休止改变、挥之不去的不确定性和焦躁不安，将资本主义时代与先前的其他时代区别开来。因此，从唯物史观的立场来看，问题不是社会转型和社会的自然关系转型会不会发生，而是什么样的转型逻辑将在其中发挥主导作用。

总之，布兰德的基本观点是，政治生态学视角与批判性政治经济学和社会理论的结合，有助于认识"转型"或"社会生态转型"的综合性意蕴。[②] 概括地说，他认为，一方面，在资本主义主导下的社会中，尽管存在着破坏其物质生存基础的长期性趋势，但可以某种形式发展出一种相对稳定的社会的自然关系。换句话说，至少就当代欧美资本主义国家来说，对与自然相互作用

---

① 《马克思恩格斯文集》(第二卷)，人民出版社，2009年版，第34页。
② 乌尔里希·布兰德：《生态马克思主义及其超越：对霸权性资本主义社会自然关系的批判》，《南京工业大学学报(社科版)》2016年第1期，第40—47页。

的社会规制是可能的。尽管这种规制并不意味着在很大程度上是破坏性的自然占有关系的废除，但是，自然的破坏未必会成为整个资本主义发展的生死攸关性难题，因为各种危险性的负面影响可以在空间上外部化和在时间上推迟。就像在气候变化应对中一样，许多不利影响将会在将来的某个时间点显现，而现在就发生的也大多出现在那些边缘性的、脆弱性国家或地区。然而，必须承认，这些局部或边缘意义上的问题，并没有构成对资本主义本身的质疑与挑战。也就是说，目前正在雨后春笋般出现的"绿色技术""绿色产业"或"绿色经济"，更多是资本主义社会规制形式的变化。认识到这一点，有助于正确判断资本主义发展的时代方向，即走向一种选择性的资本主义绿化。

另一方面，绿色资本主义背景或语境下的"转型"或"社会生态转型"，要求必须聚焦于复杂的社会和社会的自然关系，尤其是其主导性的发展动力，聚焦于社会得以组织其物质基础包括与自然物质变换的结构和过程——社会经济的、政治的、文化的和主体的。为此，需要深入分析当前可持续性话语的结构与权力，以及"自然走向新自由主义化"的趋势——即自然元素占有的变化着的经济政治与社会文化动力。当然需要承认金融市场资本主义依然强大的结构、利益和工具，但也要同时阐明，尽管存在着不断增强的可持续趋势，既存国家和国际政治制度体系大概会导致现有条件与发展的强化——"帝国式生活方式"就是这样一种现实与未来可能性的学术化表达。因此，既要警惕同时来自"自上而下"和"自下而上"的替代性选择，被淡化为一种资本主义的生态现代化，又要更多关注和考虑应对多重危机的不同战略与可能性。但无论如何，对社会与社会的自然关系的民主化重塑——对自然资源使用和生产与消费过程的民主掌控，都是一个至关重要的方面。

三、转型视野下的全球绿色左翼

"绿色资本主义"和"社会生态转型"的上述分析，在乌尔里希·布兰德看来，对于全球"绿色左翼"的最主要启示是，既要正确认识当代资本主义的反生态和社会不公正本性，又要在这样一种历史性进程中积极寻求社会生态变革的机遇。对于前者，他认为，自然生态的资本化使用和损害代价外部化，从来就是资本主义内在逻辑的一个方面，当前在绿色旗帜下的诸多改良政策与制度调整，并不会改变这一本质，而且很可能会更加以发展中国家的生态与社会代价为前提。对于后者,他认为,一方面,全球"绿色左翼"必须要能够真正在全球层面上团结起来,欧美左翼在应对经济与金融危机中所表现出的歧见纷呈令人遗憾,相应地,包括中国在内的新兴经济体国家崛起过程中的左翼共识与团结就显得尤为重要,另一方面,新一代左翼或"绿色左翼"要对未来变革的目标、动力和机制,有一种更宽广的理解与主动构建,努力成为一种能够团结各种反对或超越"绿色资本主义"力量的"转型左翼"或"多彩左翼"①。

布兰德认为,在理论层面上,"绿色左翼"要能做到区别对待不同形态的"转型"或"社会生态转型"理论,并坚持一种批判性政治生态学(政治经济学和社会理论)的立场观点。毋庸置疑,生态议题将在未来政治中发挥日益重要的作用,因为全球需要实质性减少资源使用和污物排放空间利用。而这远不仅仅是一个技术性问题,更是一个转变现行的主导性生产生活方式的问题,一个重新阐释生活的意义和"好生活"的愿景想象的问题。政治究竟如何应对绿色挑战,还依然是一个开放性问题——同时在"去哪里"和"如何去"的意义上,比如可以是新自由主义的、生态威权主义的、生态自由主义的或解放性的。概言之,"绿色左翼"追求的"社会生态转型"所代表的是一种解放性方法,来应对多重性危机,建构有吸引力的新型生产消费方式和超越生产主义与消费主义的新生活感知,以及创造社会劳动分工中的解放性形式。

依此而言,一个十分重要的工作,是弥合"社会经济的"和"生态的"之间的分裂。环境问题,比如能源贫困、肮脏工作地点、沿街吵闹住房、不健康食品,同时就是社会问题。相比之下,现实中的进步自由主义精英和社会中不少民众,虽然有着对危机现实应对的不满,希望变革政治、规范和价值,以及实施技术革新,但却不愿意(或认为不可能)改变现行的权力和财产关系,不想放弃他们现有的地位,不想(或认为不可能)废除资本主义的竞争和竞争力律令。

因此,从"绿色左翼"的立场来看,"绿色经济"议题特别值得关注的是,它极有可能以其他部门和地区的牺牲为代价来推进和实现。比如,可更新能

---

① 乌尔里希·布兰德:《超越绿色资本主义:社会生态转型和全球绿色左翼视点》,《探索》2016年第1期,第47—54页。

源形式的增加，可能以印度尼西亚的破坏性石油开采和巴西的生物燃料生产为代价。对此，需要研究的是，经济的选择性绿化背后的动力是什么，谁是利益攸关方，又是谁的利益遭到了排斥甚或压制，哪些排斥性形式将会与绿色经济的发展相伴随，等等。换言之，经济绿化得以发生的条件是什么，哪些社会利益得到了加强，又是哪些经济与福利观念得到了促进。同样重要的是，需要深入分析，绿色经济概念及其相关战略能否达成一种政治制度上和经济上的一致性。正在扩展中的绿色产业与金融业，是否足以抗衡"棕色工业"及其政治代表的博弈，还是最终将会达成"棕色工业"与"绿色工业"、资本与劳工之间的某种形式妥协或"绿色组合主义"（green corporatism），关于"绿色工作"的承诺，至少在某些国家和行业中是可靠和有吸引力的吗？如此等等。总之，有必要（理由）追问，谁是现今多重危机的责任方，谁又是当前绿色经济的掌控者或"幕后推手"。如果二者高度重合的话，我们就更有理由采取一种质疑或审慎的态度。

在实践层面上，布兰德认为，推进激进的社会生态转型，是一个宽泛的"绿色左翼"联盟的历史使命。这一新型政治联盟应包括社会运动、工会、政党、创业者、进步商会、非政府组织、政府官员、教师、知识分子、文化工作者、科学家、媒体从业者，甚至是教会中社会与生态敏感的那一部分等保守性分子。依此而言，在他看来，并不存在一个"社会生态转型"的领导者阶级或阶层（主体），同样，也不存在一个实施与实现这一转型的"宏大计划"，现有的只是一些适当"切入点"。至于它们如何才能够以及在何种意义上将会聚合成为一种超越特定利益的"集体意愿"，目前还是一个开放性问题。但可以想象，关键是创造出一种有吸引力的替代性生产与生活方式，以及相应的政治与文化，在其中生态可持续前提下的富裕、和平和个体发展的生活成为可能。

因此，在布兰德看来，"社会生态转型"实践应特别关注如下变革"切入点"或"契机"：包括不同规模的企业家在内的变革先行者；不同的社会经济（再）生产形式和人们变化着的实践，包括劳动分工和正式经济与其他的福利生产形式之间的关系；制度比如政党、大学和媒体内部的变化；变化着的各种力量对比，尤其是致力于削弱和阻断资本的政治与结构性权力的力量的成长；可以促进社会生态转型的战略性资源，比如德国能源转型中国家的作用;那些克服了资本主义增长律令和权力关系、但又未拒绝多种财产关系的有吸引力的生产生活方式的"故事",或称之为"好生活"的摹本;目前已经存在着的一系列中间性概念,比如"公地""能源民主""食品主权""居住城市权利"等。

需要指出的是,布兰德认为,这些具体的行为主体往往有着不同的目标、战略和能力,并且活跃于不同的层面上,它们共同构成了一个整体性转型运动的组成部分。当然,他承认,如何使这些依托于特定区域或层面的主体超越其利益与视野的局限,汇聚成一个全球性的大众运动,仍是十分艰巨的任务。① 也正是在上述意义上,在他看来,与资本主义制度下制造并不停地渲染的"恐惧"氛围不同,社会生态转型实践在可以预见的未来,仍将难以避免地呈现出一种"不确定性"特征。只是,这种"不确定性"不能简单解释为社会生态转型的不可能或乌托邦性质,而是说,"绿色左翼"追求的"社会生态转型"或"未来化"(futuring)本身,就是一种双重意义上的转型——既要使现存的不可持续工业不要以受影响者尤其是工人为代价实现转变,又要努力构建与促成替代性生产生活形式的发展。换言之,激进的社会生态转型,并不是一种不可逆的确定性进程与结果——就像欧洲左翼在过去几年的经济危机应对中所表现出的国别化分裂那样,而是依赖于正在形成中的全球性"绿色左翼"理论与运动的切实努力。

第二节 拉美的超越发展理论

对欧美国家所主导的(现代化)发展话语与政策的批评性观点由来已久,而值得关注的是,这种批评在2008年世界金融与经济危机之后的国际经济政治背景下,呈现出了日益活跃和影响力迅速扩大的迹象。可以说,拉美学界近年来所提出的"超越发展"理论,就是这样一种全球性思潮的区域性版本:它着力于批判性分析拉美各国所长期面临着的发展路径、模式与理念等多重

---

① 巴西青年学者卡米拉·莫雷诺(Camila Moreno)博士应邀参加了乌尔里希·布兰德教授2015年4月在中国高校的系列演讲,并从拉美政治的视角对绿色经济、绿色资本主义和社会生态转型做了一种后殖民主义的"绿色左翼"分析与批评,认为包括巴西在内发展中国家的左翼政治的社会生态关切与欧美国家有很大不同,内部相互之间也存在着诸多差异。

依赖性的困境或悖论,并形成了如何走出这种现实困局的较为新颖而激进的系统性看法,从而构成了一个相对完整的社会生态转型或"红绿"变革理论。基于这一学派的代表性著作《超越发展:拉丁美洲的替代性视角》①,笔者接下来将着重讨论该理论提出的背景与缘起、理论分析进路与政治主张,并在此基础上做一个简短的评论。

一、理论提出的背景与缘起

"超越发展"理论或学派的直接起因,正如米里亚姆·兰(Miriam Lang)所指出的②,是2010年初在罗莎·卢森堡基金会位于基多的安第斯地区办公室支持下组建的"发展替代长期性工作组"。该工作组关注的焦点是厄瓜多尔、玻利维亚和委内瑞拉,但却吸纳了来自拉美和欧洲等8个国家的学者,并致力于不同学科和思想流派的知识融合,比如生态学、女性主义、反资本主义经济学、社会主义、原住民的和西方底层民众的思想,而这些思想的共同点是都质疑"发展"这一概念本身,并寻求创建对于当前霸权性发展模式和路径的替代性选择。

米里亚姆·兰认为,日趋恶化的全球性多重危机,已经在包括拉美在内的边缘性国家呈现为一种"文明的危机",而欧美国家所主宰的资本主义世界体系及其主流思想,所提供的仍是一系列资本主义的、反生态的和社会不公正的应对方案——比如追求"绿色增长"或发展"绿色经济",并坚称"这将优于其他任何选择";而在这样一种全球性境况中,拉美的政治构型似乎是一个例外:例如,在安第斯地区的玻利维亚、厄瓜多尔和委内瑞拉三国,由小农、妇女、城市居民、原住民等构成的社会运动支持下上台执政的"左翼进步政府",不但公开宣称其目标是打破新自由主义模式,并终结旧精英阶层不久前还在从事的无耻掠夺行径,而且领导推进了围绕着新宪法起草以及贯彻实施

---

① Miriam Lang and Dunia Mokrani (eds.), *Beyond Development: Alternative Visions from Latin America* (Quito: Rosa Luxemburg Foundation, 2013);米里亚姆·兰、杜尼娅·莫克拉尼(主编):《超越发展:拉丁美洲的替代性视角》,郇庆治、孙巍等编译,中国环境出版集团,2018年版。

② Miriam Lang, "The crisis of civilisation and challenges for the left", in Miriam Lang and Dunia Mokrani (eds.), *Beyond Development: Alternative Visions from Latin America* (Quito: Rosa Luxemburg Foundation, 2013), pp. 5–13.

的声势浩大的宪制改革——"这些变革进程经历了其最民主、最激动人心和最具参与性的时刻"。基于此，在她看来，当代左翼的一个重大使命是构建全新的政策主张与未来愿景，从而挑战仍沉迷于追逐永无止境的消费主义的生活的观念，并最终打破它的霸权地位，尤其是主动引入一种"对初看起来也许不可想象的世界的思考"。

具体地说，"超越发展"理论或学派，可以归纳为对如下三个方面理论性议题的思考或回应。

1. 对"拉美发展困境"或"资源富裕咒语"的理论反思

用(现代化)发展话语阐释拉美国家的经济社会发展时所面临的第一大挑战或难题，是它经历数次历史性机遇或大规模努力后，都未能实现少数西方国家意义上的发达状态，也就是所谓的"中等收入陷阱"假设[①]。具体而言，每当全球范围内的某次工业化浪潮兴起时——无论是19世纪初的自由资本主义鼎盛时期(英国主导世界体系)、20世纪中期的欧洲复兴时期(美国主导世界体系)，还是20世纪后半叶的新自由主义全球化时期(新兴经济体逐渐崛起)，拉美地区都会成为短期内的热度参与者和受益者，但最终结果却是，短暂的经济繁荣或快速增长无法转化成为一种内生性的持续发展动力。

对此，迄今为止最具影响力的一种理论阐释(传统)，是20世纪50年代后逐渐形成的"依附论"或"世界体系论"[②]，强调拉美各国发展相对于欧美主导的世界资本主义体系的依赖性或边缘性特征。

"依附论"又称为"中心—外围论"，着力于解释包括拉美在内的广大发展

---

① 最早由世界银行在其《东亚经济发展报告(2006)》中提出了"中等收入陷阱"这一概念。其基本意涵是，鲜有中等收入的经济体成功地跻身为高收入国家(目前标准为人均国民收入1.5万美元)，相反，这些国家大都长期陷入了经济增长的停滞期，既无法在工资方面与低收入国家竞争，更无法在尖端技术研制方面与富裕国家竞争。可以看出，这一命题或假设并非专门针对拉美地区所创制，但国际公认的是，成功跨越"中等收入陷阱"的国家与地区是日本和"亚洲四小龙"(日本与韩国的人均GDP分别从1972年和1986年的接近3000美元提高到1983年和1994年的超过1万美元)，而拉美地区和东南亚一些国家则是陷入"中等收入陷阱"的典型代表(阿根廷的人均GDP在1964年、1994年、2004年和2014年分别为1000美元、7484美元、4785美元和12922美元，而墨西哥的人均GDP在1973年、1994年、2004年和2014年分别为1000美元、5637美元、7042美元和10361美元)。

② 张康之、张桐:《论依附论学派的中心—边缘思想：从普雷维什到依附论学派的中心—边缘思想演进》,《社会科学研究》2014年第5期,第91-99页；张康之、张桐:《"世界体系论"的"中心—边缘"概念考察》,《中国人民大学学报》2015年第2期,第80-89页。

中国家与西方发达国家之间的关系,其主要代表人物有阿根廷的劳尔·普雷维什、埃及的萨米尔·阿明、德国的安德烈·冈德·弗兰克和美国的伊曼纽尔·沃勒斯坦等。他们的基本观点是,当代世界可以划分为中心国家(发达国家)和外围国家(发展中国家),前者在世界经济中居于支配地位,后者受前者的剥削和控制,并依附于前者;由于中心与外围国家之间在国际秩序中的等级制或不平等地位,二者之间的发展差距或贫富分化不是渐趋缩小,而是越来越严重。这其中,马克思主义的帝国主义理论、拉美经委会(ECLAC)在20世纪50年代初提出的早期依附理论或不发达理论、安德烈·冈德·弗兰克在20世纪60年代后期提出的殖民地资本主义理论等①,构成了最为直接或主要的理论来源。

总之,在"依附论"或"世界体系论"者看来,外围地区国家的不发达与依附现状的形成,根源于世界性的资本主义生产体系及其形成的国际分工格局、国际交换体系和不平等的国际经济秩序。因而,它可以大致理解为对当代资本主义社会条件下不公平或非正义的国际经济政治秩序的一种马克思主义或"红色"批评,而相对于拉美各国来说又是一种"外源性"批评,即认为拉美国家经济社会发展的不理想或依附状态主要是由外部主导性力量所决定的。

"超越发展"理论或学派,除了坚持社会关系尤其是国际经济政治关系分析上的"中心——边缘"或依附论观点,还着重考察了拉美国家在这样一种资本主义世界体系中的社会的自然关系上的特点。在这方面,他们提出或阐发了两个代表性的论点:一是资源榨取主义,二是"资源丰富咒语"。

对于前者,大多数"依附论"或"世界体系论"者——比如安德烈·冈德·弗兰克——就已经在剩余价值剥夺或盗占的意义上使用"榨取主义"概念,意指欧美工业化国家凭借不公平的国际劳动分工与贸易体系,侵占了在包括拉美国家在内的发展中国家所创造的剩余价值,并造成了二者间不断拉大的贫富差距,而玛里斯特拉·斯万帕(Maristella Svampa)、乌尔里希·布兰德等

---

① 安德烈·冈德·弗兰克:《依附性积累与不发达》,高铦、高戈译,译林出版社,1999年版。

人，则进一步将其扩展或明确为一种"资源榨取主义"①，即服务于世界体系中心国家的资本主义生产需要及其周期性规律的拉美国家的生态与社会不可持续的自然资源开采利用。对于斯万帕而言，"资源榨取主义"是一个用来表征拉美发展模式与理念的最一般性特征的概念，而布兰德等人则把"资源榨取主义"理解为一个贯穿拉美殖民地时期至今的历史性过程。

对于后者，苔莉·林·卡尔(Terry Lynn Karl)、阿尔贝托·阿科斯塔(Alberto Acosta)等人提出了所谓的"丰富咒语"(curse of abundance)或"自然资源咒语"(curse of natural resources)②，来描述这些国家中由优越自然条件所决定的负面发展特征。比如，阿科斯塔指出，"作为这些国家表征的自然资源的超级可获得性，往往导致扭曲了这类国家的经济结构和生产要素配置，逆向再分配国民收入并使之积聚到少数人手中。这种状况由于伴随着某些自然资源的丰富而来的一系列'依赖性'外部进程而加剧。事实上，这种丰富已经变成了一种咒语"③。

2. 对欧美可持续(绿色)发展话语与政策的理论批评

随着联合国《我们共同的未来》(1987)报告的发表，可持续发展或绿色发展在20世纪80年代中后期逐渐呈现为一种全球共识性的发展话语与政策，而1992年、2012年先后举行的里约环境与发展大会以及"里约+20"纪念峰会，是这一发展话语与政策国际影响力的两个标志性高点。基于此，2000年9月签署的《联合国千年宣言》和2015年9月获得批准的《联合国可持续发展目标》，成为在联合国框架下努力推动的可持续发展阶段性目标：前者提出将全球贫困水平在2015年之前降低一半(以1990年的水平为标准)，而后者则要求到2030年以综合方式彻底解决社会、经济和环境三个维度下的发展问

---

① Maristella Svampa, "Resource extractivism and alternatives: Latin American perspectives on development", in Miriam Lang and Dunia Mokrani (eds.), *Beyond Development: Alternative Visions from Latin America* (Quito: Rosa Luxemburg Foundation, 2013), pp. 117-143; Ulrich Brand, Kristina Dietz and Miriam Lang, "Neo-extractivism in Latin America: One side of a new phase of global capitalist dynamics", *Ciencia Política*, 21 (2016), pp. 125-159.

② Terry Lynn Karl, *The Paradox of Plenty: Oil Booms and Petro-State* (University of California Press, 1997); Alberto Acosta, *La Maldición de la Abundancia* (Quito: Ediciones Abya-Yala, 2009).

③ Alberto Acosta, *La Maldición de la Abundancia* (Quito: Ediciones Abya-Yala, 2009), p. 29.

题,转向可持续发展道路(其中包括 17 项具体目标和 169 项三级指标)。

至少从一种回顾的视角来看,2012 年前后和 1992 年前后讨论可持续发展议题的语境有着明显的不同。① 一方面,虽然经过近 20 年的包括联合国在内的国际社会的努力,全球经济社会与生态可持续性的水平,总体来说并没有实质性的改善,尤其体现在广大发展中国家与少数欧美国家之间的贫富差距或可持续性差异在继续扩大而不是缩小,而在欧美发达国家集团内部也出现了渐趋分化甚至极化的现象(比如 2008 年金融与经济危机之后作为欧盟成员国的希腊)。总之,在相当程度上被泛化的可持续发展话语共识和政策举措,显然并未在导向一个"共同的未来"或"同一个梦想",相反,现实发展结果的不可持续性和非正义性,已然在侵蚀着可持续发展甚或发展理念本身的合法性,尤其是对于这一进程中的"失落者"(比如所谓的新兴经济体或新中产阶层)来说。

另一方面,欧美国家对于可持续(绿色)发展话语与政策的全球掌控力明显减弱。这既是由于欧美发达国家在过去 20 年中未能实质性兑现当初的政治承诺(比如逐渐将其对外经济援助占 GDP 的比例提高至 1% 左右)所带来的"软实力"的下降,也是由于包括中国在内的新兴经济体国家借助新一轮全球化快速实现了经济体量的大幅度扩张或"崛起"。结果是,欧美国家变得既由于传统经济部门的衰微而难以维持对于广大发展中国家的较"慷慨"政策,又由于转型经济的初级阶段性特征而面临着来自新兴经济体国家的巨大竞争压力。由此可以理解,绿色经济或绿色增长虽然在 2012 年纪念峰会上被列为大会主题,但却远未产生像可持续发展在 1992 年环境与发展大会上那样的统治性影响。

"超越发展"理论或学派,总体而言属于可持续(绿色)发展话语与政策的质疑派或否定派。在他们看来,国际社会过去 20 多年里的可持续发展政策讨论与实践,并未能够也不会取得重大的成效,而近年来被寄予厚望的绿色经济或绿色增长,也将会遭遇同样的境遇。② 具体而言,他们的理论批评集中于

---

① 郇庆治:《重聚可持续发展的全球共识:纪念里约峰会 20 周年》,《鄱阳湖学刊》2012 年第 3 期,第 5-25 页。

② Ulrich Brand, "Green economy——The next oxymoron: No lessons learned from failures of implementing sustainable development?" *GAIA*, 21/1(2012), pp. 28-32.

如下两个层面：一是可持续（绿色）发展话语与政策的欧美主导或"私利"性质，二是可持续（绿色）发展话语与政策本身的生态帝国主义或后殖民主义本质。

就前者来说，如果说在20世纪80年代末欧美国家最先倡导的"可持续发展"话语与政策之间的关联性，还有些不够清晰或不太直接，毕竟从语词意义上广大发展中国家更迫切希望实现自身的可持续的发展，而且欧美国家也明确表示，以自己的资金与技术来支持发展中国家的可持续发展转型——从而实现经济发展与环境保护的"双赢"，那么，2010年前后欧美国家所热情倡议的绿色经济或"绿色新政"话语与政策，则明显是一个地域性的理念与战略，即如何通过有组织地追求绿色增长或发展绿色经济，来克服深陷其中的金融与经济危机。换言之，欧美国家所理解与界定的"绿色经济"或"绿色发展"，其实是一个自我利益取向的或私利性的理念与战略，而远不是对全球性生态环境危机的整体性认知与应对。当然，这既不意味着这一理念与战略纯粹是一种无奈之举或被动回应，也不意味着它不可能取得任何意义上的结果或成功——比如呈现为一种全球共识性的观念与制度化的政策。对此，乌尔里希·布兰德分析后认为①，这很可能意味着当代资本主义发展的"绿色资本主义"或"生态资本主义"的阶段性趋向，而已然取得一种世界性霸权的"帝国式生活方式"在其中扮演着关键性作用。

就后者来说，可持续（绿色）发展话语与政策尽管采用了时代化的言辞修饰或包装，比如全球性挑战或危机、全球公共治理、可持续发展政策及其管理等，但现实中无法回避的是广大发展中国家与少数西方发达国家之间的"鲜明对照"：可持续性（绿色发展水平）高——可持续性（绿色发展水平）低、发达——欠发达、殖民宗主国——（前）殖民地，而无可否认的是，第一组对照关系与第二组、第三组之间有着一种明确的对应性关联，即便未必完全能够由后者来加以阐释。也就是说，对于拉美各国而言，在可持续（绿色）发展话

---

① Ulrich Brand and Markus Wissen, "Global environmental politics and the imperial mode of living: Articulations of state-capital relations in the multiple crisis", *Globalizations*, 9/4 (2012), pp. 547-560; Ulrich Brand and Markus Wissen, "Crisis and continuity of capitalist society-nature relationship: The imperial mode of living and the limits to environmental governance", *Review of International Political Economy*, 20/4 (2013), pp. 687-711.

语与政策的语境下,它们所发生的身份改变,只是从原来的欠发达和(前)殖民地变成了可持续性(绿色发展水平)低,而它们相对于发达国家或殖民宗主国的从属性或边缘性地位,并未有任何变化。而卡米拉·莫雷诺(Camila Moreno)等人所强调的是①,包括拉美各国在内的发展中国家的不可持续性(绿色发展水平低)现状和形象身份,正是欧美国家主导的这种霸权性话语与政策的共同性结果,而且,这种生态帝国主义或后殖民主义性质的绿色话语本身,就几乎注定了实践中拉美国家落后或被改变的地位。因而,多少有些滑稽的是,拉美国家同时提供着当今世界资本主义生产的主要自然资源供给和地球生态系统的重要自我更新保障,却拥有一种严重不可持续(绿色发展水平低)的经济、社会与文化。

3. 对拉美左翼进步政府政治与政策的理论回应

相对活跃的(传统)左翼进步政治,是拉美与加勒比地区现代政治的重要表征。在过去的大约一个世纪中,拉美左翼经历了三次执政高潮②:第一次是在20世纪初。传统寡头政治统治下的出口经济繁荣,既带来了经济社会现代化的起步,尤其是城市化的扩展,也造就了一些新兴社会力量比如城市工人、贫民和中间阶层,以及在现代化进程中受到冲击的传统阶级(如农民、印第安原住民),而正是依靠这些社会底层力量的大众性支持,拉美左翼政治运动迎来了第一次执政高潮(尤其是在乌拉圭、秘鲁和阿根廷)。第二次是在20世纪40-60年代。随着二次大战后拉美国家进口替代工业化的发展,民族资产阶级和工人阶级不断发展壮大,并促成了新一轮左翼政党执政的高潮(尤其是在墨西哥、阿根廷、巴西和厄瓜多尔),而推动工业化与国有化、改善社会福利、扩大政治参与是左翼政府的主要执政举措和目标。第三次是20世纪末至最近。拉美地区出现了反对新自由主义、寻求替代模式旗帜下的左翼执政的高潮。自1999年委内瑞拉的查韦斯执政开始,拉美左翼实现了"群体性崛起",执掌包括委内瑞拉、智利、巴西、阿根廷、乌拉圭、玻利维亚和厄瓜多尔等8个国家的政府,而委内瑞拉、玻利维亚和厄瓜多尔还明确地提出信奉"21世纪的社会主义",反对新自由主义、反对美国主导的经济全球化,力推

---

① 卡米拉·莫雷诺:《超越绿色资本主义》,《鄱阳湖学刊》2015年第3期,第61-62页。
② 杨建民:《拉美左翼执政动向及前景》,《中国社会科学报》2016年11月24日。

宪制政治改革、促进拉美(安第斯)地区一体化。2015年11月，阿根廷左翼执政党在大选中落败，而巴西、委内瑞拉、玻利维亚、厄瓜多尔等左翼执政国家的政府随后也面临不同程度的挑战。

应该说，21世纪初的新一轮拉美左翼进步政府与政治，在相当程度上可以理解为对20世纪70年代末以来欧美国家尤其是美国主导的(新)自由主义经济与政治(以所谓的"华盛顿共识"为核心性教条)及其拉美地区性版本的反击和回拨——一种并不完全陌生的周期性境况。因而，对于这些左翼进步政府来说，经济国有化与大力发展民族工业、实质性改善社会福利保障("为穷人谋福利")、反对美国霸权及其主导的全球化，构成了其最主要的政治与政策信条。

当然，这也绝非只是一种"历史的再现"。一方面，拉美"21世纪的社会主义"政治与政策的付诸实施，其实是离不开它已经深嵌其中的全球工业化链条或进程的，甚至可以说，正是迅速推进的全球化进程为其提供了得以提出与实践的历史性前提——拉美大多数国家持续这一时期的中高速经济增长就是明证，而问题只在于，如何将这种源自全球化链条或进程的经济繁荣机遇转化成为一个更加民族主义的或自我成长性的现代化进程。另一方面，不难想象的是，由于拉美地区在全球工业生产链条或进程中的初始端或低端地位("既幸运又不幸")，左翼进步政府几乎无法避免地面临着自然资源的大规模开发将会带来的生态环境破坏和传统社区衰败难题，而这在靠近亚马孙森林周围的自然生态与原住民保护区则更具挑战性。[1]

对于前者，"超越发展"理论或学派可以说寄予一种谨慎乐观的希望，其主要理由在于，不是全球化参与中更加强硬的民族主义立场，也不是多少有些奢侈的社会福利保障举措，而是围绕着经济生态化重构、多元化民族国家创建和更广泛政治参与的综合性社会生态转型尝试[2]，有可能共同创造这样

---

[1] Carolina Viola Reyes, "Territories and structural changes in peri-urban habitats: Coca Codo Sinclair, Chinese investment and the transformation of the energy matrix in Ecuador", prepared for "The workshop and conference on Chinese-Latin American relations" (Quito: 7-12 May 2017).

[2] Edgardo Lander, "Complementary and conflicting transformation projects in heterogeneous societies", in Miriam Lang and Dunia Mokrani (eds.), *Beyond Development: Alternative Visions from Latin America* (Quito: Rosa Luxemburg Foundation, 2013), pp. 105-115.

一种前所未有的根本性变革的机遇,而这意味着,拉美左翼政府与政治——尤其是转型国家——可以扮演一个积极的推动性角色。但对于后者,它则持一种明确的批评性态度。在它看来,左翼进步政府并未能够废弃或改变社会的自然关系上的"资源榨取主义"本质,或者说不过是一种"新资源榨取主义",因而依然没有摆脱用自然资源出口换取暂时性经济增长或社会福利的老路①。

二、理论分析进路与政治主张

可以说,正是上述三重维度下的综合性考量,构成了"超越发展"理论或学派的理论分析进路与政治主张。概言之,它们包括如下三个核心性层面或观点。

其一,拉美困境或宿命的症结,在于现行的(现代化)发展模式与理念本身,在于当代资本主义世界体系下的社会关系和社会的自然关系构型。一方面,正如阿图罗·埃斯科瓦尔(Arturo Escobar)所指出的②,包括拉美地区在内的广大发展中国家认为理所当然的或被灌输接受的(现代化)发展模式与观念,其实是严重地域化或特定性的。欧美少数国家基于工业化与城市化的现代发展,以及作为其最主要表征的物质富裕和大众消费主义,既不是一个自古如此的普适性文明与社会价值理想,也显然不具备人类社会与地球生态系统承载意义上的无条件可复制性。就此而言,发展中国家的现代化发展"需要"或"期望",甚至是发展中国家这一概念的界定本身,就是欧美少数工业化国家实现与维持其现代发展霸权地位的一种"策略"。也就是说,一旦成为一种历史事实,(现代化)发展已经是一个等级制的进程或观念:发展主体尤其是民族国家之间并不是一种平等的关系,而发展中国家的发展需要或路径手段都是既定的或难以自主取舍的。

---

① Alberto Acosta, "Extractivism and neoextractivism: Two sides of the same curse", in Miriam Lang and Dunia Mokrani (eds.), *Beyond Development: Alternative Visions from Latin America* (Quito: Rosa Luxemburg Foundation, 2013), pp. 61-86.

② Arturo Escobar, "The making and unmaking of the third world through development", in *Encountering Development: The Making and Unmaking of the Third World* (Princeton, N.J.: Princeton University Press, 2011), pp. 85-93.

另一方面，就像乌尔里希·布兰德所系统分析的①，以欧美为中心区域的现代化发展，从一开始就采取了资本主义的社会形式，而且，经过数个世纪的不断演进，它已经成为一个高度全球化的世界资本主义体系。就其本质或最终结果而言，资本主义的社会形式无论是在国内还是国际层面上，都意味着或指向一种社会非公正和生态不可持续的经济政治或现代化发展。但这并不是说，资本主义社会或世界体系下将会一直呈现为直接的、剧烈的冲突。因为，现代资本主义从来都是同时包含着社会关系和社会的自然关系两个层面的，而无论是在这两个层面之间，还是它们在国内和国际维度上的时空展现之间，现实的资本主义社会或世界体系都有着一定程度的回旋与调节余地。正是在上述意义上，布兰德认为，尽管已经危机重重，欧美国家主导的世界资本主义体系仍是大致完整的，甚至是霸权性的，而近年来兴起的绿色资本主义或生态资本主义话语与政策，就是这种霸权性的时代体现。

因此，"超越发展"理论或学派的基本看法是，在传统的发展视野与模式、资本主义的全球化体系之下，拉美地区不可能实现一种自主自愿的或社会公正与生态可持续的发展。比如，在卡罗琳娜·雷斯（Carolina Reyes）看来②，2005—2015 年厄瓜多尔所经历的以石油工业为核心的经济繁荣——占出口贸易总额的比例 2003—2013 年从 42% 提高到 57%，以及由此产生的伴随着左翼进步政府上台执政而带来的结构性变革机遇，归根结底应该在全球资本积累和扩张形式的时代特征上——尤其是向世界资本主义体系最边缘地区的不断扩展③——来理解。的确，这一时期石油和其他商品价格的趋高，不仅带来了促进社会与政治稳定所需的财政资源，而且也在一定程度上有助于强化国家

---

① Ulrich Brand, "Green economy and green capitalism: Some theoretical considerations", *Journal für Entwicklungspolitik*, 28/3 (2012), pp. 118-137; Ulrich Brand and Markus Wissen, "Strategies of a green economy, contours of a green capitalism", in Kees van der Pijl (ed.), *The International Political Economy of Production* (Cheltenham: Edward Elgar, 2015), pp. 508-523.

② Carolina Viola Reyes, "Territories and structural changes in peri-urban habitats: Coca Codo Sinclair, Chinese investment and the transformation of the energy matrix in Ecuador", prepared for "The workshop and conference on Chinese-Latin American relations" (Quito: 7-12 May 2017).

③ Stephen Bunker, "Modes of extraction, unequal exchange and the progressive underdevelopment of an extreme periphery: The Brazilian Amazon, 1600-1800", *The American Journal of Sociology*, 89/5 (1984), pp. 1017-1064.

在资源开采管理与公共事务管理中的作用。但是，政府所致力于的无论是大型资源开采项目还是大型基建工程项目，其直接目的都是促进该国有关地区的"日益现代化"，以便保证其作为国际市场原材料供应商的地位或竞争力，也即是确保出口能源与原材料顺利到达国际生产的中心。也就是说，左翼政府或民族国家的新作用，并不意味着包括厄瓜多尔在内的这一地区在全球资本主义地缘政治谱系中嵌入方式的改变。换言之，"生活在资本主义生产方式下的地缘政治后果"①，仍在决定着这一边缘地区的经济政策。其长期性后果则是，包括厄瓜多尔在内的拉美地区（全球南方国家）的自然资源开采，不仅是在出口生产力提高的潜能，还有由此导致的自然资源本身的耗竭，但却不得不承受资源进口国消费方式的环境外部性。

其二，拉美的选择或未来，在于"发展替代"（alternatives to development），而不是目前的各种形式的"替代性发展"（development alternatives），包括不同版本的可持续（绿色）发展。对传统（现代化）发展路径、模式甚或理念的否定，在逻辑上不仅意味着一种激进的或全新的发展理念，也就是所谓的"后发展"（post-development）概念，也必然会指向对资本主义制度与体系的实质性克服或取代。但迄今为止，"超越发展"理论或学派更多阐发与强调的似乎是前者，而不是后者，尽管这些学者大都承认，拉美左翼进步政府治下的现代化发展是"资本主义的现代化"或"仁慈的资本主义"。

对于"发展替代"和"后发展"概念的意涵，爱德华多·古迪纳斯（Eduardo Gudynas）做了如下阐释②："发展替代"根本不同于"替代性发展"，后者指矫正、修复或完善当前发展的不同政策选择，而它的概念基础——比如无限增长或侵占自然资源——是既定的或不容置疑的，讨论的焦点集中于推进这一进程的最佳方法，相比之下，前者的目的是构建一个全新的概念框架，而这种概念框架不是基于过去的意识形态基础之上的，换言之，它意味着探索与长期以来认为的发展明显不同的社会、经济和政治秩序。"后发展"，尽管

---

① David Harvey, *The Urbanization of Capital* (Baltimore: John Hopkins University press, 1985), p. 128.

② Eduardo Gudynas, "Debates on development and its alternatives in Latin America: A brief heterodox guide", in Miriam Lang and Dunia Mokrani (eds.), *Beyond Development: Alternative Visions from Latin America* (Quito: Rosa Luxemburg Foundation, 2013), pp. 15-39.

与欧洲学者最先主张的"去增长"(de-growth)概念或学派有些接近①,但也更多是在批评传统发展及其意识形态基础(自由主义、保守主义以及社会主义)的意义上使用的。依此而言,"后发展"并不意味着反对或主张停止任何意义上的经济活动或经济增长,而只是说,所有经济活动或增长必须建立在与从前截然不同的政治意识形态基础之上,而这对于包括拉美在内的广大发展中国家来说是极其重要的。

因此,"发展替代"和"后发展"是"超越发展"理论或学派的核心性概念,也是在很大程度上可以互换使用的概念。当然,作为一种系统性未来社会规划或更加整体性理论的代称,"发展替代"不仅拥有更为丰富的思想来源或理论基础,而且有着一系列颇具特色的构成性政治(政策)主张。

对于前者,古迪纳斯概括指出②,除了拉美本土学者比如 20 世纪 70 年代墨西哥的伊万·伊利奇(Ivan Illichs)的"共生"思想,还包括一是激进环保主义的立场,比如超强可持续性、生物中心论和深生态学等学派的基本观点——它们都不接受新古典学派所宣扬的无限增长,而是捍卫自然的内在价值;二是女性主义的文献,尤其是那些挑战当代社会中的父权秩序并批评现行发展策略再生产与巩固它的不对称性和等级性的著述;三是着眼于消费模式与生活方式变革的经济去物质化建议,比如"去增长"运动和环境正义运动的相关文献;四是原住民的某些观点和宇宙观,尤其是关于"好生活"或"生活得好"的价值理念。

可以看出,"发展替代"或"后发展"从思想来源上说,更接近于一种后现代主义的经济社会发展或生态社会文化理论,即立足于对作为当代发展之意识形态基础的"现代性方案"或"现代性"本身的实质性否定,而部分由于这个原因,"超越发展"理论或学派的大多数学者,似乎更偏爱"好生活"或"生活

---

① Giacomo D'Alisa, Federico Demaria and Giorgos Kallis, *De-growth: A Vocabulary for a New Era* (London: Routledge, 2014).

② Eduardo Gudynas, "Debates on development and its alternatives in Latin America: A brief heterodox guide", in Miriam Lang and Dunia Mokrani (eds.), *Beyond Development: Alternative Visions from Latin America* (Quito: Rosa Luxemburg Foundation, 2013), p. 34.

得好"的一般性表述①——认为其更适合作为一个分享传统发展意识形态批评和各种替代性方案探索的"政治平台"。

对于后者,可以大概将其概括为废父权制、去殖民化与创建多元民族国家的"宪制"性政治改革,着力于"好生活"目标或生活质量改善的社会与生态可持续的"后增长"经济,通过主动而自主的区域一体化来逐渐摆脱当今世界双重剥夺性的经济政治全球化。②

需要强调的是,这三个层面上的政治与政策主张是互相关联的,并构成了一个整体性的社会生态转型目标与要求:没有政治重建的经济重建是无法想象的,同样,没有国际维度上的实质性改变国内维度上的革命性变革也难以奏效。比如,对于"好生活"理念或视野下的发展,劳尔·普拉达(Raúl Prada)详细阐释说③:发展不再是单一性的或普适性的,而是多元化的——它是综合性的,能够应用于并非均质化的情境,并能够整合社会的、政治的、经济的和文化的方面;发展不再仅是数量意义上的目标,而是一个质的过程,必须同时考虑一个共同体的物质资料享受和主观方面的、精神方面的、智力方面的实现程度,而非功利的考量与意义成为服务的优先事项——集体性的享受、不同文化间对话的能力、文化认同(作为理解什么是"共同的"的基本元素);财富的积累和工业化不再是一个值得期望的未来目标,而是旨在实现社区间和社区与自然间和谐共存的手段;对个体的关注让位于共存、互动和文化间对话,人类彼此间共存成为首要目标,幸福不是依赖于剥夺他人,更不依赖于对原住民的文化排斥。而要实现上述变革,普拉达指出,不仅需要创建一个拥有全新职能与能力的转型国家,而且需要构建一种全新的多元经济

---

① Ashish Kothari, Federico Demaria and Alberto Acosta, "*Buen Vivir*, degrowth and ecological *swaraj*: Alternatives to sustainable development and the green economy", *Development*, 3-4/57 (2014), pp. 362-375.

② Raúl Prada, "*Buen Vivir* as a model for state and economy", in Miriam Lang and Dunia Mokrani (eds.), *Beyond Development: Alternative Visions from Latin America* (Quito: Rosa Luxemburg Foundation, 2013), pp. 145-158; Elisa Vega, "Decolonisation and dismantling patriarchy in order to 'live well'", in Miriam Lang and Dunia Mokrani (eds.), *Beyond Development: Alternative Visions from Latin America* (Quito: Rosa Luxemburg Foundation, 2013), pp. 159-163.

③ Raúl Prada, "*Buen Vivir* as a model for state and economy", in Miriam Lang and Dunia Mokrani (eds.), *Beyond Development: Alternative Visions from Latin America* (Quito: Rosa Luxemburg Foundation, 2013), pp. 148-149

模式。

其三，拉美变革的实践路径，在于渐进摆脱新（旧）"榨取主义"，并逐步转向明智的、必需性的榨取主义，或"后榨取主义"。毋庸讳言，深陷其中的多重（结构）性危机以及由此决定的变革目标的激进特征，都决定了"超越发展"对于拉美地区来说只能是一种系统性或全局性的改变。可以说，这是"超越发展"理论或学派的共同性看法。其中，乌尔里希·布兰德强调了这一过程长期而复杂的社会生态转型性质，以及其中国家可能扮演的角色。[①] 他认为，至少从欧洲的经验来看，无论是传统意义上的民族国家还是正在走向国际化的当代国家，都体现了一种特定构型的社会关系和社会的自然关系，而不仅仅是狭义上的权力关系。而这意味着，包括拉美地区在内的"超越发展"实践努力，需要同时致力于深刻改变国内和国际层面上的文化的与社会经济的关系、生产与生活模式、社会话语与权力关系或力量关系，需要同时在国内和国际层面上寻找真正替代性的公共政策。

而对于阿尔贝托·阿科斯塔和爱德华多·古迪纳斯等人来说，尽快走出依然主宰着包括左翼进步政府在内的拉美政治的"（资源）榨取主义"，应该成为拉美各国发展重构或社会生态转型的"主战场"。阿科斯塔认为[②]，将丰厚的自然资源禀赋转变成为创造美好生活的基础，关键在于选择一条摆脱资源诅咒、远离跨国公司权力绑架的不同道路，而其中最为棘手的问题之一，就是设计并实施通向后榨取主义经济的战略。在他看来，尽管拉美在一段时间内还不得不维持一些采掘业活动，但走出榨取主义经济的关键性路径选择，是有计划地实现榨取主义的削减。而这一预示着社会、经济、文化和生态深刻转型的战略能否最终取得成功，在于它们是否具有一致性以及它们能够获得多少社会支持。

---

① Ulrich Brand, "The role of the state and public policies in processes of transformation", in Miriam Lang and Dunia Mokrani (eds.), *Beyond Development: Alternative Visions from Latin America* (Quito: Rosa Luxemburg Foundation, 2013), pp. 105-115.

② Alberto Acosta, "Extractivism and neoextractivism: Two sides of the same curse", in Miriam Lang and Dunia Mokrani (eds.), *Beyond Development: Alternative Visions from Latin America* (Quito: Rosa Luxemburg Foundation, 2013), pp. 80-82.

在这方面,更为系统的论证来自爱德华多·古迪纳斯。① 在他看来,一方面,目前主导拉美地区的是一种"掠夺式的榨取主义",各种采掘类活动规模大、力度强,所带来的社会与环境影响是巨大的,而且是被严重外部化的,正是各个国家的社会来承担这些企业所造成的消极后果。与此同时,这些企业只是依赖于全球化而发展起来的飞地经济,对于当地经济发展或工作岗位创造并没有多大贡献。因此,转向一种后榨取主义是十分必要的或迫切的,而不再是要不要这样做的问题。

另一方面,尽管向一种后榨取主义转变的急迫性,这种转变的实施仍面临着诸多难题。在许多国家中,后榨取主义理念本身常常会遭到政府及大量社会部门的拒斥,而在另外一些国家中,市民社会内部就存在着是否应采取后榨取主义的争论。此外,"发展替代"方案往往是由各不相同的社会主体所提出的,而且无论是对于目标实现的具体措施还是可行性验证方法的思考,都是十分有限的。而在如何落实高效、具体及可行的转型措施方面,也存在着不少难题和限制。

基于此,古迪纳斯提出了一个分为"两步走"的渐进革新战略。其一,尽快先将"掠夺式榨取主义"改变为"温和的(明智的)榨取主义"。后者可以理解为,在严格高效的社会管控体系下,每个公民都能做到遵守本国社会、环境方面的法律,从而实现外部成本内部化;其中,人们运用最适当的技术,以合理的手段修复或遗弃采掘业站点,采取合理的缓和措施与社会补偿战略。"温和的榨取主义"既不是最佳选择,也不是最后目标,但它将有助于应对当下或短期内所面临的诸多严峻问题。

其二,然后再进一步转向"不可或缺的(必需性的)榨取主义",其中只允许那些为了满足国家和地区真实需求而存在的采掘业继续运营。因而,按照古迪纳斯的设想,向后榨取主义转变并非要求关停所有的采掘产业,而是要对那些真正需要产业之外的其他产业进行大幅度缩减。而所谓真正需要的产业,是指那些符合社会和环境规范又与国家和地区的经济链有直接联系的产

---

① Eduardo Gudynas, "Transition to post-extractivism: Directions, options, areas of action", in Miriam Lang and Dunia Mokrani (eds.), *Beyond Development: Alternative Visions from Latin America* (Quito: Rosa Luxemburg Foundation, 2013), pp. 165-188.

业。依此，全球出口取向会减小到最低程度，而这些产品的贸易目前主要集中在大陆市场。

正是在这样的目标或标准之下，古迪纳斯详尽讨论了可能的政策行动领域：环境与经济举措、重构自然资源贸易、转型经济、市场和资本、政策规制与国家、生活质量和社会政策、自治的区域主义与全球化的选择性脱钩、去物质化与艰苦朴素，等等。比如，在他看来，这种"自治的区域主义"强调的是区域自治的特征或追求，而不是进一步融入全球经济，认为区域联系的主要目标之一是收回被全球化贸易所吞噬的自主性，即改变其在全球化市场中的从属性地位，因为正是全球化市场决定着拉美的生产与贸易策略。

第三节　从社会生态转型、超越发展到社会主义生态文明

乌尔里希·布兰德围绕着"绿色经济""绿色资本主义"和"社会生态转型"等核心概念的分析，构成了一个较为完整的批判性政治生态学理论。之所以是"批判性的"，不只是因为它对于当代资本主义制度的一种批评性政治立场，还因为它明显展现出的对法兰克福学派及其批判理论传统的继承。换言之，作为一名长期受教于法兰克福大学的青年学者，布兰德深得法兰克福学派的批判理论的精髓，即着力于对当代资本主义社会与文化的批判性分析或阐释。也正因为如此，他反复强调，包括"社会生态转型"在内的核心概念都更多是分析性的而不是规范性的。尤其是，他对于安东尼奥·葛兰西的理论更是青睐有加，比如"霸权""规制""被动革命"理论[1]等。可以说，布兰德的"帝国式生活方式"与葛兰西的"霸权"理论、布兰德对绿色资本主义的分析与葛兰西的"规制"和"被动革命"理论，都有着非常密切的关联或承继关系。就此而言，在笔者看来，也许可以将布兰德认定为一名激进的批判理论家或新葛兰西主义者。

而作为一种政治生态学，布兰德的理论分析大致属于笔者所指称的"绿色

---

[1] Antonio Gramsci, *Selections from the Prison Notebooks* (London: International Publishers, 1971).

左翼"政治理论的范畴。① 政治生态学是一个表明生态环境问题的政治学分析视角的概念,或者说"生态学"与"政治学"的交叉结合,在大多数情况下可以大致等同于"生态政治学"或"环境政治社会理论",但又不存在明显的"左右"政治色彩。比如,安德烈·高兹差不多最早对这一概念的使用②,就是在这一意义上,尽管他本人是一个明确的生态社会主义者。一方面,布兰德的理论分析并不仅限于狭义上的政治生态学或环境政治学视野,而更多是政治生态学、政治经济学和批判理论的综合运用。比如,作为他整个理论体系中枢的"帝国式生活方式"概念,就同时具有政治、经济和社会文化层面上的意涵。另一方面,这种分析接近于但却很难归类为一种生态马克思主义或生态社会主义派别。布兰德不仅多次肯定了马克思恩格斯思想和生态马克思主义的重要启发价值,而且特别强调了唯物史观在他的"社会生态转型"理论构建中的方法论意义。③ 但是,他并未明确承认是一个生态马克思主义者或生态社会主义者。相反,他更强调用"霸权"概念和"帝国式生活方式"概念,来丰富和超越生态马克思主义的已有分析。④

在笔者看来,一方面,布兰德基于"绿色资本主义""帝国式生活方式"和"社会生态转型"等核心概念的政治生态学分析,有助于深刻认识当今欧美国家所引领的"绿色"潮流的经济政治本质,认识正处于政治与力量重组过程中的新左翼或"绿色左翼"的时代特征。换句话说,随着资本主义的发展已然进入一个"绿色资本主义""气候资本主义"或"低碳资本主义"的新阶段,国际社会反对或替代资本主义的理论与实践,也需要一种向"转型左翼"或"绿色左翼"的时代转变。另一方面,这一更多是产生于欧美背景和语境的"绿色左翼"

---

① 郇庆治:《21世纪以来的西方绿色左翼政治理论》,《马克思主义与现实》2011年第3期,第127-139页。

② André Gorz, *Ecology as Politics* (London: Pluto, 1980).

③ Ulrich Brand, "How to get out of the multiple crisis? Towards a critical theory of social-ecological transformation", *Environmental Values*, 25/5 (2016), pp. 503-525.

④ 布兰德对此的基本看法是,马克思对于生态、女性和大众主义等议题的分析是相对较弱的,而包括特德·本顿、詹姆斯·奥康纳、约翰·贝拉米·福斯特等在内的生态马克思主义者,对当代资本主义的分析存在着诸多片面之处,比如现代国家的作用及其调适能力。参见乌尔里希·布兰德:《生态马克思主义及其超越:对霸权性资本主义社会自然关系的批判》,《南京工业大学学报(社科版)》2016年第1期,第40-47页。

第五章 社会生态转型、超越发展与社会主义生态文明

话语体系,在当代中国理应有着一种本土化的阐释与表达,而这其中的关键性概念也许就是"社会主义生态文明"。概括地说,中国的"社会主义生态文明"建设,意味着社会主义(社会公正)政治与生态学(可持续性)考量的一种有机结合,并指向对资本主义制度形态及其意识形态与价值观念的历史性替代。

当然,布兰德迄今为止的理论分析,也还存在着一些尚需完善之处。比如,对当代资本主义发展阶段性层面的关注或强调,多少淡化了对资本主义内在矛盾及其冲突层面的分析力度,结果是,"绿色左翼"所追求的"社会生态转型",要么是将很难成为真正激进的绿色变革(针对统治型社会关系与社会的自然关系),要么是在转型目标与动力机制之间存在着严重的矛盾或张力。而当把观察视野从欧美国家转向全球层面时会更清楚地发现,维持或不触动现存资本主义体系和国际经济政治秩序前提下的社会生态转型,将只具有有限的想象和实践空间。换言之,"绿色资本主义"及其全球化的扩展,以及"社会生态转型"作为一种抗衡性运动的成长,其复杂程度恐怕要远远超出当今世界格局或欧美局域下的想象。再比如,作为一个完整的理论,核心分析性概念和规范性概念是同等重要和不可或缺的,如果"社会生态转型"是与"绿色资本主义"相对应的概念,那么,其规范性或"未来化"意蕴就需要做进一步阐明,否则,引入"生态社会主义"等替代性概念就是必需的。

颇为类似的是,"超越发展"作为一个理论学派,也是依然处在发展或构建过程之中的。具体地说,它更多地呈现为一种新的发展思维方式或意识形态,即"后发展"(相对于传统意义上的现代化发展及其各种替代形式)或"后发展主义"(相对于自由主义的新发展主义和左翼进步政府的新发展主义),而很难说已经是关于拉美社会未来的理想方案及其过渡战略。对此,爱德华多·古迪纳斯指出[①],对于"发展替代"的准确意涵,迄今为止并没有一个完整、明确的答案,因为它是一项正在进行中的工作,还很难预知其包含的所有元素,相应地,还需要不断做出调整完善,既要从成功和失败中吸取经验

[①] Eduardo Gudynas, "Transition to post-extractivism: Directions, options, areas of action", in Miriam Lang and Dunia Mokrani (eds.), *Beyond Development: Alternative Visions from Latin America* (Quito: Rosa Luxemburg Foundation, 2013), p. 170.

教训，也要从不同主体的联系和反馈中汲取营养。而玛里斯特拉·斯万帕则强调①，去殖民化、反父权制、多民族国家、多元文化主义和"好生活"等基本概念，构成了21世纪新拉美思想构建的核心，但玻利维亚和厄瓜多尔等国实践所表明的是，对于促进这些一般性原则和思路的多维战略与行动，仍需要大量的"理论化"工作。在他看来，这既包括如何思考对当今庞大榨取经济体量转型所需的较大规模回应，尤其是一个强有力国家的适当公共政策，也包括深入分析来自地方和区域层面上的成功经验，还包括如何培育与传播一种转型的新理念，从生活方式和生活质量方面构想一个"期望的地平线"。

尽管如此，在笔者看来，围绕着"发展替代"而不是"替代性发展"概念，"超越发展"理论或学派构成了一种新的"红绿"政治哲学②，明确主张拉美进步政治应该致力于实现一种更为公正和谐的社会关系和社会的自然关系，尤其是在国际或全球层面上。就此而言，它是对现（当）代资本主义发展（全球化）及其"浅绿"版本的一种"红绿"批评，以及关于拉美经济政治的"红绿"转型的未来愿景。

具体而言，这种政治哲学的"红绿"特征体现在，一方面，它明确肯定自然生态的独立价值及其权利，并激烈批评各种形式的现代化发展以及可持续发展举措，尤其是大型经济、技术工程（比如水坝、矿产与油气开采、基建）项目，从而展示了强烈的生态激进主义或"深绿"色彩；但另一方面，它也对左翼进步政府所坚持的资本主义（经济）现代化政策、对当代资本主义秩序及其双重剥夺性质提出了严厉批评，认为资本主义的制度体系框架及其统治逻辑，是拉美实现向后榨取主义（发展）转型的体制性障碍，因而具有一定程度的"浅红"或"泛红"性质。

由此就可以理解，"超越发展"理论或学派对于它所特别关注的安第斯地区的左翼进步政府的结构性改革或社会生态转型实践，其实是一种"既兴奋、

---

① Maristella Svampa, "Resource extractivism and alternatives: Latin American perspectives on development", in Miriam Lang and Dunia Mokrani (eds.), *Beyond Development: Alternative Visions from Latin America* (Quito: Rosa Luxemburg Foundation, 2013), pp. 135-139.

② 郇庆治：《21世纪以来的西方绿色左翼政治理论》，《马克思主义与现实》2011年第3期，第127-139页。

又惋惜"的复杂立场与心态。① 在他们看来,对自然生态权利的宪制性认可与保护、国家对自然资源开采和物质财富分配的更多掌控,都可以解释为拉美各国逐渐摆脱严重剥夺性的世界资本主义生产与贸易体系并逐渐提升其经济政治自主性的良好开端或必要步骤,然而,现实经济政策中依然无法摆脱的对自然资源采掘的高度依赖和对资本主义生产中心国家的过度依附,又使得上述这些努力的"体系突围"价值大打折扣或严重缩水。

相应地,笔者认为,可以明确如下两个问题。其一,"超越发展"理论或学派算不上是典型的生态马克思主义或生态社会主义派别,而更像是一种"深绿浅红"政治哲学或愿景。对此,阿根廷马克思主义学者阿蒂略·波隆(Atilio Boron)提出的批评是值得关注的。② 在他看来,21世纪的"好生活"理念必须是与社会主义变革相联系的,因为只有一种"社会主义好生活"才能够帮助人们从资本逻辑的陷阱中摆脱出来,换言之,不仅"好生活"理念必须接受一个社会主义的身份,社会主义本身在经历了20世纪的痛苦经历之后,也需要从整体上重新思考这个规划,并寻求一种新的身份;依此而言,"超越发展"理论或"新榨取主义批评家"所构建的渐进转型规划或路线图,完全回避了反资本主义革命这一真正的替代性选择,相应地,其观点可以归纳为一种有吸引力的话语理论,但却缺乏社会变革的实际能力。

其二,"超越发展"作为一种"红绿"变革战略或"转型政治",还存在着诸多基础性的难题。比如,如何赢得普通民众对于"发展替代"理念及其变革实践的大众性政治认同,尤其是来自城市/中心地区(比如基多、拉巴斯和加拉加斯)民众的认同与支持;如何将色彩斑斓的大众性政治抗争转化成为一种建设性的转型力量,尤其是(后)现代民族国家的构建性力量③;又如何使这

---

① Miriam Lang, "The crisis of civilisation and challenges for the left", in Miriam Lang and Dunia Mokrani (eds.), *Beyond Development: Alternative Visions from Latin America* (Quito: Rosa Luxemburg Foundation, 2013), pp. 5-8.

② 阿蒂略·波隆:《好生活与拉丁美洲左翼的困境》,《国外社会科学》2017年第2期,第20-31页。

③ "无条件的抗议"似乎是拉美左翼运动中弥漫着的一种更加主流性的政治抗争文化。笔者应邀参加的2017年5月11日在基多举行的一个"绿色左翼"学术会议的主题,就是"新的依赖、旧的抗争",一位大学教授会前所做预备报告的中心内容就是认为,厄瓜多尔左翼政府第一个执政任期内一事无成,而会议组织者也反复强调,抗议是公民不容置疑的最优先权利或事项。

一地区从(资源)榨取主义的渐进退出或撤离成为一个有组织、有秩序的过程(类似萨拉·萨卡关于这一主题的讨论①)？因而，对于这一理论流派的现实政治影响，还需要做更长时间的观察。

结　语

如上所述，社会生态转型理论和超越发展理论，对当代中国的社会主义生态文明理论与实践探索，既提供了一个重要的观察视野和国际语境，也提出了一系列颇具挑战性的自主创新要求或期望。应该说，对于"社会主义生态文明"概念的准确意蕴，国内学术界已经展开了渐趋深入的诠释与阐发。生态文明概念的提出本身，就已经包含了中国希望将新型现代化(工业化与城镇化)、生态环境问题解决和传统生态智慧与实践复活等方面要素实现历史性综合的期望或志向——2012年党的十八大报告关于"五位一体"目标和路径的概括，就是这样一种认知与思路的权威性表述。也就是说，无论是就现实面临的生态环境问题的严重性与复杂程度而言，还是就中国所拥有的生态文化资源与思维传统来说，生态文明及其建设都将是一种综合性或立体性的"绿色化"。但也毋庸讳言，对于"社会主义生态文明"的社会主义性质及其制度化体现，国内学界迄今为止的讨论仍是不够充分的，甚至多少有些有意无意地无视或回避。许多学者坚持认为，社会主义当代中国的生态文明及其建设将天然是社会主义的。而在笔者看来，事情并非如此简单。欧美国家"绿色资本主义"的现实性出现与扩展——正如乌尔里希·布兰德教授所揭示的，对于中国的生态文明建设将很可能长期是一把"双刃剑"，比如，国内学者中对于欧美国家生态环境治理成效、模式与理念笃信不疑的并不在少数(而这正是"先污染、后治理"理念难以根除的重要现实性成因)。更为重要的是，社会主义价值观和制度构想的生态学意涵，需要当今马克思主义者结合中国的生态文明建设实践去不断地阐发，并反过来进一步规约促进实践。

因而，笔者认为，如果说欧美"绿色左翼"学者更多致力于"绿色资本主

---

① 萨拉·萨卡:《生态社会主义还是生态资本主义》，张淑兰译，山东大学出版社，2008年版，第286-340页。

义"话语与实践批判基础上的"社会生态转型"或"超越发展"努力——这当然是应当充分肯定的,那么,当今中国的生态马克思主义者则应着力于"社会主义生态文明"理念的理论阐发与实践推动。只有那样,新时代中国才能不仅可以更好地融入并促进国际新左翼或"绿色左翼"的理论话语与政治战略体系,而且能够为一个社会公正与生态可持续的全球未来贡献自己的智慧和力量。

第六章

作为一种转型政治的"社会主义生态文明"

无论是就其作为一种现实实践的未来可能性还是对它的学理性阐发来说，当代中国语境或视域下的社会主义生态文明及其建设，都是一个值得做更系统与深入探究的议题。① 2012年党的十八大报告和2017年党的十九大报告对"社会主义生态文明"的连续强调表明，中国特色的社会主义现代化发展，意味着或指向一种将生态可持续性与社会公正相结合的社会主义生态文明。也就是说，渐趋成为大众共识的是，现实中具象性的生态环境难题应对及其保护工作，其实有着明显的政治意识形态和社会整体性变革的意涵。在本章中，笔者将从分析作为一种绿色变革话语理论与政治的"社会主义生态文明"的国际性"转型话语"语境入手，进而阐明它建基于当代中国现实的环境政治哲学或转型政治意蕴。

第一节 转型、转型话语（政治）与社会生态转型

从比较分析视角来说，围绕着转型尤其是社会生态转型的话语或政治，

---

① 郭剑仁、杨英姿、蔡华杰等：《"深化社会主义生态文明理论研究"笔谈》，《中国生态文明》2018年第5期，第76—90页。

是一个更加宽阔或位阶更高的理论观察与思考层面，相应地，它可以让我们更好理解社会主义生态文明的一般性转型或社会生态转型特点与突出表征。

一、政治哲学视野下的转型与转型话语

政治哲学视域中的"转型"（transformation 或 transition）概念，既可以泛指某一社会（包括人类社会本身）的社会形态意义上的根本性变革，但更多是指这个社会在同一社会形态条件下的阶段性或局部性改变，而衡量这种阶段性或局部性改变的标尺也是极其多样化的，比如社会的经济技术基础、能源资源支撑体系、政治统治与社会治理方式、大众性生活消费方式等。依此而言，转型是一个叙述性或阐释性的概念，旨在更为清晰地表明社会已经或正在发生的某种意义上的尚未构成本质性的改变，尤其是那些"社会的（societal）"而不仅仅是"社会的"（social）或"社会学意义上的"（sociological）变化①。而且，作为一个政治哲学概念，"转型"更为关注或强调的是社会中那些社会形态影响意义上的整体性或重大变革的政治意蕴，而对于社会某些层面或领域中的转型实践（事实）的描述、阐释或研判，也往往会基于颇为不同的政治意识形态或哲学立场。比如，对于近代社会之初手工业作坊技术体系向机器大工业技术体系的转型，以及目前正在进展中的化石燃料能源体系向可再生能源体系的转型，保守主义、自由主义、社会主义和生态主义等都会对其发生过程及其经济社会后果做出颇为不同的叙述与阐释。

政治哲学中的转型话语（discourse of transformation）或转型性话语（transformative discourse），显然不同于作为一种既定事实或现实实践的转型本身，但却无疑是基于对转型的界定、分类与理论分析而建构起来的。尤其需要指出的是，就像此前并不鲜见的转型话语一样，最近这一波自2010年代以来萌生并迅速变得有些流行的国际性转型话语，也是深刻内嵌于欧美资本主义国家的整体性制度环境及其文化观念基础的。换言之，欧美主导语境下的转型话语或转型性话语，其实质就是关于当代资本主义社会的阶段性变革或局部性转变的话语。相应地，一方面，当前的转型话语或转型性话语，作为一个

---

① 刘少杰：《当代中国社会转型的实质与缺失》，《学习与探索》2014年第9期，第33-39页；张雄：《社会转型范畴的哲学思考》，《学术界》1993年第5期，第36-40页。

话语理论集群是高度异质性的或政治多元化的。另一方面，转型术语和转型话语之所以在 2010 年前后再次形成一波风潮，其最重要的推动在于这场危机所表明的欧美国家长期以来所偏执于的现代化发展（以工业化与城市化为主）模式甚或理念本身的穷途末路。因而，资本主义社会的阶段性变革或转型成为一种广泛共识。

新一波转型话语论争有着如下两个明显的特点：一是它们所面向或讨论的转型，不再只是事实追溯性或阐释性的，或者说"向后看"的，而且还是未来憧憬性或规范性的，或者说"向前看"的。相应地，某种转型话语在相当程度上就成为未来转型进程的一种影响性力量，也就是成为现实中的"转型政治"的一部分。二是它们所面向或讨论的转型，还具有一种前所未有的深刻性或内源性挑战应对特征。如果说欧美资本主义社会（制度体系）此前所遭遇的挑战，主要是资本积累方式、经济技术手段、政治统治与社会治理工具等层面或领域中的困境，而它都通过资本类型扩充、地理区域拓展、经济管理运营革新、民主政治改进等方法，实现了资本主义社会自身的阶段性变革而不是走向崩溃，那么，2010 年代金融与经济危机所彰显的，则是作为资本主义社会制度与文化根基的"扩张型现代性"本身以及由此所引发的多重性危机。[①] 相应地，它所提出的一个核心性问题就是，以资本扩张或增值为根本遵循的资本主义社会，能够由此走向一个可持续发展的绿色社会吗？或者借用哲学的语言来表述，资本主义社会条件下的现代性可以质变成为自我反思性的吗？

可以说，上述背景或语境呼唤并促成了一种激进的或"绿色左翼"的转型话语的出现与迅速成长。这其中特别值得关注的著作，是卡尔·波兰尼的《大转型》。[②] 波兰尼及其《大转型》对于一种"绿色左翼"转型话语建构的相关性或贡献在于，对现代资本主义的历史与发展的分析，同时具有阐释与解构的一面，而其解构意义则在于，彰显与强调了当代资本主义经济政治的非天然

---

① 约瑟夫·鲍姆：《欧洲左翼面临的多重挑战与社会生态转型》，《国外社会科学》2017 年第 2 期，第 13-19 页；萨拉·萨卡：《当代资本主义危机的政治生态学批判》，《国外理论动态》2013 年第 2 期，第 10-16 页。

② Karl Polanyi, *The Great Transformation: The Political and Economic Origins of Our Time* (New York: Farrar & Rinehart, 1944/1945/1957/2001).

性和变革必要性与可能性——他甚至提及了作为其替代物的一种"社会主义社会"("重建社会家园")的前景①。比如，当今转型话语中的"第二次大转型"概念②——强调当代资本主义社会转型的文明革新意义与意涵——显然就直接来自波兰尼的"大转型"。

当然，至少与波兰尼及其《大转型》同等重要的，是马克思的《资本论》等有关著述，尽管也许是"替代"或"革命"而不是"转型"才能准确表达他关于资本主义社会及其未来走向的立场。在马克思看来，资本主义社会的整体性和渐进变革特征都是毋庸置疑的，但更为重要的是，它的基本矛盾及其演进决定着资本主义社会被共产主义社会取代的历史必然性和现实进展。③ 马克思及其有关著述对于一种"绿色左翼"转型话语建构的相关性或贡献在于，具有鲜明的质变或断裂表征的共产主义社会及其过渡愿景，依然是当代资本主义社会及其阶段性转型的一个无法回避的标杆或坐标参照，而任何无意或有意回避了这种愿景本身的转型话语都很难说是真正激进的。

二、社会生态转型理论

正是在上述背景与语境下，欧美学界近年来兴起并逐渐成形的"社会生态转型"理论，成为一种颇具代表性的"绿色左翼"转型话语。④ 概括地说，"社会生态转型"话语或理论包含两个相互关联的基本观点。

其一，它是对当今欧美资本主义国家及其主导的国际社会所倡导推行

---

① Karl Polanyi, *The Great Transformation: The Political and Economic Origins of Our Time* (New York: Farrar & Rinehart, 1944/1945/1957/2001), p. 257.

② Gerhard Schulze, *Die beste aller Welten. Wohin bewegt sich die Gesellschaft im 21 Jahrhundert?* (Frankfurt am Main: Hanser Belletristik, 2003), p. 81; Wissenschaftlicher Beirat der Bundesregierung Globale Umweltveränderungen (WBGU), *Welt im Wandel. Gesellschaftsvertrag für eine Große Transformation* (Berlin, 2011).

③ 《马克思恩格斯文集》(第二卷)，人民出版社，2009 年版，第 185 页；《马克思恩格斯文集》(第七卷)，人民出版社，2009 年版，第 928-929 页。

④ Ulrich Brand and Markus Wissen, "Social-ecological transformation", in Douglas Richardson et al. (eds.), *The International Encyclopedia of Geography* (Hoboken: John Wiley & Sons, 2017), pp. 223-245; Christoph Görg, Ulrich Brand, Helmut Haberl, et al., "Challenges for social-ecological transformations: Contributions from social and political ecology", *Sustainability* 9 (2017), pp. 10-45; Karl Bruckmeier, *Social-ecological Transformation: Reconstructing Society and Nature* (London: Palgrave Macmillan, 2016).

的(新)自由主义绿色政治或政策的一种批评性回应。在它看来,由自然(生态)资本、生态现代化、绿色增长或绿色经济等表述不一的术语所组成的"绿色资本主义"或"生态资本主义"话语,终究不过是当代欧美资本主义国家及其政府的一种危机应对或资本规制战略,希望依此来摆脱传统的资本增值模式和政治统治模式所面临的难以为继的危机或挑战。单纯就这种思路或战略的现实可行性而言,依据乌尔里希·布兰德的分析①,至少少数欧美国家的确可以在一个经济与政治日益一体化的世界平台上做到这一点。但就像以往发生过的资本主义阶段性转型的首要目的是延续(或加速)资本增值和维持社会政治统治一样,这次的生态化转型也是如此。这意味着,无论是自然生态的虚拟资本化,还是环境友好型经济与治理方式的吸纳彰显,都将是一个基于资本增值尺度或逻辑的选择性过程。

因而,"社会生态转型"理论认为,主导性或"浅绿"转型话语的根本性缺陷或弊端,同时在转型力度与范围的意义上:仅仅着眼于能源、技术或经济运营监管的显性要素或层面的革新,而无视或回避社会整体意义上的结构性重建,是严重不充分的,而依然是一种民族中心主义或地域主义的转型思维或战略追求,则很难形成一种区域更不用说全球层面上的历史性变革合力——1990年代以来的国际气候变化应对政治和可持续发展政治已清楚地表明了这一点。

其二,它是基于当今欧美国家现实的对后资本主义社会或文明主导时代的一种"绿色左翼"政治构想。"社会生态转型"理论之所以可称为一种激进的绿色转型话语,不仅在于它对(新)自由主义绿色话语或"绿色资本主义"理论的激烈批判,还在于它对当今资本主义社会转型范围与力度的更大胆想象。在它看来,生态环境危机应对旗帜下的社会生态转型,理应同时是一个社会公正与生态可持续考量兼顾的综合性变革过程。任何致力于解决生态环境问

---

① Ulrich Brand and Markus Wissen, "Global environmental politics and the imperial mode of living: Articulations of state – capital relations in the multiple crisis", *Globalizations*, 9/4 (2012), pp. 547-560; Ulrich Brand and Markus Wissen, "Crisis and continuity of capitalist society–nature relationship: The imperial mode of living and the limits to environmental governance", *Review of International Political Economy*, 20/4 (2013), pp. 687-711; Ulrich Brand, "'Transformation' as a new critical orthodoxy: The strategic use of the term 'transformation' does not prevent multiple crises", *GAIA*, 25/1 (2016), pp. 23-27.

题的政治决定或政策举措，都必须充分或优先考虑社会公正与正义层面上的原则要求，而社会公正与正义层面上原则要求的更充分实现，应该也会有助于那些解决生态环境问题的政治决定或政策举措的制定落实。很明显，这种对当代资本主义社会转型目标与进路的理解，已经非常接近于欧美生态马克思主义或生态社会主义的理论分析，即一种"绿色(生态)的社会主义"，只不过它似乎更愿意自称为一种"批判的政治生态学"①。

同样不容忽视的是，"社会生态转型"理论所构想的转型愿景与过渡战略，(只能)是面向整个欧美资本主义世界的或全球性的。也就是说，由于各种"绿色资本主义"或"生态资本主义"性质的转型话语与战略，从一开始就致力于或满足于当代资本主义社会的局部性或阶段性变革目标与追求，因而，它们并不会挑战并变革资本主义性质的社会经济制度框架及其文化观念基础，除非这些话语与战略遭遇到来自更大范围内直至整个世界的、受到其社会不公正与生态不可持续后果影响民众的强有力抗拒。换言之，"社会生态转型"政治的本质在于，它理应是而且必须是跨地域的或全球性的，而这意味着当代左翼政治的一种绿色左翼融合意义上的和全球层面上的重组，即逐渐形塑一种"全球性转型左翼"变革主体②。

因此，如果不是过分纠结于严格意义上的概念术语或表述形式，那么，"社会生态转型"理论，其实就是当代欧洲社会主义政治与生态主义思维的一种时代结合。其核心意涵是，在社会主义理论和政治框架内对生态环境议题的吸纳融入，将会成为当代社会主义运动自我革新的重大历史机遇——"努力实现当今社会关系向一个和平与社会公正的社会的转型"③。换言之，当今时代的社会主义政党与政治必须同时是"红色的"和"绿色的"，或者说"红绿的"。

---

① Ulrich Brand, "How to get out of the multiple crisis? Towards a critical theory of social-ecological transformation", *Environmental Values*, 25/5 (2016), pp. 503-525.

② 乌尔里希·布兰德：《超越绿色资本主义：社会生态转型和全球绿色左翼视点》，《探索》2016年第1期，第47-54页；Ulrich Brand, "Beyond green capitalism: Social-ecological transformation and perspectives of a global green-left", *Fudan Journal of the Humanities and Social Sciences*, 9/1 (2016), pp. 91-105.

③ Party of the European Left (EL), *Statute of the Party of the European Left* (Rome: 2004), article 1.

第二节 "社会主义生态文明":当代中国语境下的术语学分析

就像生态文明及其建设一样,社会主义生态文明及其建设,也同时是一个兼具人类社会(文明)普遍性难题回应与当代中国本土语境特色的环境社会政治和文化理论及其实践。也就是说,需要从两个维度而不是单个维度出发,来理解"社会主义生态文明"的转型话语或政治主张以及战略路径要求。

一、转型话语视域下的社会主义生态文明

上述对国际转型话语尤其是社会生态转型理论的概述,对于准确理解与阐发当代中国语境下的"社会主义生态文明"(socialist eco-civilization)理念是颇有助益的。

一方面,无论是就其理论践行要求还是现实政治影响来说,以"社会生态转型"为代表的激进或"绿色左翼"转型话语,都是一个并非只限于欧美国家范围的国际性或全球性思潮与运动,比如目前已经活跃于拉美地区的"超越发展"理论和印度的"激进民主"理论等[①]。很显然,"社会主义生态文明"理念也可以大致划归为这种国际性或全球性"绿色左翼"思潮与运动的一部分。其基本理据在于,中国的社会主义生态文明及其建设,不但要致力于解决经济社会现代化进程中所出现的较为严重的诸多生态环境问题,而且要在这一过程中自觉促进与实现"生态可持续性与现代性"和"生态主义与社会主义"的双重结合。[②] 也就是说,作为社会主义生态文明及其建设目标追求的生态可持续性或生态主义,将同时是一种实现了"现代性"的生态否定与超越和"资本主义"

[①] Miriam Lang and Dunia Mokrani (eds.), *Beyond Development: Alternative Visions from Latin America* (Quito: Rosa Luxemburg Foundation, 2013); Ashish Kothari, Federico Demaria and Alberto Acosta, "*Buen Vivir*, degrowth and ecological Swaraj: Alternatives to sustainable development and the green economy", *Development*, 3-4 (2014), pp. 362-375.

[②] 郇庆治:《社会主义生态文明:理论与实践向度》,《江汉论坛》2009年第9期,第11-17页;潘岳:《论社会主义生态文明》,《绿叶》2006年第10期,第10-18页;谢光前:《社会主义生态文明初探》,《社会主义研究》1992年第2期,第32-35页。

的生态否定与超越的社会主义,而这将是一个真正的绿色社会,也就是一种新型的社会主义社会。依此而言,当代中国社会主义生态文明建设的任何现实进展,都是无法置身于这种国际性或全球性"绿色左翼"变革进程(也即是广义的世界社会主义运动)之外的,同时也是它的重要表现与支撑。

另一方面,与包括欧美国家在内的"绿色左翼"政党与政治不同的是,当代中国的社会主义生态文明建设,是在一个社会主义制度框架与文化观念体系基本得以确立的宏观背景和语境下进行的。也就是说,在当今中国,社会主义生态文明及其建设更多体现为"中国特色社会主义现代化发展"整体进程的组成部分,或者说中国特色社会主义的阶段性发展或自我转型。① 而这其中,作为唯一执政党的中国共产党的政治意识形态绿化和政治领导作用发挥是至关重要的。②

其一,对社会主义生态文明及其建设话语与政治的逐渐形塑或吸纳,对于中国共产党来说,是一个政治意识形态不断绿化的长期性过程。从新中国成立之初倡导的"勤俭节约(建国)、改善环境"思想,到 20 世纪 70 年代末改革开放之后确立的"保护环境基本国策",再到 90 年代初制定的"实施可持续发展战略"、新世纪初提出的"建设'两型社会'战略"③,中国共产党渐趋演进成为一个绿色的左翼执政党。2007 年举行的党的十七大将"生态文明建设"写入大会报告、2012 年举行的党的十八大将"生态文明建设"纳入修改后的党章,是迄今为止最重要的标志性节点,而这一绿化进程本身仍在持续进展之中。

其二,中国共产党是当代中国社会主义生态文明及其建设的不容置疑的政治领导力量。党的十八大所确立的"五位一体"社会主义现代化建设事业总体布局,对于生态文明及其建设来说同时是在战略路径和总体目标意义上的。

---

① 刘思华:《中国特色社会主义生态文明发展道路初探》,《马克思主义研究》2009 年第 3 期,第 69-72 页;陈学明:《建设生态文明是中国特色社会主义题中应有之义》,《思想理论教育导刊》2008 年第 6 期,第 71-78 页。

② 刘勇:《生态文明建设:中国共产党治国理政的与时俱进》,《社科纵横》2012 年第 12 期,第 17-18 页;张首先:《生态文明建设:中国共产党执政理念现代化的逻辑必然》,《重庆邮电大学学报(社科版)》2009 年第 4 期,第 18-21 页。

③ 秦立春:《建国以来中国共产党生态政治思想的演进》,《求索》2014 年第 6 期,第 11-16 页。

而 2017 年举行的党的十九大，不仅将生态文明及其建设明确地置于"新时代中国特色社会主义思想"的宏大理论体系之下，而且对于到 21 世纪中叶的生态文明建设目标做了"三步走"的中长期规划，即"打好污染防治的攻坚战"（2020 年之前）、"生态环境根本好转、美丽中国目标基本实现"（2020—2035 年）和"生态文明全面提升"（2035—2049 年）①。这充分表明，社会主义生态文明及其建设已成为中国共产党治国理政的明确政治目标和常态性议题政策（任务）。

因而，如果全面理解中国特色社会主义建设的当代中国背景和语境，"社会主义生态文明"理念的完整意涵是不难阐明的。简言之，当今中国的生态文明及其建设，必须同时是生态上进步文明的和社会主义政治取向的。② 具体来说，党的十九大报告所强调的"社会主义生态文明观""人与自然和谐共生的现代化"和"绿色发展"，实际上都是对当代中国目标追求的"中国特色社会主义现代化发展"作为一个有机整体的分别性表述，而且它们之间是相互促进、互为条件的。也就是说，"社会主义生态文明""人与自然和谐共生现代化""绿色发展"这三个概念，都是对"生态文明及其建设"这一伞形"元哲学"术语或范畴的一种次级性描述或表达。③ 相应地，更为具体意义上的生态文明制度建设举措，或者说环境经济政策和生态环境行政监管手段意义上的革新，都应从属于并接受这些次级性概念的"政治正确性"检验。比如，某一项环境经济政策——无论是新能源消费补贴还是生态环境税——的制定实施，都必须既符合人与自然和谐共生或绿色的准则，也符合社会主义的宗旨方向。

二、社会主义生态文明的中国背景与语境特点

但也必须看到，一方面，当今中国的生态文明及其建设话语，更多是围绕生态文明建设政策及其实践自上而下地构建起来的，因而具有一种强烈的

---

① 习近平：《决胜全面建成小康社会，夺取新时代中国特色社会主义伟大胜利》，人民出版社，2017 年版，第 28-29 页。

② 张剑：《社会主义与生态文明》，社会科学文献出版社，2016 年版；王宏斌：《生态文明与社会主义》，中央编译出版社，2011 年版。

③ 郇庆治：《生态文明及其建设理论的十大基础范畴》，《中国特色社会主义研究》2018 年第 4 期，第 16-26 页。

政策话语体系的表征，而作为一种政策话语，就会较容易受到欧美国家及其所主导的现行国际环境政策话语体系的羁绊或左右。

欧美国家自20世纪70年代初以来开始的生态环境难题或危机综合性应对，确实取得了某些切实的局地性成效，也的确在经济技术革新、环境法治与行政监管、公众社会政治参与等方面积累了许多有益经验，而且顺理成章的是，这些成效与经验逐渐成为欧美国家迄今所掌控或具有绝对影响力的有关国际政府间组织(包括联合国机构)甚或非政府组织的制度模板和话语规范。但问题是，虽然欧美国家中的大量生态环境难题应对手段和工具有着普遍性或政治中立性，但它作为一种生态环境治理国家模式以及国际化传输推送，无疑是基于并致力于维护资本主义的社会政治体系、文化观念和全球秩序的。① 不仅如此，欧美国家现实中看似具体性政策工具或技术手段的采纳与应用，也往往是一个严重依赖于其所属政治制度环境或竞争性条件的过程。②

因而，在笔者看来，过度偏重于欧美("先进")国家经验输入模仿的生态文明及其建设思路与战略的公共政策化、议题性碎片化或国际标准化，是在当今中国科学认知与践行"社会主义生态文明"理念所面临的首要风险。

另一方面，中国社会主义实践(包括生态文明建设实践)的初级阶段性或不充分性，同时在主客观两个层面上制约着对生态文明及其建设的社会主义维度或社会主义生态文明的"社会主义"意涵的更深入与自觉阐发。

应该承认，1987年党的十三大对当代中国所做出的"社会主义初级阶段"性质的政治判断，构成了"中国特色社会主义现代化发展"这一国家百年战略的理论基石，也是整个"中国特色社会主义理论体系"的逻辑起点。③ 这一战略和理论包括两个内在统一、相得益彰的侧面或支柱，一是社会主义初级阶段的现代化建设，在相当程度上就是实现欧美发达资本主义国家已经完成的经济社会现代化，也即是实现国家治理体系与治理能力的现代化，而这首先

---

① Ronnie Lipschutz, *Global Environmental Politics: Power, Perspectives, and Practice* (Washington, D.C.: CQ Press, 2004)；于兴安:《当代国际环境法发展面临的内外问题与对策分析》，《鄱阳湖学刊》2017年第1期，第75-82页。

② Victor Wallis, *Red-Green Revolution: The Politics and Technology of Ecosocialism* (Boston: Political Animal Press, 2018).

③ 赵曜:《重新认识和正确理解社会主义初级阶段理论》，《求是》1997年第17期，第2-5页先

是关系到中华民族在当今世界民族之林中的生存与地位问题;二是一种不同于资本主义社会的社会主义制度构架与文化观念体系的成长壮大,而终将是最广大人民群众的民主政治意愿和选择决定着一个现代化中国的实现路径与形式,以及一个社会主义中国的更高级社会形态及其过渡机制。

而并非多虑的是,无论是由于适应社会主义初级阶段客观要求所采取的诸多"政治折衷性"甚或妥协性政策的累积性效应,还是随着改革开放走向深入而日渐融入欧美主导国际社会所引发的自然性结果,当今中国社会似乎正在滋生着一种对于社会主义初级阶段的无限持久化甚或"去政治化"理解的舆情氛围或大众心态,其基本表现则是对社会主义未来发展的日益抽象或淡化的政治想象。① 就此而言,党的十九大报告对于中国特色社会主义共同理想和共产主义远大理想二者统一性的重申,具有重要的政治宣示意义。②

因而,就社会主义生态文明及其建设来说,并非不可能发生的情形是,对经济社会现实的初级阶段特征的过分强调——比如国有企业相对弱势的国内外竞争力(其实并不尽然),会限制人们对于社会主义性质的经济社会制度形式以及这些经济社会制度形式的社会主义运营管理所具有的或可能带来的实质性生态革新的战略考量;同样,囿于初级阶段背景或语境而对新型社会主义经济政治及其作用的忽视甚或回避——比如赋予国有企业更大的生态环境社会责任,也会在许多情况下或某种程度上制约人们深入思考与科学应对看似纷繁复杂的生态环境问题的整体性思路与更广阔视野。

换言之,笔者认为,对社会主义未来走向及其相应的政治要求的淡化或虚化处置,以及由此导致的对于社会主义更高级阶段目标与过渡机制及其积极效应的政治构想的供给不足或缺失,是在当今中国科学认知与践行"社会主义生态文明"理念所面临的另一大风险。

---

① 中国人民大学周新城教授 2018 年 1 月 14 日发表在党刊《求是》杂志旗下的"旗帜"栏目官方微博上的《共产党人可以把自己的理论概括为一句话:消灭私有制》一文,标题引自《共产党宣言》并且是为了纪念该宣言发表 170 周年而作,但却遭到了来自不同方面的尖锐批评甚至是政治谩骂。笔者的看法是,他在该文中对社会主义初级阶段的"过渡"性质("充满矛盾和斗争")的强调是正确或适当的,但却并未对这一阶段向更高级阶段(而不是倒退到资本主义私有制)的转型路径与机制提出进一步的明确看法。

② 习近平:《决胜全面建成小康社会,夺取新时代中国特色社会主义伟大胜利》,人民出版社,2017 年版,第 63 页。

因此，在笔者看来，"社会主义生态文明"理念作为一种激进的或"绿色左翼"转型话语，在当代中国的大众传播与践行有着更为有利的一般性社会制度条件。而借助于党的十七大、十八大、十九大报告和习近平同志系列重要论述等官方权威文献，它已经成为一个系统性话语理论体系（"新时代中国特色社会主义思想"或"习近平生态文明思想"）中意涵较为明晰的术语或概念。① 但也必须看到，部分是由于其作为一个政策话语体系中基础性范畴而构建起来的性质，更大程度上则是由于它所长期处于其中的"社会主义初级阶段"本身的过渡性或不确定性特征，"社会主义生态文明"理念的确存在一种被片面化诠释或贯彻落实中"去社会主义化"的风险。

也正因为如此，当代中国"绿色左翼"学界所面临的一个挑战性任务，就是从马克思主义生态学或广义的生态马克思主义立场出发，对"社会主义生态文明"的绿色政治哲学意蕴做出更明确与深入的阐发，尤其是它在何种意义上构成了一种将对当代中国产生深刻而广泛影响的"红绿"转型哲学和政治。

第三节 "社会主义生态文明"的转型政治意蕴

正如前文已经指出的，笔者所指称的当代中国语境下的"社会主义生态文明"，是一种狭义理解或特定构型意义上的"生态文明及其建设"。概括地说，它既是当今世界范围内的"绿色左翼"变革话语理论与实践运动的一部分——尤其是就其共同反对与抗拒的资本主义霸权性经济政治及其文化价值体系而言，同时也有着鲜明的中国背景与语境方面的特点——尤其体现在其明确致力于一种"社会主义初级阶段"社会条件下的"社会主义现代化发展"。这意味着，这里所理解的"社会主义生态文明"，是一种以马克思主义生态学或广义的生态马克思主义为理论引领的话语理论和政治政策②，并致力于促动当今中国"社会主义现代化发展"以及"社会主义初级阶段"的"红绿"取向或自我转

---

① 郇庆治：《社会主义生态文明观阐发的三重视野》，《北京行政学院学报》2018年第4期，第63-70页。
② 郇庆治：《作为一种政治哲学的生态马克思主义》，《北京行政学院学报》2017年第4期，第12-19页；《社会主义生态文明的政治哲学基础：方法论视角》，《社会科学辑刊》2017年第1期，第5-10页。

型。换言之，作为一种绿色政治哲学话语，它致力于推进生态可持续性（生态主义）与社会主义现代文明（社会主义政治）的共生共荣，即更自觉地以社会主义的思维与进路解决现实中的生态环境难题，而这种实践尝试或思维，又将在一定程度上确证和弘扬社会主义的理念与价值。具体而言，这种"社会主义生态文明"话语理论或"社会主义生态文明观"，包括如下三重"转型政治"意涵。

一、对"生态资本主义"质性的生态环境治理的批判性分析和立场

一般来说，生态马克思主义或"绿色左翼"理论视野下的"生态资本主义"，既是指资本主义社会条件下的基本经济政治制度框架，尤其是建立在生产资料私人所有制基础上的市场经济和多元民主政治，也可以指这一总体性社会条件下所采取的基于"自然（生态）资本化"理念的各种形式的环境经济与公共政策举措，其中最为重要的构成性元素则是所谓的"可持续发展""生态现代化""绿色国家""环境公民"和"国际环境治理合作"等[①]。依此而言，在当代中国"社会主义初级阶段"的社会条件下，虽然已经消除了基本经济政治制度意义上的"生态资本主义"的可能性，环境经济与公共政策举措层面上的"生态资本主义"的做法或风险却仍是明显存在的。

具体来说，它又呈现为两种不同的情形：一是欧美资本主义国家中"生态资本主义"性质的政策举措的积极效应被过度或扭曲性地放大，比如对基于市场机制的经济政策手段的运用，因而，各种形式的环境经济政策工具手段被过于简单化或匆忙地移植国内并付诸实施，结果却是，这些政策工具很难发挥出它们在本土环境下的运行效果，甚至作为制度形式都难以及时建立起来。

二是对国内所采取或鼓励的许多生态环境治理公共政策举措的"去政治化"甚或"亲资本化"性质认识明显不足，或者缺乏一种社会主义的意识自觉，因而，并未真正发挥出社会主义生态文明及其建设的经济政治与文化促进潜能。

---

① 解保军：《生态资本主义批判》，中国环境出版社，2015年版；郇庆治（主编）：《当代西方生态资本主义理论》，北京大学出版社，2015年版。

需要强调的是,这里的"生态资本主义"术语,既是指一种通常所理解意义上的政治意识形态,也是一个服务于理论分析目的而引入的概念性工具。换言之,"社会主义初级阶段"社会条件下所采取的具有某些"生态资本主义"属性的环境经济与公共政策举措,既可能最终融入或臣属于资本主义的政治意识形态,也可能有助于或促成向社会主义更高级阶段的过渡,而"社会主义生态文明"的转型政治意蕴之一,就是努力阐明并推动后一种可能性。

二、关于生态的社会主义性质的绿色社会制度框架构想或愿景

必须承认,经典马克思主义对于作为资本主义社会替代物的未来社会即共产主义社会的总体设想,是高度概括性或理想化的。从当代生态马克思主义的理论视野来看,这一理想社会至少存在着如下两个方面的重大挑战或"不确定性":一是未来共产主义社会是否以及在何种程度上,将是一个比当代欧美资本主义国家更为物质富裕的社会,二是未来共产主义社会是否以及在何种程度上,将是一个比当代欧美资本主义国家更加符合社会与生态理性的社会。

就前者而言,当今世界所日益呈现出的自然资源枯竭和生态环境恶化前景——即便充分考虑到科学技术继续进步的可能性,已经在相当程度上侵蚀或终结了任何关于未来极端富裕社会的政治想象;就后者而言,在一种物质财富越来越难以实现或维持高度富裕的社会条件下,社会主义的财富公平分配与个体(群体)间平等原则即社会主义原则,似乎显得更为必要,但也肯定会变得更加难以成为现实。这其中的一个悖论性情形是,社会物质财富的源源不断涌现与社会和谐和生态理性的新型社会及其大众主体的孕育,不再是一个相辅相成、互相促进的正向同构过程,而是一个彼此牵制、相互冲耗的逆向进程。

无论如何,马克思恩格斯近两个世纪之前关于未来共产主义社会的政治设想,已经无法作为当今世界任何社会主义社会的社会与生态先进性的背书担保,而今天所能做出的关于未来新社会的所有乌托邦想象,也都很难将一个极端富裕社会作为其立论起点。基于此,德籍印度学者萨拉·萨卡(Saral

Sarkar)甚至提出①,应从当代资本主义的经济衰败或不可持续趋势中,探寻一种建立在"有秩序退缩"基础上的生态的社会主义的可能性,而这将是一种生态的、新型的社会主义。

而如果严肃对待或吸纳这种马克思主义生态学或广义的生态马克思主义的新认知②,那么,当代中国"社会主义初级阶段"语境下的"社会主义生态文明",就会呈现为一种特定意义和构型上的理解与追求。概言之,这种未来绿色社会将是一个并非传统理解或宣传的那样雄心勃勃的、声称可以满足所有人的无限需求的富裕社会("各尽所能、各取所需"),而它的基本经济政治制度框架则是围绕并致力于大众主体的基本生活需要(衣食住行)的可持续保障而建构起来的。因而,对包括自然生态环境在内的各种基础性资源的公共所有、共同管理、公平分配、互惠分享、可持续性利用,将会成为其最根本性的社会原则或核心价值。相应地,"社会主义初级阶段"条件下的"社会主义生态文明"建设,既要自觉致力于构建一种相对物质简约,但却具有更明确的社会主义表征的新型制度构架,也要大张旗鼓地鼓励与营造一种相适应的支撑性社会主体和大众文化。③

也就是说,"社会主义生态文明"话语与政治的绿色变革或"转型"意蕴在于,它所指向或倡导的是在 21 世纪新时代背景下的"社会主义"理念与"生态主义"理念的创造性结合,既不再固守经典社会主义的某些愿景设想或原则条款,也不会无原则辩护或支持公共生态环境质量改善旗帜下的政策举措。

三、当代中国"社会主义初级阶段"实现其阶段性提升的"红绿"战略与践行要求

正如前文所讨论的,当今中国"绿色左翼"话语和政治与欧美国家"绿色左

---

① Saral Sarkar, *Eco-Socialism or Eco-Capitalism? A Critical Analysis of Humanity's Fundamental Choices* (London: Zed Books, 1999).

② 王雨辰:《论生态学马克思主义与社会主义生态文明》,《高校理论战线》2011 年第 8 期,第 27-32 页;陈永森:《生态社会主义与中国生态文明建设》,《思想理论教育》2014 年第 4 期,第 44-48 页。

③ 值得关注的是,2017 年党的十九大报告明确提出了人民日益增长的"美好生活需要"这一概念,其意涵已经远远超出了原初意义上的"物质文化生活需要",尽管与拉美等地"绿色左翼"学者所倡导的"好生活"概念相比还至多是"浅绿的"。

翼"话语和政治的重大区别在于，前者所致力于实现的是一种社会主义基本经济政治制度框架和文化观念体系之下的阶段性过渡或转型，而后者则更多是一种趋向社会主义基本经济政治制度框架和文化观念体系的根本性变革或重塑。就此而言，后者的难度显然要大得多。但是，这只是一种理论层面上的分析，其实，现实中促成当代中国所处的"社会主义初级阶段"实现其向中高级阶段过渡或转型的困难和挑战，同样是异常艰巨的。必须明确，这种阶段性提升或转型所追求的经济、社会、文化和生态目标是更高层次的或更加综合性的，而因此需要面对或驾驭的社会矛盾也是更加复杂多样的。相应地，面向或属于"社会主义中高级阶段"的社会主义理念和政治，理应是与"社会主义初级阶段"所形成的社会主义理念及其制度化有所区别的。

正是在上述意义上，"社会主义生态文明"作为一种转型话语与政治，承载或体现着当代中国特色社会主义阶段性发展的巨大挑战及其潜能。[①] 一方面，"社会主义初级阶段"的经济社会初步现代化特征，决定了作为执政党的中国共产党既不能固守传统意义上的社会主义政治甚至价值理念，也不能简单拒斥那些明显具有生态资本主义属性的政策工具手段，另一方面，"社会主义初级阶段"的社会主义本性或取向，又要求执政党及其领导政府必须在明确限制各种生态资本主义属性的政策工具范围及其影响的同时，切实强化社会主义的基本经济政治制度基础以及大众文化。否则的话，经济社会现代化目标与生态环境改善目标的（局部性）实现，都不一定意味着或通向一种社会主义的未来——因为它有可能成为欧美资本主义国家中的"生态资本主义"模式的翻版，而其中所凸显的（国内国际）社会与生态非公正性，是不能接受或不值得期望的。

由此而言，2017年党的十九大所系统规划的生态文明及其建设"三步走"的路线图，既是需要明确纳入"中国特色社会主义现代化发展"总体战略布局之下来考虑的，也必须从三大步骤条件下生态文明建设的经济、政治、文化与社会之间的"五位一体"整体和彼此互动意义上来理解。[②]

具体来说，《打好污染防治的攻坚战》（2020年之前）时期和"生态环境根

---

① 郇庆治：《生态文明新政治愿景2.0版》，《人民论坛》2014年10月（上），第38-41页。
② 郇庆治：《打赢蓝天保卫战：劲宜鼓不宜松》，《国家电网》2018年第11期，第44-45页。

本好转、美丽中国目标基本实现"(2020—2035年)时期与"生态文明全面提升"(2035—2049年)时期相比,"社会主义生态文明"的一般性生态文明制度框架与社会主义政治环境显然应该是有所不同的,而标志着这些阶段性提升或过渡的,不应仅仅是一些环境经济与公共政策层面上的工具手段,还应包括一些更具根本性的政治、社会与文化制度形式,而且是具有更明显或深刻的社会主义特征的政治、社会与文化制度形式。

也就是说,"社会主义生态文明"话语与政治所尤其彰显或标志性的,是它明确蕴含的"中国特色社会主义现代化发展"进程及其阶段性生态文明建设目标的"红绿"转型战略与践行要求。比如,对于"打好污染防治的攻坚战"来说,更为有效的政治政策构架也许是强有力、大规模的行政管理和大众动员,相比之下,对于"生态环境根本好转、美丽中国目标基本实现"来说,更为有效的政治政策构架就很可能是更加企业自觉自律和政府职业化监管的综合性治理体系,对"生态文明全面提升"来说,更为需要的则应是全社会生产生活方式的全面绿色转型以及文化价值理念的深刻飞跃,而标志或促动这些社会结构性条件变化的关键性元素则是生态文明及其建设中日渐明晰的"社会主义"维度。

结　语

如上所述,笔者认为,深入理解与阐发"社会主义生态文明"理念或话语理论的关键在于,不能将其简约或虚化成为一种生态环境治理的公共政策概念或术语,而脱离"中国特色社会主义现代化发展"和"中国特色社会主义理论"这一更宏大也更为重要的背景和语境。就此而言,2017年党的十九大报告对"社会主义生态文明观"和"新时代中国特色社会主义思想"及其"坚持人与自然和谐共生"基本方略的明确强调,同时有着重要的"红绿"或"绿色左翼"政治与理论意涵。[①] 更明确地说,"社会主义生态文明"话语与政治——相比于各种形态的"生态中心主义"或"生态资本主义"——更能够(应该)代表当代

[①] 郇庆治:《以更高的理论自觉推进新时代生态文明建设》,《鄱阳湖学刊》2018年第3期,第5-12页。

中国生态文明及其建设的本质或目标追求。这当然不是说，"生态中心主义"所强调的社会的个体价值伦理观念变革的重要性，"生态资本主义"所强调的社会的经济技术手段与行政监管手段革新的重要性，都是无的放矢的甚或错误的，而是说，马克思主义生态学或广义的生态马克思主义理论所阐明的社会形态意义上的根本性替代——即用一种生态的社会主义取代现实的资本主义（包括"绿色资本主义"），对于当代人类社会最终走出全球生态危机并构建一种真正的生态文明不可或缺。

欧美"绿色左翼"学界所倡导与推动的"社会生态转型"理论——以及其他各种激进转型理论，是否能够最终导致当代资本主义社会的"大转型"甚或"社会主义转向"，至少从目前来看，其实是相当不确定的，而这也绝非仅仅是由于理论自身不完善方面的原因，但它确实给当代中国的社会主义生态文明及其建设，同时提供了方法论（话语）与政治层面上的某些启示："五位一体"的生态文明及其建设"三步走"构想、中国特色社会主义现代化建设的阶段性发展、社会主义初级阶段的中高级阶段自我转型，其实就是新世纪中国同一个历史进程的不同侧面的分别概括或表述，而这样一种宏大社会转型目标追求的实现，将只可能是长期而艰巨的伟大实践或斗争的结果[①]。

---

① 郇庆治：《生态文明建设是新时代的"大政治"》，《北京日报》2018年7月16日。

第七章

后疫情时代的社会主义
生态文明理论研究

2020年初暴发、持续长达三年之久的全球新冠肺炎疫情①,无疑是给包括中国在内的世界各国人民生命与生活带来沉重代价、对世界和平与发展造成巨大冲击的严重自然或社会—自然灾难性事件,但也构成了人文社会科学学者必须冷静面对并做理性思考的"历史痛点"或经典性案例,提出或凸显了许多需要从根本上加以反思和重释的重大基础理论问题,尽管如何准确判定它的历史性长远影响现在还为时过早——比如究竟是在21世纪第三个十年、上半叶甚或更长时间跨度的意义上②,而这在很大程度上都将与它对中国未来发展产生的实际影响及其所导致的国际秩序变化程度相关。基于此,笔者在本章中将审视讨论这次全球性大流行疫情所凸显的社会主义生态文明理论与实践的马克思主义生态学基础意义上的三个方面问题或挑战,即中国社会主

---

① 中国国家卫生健康委员会2022年12月26日宣布,经国务院批准,自2023年1月8日起,解除对"新型冠状病毒感染(肺炎)"所采取的《中华人民共和国传染病防治法》规定的甲类传染病预防、控制措施,标志着这场自2020年初开始的举国抗疫行动正式结束。

② Peter Alagona, Jean Carruthers and Hao Chen et al., "Reflections: Environmental history in the era of COVID-19", *Environmental History*, 25/4(2020), pp. 595–686;张蕴岭:《疫情加速第四波全球化》,《文化纵横》2020年第6期,第45-52页;邹力行:《新冠肺炎疫情对全球的影响和启示》,《东北财经大学学报》2020年第4期,第3-10页;李海东:《疫情如何深刻影响国际关系格局》,《人民论坛》2020年第11期,第48-51页。

义生态文明建设的"经济愿景""社会愿景"和"进路难题",以期推动这一议题领域的更深入探讨。

第一节 社会主义生态文明的"马克思主义生态学基础"

概括地说,源自马克思恩格斯经典著述的马克思主义人与自然关系理论(或"自然观")的要义,是在人与自然之间辩证地和社会历史文化地互动的意义上,来理解、面对和改变(利用)自然。①"我们仅仅知道一门唯一的科学,即历史科学。历史可以从两方面考察,可以把它划分为自然史和人类史。但这两个方面是不可分割的,只要有人存在,自然史和人类史就彼此相互制约""人们对自然界的狭隘的关系决定着他们之间的狭隘的关系,而他们之间的狭隘的关系又决定着他们对自然界的狭隘的关系。"②

具体而言,一方面,"人"是能动的、社会的、历史的、文化的实践(感知)主体,而从来就不是被动适应性的、单纯个体性的、固定不变的物质(生物)存在。也就是说,同时与他们自身和周围自然界发生着关系的人类主体,既是具有主观能动性的生动个体(部分是由于有着远远超出动物维持生存必需条件的复杂的综合性需要以及满足这些需要的意愿),又会呈现为日趋复杂精致的社会与历史形式。

另一方面,进入文明时代以来的"自然",也首先是一种被人类活动(包括从感知审美到经济社会活动在内的各种活动形式)对象化或"人化"的社会的、历史的、文化的自然——或者说"第二自然"或"人工自然",而不再是与人类活动或存在无关的原生态的、孤立的或生物物质意义上的"自然而然"。换言之,我们平常所指的自然生态环境,在绝大多数情况下其实是作为人的生存生活条件或"活动对象"而存在或被关注的,因而那些看似只是自然生态系统及其构成元素所发生的异常性改变,往往是特定人群、种族乃至人类整体生存生活条件趋于恶化的体现或反映。

---

① 郇庆治:《自然环境价值的发现:现代环境中的马克思恩格斯自然观研究》,广西人民出版社,1994年版,第21-23页。
② 《马克思恩格斯文集》(第一卷),人民出版社,2009年版,第516页注释;《马克思恩格斯文集》(第一卷),人民出版社,2009年版,第534页注释。

那么,这些初看起来有些"人类中心主义"或"人本主义"色彩阐释的马克思主义人与自然关系理论的生态意蕴是什么呢?笔者认为,基于上述理论立场和思路,至少可以进一步勾勒或阐发出马克思主义人与自然关系理论的如下三重"生态意涵"。

一、马克思主义哲学视域下的生态意蕴

从完整而统一的马克思主义哲学立场来看,人与自然关系本来就是一种特定历史阶段与社会条件下的多重维度上的和立体性的相互影响与建构关系。比如,封建社会时期中国古代社会的农业生产与乡村生活,就形塑了一种特定构型的人与自然关系,而这种特定构型的人与自然关系,也在很大程度上维持甚或固化了以农业与农村为主的生产生活方式;同样,进入近代资本主义社会以来欧美国家的工业化生产与城市生活,也造就了一种特定构型的人与自然关系,而这种特定构型的人与自然关系,又极大地促动了随后远远超出欧美范围的当代社会(文明)的生产生活方式。

马克思主义的这种哲学分析的生态质性或意涵就在于,所谓的生态环境问题,从历时性上说,与人类社会(文明)的历史发展过程及其不同阶段相关,而从共时性上说,则与某一既定历史阶段的社会生产与生活方式抉择或追求相关。[①] 比如,现代资本主义社会(世界)中的生态环境问题,本质上是工业化生产方式与城市化生存方式逐渐占据社会历史主导性地位的结果,而资本主义的社会形式和意识形态与文化,是它的合乎逻辑的制度化和观念化呈现,最终则是它们彼此之间的渗透交织与庇护支撑,而不再简单是一种谁决定谁的线性关系。相应地,在资本主义社会条件下,绝不是对于各种生态环境问题完全无视或无动于衷,而是有着它自己的概念化方式与政治政策应对,直至这些努力被最终证明是无济于事或相形见绌。由此可以理解或推论的是,未来共产主义社会的社会生产与生活方式,将会由于上述两个尺度上的理由,而从根本上克服资本主义社会条件下难以避免的生态环境困境或危机。当然,这种替代只能是一个长期而复杂的历史变革和社会重建过程,绝非仅仅是生产资料所有权转接那样的直接或简单。

---

① 曹孟勤:《马克思生态哲学的新地平》,《云梦学刊》2020 年第 1 期,第 33—40 页。

二、马克思主义政治经济学视域下的生态意蕴

以《资本论》为主体内容的对资本主义社会的生产(生活)方式的批判,同时是一种政治经济学批判和政治生态学批判①,当然也是深刻的唯物辩证哲学批判。其核心议题或关切在于,传统社会条件下的人类生产劳动(经济活动),如何借助于资本主义性质的生产关系,成为以竞争逐利和资本增值为最高律令的不断扩展与深化的世界性商品生产、分配、流通和贸易,而这其中所内含着的基本矛盾——生产的日益社会化与生产资料的资本主义私人占有之间的矛盾,为何必然会带来这一生产方式的持续不断的和日趋严重的经济危机,并最终导致它被社会主义生产方式的历史性取代。

马克思主义的这种政治经济学批判的生态意涵——在很大程度上要归功于历代生态马克思主义学者的文献整理与阐释——就在于,资本主义社会在(经济)本质上是一个依靠"外部性"存活的社会,而"他者"(包括企业剩余价值生产必需元素以外的所有存在)的"生态外部性"当然也是其中之一。也就是说,就像社会不公平和非正义一样,反(非)生态是资本主义经济的固有属性。同样重要的是,这种经济非正义和反生态本质,也必然会制度化为相应的政治、社会与文化体制或观念。也正因为如此,完全可以认为,在马克思主义看来,任何现实社会(形态),都同时是一种社会关系和社会的自然关系,资本主义社会当然也不例外,而社会主义社会尤其如此。换言之,社会主义社会条件下对生态环境问题的实质性克服,将主要通过对经济社会制度框架的重构,或主要是经济社会制度条件的改变,因而更多体现为社会整体系统意义上的、而不单纯是经济或公共管理领域中的变革。

当然,这种深刻变革不应只是基于或由于社会政治层面上的偶然性或暂时性"革命冲动",而必须是符合经济自身运行规律的逻辑性结果。此外,这还意味着,社会主义社会——尤其是在它的初始阶段,未必能够完全避免一般物质变换所导致的生态环境问题——即使考虑到相对于资本主义社会的

---

① 吴荣军:《马克思政治经济学批判理论的生态意蕴:与威廉·莱斯的比较分析》,《江海学刊》2018年第6期,第60-64页;任暟:《马克思政治经济学批判的生态意蕴及其启示》,《北京行政学院学报》2017年第2期,第64-71页;约翰·巴里:《马克思主义与生态学:从政治经济学到政治生态学》,《马克思主义与现实》2009年第2期,第104-111页。

经济技术水平的可能取得的巨大进步。也就是说,即便在社会主义社会条件下的生产劳动,也并不能单凭社会关系的合理调节,而完全符合(更不必说改变)人与自然物质变换过程中的客观必然(规律)性要求。

三、马克思主义的当代绿色变革理论意蕴

迄今为止,生态马克思主义学者大都着力于阐发马克思恩格斯经典著述的唯物主义自然本体论的(像约翰·贝拉米·福斯特和保罗·柏克特)或生态环境友好的(像戴维·佩珀和乔纳森·休斯)思想意涵,也有人致力于马克思恩格斯经典著述的绿色拓展或填补"生态空场"(像詹姆斯·奥康纳和特德·本顿)[1],但其共同的思路则是努力使古典马克思主义呈现出更强烈的对当代生态环境问题的相关性或敏感度。

而在笔者看来,马克思主义理论作为一种当代生态哲学与政治流派的地位——依据前文所做的概括,恰恰在于它明确的环境政治哲学特征。换句话说,马克思主义的人与自然关系理论或"生态学",构成了一种从内容到形式都十分完整的绿色变革政治哲学,同时涵盖了对当代社会主导现实的批判性分析(方法)、对未来绿色社会的愿景构想和如何向这种绿色社会过渡(转型)的政治战略(进路)[2]。概言之,与生态中心主义的"深绿"理论和生态资本主义的"浅绿"理论相比,基于古典马克思主义认知方法与主要观点的"红绿"理论,更加强调现代生态环境问题的更多是资本主义性质的经济社会成因以及相应的社会主义的经济社会变革路径,认为针对社会不公平与生态非正义的经济社会斗争与变革,是最具根本性的或决定意义的,而且是彼此不可分割、相互促进的两个侧面。这当然不是说,社会个体的价值观念与生活方式的绿色变革和经济技术手段的环境友好的渐进调整,就无足轻重或毫无意义,而是说,离开甚至回避经济社会结构变革或重构的"绿化",要么仅仅是隔靴搔痒、效果有限的,要么最终会被主流经济与政治驯化或预占。

依此而论,发轫于马克思恩格斯人与自然关系思想的"马克思主义生态

---

[1] 万希平:《生态马克思主义理论研究》,天津人民出版社,2014年版;王雨辰:《生态批判与绿色乌托邦:生态学马克思主义理论研究》,人民出版社,2009年版。

[2] 郇庆治:《作为一种政治哲学的生态马克思主义》,《北京行政学院学报》2017年第4期,第12-19页。

学"或广义的生态马克思主义,并非只是对于马克思恩格斯经典著述文本的再诠释或阐发,而是已经发展成为一种关涉与涵盖当今时代的批判性"新哲学"或"新政治"①,甚或说是"真正的深生态学"②。可以说,从马克思主义生态学视角反思和批判资本主义性质的或受制于资本主义制度框架的人与自然关系,是讨论当前地球生态系统或人类社会(文明)生存延续条件所面临严重危机的重要切入点或维度。

而且,笔者认为,如此理解的"马克思主义生态学",也构成了当代中国社会主义生态文明理论与实践的主要政治哲学基础。③ 换言之,社会主义生态文明建设,并不仅仅意味着构造一整套围绕着生态环境有效保护与治理目标的公共管理政策体系,而是还要努力创建将社会主义政治和生态可持续性考量相结合的新经济、新社会与新文化。④ 具体地说,社会主义生态文明建设,当然要指向或致力于更高质量和更有效的生态环境治理与保护,尤其是在相对于在资本主义制度条件下情形的意义上。但这主要是因为,社会主义基本制度条件下的自然生态资源公共所有和社会物质财富公平分配,以及由此所决定的最广大人民群众对于整个社会生产生活过程(方式)的民主决定与监督,使得整个社会的人与自然物质变换(广义上的经济活动)可以采取更为社会和谐与生态可持续的形式或路径。也就是说,社会主义生态文明建设的本质,是通过创建一种更高级类型的社会关系,来保障促进更加公正和谐的社会的自然关系。因而,坚持和遵循一种整体性社会认知背景下的社会主义政治与生态可持续性考量之间的辩证法,是至关重要的。

"绿色新经济"或"生态经济"对于社会主义生态文明的基础性决定作用,是毋庸置疑的。但是,一方面,真实有效的绿色新经济的形成确立与健康发展,离不开与之相适应的社会主义新社会与新文化来"滋养呵护";另一方面,

---

① 大卫·哈维:《新冠病毒时代的反资本主义政治》,http://davidharvey.org/2020/03/anti-capitalist-politics-in-the-time-of-covid-19;玛丽安娜·马祖卡托:《新冠疫情暴露资本主义三大危机》,https://baijiahao.baidu.com/s? id=1663394695926785410&wfr=spider&for=pc,2020年3月30日。
② 戴维·佩珀:《生态社会主义:从深生态学到社会正义》,刘颖译,山东大学出版社,2012年版,第278页。
③ 郇庆治:《社会主义生态文明的政治哲学基础》,《社会科学辑刊》2017年第1期,第5-10页。
④ 郇庆治:《生态文明新政治愿景2.0版》,《人民论坛》2014年10月(上),第38-41页。

社会主义的新社会和新文化，肯定会彰显或促进与资本主义条件下本质不同的社会经济生产与物质生活方式以及个体风格追求，因而会重塑整个社会的经济和人与自然物质变换本身。

总之，借用卡尔·波兰尼的说法①，社会主义生态文明建设的标志性方面，是把资本主义社会中"脱嵌"的经济重新"嵌入"到整个社会之中，或者说把经济与社会重新嵌入到范围更大的生态系统之中。当然，无论就其本身的综合性复杂性，还是中国当前所处的社会主义初级阶段性质来说，这都将只能是一个长期性的历史变革或自我转型过程，而社会主义政治追求和领导在其中扮演着至关重要的角色。

毫无疑问，这样一种马克思主义生态学基础，对于社会主义生态文明目标及其实现来说是前提性的，甚至可以说没有前者就谈不上后者。但就当代中国社会主义生态文明建设实践的现实推进来说，这一政治哲学基础还远不是牢固的甚或明晰的，而2020年新冠肺炎疫情及其应对过程就提出了至少如下三个核心议题领域的重大挑战。

第二节　社会主义生态文明建设的"经济愿景"及其挑战

对于中国社会主义生态文明建设所建基的"经济愿景"及其新冠肺炎疫情大流行所带来的挑战，笔者在他文中曾做了初步讨论，并将其概括为"三个意(幻)象"和"三个挑战"②。"三个意象"是指"高度发达的社会生产力""大规模、集中化的经济生产组织形式"和"物质富裕的美好生活"。可以说，这三个"意象"构成了人们对于当代中国社会主义生态文明建设实践的"经济愿景"的主导性理论认知③，也是社会主义生态文明建设现实推进过程中占据支配地位

---

① 卡尔·波兰尼：《大转型：我们时代的政治与经济起源》，冯刚、刘阳译，浙江人民出版社，2007年版，第50页。
② 郇庆治：《重思社会主义生态文明建设的"经济愿景"》，《福建师范大学学报(哲社版)》2020年第2期，第27—30页。
③ 戴圣鹏：《经济文明视域中的生态文明建设》，《人文杂志》2020年第6期，第1—8页；程启智：《论生态文明社会的物质基础：经济生态发展模式》，《中国地质大学学报(社科版)》2010年第3期，第26—32页。

的政策话语阐释与大众文化理解。而"三个挑战"则是指上述三个"意象"辩护与支撑下的经济发展模式,如今不得不面对的"自然资源供给与生态环境容限挑战""生态环境风险及其管控挑战"和"社会公正与生态可持续性挑战"。接下来,笔者将围绕这两个层面做进一步的阐发论述。

一、社会主义生态文明建设的经济愿景所建基的"理论意象"

其一,"高度发达的社会生产力"。

依据马克思主义唯物史观,社会生产力的发达程度或潜能实现,既是社会生产关系变革乃至人类社会进步的最终决定性力量,也是社会生产关系和上层建筑的历史先进性的主要表征。也就是说,社会主义社会之所以终将取代资本主义社会,就在于它能够解放资本主义制度条件下被压抑或桎梏的社会生产力发展潜能,从而可以使其达到前所未有的历史高度,也就可以为共产主义社会制度奠定经济基础。

当然,这绝不意味着,未来的共产主义社会是一个自然资源浪费和生态环境衰败的社会,因为高度发达的社会生产力本身,就包含着对于各种自然生态资源的科学合理运用——尤其是生态明智地进行利用,"在生产过程中究竟有多大一部分原料变为废料,这取决于所使用的机器和工具的质量"[①],而且它还要受制于同样发达完善的社会政治与文化关系,将在很大程度上确保主要经济生产活动的社会和生态理性质性。总之,至少对于马克思恩格斯来说,高度发达的社会生产力,不仅不会与之存在冲突,而且是与他们所提出的"两个完成"(即共产主义"作为完成了的自然主义等于人道主义""作为完成了的人道主义等于自然主义")和"两个和解"(即"人类与自然的和解""人类本身的和解")的目标相一致的。

对于后来的生态马克思主义者而言,尽管威廉·莱斯、本·阿格尔等人接受了生存主义学派的自然生态有限性前提,而主张社会生产能力缩减的"稳

---

① 《马克思恩格斯文集》(第七卷),人民出版社,2009年版,第117页。

态经济"①，但高度发达的社会生产力仍是关于未来生态的社会主义社会的主流性观点。他们所特别强调的是，第一，包括科技在内的生产力本身并不是反生态的，其本质意涵是建立在自然(力)基础之上的人的本质力量的实现(拓展)，因而"发展有意识和可持续地控制生产的主体能力对于生产力概念是必不可少的"②；第二，生产力具有社会历史规定性，社会主义社会的制度条件将能够孕育出生态环境友好的生产力形式，因为"这种社会的支配性力量不是追逐利润而是满足人民的真正需要和社会生态可持续发展的要求"③。

而在中国政策实践层面上，尤其是改革开放以来，社会生产力水平及其提高，一直被当作衡量社会主义社会阶段性质及其演进的主要标尺。无论是党的十三大关于中国正处在并将长期处于"社会主义初级阶段"的理论断定(社会生产力水平相对较低)，还是2017年党的十九大关于中国特色社会主义进入新时代的政治判断(社会生产力水平总体上显著提高)和全面建设社会主义现代化国家"两步走"的未来规划(经济实力、科技实力大幅度跃升)，都明确体现出了高度发达的社会生产力对于社会主义现代化强国目标的标识性意义。

其二，"大规模、集中化的经济生产组织形式"。

在古典马克思主义的论域中，资本主义社会经济的形成与大规模、集中化的工业生产和城市生活，是同一个历史进程的两个侧面。"资本主义生产实际上是在同一个资本同时雇用人数较多的工人，因而劳动过程扩大了自己的规模并提供了较大量的产品的时候才开始的""它使人口密集起来，使生产资料集中起来，使财产聚集在少数人的手里。"④也就是说，以分工协作为基础的大规模、集中化工业生产，是资本主义经济的主要表征，其直接后果则是各种资源要素向中心城市和少数人群(资本家)的集聚，并将导致不断扩大激化的社会冲突与阶级斗争。但是，矛盾的根源被认为不在于组织化的社会生产

---

① 本·阿格尔：《西方马克思主义概论》，慎之等译，中国人民大学出版社，1991年版，第474页。

② Kohei Saito, *Karl Marx's Ecosocialism: Capital, Nature, and the Unfinished Critique of Political Economy* (New York: Monthly Review Press, 2017), p. 215.

③ 约翰·贝拉米·福斯特：《生态危机与资本主义》，耿建新、宋兴无译，上海译文出版社，2006年版，第96页。

④ 《马克思恩格斯文集》(第五卷)，人民出版社，2009年版，第374页；《马克思恩格斯文集》(第二卷)，人民出版社，2009年版，第36页。

力,而在于资本主义社会关系及其经济政治制度与文化价值观念体系,"因为这些矛盾和对抗不是从机器本身产生的,而是从机器的资本主义应用产生的!"①相应地,矛盾解决的出路在于对资本主义生产关系进行社会主义的革命性变革或重建,尤其是"把一切生产工具集中在国家即组织成为统治阶级的无产阶级手里,并且尽可能快地增加生产力的总量"②。

由此可以断定,在马克思恩格斯看来,大规模、集中化的经济生产组织形式是人类文明发展的客观趋势,也将是未来共产主义社会经济的重要表征。

后来的生态马克思主义者比如詹姆斯·奥康纳和保罗·柏克特,总体上承继了这一理论立场,一方面,批判大规模、集中化经济生产背后的资本主义增值逻辑与支配关系,强调"在实践中对技术的任何抨击都必须是对资本主义所有权、财产以及权力关系的一种抨击"③,另一方面,主张社会主义新型制度文化对这一庞大且复杂的生产力机器的合乎生态与人类进步追求的掌控规约,"联合生产代表了与健康的可持续的人与自然关系潜在相适应的人类社会关系"④。本·阿格尔虽然始终强调小规模与分散化的工业生产的重要性,但他更为关注的仍是,它对资本主义社会结构及其权力关系的变革意义,认为"在这一过程中可以从性质上改变发达资本主义社会的主要社会、经济、政治制度"⑤。

而在中国政策实践层面上,尽管中间发生过某些暂时性的逆向呈现——比如改革开放之前的"三线建设"和改革开放之初的乡镇企业发展,但新中国建立70多年来,还是验证了经济发展整体上一个日益大规模、集中化的演进过程。如今,三大三角洲区域、两大江河流域、若干个都市带(圈)和国家中心城市,已经成为中国经济发展的绝对主体骨架,而这样一种聚集构型,很可能还将在未来得以延续甚或强化(比如近年来受到广泛关注的"省会首位度

---

① 《马克思恩格斯文集》(第五卷),人民出版社,2009年版,第508页。
② 《马克思恩格斯文集》(第二卷),人民出版社,2009年版,第52页。
③ 詹姆斯·奥康纳:《自然的理由:生态学马克思主义研究》,唐正东、臧佩洪译,南京大学出版社,2003年版,第332页。
④ Paul Burkett, *Marx and Nature: A Red and Green Perspective* (New York: St. Martin's Press, 1999), p. 256.
⑤ 本·阿格尔:《西方马克思主义概论》,慎之等译,中国人民大学出版社,1991年版,第500页。

竞争"和"南北差距拉大"问题)。

其三,"物质富裕的美好生活"。

必须指出,马克思恩格斯关于未来社会美好生活的看法,主要不在于对现实个人的一般生活需要的承认及其满足,即"人们首先必须吃、喝、住、穿,然后才能从事政治、科学、艺术、宗教等等"①,而在于对资本主义社会条件下广大人民群众特别是工人阶级生活状态的深刻批判与否定——除了物质生活层面上的普遍贫困或绝对(相对)贫困,还包括广泛的社会生活领域中的异化或非自由状态。相应地,在实质性克服了资本主义社会内在矛盾的共产主义社会中,人们将同时享受到物质消费富裕与自由个性解放的美好生活:"人终于成为自己的社会结合的主人,从而也就成为自然界的主人,成为自身的主人——自由的人。"②

应该说,绝大多数生态马克思主义者,都或多或少接受了自然生态对于未来社会主义社会经济发展的制约性意涵,并强调,人类生活需要的满足应服从于社会生态理性的规约,比如威廉·莱斯所主张的"易于生存的社会"和安德烈·高兹所提倡的"宁少但好"的生活方式③,但他们也大都坚持认为,经过社会主义改造的经济生产与消费体制,能够提供一种相对富足的物质生活,而且是在更高质量、更可持续的意义上。④

而在中国政策实践层面上,新时代社会主要矛盾从满足人们日益增长的"物质文化需要"转变为满足人们日益增长的"美好生活需要"的最新表述,尤其是对于通过提供更多"优质生态产品"来满足人们不断扩展的"优美生态环境需要"的强调,集中体现了社会整体对于社会主义美好生活具体样态与满足方式认知的深度拓展或"绿化",但也必须看到,现实中即便对于生态环境需要或"绿色(生态)需要"及其满足路径的政策阐释与大众文化感知,都还存在着

---

① 《马克思恩格斯文集》(第三卷),人民出版社,2009年版,第601页。
② 《马克思恩格斯文集》(第三卷),人民出版社,2009年版,第566页。
③ 威廉·莱斯:《满足的限度》,李永学译,商务印书馆,2016年版,第129页;本·阿格尔:《西方马克思主义概论》,慎之等译,中国人民大学出版社,1991年版,第494-498页;André Gorz, *Ecology as Politics* (Boston: South End Press, 1980), p. 28.
④ 戴维·佩珀:《现代环境主义导论》,宋玉波、朱丹琼译,格致出版社、上海人民出版社,2011年版,第31页。

明显甚或强烈的物质化色彩。

二、新冠肺炎疫情及其应对在经济层面上提出的"诘问"或挑战

而在笔者看来,新冠肺炎疫情及其应对过程在经济层面上所提出的"诘问"或挑战,正是针对或指向了支撑中国社会主义生态文明建设"经济愿景"的上述核心性理念,因而需要做出严肃的思辨与回答。

其一,经济持续增长追求的自然资源供给和生态环境容限问题。

新冠疫情清楚地表明,任何国家和地区乃至全球的现代经济的持续增长,从自然生态的角度来说,需要两个不可或缺的条件:自然资源的源源不断供给和无限度的生态环境容量,而鉴于有限的地球空间和民族国家或区域空间,这两个条件的同时(长期)满足都是难以保证的。

在全球层面上,无论是大多数种类的不可更新自然资源的存储量(可开采量),还是地球可以持续承载的人类经济活动总量(尤其是对于生产消费废弃物的消解吸纳),都有着一定的限度或边界。对此,如果说著名的生态哲学"盖娅理论"仍然是一个伦理价值规劝意义上的隐喻假说,那么,约翰·洛克斯特罗姆(Johan Rockström)等人所提出的"地球边界"论点,则是一种科学严谨得多的量化论证。他们的计算结果是,对于作为可持续发展先决条件的"人类安全的行动空间"而言,地球总共9个"生命支持系统"中已有7个处于越界或临界的危险状态[①]。在国别或区域层面上,迅速扩展的经济与生产全球化,似乎使得少数所谓"世界工厂"的自然资源全球范围内配置成为可能,但却在无形之中使得另一个问题变得更加突出和尖锐,即国家或区域性生态环境质量,因触碰到其天然的界限或"天花板"而难以保持改善。事实是,全球范围内对自然资源的消耗总量,自第二次世界大战以来一直处在加速增长的状态,甚至是在因疫情而大幅度限制经济活动期间,全球来自化石燃料的二氧化碳排放量仍保持在较高水平,而中国的京津冀及周边地区也多次发生了较为严

---

① Johan Rockström, Will Steffen, Kevin Noone et al., "A safe operating space for humanity", *Nature* 461(2009), pp. 472-475.

重的大气污染。①

虽然还很难说全球经济活动在多大范围和何种程度上，已经触及了地球生态系统能够承受的"刚性边界"，但却十分清楚的是，跨区域甚至全球层面上的自然生态系统及其安全，已成为世界各国经济社会发展中必须严肃对待的"硬约束"，而这与资本主义抑或社会主义的政治制度并没有直接关联。因而可以说，社会主义生态文明建设尤其是经济建设的重要使命，就是努力认识并自觉遵循地球自然生态前提（规律）的客观性要求，甚至还可以认为，那将意味着一种"高度发达的社会生产力"，只不过与它在古典社会主义语境下的那种"意象"已经有着天壤之别。

其二，现代经济组织运行方式的生态环境风险及其管控问题。

现代经济组织与运行方式的基本表征，是大规模、集中化的工业与城市生产消费。应该说，以商品经济体制和不断扩大市场为前提条件的这样一种现代经济体系的竞争优势，是显而易见的，而且也的确有着显著的社会进步意义，特别是在保障与改善数量迅速扩大的城市居民的基本物质生活条件方面——即实现一种更好的社会（文明）制度保障的人类生活。由此就可以理解，在社会主义制度条件下，规模化、集约化的工业与城市生产消费，也被视为一种理所当然意义上的肯定性表征，尽管它将会由于社会主义制度的民主掌控与经济规划本质，而与在资本主义社会条件下大不相同——至少在理论上是这样。

而这次新冠疫情所凸显的是，这种超越特定政治制度属性的现代经济组织运行方式，同样也会隐含、集聚和倍增自然生态环境方面的巨大风险。换言之，与大规模、集中化的工业和城市生产消费相伴随的，是庞大数量的各类自然物质资源的区域性或都市化聚集，以及它们的生产消耗与生活消费所产生的各种类型废弃物及其集中处置。当然，新冠疫情的源起，既非直接来自生产消费废弃物所导致的生态环境污染及其处置，也很难说与现代经济组织运行方式的某一个环节紧密相关，但无可置疑的是，已然形成的全球性经济生产消费闭环以及像武汉、北京、上海这样的超大都市的枢纽性位置，是

---

① 刘曲：《全球气候变化未因新冠疫情而止步》，《中国科学报》2020年9月11日；贺震：《新冠肺炎疫情时期，雾霾缘何重现？》，《中国环境监察》2020年第Z1期。

疫情暴发并难以迅速得到有效管控的深层次原因。

实际上，乌尔里希·贝克和安东尼·吉登斯等学者，在20世纪末就已预警全球化进程加速所导致的不确定的社会与生态风险问题。前者把当代社会称为"风险社会"①，而后者则将生态风险视为基于复杂经济与技术体系的现代社会的必然性后果，认为"生态威胁是社会地组织起来的知识的结果，是通过工业主义对物质世界的影响而得以构筑起来的"②。这次新冠疫情表明，超大规模与过度集中的都市化经济生产消费体系，确实存在着难以准确预判的生态系统脆弱性与人类健康风险，并相应地大大增加了政府部门的公共健康安全管理与生态可持续性管理的成本或难度。一方面，可以想象的是，过度密集和高强度的工业与城市生产消费，会使得整个都市区域的自然生态系统长期处于超负荷承载状态，而作为个体或社群是无可选择或无能为力的；另一方面，又很难设想，如何使某一个农（水）产品批发市场的工商管理人员或公共交通关口站点的普通职员，始终保持对于一种来自遥远国度甚或大自然深处的病毒细菌的高度警惕，而反之则是，它们有可能在数日之内就会危及超过千万的庞大人群。

因而，真正的难点，也许不是如何进一步强化现代城市和国家的风险管控能力，比如投资建设更多数量、更高科技水平的医疗基础设施和社会治理机构，而是深刻反思与重构目前的现代化经济组织架构及其运行方式。换言之，重点不在于如何更好保护某一城市、区域或国家的生态环境，而是怎样使它们的现存经济生产组织与运行方式实现生态化。而这对于中国特色社会主义现代化建设来说，同样意义重大。因为，"尊重自然、顺应自然、保护自然"，不但需要体现在各种类型的国家公园和自然保护区，更应实质性融入直至重构现代经济生产与消费本身，而这不仅是新时代的新"生态主义"，还是新时代的新"社会主义"。

其三，现代经济发展构型的社会公正与生态可持续性问题。

基于经济持续增长追求和规模化、集约化经济组织运行方式的现代经济发展，几乎就注定了，它必然会呈现出区域、社会阶层、种族、性别等维度

---

① 乌尔里希·贝克：《风险社会》，何博闻译，译林出版社，2004年版，第20-22页。
② 安东尼·吉登斯：《现代性的后果》，天禾译，译林出版社，2011年版，第96页。

上的不均衡性甚或极化现象,而资本主义社会制度,显然成为这一"自然现象"的强有力社会政治助力或保障。而社会主义制度变革的重要使命和合法性辩护,就是要从根本上消除导致这种不平衡性尤其是极化现象的经济社会制度条件。鉴于中国社会主义初级阶段的历史地位,一定时期内的和某种程度上的不平衡性甚或较大差距现象,是可以理解的。事实也是如此。中国的经济社会现代化发展,尤其是改革开放以来,明显呈现出了东部沿海地区、区域中心城市、某些社会阶层率先发展或致富的阶梯形、非均衡特征,而这一特征又不可避免地衍生出许多物质财富分配之外的社会文化意义上的后果。

而新冠疫情及其应对所凸显的是,这种社会物质资源与财富配置显著不均衡的经济发展格局,同进一步增强国家的社会公平程度与生态可持续性目标之间存在着明显的张力。一方面,由于不均衡的地域(城乡)物质资源配置所导致的超大规模人口流动本身,就有着明显的生态环境不可持续性后果,因为它不仅意味着庞大而复杂的厂房、设备、交通等基础设施的建设维持成本,以及相应的大量自然资源消耗,而且大大增加了新冠病毒传播的概率和管控成本;另一方面,必须正视的是,在经济社会运行因疫情防控而陷入停摆期间,恰恰是普通劳动群众尤其是一些弱势社群,不得不面临着病毒感染威胁,设法满足更为紧迫的基本生活需要,而在疫情得到缓和之后,又化身为"逆流而上的屠弱者"——成为经济社会重启的主力军。

因而,可以理解的是,强化经济发展的社会公正程度与生态可持续性水平,即致力于建设更具社会包容性和人与自然和谐共生表征的现代化,就成为新时代中国特色社会主义建设的核心性目标。但问题是,也必须更加清醒地认识到,这一目标的实现与目前并不均衡的经济发展格局尤其是自然物质和社会资源配置之间其实存在着内在张力。为此,社会主义的经济制度框架与政治追求,理应扮演一种"供给侧重构"主导者的角色,而这将是创造与制度性保障具有大众吸引力的社会主义美好生活的关键性元素。

第三节　社会主义生态文明建设的"社会愿景"及其挑战

如前文所述,古典马克思主义论域下的社会主义社会(即共产主义社会),同时意指一种特定构型的"社会关系"和"社会的自然关系",而这种社会的自然关系,既可以从经济层面或视角来理解,也可以从社会层面或视角来理解。相应地,关于社会主义生态文明及其建设的讨论,其实蕴含着两个不可分割的前提性方面:一是要求按照社会主义的基本价值目标与经济政治文化原则,来理解、对待与处置生态环境问题,二是需要整个社会基于一种社会主义质性的"社会关系"或生存生活方式。而当代中国的社会主义初级阶段性质,使得这两个方面都呈现出显著的区域与时代特征,突出体现为马克思恩格斯等经典作家所预设的未来社会主义社会的"社会愿景",与当前复杂多样的社会现实之间的巨大落差。换言之,初级阶段的社会主义社会的重要表征,就是并不完全具备一种和谐共生性质的社会的自然关系,而社会主义生态文明建设实践,则可以理解为逐步建构并达致这样一种人与自然关系的历史过程。

而笔者想强调的是,2020年新冠肺炎疫情及其应对,还凸显了更多是基于经典作家观点诠释推演的社会主义生态文明建设的"社会愿景"所面临的严肃挑战,也就是必须高度关注同时在个体、社会或国家、国际层面上,努力构建一种自觉致力于人与自然和谐共生的新型社会关系。为了便于阐述与比较,这里也将从"社会愿景"的核心构成理念和它们所面临的现实挑战这两个方面来展开。

一、社会主义生态文明建设的社会愿景所建基的"核心理念"

其一,"社会主义制度条件下的生态新人"。

在马克思恩格斯看来,"对私有财产的扬弃,是人的一切感觉和特性的彻底解放"[①]。也就是说,随着资本主义生产方式及其社会文化基础的废除,社会主义制度条件下的个人,将不仅成为全面发展的自由个体,还将同时成为具有丰富生态感知及其践行能力的"生态新人"。对此,赫伯特·马尔库塞进一步阐释说,感性的解放意味着,可以构建一种新的(社会主义的)人与人、人与物和人与自然的关系,而生活其中的新型人类个体,将会实现对自然及其生命价值的认可、尊重与保护——"他们拥有新的需要,能够找到一种不同

---

① 《马克思恩格斯文集》(第一卷),人民出版社,2009年版,第190页。

质的生活方式并构建一种完全不同质的环境"①。

对于生态马克思主义者而言,生态环境友好或生态自觉,是未来社会主义社会中的个体成员的重要品性,尽管这种品性主要是由社会主义新制度所培育和形塑的。戴维·佩珀指出,"人类不是一种污染物质,也不'犯有'傲慢、贪婪、挑衅、过分竞争的罪行或其他暴行。而且,如果他们这样行动的话,并不是由于无法改变的遗传物质或者像在原罪中的腐败:现行的社会经济制度是更加可能的原因"②。相形之下,本·阿格尔强调了未来社会主义社会中,"生态新人"对于现行生产与消费社会体制的超越特征。"我们并不仅仅需要'文艺复兴式的人',而且需要具有广泛知识才能的人,他们要能抵制僵硬分工的限制和协调的力量。对工人来说,要批判官僚化的资本主义社会,就必须超出他们目前在生产和消费中所担当的有限角色去进行思考。我们需要一种新的社会制度(包括他们在其中所担当的新的角色)。"③

而在中国政策实践层面上,生态环境科学知识的教育普及、生态文明观念的宣传推广和绿色价值观与生活方式的培育形塑,一直都是党和政府生态文明建设战略及其实施的基础性方面。无论是2012年党的十八大报告、2017年十九大报告还是2015年国家《生态文明体制改革总体方案》,都把"树立社会主义生态文明观念"和"倡导简约适度、绿色低碳的绿色生活方式"当作重要的目标任务,相信它们是社会主义生态文明不断取得进步的标志性方面与社会文化基础。

其二,"自觉致力于生态公益维护的社会与国家"。

马克思恩格斯认为,现实个体始终是社会性存在物,这在未来社会主义社会也不例外。它意味着,在未来社会主义社会条件下,个体将会有着高得多的科学文化知识素质与道德伦理品质,而广泛组织起来的社会以及至少作为一个过渡性政治实体存在的国家,将会更加自觉与有能力地扮演制度规约

---

① Herbert Marcuse, *Revolution and Utopia: Collected Papers of Herbert Marcuse*, Volume Six (New York: Routledge, 2014), p. 344.

② 戴维·佩珀:《生态社会主义:从深生态学到社会正义》,刘颖译,山东大学出版社,2012年版,第282页。

③ 本·阿格尔:《西方马克思主义概论》,慎之等译,中国人民大学出版社,1991年版,第514-515页。

和教化平台的作用。就生态环境议题而言，无论是微观意义上的自由人联合体内部及其彼此间的生产联合，还是宏观意义上的更具科学合理性与前瞻性的经济社会发展规划和自然生态保护治理，都预设了基于公共（集体）利益至上原则民主组织起来的整个社会，包括国家拥有更好地共同控制与合理调节人和自然之间物质变换的能力和手段。比如，马克思就曾指出，"只有在森林不归私人所有，而归国家管理的情况下，森林的经营才会有时在某种程度上符合全体的利益，转化为农艺学的自觉的科学的应用"①。

基于此，生态马克思主义者进一步阐发了社会主义集体主义原则及其民主国家的生态意涵。比如，保罗·柏克特重点分析了共产主义的联合劳动与生态原则的一致性。"共产主义下财富的丰富和人的全面发展是合乎生态的，因为它们在维护和改善土地及其他自然条件的共同社会责任的要求下，蕴含了自然的审美和物质使用价值。"②相比之下，詹姆斯·奥康纳则着重论述了实现对自然生态条件的调节控制，需要一个积极有为的民主国家。他认为，"原则上来说，国有制和中央计划可以使国家减少资源损耗、'消极的外在性'（譬如污染）以及对环境的宜人性质的破坏。科学和科学家在社会主义计划中所处的重要地位强化了这一原则"。因而，"正是这个国家——如果能处在市民社会的民主化控制之下——将会成为重建自然界，以及重建我们人类与自然界之间的关系的基础"③。

而在中国政策实践层面上，尽管可以想象与理解的是，无论是社会的绿色转型还是国家及其民主政治的绿化，都只能是一个逐步取得进展的渐进过程，甚至可以说，执政党及其政府所主导的经济社会现代化本身，就使得它们成为一股强大的经济主义或现代性力量并对特定时期的生态环境质量退化负有政治责任，但从未被质疑或自我怀疑的是，它们也必将是领导整个国家和社会最终走出这一绿色困境的主要政治力量。

其三，"基于生态负责与公正的国际关系新秩序（格局）"。

---

① 《马克思恩格斯文集》（第七卷），人民出版社，2009年版，第697页注释。
② Paul Burkett, *Marx and Nature: A Red and Green Perspective* (New York: St. Martin's Press, 1999), pp. 251-252.
③ 詹姆斯·奥康纳：《自然的理由：生态学马克思主义研究》，唐正东、臧佩洪译，南京大学出版社，2003年版，第412、248页。

必须看到，当前的生态环境问题国际合作或全球生态文明建设的国际环境，与马克思恩格斯基于他们时代现实所预想的图景有着天壤之别。对于他们来说，资本主义经济社会关系由于内在扩张本性及其历史进步性——"从一切方面去探索地球，以便发现新的有用物体和原有物体的新的使用属性"①，将无可避免地扩展成为一种世界性的经济社会制度范式，而与这一历史进程相伴随的，将是资本主义社会内在矛盾及其经济社会危机——当然也包括生态危机——的普遍化，并将通过随之发生的世界范围内的社会主义革命得到总体性解决。也就是说，对于马克思恩格斯而言，社会主义对资本主义的历史性替代，不仅必将是合乎生态的，还会是全球性的，而对于社会主义的新世界秩序构型的具体样态及其运行机制，他们并未做太多的探讨。

生态马克思主义者所坚持和强调的，更多是对当代资本主义国家及其集团的生态帝国主义政治与政策及其运行逻辑的批判，认为帝国主义的国际经济、社会政治与文化秩序的废除，就像资本主义生产生活方式的废除一样，是彻底克服人类社会所面临的生态环境危机所必需的。换言之，他们虽然承认生态环境危机或挑战的全球性质，但却把政治斗争的矛头和焦点指向了资本主义性质的经济社会关系架构及其社会主义替代。对此，詹姆斯·奥康纳指出，现代生态环境问题只有考虑其全球性层面时，才能获得恰当理解与解决，而未来的社会主义也理应是国际主义的，"这样一种理论和实践将同时代表着对新自由主义与现在流行的许多地方主义的变种的一种取代"②。而约翰·贝拉米·福斯特则认为，生态帝国主义与追求利润最大化一样是资本主义发展的内在动力，正是少数发达资本主义国家借助所掌控的国际经济政治秩序及其规则，通过外围国家不断加剧的生态退化，来维持自身不可持续的经济增长，从而造成了人类与自然之间关系的全球性"新陈代谢断裂"。因而，"名副其实的全球性生态革命只能作为更大范围的社会革命——而且我坚持认为是社会主义革命——的一部分发生"③。

---

① 《马克思恩格斯文集》(第八卷)，人民出版社，2009 年版，第 89-90 页。
② 詹姆斯·奥康纳：《自然的理由：生态学马克思主义研究》，唐正东、臧佩洪译，南京大学出版社，2003 年版，第 516 页。
③ 约翰·贝拉米·福斯特：《生态革命：与地球和平共处》，刘仁胜、李晶、董慧译，人民出版社，2015 年版，第 238 页。

当然，也有人比如霍华德·帕森斯，强调向社会主义的全球社会生态秩序的转变需要采取更加现实主义的策略。他认为，社会主义国家除了通过对自然生态规律的逐渐认知与运用来提升和彰显其制度优势，迫使资本主义国家做出积极适应或回应，还要主动促进着眼于全球生态环境改善的全球团结。"今天劳动人民的斗争，不仅是在社会主义存在的地方维护社会主义和在社会主义不存在的地方去创建它们，也是为了保护和改善全球环境，反对资本主义生产和交换方式对非人类自然的破坏与剥削。"①

而在中国政策实践层面上，新中国成立之后尤其是改革开放以来，对国际经济政治秩序构型的中长期判断与表述，已经从当初的推动社会主义世界变革逐渐调整为与包括发达资本主义国家在内的世界各国的和平共处、共同发展，而后者也构成了新时代中国大力推进社会主义生态文明建设的"全球社会愿景"。2012年党的十八大报告和2017年十九大报告所阐述的、基于人类命运共同体理念的推动全球生态文明建设倡议，就是对于这一愿景的最权威性表述。

二、新冠肺炎疫情及其应对在社会层面上提出的"诘问"或挑战

而在笔者看来，新冠肺炎疫情及其应对过程在社会层面上所提出的"诘问"或挑战，正是针对或指向了支撑中国社会主义生态文明建设"社会愿景"的上述核心性理念，因而需要做出严肃的反思与回答。

其一，个体层面上的自然生态尊崇敬畏与绿色生活观念风格培育问题。

经过新中国70年和改革开放40年的不懈努力，中国的经济社会现代化水平有了大幅度提高，而广大人民群众的物质文化生活水平也在迅速得到改善，尤其是在绝大部分中东部地区和大中型城市之中。这当然是一件值得庆贺的大事，标志着全国人民长期追求的全面建成小康社会目标的初步实现。但也必须看到，基本摆脱贫困和渐入富裕状态的广大人民群众，如何在遵循与自然和谐共生的前提下享受更高质量的生活，已经成为一个值得高度关注

---

① Howard L. Parsons, *Marx and Engels on Ecology* (Westport: Greenwood Press, 1977), pp. 104–105.

的问题。

毋庸讳言,中国人民正在全面步入并享受其中的高质量生活或"美好生活",其实仍主要是一种基于或仿效欧美现代生产生活方式的大众化物质文化消费。而这就意味着,从社会的自然关系的视角来说,它不可避免地体现为社会个体(特别是作为消费者)与外部自然和自身自然之间的双重关系,并且都可能呈现出其彼此并不谐和甚或矛盾的一面。就前者而言,必须承认,支撑与延续一个十四亿人口大国的现代化生产生活方式本身,就是一种庞大数量的自然资源耗费与生态环境负荷——暂且不论当前国际经济分工所决定的中国的世界制造业中心地位("世界工厂")所带来的额外负担,相应地,每一个人与外部自然界之间,其实都是一种超乎寻常的自然资源供给和环境承载紧张关系。当然,这并不是说,要因此拒斥或放弃现代化建设和现代生活本身,而是说,每一个人都要明确意识到自己享受现代高标准生活的"生态成本",并且尽量减少这种成本或有所弥补(比如在可能条件下的本地化就业和生活)。

就后者来说,不足为怪的是,衣食住行等维持生存需要得到基本满足之后,作为消费者的社会个体,很容易会走向一些奢靡性、炫耀性、扭曲性的怪异、虚拟或象征消费需要及其追求,而这种消费偏好或行为的蔓延,则很可能会同时造成对外部自然和自身自然的伤害。这方面的最典型例子,就是在中国已经长期存在但却依然屡禁不绝的野生动(植)物消费——2003年的"非典"疫情和2020年的新冠肺炎疫情,都(曾)被普遍认为多少与对野生动物的无知无度食用和非法捕猎交易相关[1],其背后则更多是非(反)科学的甚或病态的养生观念("补身强体")和错误低俗的消费观念("炫富攀比")。至于全国阻击疫情紧急情势下仍屡见不鲜的极少数个体的"生活丑态"(比如隐瞒旅行信息、拒绝自我隔离或佩戴口罩、硬闯防疫控制站点),更是像照妖镜般地拷问着我们这个时代的公民绿色生活认知和行为自觉。

---

[1] 其实,无论是"非典"病毒还是新冠肺炎病毒,也无论是它们的突如其来还是它们的骤然消失,人类科学迄今为止的了解都还是十分有限的;而更令人遗憾的是,这次全球新冠肺炎疫情应对期间日益恶化的国际环境,加剧了对于它们来源及其传播路径的非(反)科学猜测,比如不同时刻出现的关于病毒溯源的科学实验室或医疗公司的说法。

总之,"社会主义生态新人"首先是一个如何培育造就的问题①,而不能做任何理所当然意义上的前提性预设或自我宣称。

其二,社会或国家层面上的自然生态系统及其构成元素的日常制度化保护与社会成员的制度性规约问题。

应该说,疫情在中国全面暴发之后的紧急情势应对,充分显示了党和政府坚强领导下的强大社会动员组织能力与全国性资源调配能力,从而使国内疫情在相对较短的时间内、以相对较小的代价实现了较为理想的社会面控制。这无疑是应该高度肯定的,尤其是在国际比较的意义上——包括与当今世界主要发达资本主义国家的疫情应对相比。但客观地说,这次疫情发生及其应对,也暴露了国家从生物安全、自然生态保护到流行性疾病防控等方面的诸多薄弱环节和制度性缺陷。

从社会的自然关系的视角来说,它们主要体现在如下两个方面:一是对自然生态系统及其构成元素的日常制度化保护,既表现为相关法律法规的内容不够健全或不再适应社会现实需要,比如亟待修改的《野生动物保护法》,也表现为相关法律法规的执法与司法过程中的有法不依、执法不严和违法不究,比如著名的武汉华南海鲜市场的野生动物非法交易的长期管理不到位(这当然不是全国唯一的个例),以及各地地方性规章或习俗民风的日常监管督促作用的渐趋弱化甚或消失;二是对社会成员尤其是关键性少数成员的社会制度性规约,既表现为承担着某种社会监管职能的国家机关或公共部门职员的相应知识缺乏或能力责任缺失,也表现为社会少数消费者和经营群体的科学无知或"三观不正"。结果是,当新冠疫情流行之势形成时,无论是作为全国专业知识权威团体的高级别专家组、全国专门行政负责部门的国家卫健委及其下属的疾控中心,还是作为地方负责机构的湖北省以及武汉市党委政府,都未能更早做出更积极的应对处置。

可以想象,疫情发生后党和政府会顺势做出系列亡羊补牢式的政策举

---

① 刘海霞:《培塑新时代生态人:新冠疫情引发的理论与实践思考》,《兰州学刊》2020年第3期,第13-24页;欧巧云、甄凌:《习近平绿色发展观视域下"生态新人"探究》,《湖南社会主义学院学报》2019年第6期,第12-14页;周琳、李爱华:《新时代中国特色社会主义生态文明发展中的生态人培塑》,《齐鲁学刊》2018年第5期,第97-103页。

措——比如2020年《生物安全法》的迅速制定实施和启动《野生动物保护法》的讨论修订，但仍有理由追问的是，这种大规模的严重公共健康风险是否可以仅仅凭借社会或国家掌控体系及其能力的不断强化来消除[①]——如何走向一种更加健康的社会的自然关系也许更为重要与迫切。

其三，全球层面上基于"人类命运共同体"理念与价值观的重大疫情（事件）协同应对问题。

按理说，无论是作为自20世纪70年代末开始的新一轮经济社会全球化的客观性结果，还是像"只有一个地球""共同的未来"等这些广泛流行口号所深刻揭示的，地球自然生态系统对于人类社会（文明）的共同家园意涵已经是愈益清晰可见了，而"人类命运共同体"正是对这样一种新时代需要的理念和价值观的精准概括。但令人遗憾的是，国际社会对这次全球新冠疫情大流行的应对所交出的，却很难说是一份合格的答卷。

直到2020年3月26日由沙特主持召开的G20特别峰会之前，全球疫情应对在相当程度上呈现为一场由中国与世界卫生组织（WHO）所领导或从事的多少有些悲壮的孤军奋战，中间还弥漫着大量的不和谐甚或不友善的"弦外之音"。令人费解的是，阻碍许多欧美国家正确理解中国政府所采取的阻击疫情努力甚至重大牺牲并提供必要的国际援助协作，至少可以利用难得的时间差"机会窗口"做好自己国家的防疫工作的，竟然是毫不隐讳的国家间经济社会利益竞争、秘而不宣的国家安全考量角力和显而易见的文化观念偏见。而当这场疫情进入持续两年之久的下半场或欧美"主场"后，这些国家尽管不得不改变对于中国抗击疫情努力及其战果的公开立场，但却仍不情愿做出与"人类命运共同体"理念和价值观相匹配的协同抗疫努力[②]。因而，全球社会层面上更为有效的通力合作体制与机制，来应对像新冠肺炎大流行这样的重大疫情

[①] 邓雯、杨璐涵：《政治社会学视角下对国家与社会关系的再反思：基于我国应对新冠疫情的经验观察》，《新西部》2020年第10期，第63-64页；潘家华等：《新冠疫情对生态文明治理体系与能力的检视》，《城市与环境研究》2020年第1期，第3-19页。

[②] 单纯从防控策略的角度来说，所谓的"群体防疫"（即让整个社会形成足够厚重的感染者免疫屏障）或"动态清零"（即将社会上的少数感染者尽早筛选确定并进行隔离治疗）思路，事实证明都有其科学的一面，也都有其局限性。但笔者这里想强调的是，共同的保障民众健康及终结疫情目标并没有促成世界主要大国或地区采取协调一致的防疫策略，反而进一步降低或恶化了国际社会的相互合作与信任水平。换言之，抗疫这一公认的"低政治"议题却产生了"高政治"领域的效果。

或紧急事件,已成为当代人类社会(文明)在社会的自然关系上的一个最大"供给短缺"(尤其是相对于民族国家和社会个体层面而言)。而并非不可能的是,这场疫情过后国际社会的制度化合作水平,也许会走向相反的方向。①

而从中国社会主义生态文明建设的国际环境来看,这次全球重大疫情应对无可辩驳地成为展示不同社会制度条件下社会的自然关系不同特质的舞台或"秀场"。这并不是说,中国在疫情的发生与应对过程中没有任何过失和缺点——尤其是在2022年年末、2023年年初的后期收尾阶段②,但相比之下,资本主义制度体系下的大多数欧美国家显然暴露或凸显了严重得多的问题。因而理应明确,尽管对病毒及其传播本身的政治与意识形态化阐释或"污名化"是错误的③,更不能过分强调或夸大疫情之下的国际社会间的合作互助障碍或猜忌,但不同社会制度条件下的重大疫情(事件)处置以及社会的自然关系基本构型,却绝不是政治与意识形态中立的,即便它们被(人为)饰以文化甚或种族多元性的伪装或托辞。④ 然而,真正吊诡的是,也许恰恰因为这种社会制度框架以及背后的意识形态层面上的难以弥合歧异,中国所一直期望和促动的、作为社会主义生态文明建设"全球社会愿景"的"基于生态负责与公正的国际关系新秩序(格局)",似乎在变得更加未来不确定而不是趋于清晰⑤,至少不再是一种可以轻易实现的图景。

---

① 《"新冠疫情之后,世界秩序将何去何从?"》,美国《外交政策》2020年3月20日;李小云:《全球抗疫战:新世界主义的未来想象》,https://www.thepaper.cn/newsDetail_forward_6889995(2020年4月9日)。

② 自2023年1月8日起,中国的新冠疫情防控从2020年1~4月的"超常规应急围堵阶段"和此后的"常态化疫情防控阶段"进入"乙类乙管新阶段",而正是在这个"转段"节点上,出现了始料未及的较大范围与数量的人群尤其是老年群体感染病故问题,并导致了一定程度的医疗资源挤兑现象。

③ 陈培永:《马克思对"打病毒政治牌"的批判》,《北京日报》2020年3月23日。

④ 韩欲立、陈学明:《新冠疫情背景下国外左翼学者对资本主义和社会主义的双重反思》,《武汉大学学报(哲社版)》2020年第5期,第16-24页;弗朗西斯科·马林乔、李凯旋:《社会主义制度应对新冠疫情的有效性:来自中国的启示及对西方的反思》,《世界社会主义研究》2020年第5期,第61-65页、94-95页。

⑤ 李义虎:《无政府、自助,还是人类命运共同体? 全球疫情下的国际关系检视》,《国际政治研究》2020年第3期,第20-25页。

第四节　社会主义生态文明建设的"进路难题"及其挑战

必须明确,古典马克思主义论域下的社会主义社会(即共产主义社会),不仅是作为资本主义社会历史性替代的未来社会的科学构想或愿景,还是关于如何走向这一未来新型社会的变革道路及其战略,其要义是通过基于对社会历史运动规律科学把握的广大劳动群众(工人阶级)的组织化革命性实践来最终实现。因而,无论是把生态环境议题理解为这场深刻社会历史变革的有机组成部分或"薄弱环节",还是把社会主义生态文明建设本身理解为一个包含诸多层面和丰富内容的向绿色理想社会过渡或社会生态转型过程,都需要深入思考两个道路选择及其行动战略层面上的问题:一是施动者或代理人问题,即如何确定绿色变革者和被变革对象,尤其是绿色变革者的集体行动和个体观念行为何者具有政治优先性;二是驱动力和突破口问题,即如何把握绿色变革或转型的持续动力机制与革命时机的关系,特别是经济变革基础决定作用和社会文化政治动力的关系,而这也就是环境政治学所指称的所谓绿色变革"进路难题"[①]。

而在笔者看来,对2020年新冠肺炎疫情及其应对过程对于中国社会主义生态文明建设影响的思考,也应特别关注它们所提出和凸显的这样一些"进路难题"意义上的挑战[②],即这场疫情之后人们是否以及在何种意义上更认同或趋近一种社会主义生态文明的未来。与对前两个问题的讨论相一致,这里也分别从既有理论认知与现实问题挑战这两个侧面来谈。

一、社会主义生态文明建设的路径机制的"传统认知"

其一,"集体行动(或'阶级斗争')的优先性"。

对于古典马克思主义而言,无产阶级政党领导下的阶级斗争,是推动和

[①] 安德鲁·多布森:《绿色政治思想》,郇庆治译,山东大学出版社,2012年版,第119-172页;戴维·佩珀:《生态社会主义:从深生态学到社会正义》,刘颖译,山东大学出版社,2012年版,第148-159页。

[②] 郇庆治:《深入探讨社会主义生态文明建设的"进路"难题》,《毛泽东邓小平理论研究》2020年第1期,第29-31页。

最终实现资本主义社会的社会主义变革的主要途径。这其中，伴随着社会生产力的不断发展而逐渐壮大、自觉意识到其社会主义革命主体地位并诉诸组织起来的政治行动的无产阶级，是至关重要的，而结果则是一个社会主义生产关系基础之上的人与人、人与自然和谐相处的新社会，因为"生产资料由社会占有，不仅会消除生产的现存的人为障碍，而且还会消除生产力和产品的有形的浪费和破坏"①。

应该说，绝大多数生态马克思主义者，都既承认社会主义制度条件下的生产生活方式的生态友好性质，也接受了无产阶级集体行动主导的或进一步与生态运动联合的绿色变革道路。比如，詹姆斯·奥康纳强调，一种合乎生态的社会主义，应当同时实现资本和国家向更为社会化的生产方式与生产条件形式的深刻转变，而这也就意味着，传统劳工运动与生态运动等新社会运动必须联合成为一种统一性力量，因为"在全球资本的总体化力量面前，单个社会运动相对来说是软弱无力的"②。相比之下，戴维·佩珀不仅信奉社会主义原则本身的生态友好特质，还明确承认无产阶级集体行动在生态社会主义革命战略中的主导性意义，"作为集体性生产者，我们有很大的能力去建设我们需要的社会。因此，工人运动一定是社会变革中的一个关键力量"③。也就是说，生态马克思主义虽然并不否认个体观念与行为变革的意义，但却明确将有组织的集体行动置于政治优先地位。比如，佩珀就指出，"社会主义的关注点既是个体及其潜能的实现，也是集体利益的促进"④。

当然，也有一些生态社会主义者比如安德烈·高兹，认可并强调了社会个体的自发行动与价值观念变革，对于整个社会生态理性的形塑和支撑作用。在他看来，高度自治的市民社会，能够使个体以不同的方式和目的利用自己的时间和资源，从而重塑个体的自由个性和多样化的生活方式，并根据自身需求和偏好及时调整共同体的生产，最终促进社会与自然之间的良性互动关

---

① 《马克思恩格斯文集》(第九卷)，人民出版社，2009年版，第299页。
② 詹姆斯·奥康纳：《自然的理由：生态学马克思主义研究》，唐正东、臧佩洪译，南京大学出版社，2003年版，第400页。
③ 戴维·佩珀：《生态社会主义：从深生态学到社会正义》，刘颖译，山东大学出版社，2005年版，第284页。
④ 郇庆治(主编)：《环境政治学：理论与实践》，山东大学出版社，2007年版，第107页。

系，而社会资源共享、自我管理与自决活动空间的不断拓展，正是社会主义的内在要求。① 因为，"在复杂的制度中，所有寻求通过统一制度和真实生活、统一功能性他律工作和个人活动来消灭异化的企图，其后果都是灾难性的"②。

而在中国政策实践层面上，如果说生态环境保护治理还被更多视为一种主要由政府相关部门承担的公共管理政策及其落实，那么，生态文明及其建设则被普遍理解为一个党和政府统领下的有组织的绿色变革或转型过程。这其中，变革主体和变革对象之间并没有截然区分的界限，因为人民群众都已直接或间接地参与到社会主义经济社会文化制度体系及其运行的管理，而且，无论是社会精英还是普通民众，都可以成为不同场景下的变革（教育）者或被变革（教育）者，因为他们都拥有对于整个社会绿色转型或重构的相同的民主权利。

其二，"经济变革进路的优先性"。

在马克思恩格斯看来，由于资本主义生产方式对整个资本主义社会体系的决定性影响，反抗、废除资本主义生产关系从而在根本上重建现代社会的经济基础，就构成了社会主义运动的核心性目标，而建立在社会主义制度条件下的经济生产与生活，将会呈现出一种本质性的不同，并为更深刻的社会文化革新奠定基础。"因此，建立共产主义实质上具有经济的性质，这就是为这种联合创造各种物质条件，把现存的条件变成联合的条件。"③

应该说，大部分生态马克思主义者，在继承这种经济生产方式变革在生态社会主义社会创建中具有基础性作用的观点的同时，也在不同程度上意识到并承认社会政治文化动力的重要作用——同时在资本主义动力机制的阻碍作用和社会主义动力机制的促进作用的意义上。比如，戴维·佩珀指出，"'真正'的社会主义与共产主义的生态仁爱性的关键在于它的经济学"④。也就是说，在他看来，如果没有经济基础层面或物质生产方式上的改变，那么，

---

① André Gorz, *Ecology as Politics* (Boston: South End Press, 1980), p. 40.
② 安德列·高兹：《资本主义，社会主义，生态：迷失与方向》，彭姝祎译，商务印书馆，2018年版，第14页。
③ 《马克思恩格斯文集》（第一卷），人民出版社，2009年版，第574页。
④ 戴维·佩珀：《生态社会主义：从深生态学到社会正义》，刘颖译，山东大学出版社，2005年版，第145页。

绿色的社会制度与价值变革就不可能成功地或内在一致地发生。相形之下，安德烈·高兹更加强调精神文化革新在生态社会主义社会创建中的积极作用。他认为，未来新型社会将意味着"从一个生产主义的、以劳动为基础的社会向一个拥有自由时间的社会的转变，在其中，文化与社会被赋予了比经济更大的重要性，简言之，就是向德国人所说的'文化社会'的转变"①。

当然，他们无论是对经济生产方式变革还是社会政治文化动力的重要性的强调，都展现出了日趋明显的环境（生态）主义思维或考量。比如，戴维·佩珀曾提到，"最终的自然限制构成人类改造自然的边界"②，认为社会主义生产方式也必须做到在自觉尊重自然限制和规律的基础上合理地利用自然，在满足不断丰富和复杂的人类需要的同时，保持令人愉悦的生态环境，而安德烈·高兹则明确讨论了经济理性的界限及其自然物质前提，提出"保护自然资源比征服自然资源、维持自然循环比破坏自然循环更有效率且更具生产力"③。

而在中国政策实践层面上，社会主义生态文明建设作为党和政府所积极倡导、发动与推进的重大国家战略，同时具有强烈的公共政策体系重构、治国理政方略拓展和政治意识形态革新意涵，因而也就绝不只是经济生产与生活方式层面上的渐进式变革的问题，但与此同时，遵循马克思主义的唯物史观，一种社会主义质性的生态文明经济的创建，也被普遍认为具有特别重要与基础性的意义。

二、新冠肺炎疫情及其应对在进路机制层面上提出的"诘问"或挑战

那么，新冠肺炎疫情及其应对过程，对于中国社会主义生态文明建设实践所提出的"进路难题"意义上的挑战又是什么呢？笔者认为，如下两点也许是尤其值得关注的。

其一，社会主义生态文明建设实践中的人民主体地位及其制度化问题。

---

① André Gorz, *Critique of Economic Reason* (London: Verso, 1989), p. 183.
② 戴维·佩珀:《生态社会主义：从深生态学到社会正义》，刘颖译，山东大学出版社，2005年版，第283页。
③ André Gorz, *Ecology as Politics* (Boston: South End Press, 1980), p. 16.

无论就其最终目标还是现实推进成效来看，社会主义生态文明建设在根本上都依赖于最广大人民群众的意识自觉与创新性实践，但无须讳言，鉴于社会主义初级阶段的具体国情，现实中的生态文明及其建设，还明显呈现为一种中国共产党及其领导政府作为主要倡导者与推动者的"自上而下"的社会政治动员和组织，因而它的健康推进和实践效能，将在很大程度上取决于能否逐渐外溢成为一种更可持续和广泛的"双向互动"①。需要指出的是，从生态文明建设或绿色变革的主体视角来看，这种互动性或人民主体性包含着如下两个层面：一是社会个体的民主权益保障与作用发挥，二是社会个体的认知行为绿化与自我成长。唯有二者兼备，社会主义生态文明建设，才能最终发展成为一种既符合社会历史规律要求、又具有相应的政治文化自觉的"集体行动"。

但客观而言，新冠疫情及其应对所强调或彰显的，却更多是"集体行动的绝对优先性"。一方面，面对突发疫情这一重大公共健康安全事件，党和政府理所当然地承担起了强力维护社会秩序、统筹调配物质人力资源、最大程度保障公民健康安全的全面领导责任；另一方面，在社会和基层社区层面上，虽然也有大量的社群和个体自主性抗疫参与行动，但最重要的则是，全体市民（公民）主动遵守配合围绕疫情防控需要所制定的各种制度规定。这其中，最具根本性的，则是党和政府与最广大人民群众之间的利益一致性和高度互信——"以人民健康为中心"，而事实也充分证明，这种"准战时体制"对于应对新冠疫情这样的高风险突发事件是必要的和有效的。

就此而言，这一极端性事件，对于检验和推进我国公共治理体系和治理能力的现代化是大有裨益的②，但也必须看到，它对于巩固与扩大我国社会主义生态文明建设的"人民主体地位"的借鉴参考价值是有条件的，甚或是双重性的。尤其是，极端和暂时情形下的无论是党和政府的总体上高效负责的应急管理体制与能力，还是绝大多数人民群众的担当、合作与牺牲精神，都并不能取代全社会需要通过更加努力的长期性付出和改变，来逐渐创造一种资

---

① 郇庆治：《充分发挥党和政府引领作用，大力推进我国生态文明建设》，《绿色中国》2018年第9期，第42-53页。

② 俞可平：《新冠肺炎危机对国家治理和全球治理的影响》，《天津社会科学》2020年第4期，第70-73页。

源节约与生态环境友好的社会主义生产和生活,而绝非仅仅是如何改变少数经济富裕却具有不良消费嗜好社群的观念与行为的问题。

其二,社会主义生态文明及其建设的经济基础拓展问题。

依据唯物史观,不言而喻的是,社会主义生态文明的未来图景,离不开一种社会主义生态文明经济的基础性支撑。而就中国的现实实践而言,这样一种生态文明经济基础的创建和中国特色社会主义制度框架的不断完善,是一个相互依赖、彼此促进的动态过程。也就是说,无论是过去40年左右的全面建设"小康社会",还是进入新时代的全面建设"社会主义现代化国家",都是在中国特色社会主义现代化发展的话语与政策框架下展开的,也是生态环境保护治理或生态文明建设意涵在其中占有日益重要的分量的过程。依此而论,社会主义生态文明建设,其实就是中国特色社会主义从初级阶段向中高级阶段跃迁的一种"红绿"自我转型。[①] 对此,2017年党的十九大报告从社会主要矛盾的阶段性变化视角所做的关于社会主义生态文明建设重要性的阐述,是十分正确而深刻的。尤其需要强调的是,社会主义生态文明视域下的"绿色经济",必须同时是符合或趋近社会主义政治和生态可持续性原则的。

但客观地说,新冠疫情及其应对所强调或凸显的,更多是中国改革开放以来积累构筑起来的强大经济实力和完整工业体系。基于此,一方面,党和政府可以做出更容易得到公众理解与支持的断然性应对举措,比如对于像武汉这样的超大都市采取封城措施和对所有患者进行不加区别的免费诊治,另一方面,这一经济体系可以在相对不利的国内外环境下保持较强的抗挫韧性和自我调整能力,并保持国际社会的信心。

因而可以认为,坚持三年之久的来之不易的抗疫成果——全球新冠疫情持续肆虐之下的"安全孤岛状态",在很大程度上是对中国社会主义现代化经济发展政策及其成就的验证。但也必须承认,这一巨大成功对于构建和拓展中国社会主义生态文明建设的经济基础的借鉴参考价值,同样是有条件的,甚或是双重性的。这里的最大挑战,还不是如何确保(促进)社会主义政治与文化对于这样一个庞然大物式的经济实体的"红色规约",而是如何继续努力

---

① 郇庆治:《前瞻2020:生态文明视野下的全面小康》,《人民论坛·学术前沿》2016年第18期,第65-73页。

直至实现对现实中的各种绿色经济样态及其运行机制的"真实绿化"。换言之,即便在大力推进社会主义生态文明建设的话语与政策背景下,"经济生态化"和"生态经济化",也并不必然呈现为一种社会主义的生态文明经济或经济社会发展的全面绿色转型。如果再考虑到这次疫情过后很可能会风行一时的世界性"内卷化"经济与政治①,这种担心决非只是庸人自扰而已。

结　语

如上所述,社会主义生态文明理论及其研究,决不仅仅意指马克思恩格斯人与自然关系或生态思想的文本诠释或再阐释,更在于结合时代条件对于合乎生态可持续性原则的社会主义价值理念与制度构想的持续推进,而那些发生于特殊时间节点的、具有深刻影响的重大事件,往往会扮演一种"临门一脚"的助推者角色。笔者认为,始于2020年初的全球新冠肺炎疫情大流行及其应对,就是这样一个具有形塑社会主义生态文明建设理论认知与未来发展潜能的重大事件。

一方面,我们更加清楚地意识到,更多是基于马克思主义生态学或广义的生态马克思主义的关于社会主义生态文明未来愿景的许多理论构想或"常备剧目",与中国的社会主义生态文明建设实践之间,其实还存在着显而易见的区别甚或"落差"。这意味着,实践过程中只能从中国特色社会主义现代化发展所处的历史阶段和国际环境,来扎实推进社会主义政治与生态可持续性考量的现时代和中国化结合,尤其是不能热衷于那些并不具备现实条件的社会主义和生态主义理念的普遍制度化与过于激进的社会生态转型战略②。比如,既不能借助社会主义的政治手段或途径,来激进引入推动生态主义性质的个体价值观与行为方式变革,也不能用生态主义性质的道德伦理态度与选择,来评判甚至绑架社会主义的现实发展政治和政策。

---

① 周大鸣、郭永平:《谱系追溯与方法反思:以"内卷化"为考察对象》,《世界民族》2014年第2期,第9-15页;郭继强:《"内卷化"概念新理解》,《社会学研究》2007年第3期,第194-208、245-246页。

② 王雨辰:《构建中国形态的生态文明理论》,《武汉大学学报(哲社版)》2020年第6期,第15-26页。

另一方面，我们也更加清醒地认识到，同时基于社会主义政治和生态可持续性考量及其二者有机融合的历史和理论自觉，是社会主义生态文明建设实践切实持续取得成效并最终获得成功的前提性条件。这意味着，经历过这场严重疫情之后，实践过程中既需要从一种崭新的时代语境和理论视野来思考，诸如从安全健康的个体日常生活到合理正当的社会的自然关系、从科学界定的美好生活需要到公平民主的需要社会满足方式、从超大都市上海的不夜城景色到亚马孙森林的生物多样性保持等重大基础性问题，其核心是如何在创造出生态友好与负责的社区、社会和国家的同时成为地球生命共同体中的合格"公民"①，也需要深入思考并主动接纳社会主义与生态主义政治话语和政策，在当代中国背景语境下的内在一致性，扎实推进中国特色社会主义生态文明建设。② 这其中，除了不言而喻意义上的中国共产党作为马克思主义执政党领导下的对于社会主义基本经济社会与文化制度框架的政治坚持及其不断完善，同样重要的是，逐渐引导最广大人民群众将人与自然和谐共生的价值伦理观念嵌入到对于社会主义美好生活新意象的创造、认同和践行。相应地，"绿色"将逐渐展现为社会主义的突出表征或内在本质，而"红色"则终将成为生态主义的政治趋向或实践逻辑。

---

① 王雨辰：《从"支配自然"向"敬畏自然"回归——对现代性价值体系和工业文明的反思》，《江汉论坛》2020 年第 9 期，第 11-16 页。

② 郇庆治：《生态文明理论及其绿色变革意蕴》，《马克思主义与现实》2015 年第 5 期，第 167-175 页。

第八章
论社会主义生态文明经济

　　探讨"社会主义生态文明经济"这一概念或论题的主要理论基础，是广义的生态社会主义、生态马克思主义或马克思主义生态学①——同时意指对各种形式的"绿色资本主义"或"生态资本主义"的批判性分析和对合乎生态准则的社会主义未来社会的政治愿景或构想，而它的直接性背景和语境，则是进入21世纪以来重要性不断得以凸显的当代中国的社会主义生态文明理论与实践。必须指出的是，这里的"社会主义生态文明"不同于一般意义上的或政治中性的"生态文明及其建设"，对社会主义政治宗旨或传统的考量是它的理论自觉或政治前提，即明确指向生态环境问题挑战或危机应对的社会主义思路与方向，而不是欧美新自由主义版本或一般资本主义的思路与方向。与此同时，生态文明的"社会主义"前缀，并不意味着需要新引入一种截然不同的政治意识形态和制度框架，而是聚焦于现存制度架构在执政党统领下的渐进而全面的社会整体转型，即当代中国的"社会主义初级阶段"向更加清晰的生态文明和更加成熟的社会主义社会的自觉趋近或"社会生态转型"。

　　相对于社会主义生态文明这一伞形术语，"社会主义生态文明经济"更像

---

① 郇庆治：《马克思主义生态学导论》，《鄱阳湖学刊》2021年第4期，第5—8页；田兆臣：《戴维·佩珀生态经济思想的生成及其内涵》，《国外理论动态》2020年第2期，第25—32页；蔡华杰：《社会主义生态文明的"社会主义"意涵》，《教学与研究》2014年第1期，第95—101页；郑国诜、廖福霖：《生态文明经济的发展特征》，《内蒙古社会科学（汉文版）》2012年第3期，第102—107页。

是一个领域性或构成性的次阶概念，比如人们经常指称的"五位一体"意义上的生态文明的经济、政治、文化、社会与生态环境治理，因为它们之间显然是密切联系和互为支撑的。但必须强调的是，其一，依据马克思主义的唯物史观，经济的基础性决定作用，对于社会主义生态文明建设是同样有效的。也就是说，如果不能够逐渐创造出一种新型的符合社会主义生态文明原则的经济，它的政治、文化、社会与生态环境治理将会是昙花一现或空中楼阁，而作为整体的社会主义生态文明也将难以持续存在。这丝毫不意味着否定政府、执政党、社会制度与大众宣传教育等因素的绿色先导或促动作用，然而，在强调社会主义政治或文化在这些方面的自主性和能动性时，必须充分考虑到人性私利的或以自我为中心的一面。其二，社会主义生态文明经济，也是一个包含理念、制度、政策、落实等要素环节的系统性整体，意味着不充分考虑政策落实效果与所处环境的建设实践和不充分考虑理念与制度构架合理性及其改革的建设实践，都是片面的或短视的。相应地，社会主义生态文明经济的孕育成长，应同时包括新经济理念、原则、尝试的系统性引入和它们在制度与政策层面上的规范化及其落实。

基于此，笔者认为，"社会主义生态文明经济"的话语体系建构及其实践，不仅需要逐步设想出并在现实中引入具象化的新型绿色产品产业、技术工艺和生活消费，还必须创建并践行一种激进的社会主义生态文明的政治经济学或"社会主义生态政治经济学"[①]，从而提供整个社会向这些新经济样态或生产生活方式渐趋转型（"社会生态转型"）的现实可能性与进路。

第一节　生态社会主义视域下的"生态经济"：批评与构想

概括地说，对资本主义经济的反生态本质的揭示批判和对社会主义经济的生态表征的阐释构想，是20世纪60年代末、70年代初形成的生态社会主义或生态马克思主义学派所持续关注的主题。但具体而言，生态社会主义理

---

① 海明月、郇庆治：《马克思主义生态学视域下的生态产品及其价值实现》，《马克思主义与现实》2022年第3期，第119—127页。

论家的这些批判性阐述,不仅针对着颇为复杂的言说对象,比如侧重于对传统资本主义经济的生态批判、对当代绿色(生态)资本主义经济的批判、对现实社会主义经济的生态批判、对生态自治(无政府)主义经济的批判等,而且呈现为一个不断演进中的动态过程,比如在 20 世纪 70~80 年代、90 年代初、2000 年前后、2010 年以来等不同时期的理论批评[①]。接下来,笔者将通过一种简略的学术文献史考察,力图阐明生态社会主义社会条件下的"生态经济"的理论与政策意涵,是如何得以逐渐走向明晰的(尽管依然存在诸多而深刻的歧见)。

一、生态社会主义的生态经济批评与构建的三个维度

1. 对传统或典型资本主义经济的生态批判

就主题来说,对传统或典型资本主义经济的生态批判,是生态社会主义或生态马克思主义理论阐发与构建的起点。对此,约翰·贝拉米·福斯特2002 年出版的《生态危机与资本主义》,较为详细地阐述了资本主义经济的反生态本性及其生态帝国主义特征。在他看来,"生态和资本主义是相互对立的两个领域,这种对立不是表现在每一个实例之中,而是作为一个整体表现在两者之间的相互作用之中。这种观点与以往将当前全球性生态危机主要归咎于人类固有的本性、现代性、工业主义或经济发展本身的认识不同,它以真凭实据说明人类完全有望在克服最严重的环境问题的同时,继续保持着人类的进步。但条件是,只有我们愿意进行根本性的社会变革,才有可能与环境保持一种更具持续性的关系"[②]。可以说,这段话构成了生态马克思主义关于资本主义经济必然导致生态危机(衰败)的范例性阐述,即资本主义与生态是根本对立或内在冲突的(这也是该书英文标题的原意),或者说,资本主义在生态、经济、政治和道德等方面都是不可持续的,而只有社会主义性质的根本变革,才能够或可能在克服生态危机的同时保持经济社会进步。

[①] 姚晓红、郑吉伟:《资本主义社会再生产的生态批判:基于西方生态学马克思主义的阐释》,《当代经济研究》2020 年第 3 期,第 1—9 页;杨方:《国内生态批判理论研究述评:以生态学马克思主义理论为研究视角》,《学术探索》2018 年第 8 期,第 1—9 页。

[②] 约翰·贝拉米·福斯特:《生态危机与资本主义》,耿建新、宋兴无译,上海译文出版社,2006 年版,前言第 1 页。

第八章 论社会主义生态文明经济

对于前者,福斯特认为,在资本主义制度下,无论是经济结构的转型升级(比如增长与资源"脱钩"或"去物质化"),还是经济管理与能源技术水平的改进提高(比如"自然商品化""生态资本"和"绿色技术"),都不会从根本上扭转其工业和资本实现积累的结构或发展模式;这种发展模式将使得自然生态日益屈从于商品交换的需要或资本增值的逻辑,从长远来看,则会不可避免地对生态环境产生灾难性的影响。相应地,资本主义与生态的这种内在性对立,决定了人类社会所面临着的生死抉择:"要么摒弃阻挠把自然与社会和谐发展作为建立更公正社会秩序的最基本目标的一切行为,要么面对自然后果,即迅速失控的生态与社会危机及其对人类和众多其他与我们共存物种所造成的无可挽回的毁灭性后果。"①

不仅如此,在他看来,当代资本主义经济的重要表征,是它在地理空间上的全球化拓展以及相应的资本逻辑的全球层面呈现。比如,人们固定居所的逐渐消失以及对地球某一区域归属感的渐趋失落,就与资本主义制度及其蕴含着的生态帝国主义倾向的全球化扩展密切相关,而向广大发展中国家进行的公开的废弃物和垃圾倾销所展现的,则是明目张胆的经济与政治霸权。

对于后者,福斯特提出,人类未来在于一场针对并最终取代资本主义制度或生产方式的"社会和生态革命"——即"沿着社会主义方向改造社会生产关系",从而引入资本主义制度本质上不可能提供的、对于人类持续干预自然的"理性制约措施",并致力于满足人们的真正需要和社会与生态可持续发展的要求②。在他看来,"我们需要的是一个根据直接生产者的需求民主地组织起来的、强调满足人类整体需求(超越霍布斯的个体概念)的生产体制。这一切必须理解为与自然的可持续性相联系,也就是与我们所了解的生活条件相联系",因而它将更多呈现为超越相互关联的人种、阶级、帝国压迫、环境掠夺等议题的"为环境公正而进行的斗争"③,尽管这场斗争的首要对象依然是日

---

① 约翰·贝拉米·福斯特:《生态危机与资本主义》,耿建新、宋兴无译,上海译文出版社,2006年版,第17页。

② 约翰·贝拉米·福斯特:《生态危机与资本主义》,耿建新、宋兴无译,上海译文出版社,2006年版,第72页、96页、71页。

③ 约翰·贝拉米·福斯特:《生态危机与资本主义》,耿建新、宋兴无译,上海译文出版社,2006年版,第34页。

益走向全球化的"踏轮磨坊的生产方式",并且抗拒这种生产方式的主要社会力量仍将来自社会下层民众、来自大众性社会运动,而不是分散行动的个体。

此外,他还特别强调,致力于生态转型和创建可持续发展社会的生态社会主义变革,需要用崭新的民主化国家政权和大众权力之间的合作关系,来取代原来的国家与资本之间的庇佑关系,并在此基础上尝试"从正面而不是负面取代资本主义"的各种现实可能性,尤其是找到一条通往更理性的经济社会形态的路径——这种形态将不再建立在以人类和自然为代价的积聚财富的基础上,而是在公正与可持续性的基础上[①]。

相比之下,萨拉·萨卡 1999 年出版的《生态社会主义还是生态资本主义》,更多基于"增长极限范式"阐述了当代资本主义制度在经济与道德两个层面上的不可持续性,或实现绿色自我革新的不可能性。[②]

对于前者,萨卡认为,无论是执迷于"自由市场的典雅与美德"的生态市场原教旨主义者(相信资本主义市场经济内部可以利用的经济手段和机制尤其是价格机制是应对生态环境问题的最好手段),还是迷恋于国家干预的积极作用的生态凯恩斯主义者(相信可以借助国家行政的力量来促进生态环境问题的解决与绿色经济的发展),都无法实质性克服如下一系列难题:资本主义市场经济机制本身的私利性(或短视性)而很难充分考虑他人(或子孙后代)的利益关切、资本主义生产的消费导向及由此所决定的过度竞争特征(比如越来越倾向于技术革新或替换)所造成的资源使用无效与严重浪费(尤其是人力资源)、资本主义经济内在的增长冲动和走向可持续状态所要求采取的经济收缩过程(阶段)之间的矛盾、企业家对狭义经济增长的执着与社会整体公益增加目标之间的不一致性、日益世界一体化经济(市场)对于国家或区域性生态政策的限制以及由此造成的全球层面上不可持续性的增加,如此等等。

因而,在现存的资本主义制度框架下,基于可再生资源(能源)的稳态经济不可能真正建立起来。"一个非常普遍的幻想是:科学与技术的进一步发展以及科技的进一步强化应用,将会使人类能够克服生态危机,在拯救工业社

[①] 约翰·贝拉米·福斯特:《生态危机与资本主义》,耿建新、宋兴无译,上海译文出版社,2006 年版,第 72、128-129 页。

[②] 萨拉·萨卡:《生态社会主义还是生态资本主义》,张淑兰译,山东大学出版社,2008 年版,第 18-24、174-223 页。

会的同时使南方国家得到可持续发展……另一个普遍的幻想是：一些局部性经济革新，如污染许可证、生态税改革等，将会使今天的资本主义转变成生态资本主义……但我认为，这些解决方案（往往被概括为'工业社会的生态重组'或'生态社会的市场经济'）都是幻想。"①

对于后者，他强调指出，"如果稳态的或生态的资本主义获得预期成功的基本条件是道德的提高、合乎伦理的行为与合作——我相信，对任何类型的资本主义而言，这些条件都是不可能满足的，因为它们与资本主义的本质相矛盾"②。因而，绿色资本主义信奉者或迷恋者的各种善良愿望和主张，比如国家在社会经济转型过程中发挥"既让市场自主发展、又驾驭它"的积极作用，减少（或提高）国内外层面上的资源消耗与物质财富分配上的不平等（或平等），为市场经济提供基于合作而不是竞争的"必需的道德框架"等，由于与资本主义的本质相矛盾，都是无法实现的。换言之，当代资本主义国家的经济不可能自动实现从资本主义增长范式中的有序撤离，或向社会主义稳态经济的渐进转型。

2. 对现实或古典社会主义经济的生态批判

对现实或古典社会主义经济的生态批判，主要是指对以苏联东欧国家为代表的"现实的社会主义"经济模式及其生态环境破坏后果的批评。

对此，安德烈·高兹1991年出版的《资本主义、社会主义、生态》，做了较为集中的反思性讨论。在他看来，包括现实社会主义和共产主义社会等在内的这种"社群社会"，都基于一个整体统一性社会的预设，即人们能够凭借自己的切身经验感知并从所有人的需求或利益出发，去有意识地掌控整个社会系统的运行，而苏联、东欧国家的实践挫败表明，这种设定与日益差异化、复杂化和专业化的现代工业经济发展存在着不一致甚或矛盾。其实际情形是，旨在保障这一社会系统有序运行尤其是次经济领域自主性的苏维埃制度，比如负责经济五年计划的政府官僚机构，其异化程度要比资本主义制度下的市

---

① 萨拉·萨卡:《生态社会主义还是生态资本主义》，张淑兰译，山东大学出版社，2008年版，第4页。

② 萨拉·萨卡:《生态社会主义还是生态资本主义》，张淑兰译，山东大学出版社，2008年版，第221页。

场法则更甚。这是因为，现实社会尚未分化为相对自主并且可以良性互动的领域和机构，使得苏维埃制度中的政治—行政决策，无法根据真实的经济环境及实际需求做出调整。结果是，这一制度同时具有前工业社会和工业资本主义社会两者的缺陷，却并没有它们的优点。

尽管如此，他坚持认为，始终致力于为超越资本主义而斗争的社会主义运动——如今既不再是一种社会秩序模式也不能理解为一种替代性制度——的目标，"曾经是，并且今天仍然是限制经济理性的辐射范围，换言之，即限制市场和利润逻辑，使经济和技术沿着经过深思熟虑与民主辩论的模式与方向发展，把经济目标和公开并自由表达切身需求结合起来，从而不再创造只以资本扩张和商业发展为目标的需求"，而需要解决的核心问题则在于"保持国家、文化、司法、言论甚至经济的相对独立，同时不放弃对经济和技术发展的重塑，引导其走社会—生态之路"①。也就是说，在他看来，对当代资本主义经济进行生态重建的政治意涵是，将经济理性（重新）置于生态—社会理性统摄之下，尤其是重构我们的生活世界，比如对需求自我设限，而不只是带有专断和技术官僚色彩的国家干预，并积极探索社会主义性质的多样化劳动及其机会的合理调配。

不仅如此，高兹还认为，德国社会民主党着力于生态重建或"生态现代化"的1989年《柏林纲领》，虽然提出了关于经济各领域尤其是工农业系统、交通运输系统、技术体系进行生态转型的系列政策主张，从而显示了其经济的生态现代化转型前景的乐观一面——逐渐让以产出与收益最大化为宗旨的经济准则服务于社会生态准则，即实现从资本主义向社会主义的渐进转变，但也凸显了这其中如何协调生态理性与经济理性之间的内在冲突、如何妥善处理生态重建带来的"去劳动（物质）经济"后果等难题。因为，就前者而言，"产出的经济准则和爱惜环境的生态准则有着本质的不同"，二者遵循完全不同或彼此对立的逻辑；就后者来说，"总体而言，工业和经济运行不能指望靠生态重建来改善，而应该想到，若没有生态重建，情况只会更糟"②。

---

① 安德列·高兹：《资本主义，社会主义，生态：迷失与方向》，彭姝祎译，商务印书馆，2018年版，第10、13页。

② 安德列·高兹：《资本主义，社会主义，生态：迷失与方向》，彭姝祎译，商务印书馆，2018年版，第51页。

总之，在他看来，"生态理性以'生活得更好但劳动更少、消费得更少的社会'为目标。生态现代化要求投资不再服务于经济增长而是经济减速，即缩小现代意义上的经济(译文是生态——引者注)理性的辐射范围……所以我们应使用性质完全不同的标准，从而减少使用可衡量的生产率标准。当这些新的标准在公共政策和个人行为中战胜资本逻辑、使用非经济目的手段将经济理性置于次要地位时，资本主义便会被超越，从而诞生一种不同的社会甚或文明……即在不取消资本的自主性和逻辑意义的前提下，实现对资本主义的消灭"①。

相形之下，萨拉·萨卡的《生态社会主义还是生态资本主义》，则借助于对苏联经济的生态批评与反思，系统阐发了一种"激进的生态社会主义"或"生态主义的社会主义"观点。在他看来，第一，以苏联、中东欧国家为代表的"现实的社会主义"之所以遭受挫败，同时是由于如下两方面的原因：一是遭遇了(经济)增长的极限，比如可开采资源的极限、粮食生产增长的极限和相应的技术解决方案的局限，以及日趋沉重的生态环境破代价；二是未能创造出一个所允诺的没有阶级的和道德高尚的社会，相反却造成了共产党员中新剥削阶层的出现和党内甚至整个"社会主义社会"的道德沦丧。"如果苏联和东欧国家的共产党的道德信条以及它们的社会的道德信条仍然是社会主义的话，那么，即使经济停滞，'社会主义'制度也可能继续存在(当然不可能成功)；如果经济增长和生活水平的提高能够保持一个令人满意的速度，即使道德水准下降，'社会主义'制度也有可能继续存在。但无论如何，归根到底，这两种情形都没有出现。"②

第二，"一种真正的生态经济只能在社会主义的社会政治环境中运行，而且，只有成为真正的生态社会才能成为真正的社会主义社会"③。也就是说，真正意义上的生态经济或生态经济的真实确立，离不开一种社会主义的制度

---

① 安德列·高兹：《资本主义，社会主义，生态：迷失与方向》，彭姝祎译，商务印书馆，2018年版，第52、113页。
② 萨拉·萨卡：《生态社会主义还是生态资本主义》，张淑兰译，山东大学出版社，2008年版，第7页。
③ 萨拉·萨卡：《生态社会主义还是生态资本主义》，张淑兰译，山东大学出版社，2008年版，第5页。

环境或条件，相应地，这种社会主义已经不再是原初意义上的古典社会主义，而是一种新型的社会主义：它不仅意指有待持续创新的社会主义经济管理形式（比如自然资源和生产资料的公共所有制、计划和配给），而且意味着或代表一种全新的价值观（比如平等、合作和团结）。"我早就认为，我们应该期望一个社会主义社会。在很大程度上，这不是因为社会主义社会现在或过去能够比资本主义的效率高，而是因为社会主义的价值观比资本主义的更胜一筹。仅仅基于这一个原因，人们就可以拒绝任何的资本主义政策。"①

至于生态社会主义条件下的经济的具体样态或内容，萨卡认为，它首先不应是主张将（微观）市场（机制）与（宏观）计划（手段）简单结合的"市场社会主义""社会主义市场经济"或"民主社会主义"。因为，"对我来说，市场社会主义者所设想的经济应该被简单地称作是混合经济……在市场社会主义者的概念里，资本主义的'社会市场经济'中被称作'社会的'一些东西，完全可以被称作是'社会主义的'……而我想表明的观点是，这种或那种类型的混合经济都不是向一个可持续的社会转型的正确框架"②。不仅如此，"激进的生态社会主义"意味着，必须更加严肃地对待社会主义的这一"生态"前缀，即生态对社会主义理论与实践的挑战性意蕴，尤其是强调不仅存在着资本主义社会与生态之间的内在矛盾，还存在着任何工业社会（以及人口增长）与生态之间的内在矛盾；相应地，晚期（发达的、工业的）资本主义社会，必须经过一个大规模的经济收缩过程（阶段）——而不是经典马克思主义所设想的生产力高度发展或解放——之后，才有可能转变到"生态的社会主义"。

因而，在他看来，这种"激进的生态社会主义"的核心观点应包括："世界经济与社会都必须变成可持续的""为了实现可持续性，工业经济必须收缩，从而达到一个稳定的状态""这种收缩意味着，人们必须承受比今天还低的生活水平""要让人民接受经济收缩政策，最好的方法是平等""撤退必须是有计划的、有秩序的""在人口日益增长的国家，最重要的、最迫切的任务就是停止人口的增长""道德提高，一个道德的经济和社会，都是实现可持续性所必

---

① 萨拉·萨卡：《生态社会主义还是生态资本主义》，张淑兰译，山东大学出版社，2008年版，第174页。

② 萨拉·萨卡：《生态社会主义还是生态资本主义》，张淑兰译，山东大学出版社，2008年版，第240-241页。

需的"①。

3. 对生态自治(无政府)主义经济的生态批评

相对于前两者,即对现代资本主义经济和现实社会主义经济的生态批判,生态社会主义对"生态自治(无政府)主义经济"的批评,是一个较为复杂的议题。

总体而言,其一,在哲学价值观与政治哲学层面上,生态社会主义或生态马克思主义所信奉的是经典马克思主义的唯物史观及社会结构分析方法,强调生态环境难题或危机的人类社会经济结构成因及相应的解决思路,而不是过分看重社会个体价值观和行为变革的重要性,尤其反对各种形式的生态(生命或生物)中心主义。

其二,对于未来社会的构想及其过渡途径,生态社会主义或生态马克思主义更多强调基于人类现代文明发展现状及其趋势的对当代资本主义社会的社会主义改造或替代,并坚持认为,这一变革将同时是"红色的"和"绿色的",即将会在解决社会压迫或不平等的同时,实现最大程度的生态环境保护与公正,至少会从根本上解决当代资本主义社会条件下所发生着的生态环境破坏问题,因而,"最好的绿色战略是那些设计来推翻资本主义、建立社会主义/共产主义的战略"②。

这意味着,生态社会主义的"红""绿"哲学与政治,就预设了一种不同于生态自治(无政府)主义的"深绿"哲学与政治统摄之下的"生态经济",其中包括对资本主义经济制度体系的革命性重建、对集权性国家和计划经济的暂时或较长期需要、对经济与社会分散化的有限赞同、对个人权利(自由)的集体性限制、以城市地域发展为中心、对市场货币和国际贸易的较为宽容或肯定态度,等等。③

可以说,大多数生态社会主义者比如安德烈·高兹、詹姆斯·奥康纳和

---

① 萨拉·萨卡:《生态社会主义还是生态资本主义》,张淑兰译,山东大学出版社,2008年版,第248页。
② 戴维·佩珀:《生态社会主义:从深生态学到社会正义》,刘颖译,山东大学出版社,2005年版,第337页。
③ 戴维·佩珀:《生态社会主义:从深生态学到社会正义》,刘颖译,山东大学出版社,2005年版,第318-319页。

戴维·佩珀，都依此对"生态自治(无政府)主义经济"的分散化、自主性和软技术等特征提出了自己的批评，认为它们很难成为未来生态社会主义经济的社会样态或基础。比如，高兹着重阐发了现代科技及其革新对于生产劳动的社会文化变革意义或解放潜能，认为由于现代科技尤其是信息技术的迅速发展，一方面，"人们所从事的工作已经变化了，相应地，(我们所理解的)'工人'也已经发生改变"——越来越多的劳动者不再依据他们的工作与工作生活来确定其身份认同，或把他们的工作视为其生活的中心，另一方面，整个社会将会呈现为用越来越少的劳动创造出越来越多的财富，因而完全可以实现类似"工作时间减少但工薪报酬不变"的左翼政治目标[①]。

再比如，奥康纳明确肯定了生态社会主义社会条件下国家等行为体及其计划(或规制)的作用，因为当代社会中"大多数的生态问题以及那些既是生态问题的原因也是其结果的社会经济问题，仅仅在地方性的层面上是不可能得到解决的。区域性的、国家性的和国际性的计划也是必需的。毕竟，生态学的核心就在于各种有特色的地方及问题间的相互依赖性，其核心还在于需要把各种地方性的对策定位于普遍性的、国家性的以及国际性的大前提下……总而言之，我们有完全充分的理由相信，大多数生态问题的原因和后果，甚至它们的解决方法都是国家性的和国际性的(即同国家经济和全球经济有关)"[②]。

因而，长期以来，生态社会主义学派的主流性观点是，生态社会主义社会条件下的经济，将会比当代资本主义国家中的经济更加富裕公平，管理上也更为顺畅有序，至少不会是相反，而其代表性看法是，国家将不会成为反应能力差的、压迫性的和过度官僚化的制度机构，而是会与经济、社会构成一个结构复杂的相互促动的整体。

但也必须看到，几乎所有的生态社会主义者都面临着，如何(重新)界定生态社会主义的"生态"前缀的准确意涵这一难题甚或挑战。对此，较为接近于经典马克思主义立场的生态社会主义者像戴维·佩珀，所采取的是诉诸挖

---

① 安德列·高兹：《资本主义，社会主义，生态：迷失与方向》，彭姝祎译，商务印书馆，2016年版，第6、118页。

② 詹姆斯·奥康纳：《自然的理由：生态学马克思主义研究》，唐正东、臧佩洪译，南京大学出版社，2003年版，第433-434页。

掘或阐发社会主义的自治传统,而其他人像默里·布克金和萨拉·萨卡,则着力于重释或吸纳生态的科学意涵。

比如,佩珀的《生态社会主义:从深生态学到社会正义》在谈到马克思主义者和受到马克思影响的社会主义者时,就专门提到应包括威廉·莫里斯,认为他在大量论文和演讲中,概括出了今天可以称之为生态社会的基本原则:致力于与自然和谐相处、简单的生活风格和在小规模工厂中进行的生产既有用又美观商品的劳动——一种清晰的共同体感贯穿于他的地方自治观点①。也就是说,佩珀详尽阐述社会主义与无政府主义之间区别背后的目的,是试图勾勒出二者之间所存在的相通之处,或"某些无政府主义和社会主义具有的某些共同元素"(尤其是在生态无政府主义、绿色工联主义和生态社会主义之间)②,而这构成了他所主张的一种更为强大与有效的生态社会主义运动的思想基础。

再比如,布克金1982年出版的《自由生态学:等级制的出现与消解》所系统阐发的"社会生态学"或"生态无政府主义",尽管就其理论形态来说或者呈现为一种更为抽象思辨的哲学文化理论——人类与自然如何通过人与人之间关系的"和解"而重新实现和谐(新的生态意识与感知基础上的生态社会构建),或者呈现为一种较为具象化的整体主义的、社会激进的和理论上内在一致的生态政治话语——旨在激活或政治化在现实社会中依然占据主导地位的技术主义的、改良主义的和单一议题性的环境社会运动,但它的直接批判与变革对象却始终是明确的,即资本主义的经济社会制度。

布克金指出,"对于社会生态学家而言,我们目前面临的环境失衡深深植根于一个非理性的、反生态的社会,而它面临的基本难题是不可能通过渐进的和单一议题性的改革来解决的。我试图表明,这些难题源于一个等级制的、阶级性的和如今激烈竞争的资本主义制度,而这一制度促成了一种将自然世界仅仅视为人类生产与消费的'资源'聚集地的观点。这种社会制度是尤其贪得无厌的。它已经将人对人的支配扩展成一种'人类'注定要支配'自然'的意

---

① 戴维·佩珀:《生态社会主义:从深生态学到社会正义》,刘颖译,山东大学出版社,2005年版,第93-94页。
② 戴维·佩珀:《生态社会主义:从深生态学到社会正义》,刘颖译,山东大学出版社,2005年版,第315页。

识形态"①,"(虽然)今日的资本主义在物质意义上依然发展强劲,这是一个左派必须坦然接受的客观现实,而且,我们依然不知道它在未来岁月中将会拥有哪些新形式和特征,但是,对于我来说相当明确的是——当然我要十分谨慎地表达这一看法,资产阶级社会只有停止对其自身生存的生物与气候基础的破坏,生态环境的衰败状况才会改善。如果这种社会要想生存下去,就必须创造出一种全新的人与自然间的分配。也就是说,我们或者创造一个促进生物进化丰富性和使生命成为更富有意识与创造性的现象的社会,或者创造一个拆毁这些生态要素的世界。而这就从根本上否定了一个听命于'增长抑或死亡原则'的社会:资产阶级出于资本扩张和人类剥削目的的不断强化竞争行为,推动着将有机社会降低为无机社会。资本主义已经使得社会进化与生态进化很难相容"②。

可以看出,他分别于 1991 年和 2005 年撰写的另外两个导言中的这两段话,都依然清晰展现了对当代资本主义制度尤其是它的反生态本性的严厉的社会生态学批评,虽然后者在政治替代的意义或语气上大为缓和。

由此也就可以理解,布克金晚年更加强调的"自由进步市镇主义"(大致是"生态无政府主义"的另一种表述)话语体系下的"市镇自治经济",其实是一种与基于差异、整体性和互补性等生态理念或原则、而不是任何形式"中心性"的生态社会相一致的新经济。也就是说,在他看来,"市镇自治经济"更多是一种围绕着或集中于地方化参与性民主和邦联主义政治的经济必然性要求或结果,体现为以市镇为主体单位的经济生产与物质生活及其相关决策比如土地、工厂和交通,将会服从于一种新型的大众化民主控制——主要是通过面对面的市民大会,但与此同时,也会以理性和生态的方式来回应社区或市镇间的合作行动需要,努力避免"自足性社区"很容易产生与自我膨胀的地方狭隘主义。

因而,与其他生态无政府主义者或生态自治(区域)主义者不同,他认为,

---

① 默里·布克金:《自由生态学:等级制的出现与消解》,郇庆治译,山东大学出版社,2008年版,1991 年版,导言第 2 页。
② 默里·布克金:《自由生态学:等级制的出现与消解》,郇庆治译,山东大学出版社,2008年版,2005 年版,前言第 5 页。

市镇经济本身的分散化(自治公社及其所组成的复合性网络)、适当规模(更加手工艺性而不是工业化的生产劳动)和软技术(适应本土生态环境特点并遵守自然的"循环法则")等要素或特征固然重要,但更具决定性的,是统摄与框架化着这些要素或特征的新型生态感知、生态社会和政治实践。"这里有必要指出的是,这种对我们现时代难题的政治与经济解决方案,也是一种生态的方案。如果我们要想从生物世界遭遇的种种痛苦中生存下去——其中围绕着无限增长的经济建构起来的社会对此负有重大责任,精英阶层对地球的所有权必须被终结。在我看来,自由生态学只有在一个彻底摆脱了特权与支配的、完全参与性的社会中才会开始出现。只有到那时,我们才能够使我们自身摆脱支配自然的观念,并使人类成为自然与社会进化中的一种道德的、理性的和创造性的力量。"①很显然,在布克金那里,"市镇自治经济"或经济因素本身远不是决定性的。

人们也许可以依此批评他对经典马克思主义立场与观点的偏离,但更为直接的质疑却应是,他的确并没有阐明,当代(资本主义)社会(比如欧美社会)究竟如何实现这样一种比经济转型更为艰难的社会重建,而主要基于新英格兰地区历史传统与当代社会政治动员实践的思考似乎也不足以支撑这一点。对此,他所做的回答是:"自由运动向来难以传播其真正目标,更不用说成功地实现它们,除非历史性力量能够改变人们潜意识的等级制价值观与感知……历史可以教给我们的,是我们试图改变客观世界与主观世界的过程中获得的形式、战略和技术,以及失败。"②

二、生态社会主义的生态经济批评与构建的四个阶段

1. 20世纪70~80年代

从动态演进的视角来看,在20世纪70~80年代,安德烈·高兹、威廉·莱斯和默里·布克金等人,最早开启了生态社会主义视域下的关于"生态经

---

① 默里·布克金:《自由生态学:等级制的出现与消解》,郇庆治译,山东大学出版社,2008年版,1991年版,导言第51页。
② 默里·布克金:《自由生态学:等级制的出现与消解》,郇庆治译,山东大学出版社,2008年版,第410页。

济"的讨论。而这些讨论的突出特点是，对于"生态经济"及其社会的构想阐释，明显受到了20世纪70年代初迅速兴起并盛极一时的生存主义学派（以1972年发表的两个研究报告《增长的极限》和《为了生存的蓝图》为代表）的影响。

在1976年首次出版的《满足的限度》中，威廉·莱斯从约翰·斯图尔特·密尔在《政治经济学原理》中所提及的"稳定状态"概念出发，探讨了一个"易于生存社会"或"节俭社会"的图景。他认为，"在经历又一个百年'发展'之后，我们能够针对社会变革的决定性方向给出一个比密尔能够给出的更为准确的一般性指导方针。如果一些工业发达国家的目标是降低商品在满足人类需要中的重要性，并最大程度地减少人均能耗与物质需要，则这些国家的社会政策总体效果就是易于生存社会的形成"①。

莱斯还进一步阐释说，其一，未来的大部分科技创新将会着力于促动上述社会转型的实现，并与工业剩余废品在当代环境中积累的影响做斗争；其二，只有当一系列相关政策比如反贫困政策成为上述目标的有机组成部分时，向易于生存社会的转变才会呈现为社会进步的形式，否则，所谓易于生存社会，不过是社会弱势群体贫穷状况的另一种形式。

他尤其强调指出，一方面，这样一种替代性社会政策的目的或替代性社会追求，既不是要让一大批人口重新回到艰苦的环境中去，也不是要由另一种统一模式来取代目前的垄断性模式，恰恰相反，工业化和复杂科技的积极特点，可能会为当代社会提供过去社会从未有过的奢华享受，即能维持多种不同的生活状况，而这些生活状况对个人来说更具有吸引力。换言之，生产与消费活动的当前形式（包括我们对于能源密集型的大型工业技术的依赖）的确压抑了个人的自治精神、创造性和责任，但这并不等于可以说，现存的社会代表了对个人自我实现的某种不可缓和的压抑，或者，任何一套替代性建议都预示着对人类弊病药到病除的完全疗效。

另一方面，与长期以来关注于"某种社会转型可能会让一切人的劳动和业余时间都含有丰富的空间"的替代性思想流派的核心关切不同——即新型社会生产与劳动条件下需要的表达和满足方式应发生的变革，从而可以逐步分割

---

① 威廉·莱斯：《满足的限度》，李永学译，商务印书馆，2016年版，第129页。

工业化经济的庞大制度结构并尽可能减低个人对该结构的依赖,更为重要的也许是,尽快制订一套关于需要的替代性定义或预设方向。因为,部分作为高强度市场架构的消极方面,"人类需要对自然环境的影响问题现在已经达到了这样一种程度,以至于我们必须把人类需要问题视为生态相互作用这一更大网络中不可分割的一个有机部分",也即必须做到开明自利地考虑"人类以外的自然的需要"①。

可以看出,莱斯所批评的对象是明确的,即被物质生产无节制扩大的理想以及支撑这种物质生产的基础设施(更精密的大型技术、更高的能耗物耗、生产与人口的集中化、功能服务的进一步专门化和商品更繁多的花色)所主宰的社会构型及其变革,也就是现实资本主义的经济社会体系,但他的替代性方案却明显是相对温和的或折衷性的。尤其是,这一作为从与幸福相脱离的定量标准转向幸福的定性标准的"社会政策"的参考性组织框架,究竟具体何指以及如何依此实现"社会重组",并不是十分清晰明确。

比如,他不仅拒绝了国家资本主义和国家社会主义之间做出区分的实质性意义,而且提出,"我们的经济与政治制度目前仍旧有灵活性,可以让我们试用可能的替代性选择……富国已经拥有持续积累的大量财富,所以当需要的满足向不同的观念转化时,这些财富可能会在国内经济范畴内缓和转化造成的冲击","在我们的社会活动中,我们能够选择如何培植我们与人类以外的自然之间关系的方式,将把我们带到甚至超越于开明自利主义边界的地方"②,其中散发着浓郁的"生态改良(资本)主义"意味。

2. 20 世纪 90 年代初

20 世纪 90 年代初,安德烈·高兹、莱纳·格伦德曼和戴维·佩珀等以西欧为主的学者,进一步推进了生态社会主义话语体系下的关于"生态经济"的讨论。而这些讨论的明显特点是,"生态经济"被更自觉地置于已经基本成型的生态社会主义理论框架之下,但却在整体上仍然囿于欧美资本主义社会的现实背景和条件。

戴维·佩珀 1993 年出版的《生态社会主义:从深生态学到社会正义》,旨

---

① 威廉·莱斯:《满足的限度》,李永学译,商务印书馆,2016 年版,第 130、134 页。
② 威廉·莱斯:《满足的限度》,李永学译,商务印书馆,2016 年版,第 137-138、144 页。

在"概述一种生态社会主义的分析,它将提供在绿色议题上的一种激进的社会公正的和关爱环境的但从根本上说却是人类中心主义的观点"。也就是说,他虽然确实较为详尽地叙述了经典马克思主义关于生态议题的一般性看法,并坚信"对马克思主义观点的某种重视能够使生态主义获得一种内在一致性,这种内在一致性适合于一种向前看而不是向后看的政治",但其主旨则在于促成一种更有力量的、有效的、与连贯一致的生态社会主义理论和运动:"绿色分子通过放弃那些更接近于自由主义及后现代政治的无政府主义方面而更好地与红色分子协调;与此同时,红色分子通过复活那些我在本书描写与评论的社会主义传统而与绿色分子协调。"①

佩珀的生态社会主义分析或理论,包括如下四个要点②:(弱)人类中心主义的价值观、生态危机成因的以马克思主义为根据的分析、社会变革的冲突性和集体行动的方法、关于绿色社会的社会主义处方与视点。相应地,当代资本主义社会的生态社会主义变革,意味着或指向以经济层面为基础的综合性重构与转型:"一个建立在共同所有制和民主控制基础上的社会,从而提供人类在其中能以生态可接受的方式满足他们需要的框架,生产完全是为了使用而不是为了销售和获利。"③他认为,英国社会主义党所描绘的这一未来社会,完全可以是"绿色的",因为它将建立在对每一个人物质需要的自然限制这一准则基础上。

具体地说,生产资料的共同所有制可以重新实现对我们与自然关系的集体控制或支配——而不是在试图超越自然限制和规律的意义上统治或剥夺自然,并相应地克服异化生产与劳动;最终意义上的天然限度当然构成了人类社会改造自然活动的边界,但更为重要的不是直接发挥决定性影响的、与历史无关的普遍性资源与生态环境约束,换言之,每一种社会经济形式,都有着与它自己的具体历史条件包括非人类环境相关的特定方式与动力;生态社会主义性质的生产方式变革,将意味着重新界定财富和改变人们的需求,并

---

① 戴维·佩珀:《生态社会主义:从深生态学到社会正义》,刘颖译,山东大学出版社,2005年版,前言第2、7、4-5页。
② 戴维·佩珀:《生态社会主义:从深生态学到社会正义》,刘颖译,山东大学出版社,2005年版,第83、354-357页。
③ 英国社会主义党:《生态与社会主义》(伦敦:1990年),第2页。

因而确保每一个人都拥有合理的物质富裕生活的"底线",尽管人类需要一般来说在社会主义的发展中将会变得更加复杂和丰富;生产和工业本身将不会被拒绝或弃置,但将呈现为社会主义条件下的无异化的和合理的发展,其中技术将是适应而不是破坏所有自然的,并且会强化生产者的能力和控制力;一个有能力的国家或类似的制度,将会"按需"而不是"按利润"扮演重要的经济管理与资源配置职能;被广义地理解与应对的生态环境问题,首先是一种社会与经济公平问题,而这意味着城市而不是荒野是生态环境保护治理的重点,平等则是最基本的环境原则;作为集体性生产者,工人阶级及其运动是社会经济绿色变革中的关键力量,而与社会化、观念革新和教育或个例性生活风格引领示范相比,经济组织改革和物质性事件对于大众的意识和行为的绿化有着更为重要的影响。①

可见,佩珀所理解的绿色未来社会中的"生态经济"涵盖了如下七个方面要素②:真正基层性的广泛民主;生产资料的共同所有(即共同体成员所有,而不一定是国家所有);面向社会需要的生产,而主要不是为了市场交换和利润;面向本地需要的地方化生产;结果的平等;社会与环境公正;相互促进的社会与自然关系。而在他看来,这些要素或主题不多不少,构成了未来生态社会主义社会的基础,尤其是它的经济基础。

应该说,佩珀对于上述生态社会主义性质的经济社会变革的预期是相对谨慎的,强调"直到大多数人确实希望它被创造出来并坚持它的时候,一个生态健康的社会主义社会才会到来"③,但他对于生态社会主义社会条件下的"生态经济"的描绘,多少还是有些理想化的,并因而遭到了萨拉·萨卡的批评。

比如,在他看来,由于每一个社会成员的物质需要都有着天然的限度,并且是在全新的社会制度条件下形成与发展的,因而这些需要完全能够在大

---

① 戴维·佩珀:《生态社会主义:从深生态学到社会正义》,刘颖译,山东大学出版社,2005年版,第355—357页。
② 戴维·佩珀:《生态社会主义:从深生态学到社会正义》,刘颖译,山东大学出版社,2005年版,前言第3页。
③ 戴维·佩珀:《生态社会主义:从深生态学到社会正义》,刘颖译,山东大学出版社,2005年版,第357页。

自然可以包容的生产力发展的范围之内得到满足。"社会主义发展过程中人们持续地把他们的需要发展到更加复杂的水平,但不一定违反这个准则(即自然的限度)。这是一个在艺术上更丰富的社会,其中,人们吃更加多样化和巧妙精致的食物,使用更加艺术化建构的技术,接受更好的教育,拥有更加多样化的休闲消遣,更多地进行旅游,以及实现性生活的更理想满足,等等,但这将有可能对地球的负载能力要求得更少,而不是更多。"①

3. 2000年前后

2000年前后,詹姆斯·奥康纳、保罗·柏克特、乔尔·科威尔和萨拉·萨卡、乔纳森·休斯等人,从不同视角深化了生态社会主义话语体系下的关于"生态经济"的讨论。而这些讨论的主要特点是,以北美学者为主角的地域性特征,多少影响到了对"生态经济"阐述的马克思主义理论(文本)偏重。

保罗·柏克特1999年出版的《马克思与自然:一种红绿观点》和2006年出版的《马克思主义与生态经济学:走向一种红绿政治经济学》,明确地围绕着捍卫和阐释马克思主义的历史(辩证)唯物主义与政治经济学的系统性生态环境观点或"红绿"性质。前者致力于阐明,马克思主义并不是环境主义之外的其他理论,而本身就是一种特定形式的环境主义,即从阶级关系和人类解放需要的立场来看待人与自然关系;后者则着力于表明,聚焦于作为一种物质—社会关系的生产关系的马克思主义政治经济学,可以对主流生态经济学做出实质性贡献,并有助于实现其自我设定的理论目标,因而可称为"红绿政治经济学"。

《马克思与自然》开篇就指出,"贯穿本书的基本设定是,马克思关于自然条件的阐述具有一种内在的逻辑、一致性和分析力量,而这甚至还没有在生态马克思主义的著述中得到充分认可。马克思方法的力量,首先来自它依据其社会形式与物质内容的相互构成来理解人类生产的一贯性看法……其次是关于特定人类生产方式的历史必然性与局限的辩证方法"②。柏克特强调,

---

① 戴维·佩珀:《生态社会主义:从深生态学到社会正义》,刘颖译,山东大学出版社,2005年版,第337页。
② Paul Burkett, *Marx and Nature: A Red and Green Perspective* (New York: St. Martin's Press, 1999), pp. 1-2.

一方面，马克思不仅认为，生产是由历史形成的生产者之间关系和剩余价值的创造者与占有者之间关系所决定的，还认为，生产作为一个社会与物质过程受到包括人类身体状况在内的自然条件的影响。也就是说，资本主义的人与自然关系是资本与劳动关系的必要形式，反过来也是一样；二者共同构成了一个贯穿着阶级对立的物质与社会整体。

另一方面，马克思不仅承认资本主义提供了人类发展的新可能性，而且阐明了这些新可能性如何被不断扩展的资本主义关系所阻断。进而，马克思同时将这一方法应用于阐释劳资关系和资本家之间的竞争关系，以及剖析人与自然之间的关系——强调它也受制于并服务于资本主义的剥削与竞争性，并由此促成了对资本主义环境危机的历史唯物主义分析：资本主义环境危机的根源、生态斗争与阶级斗争之间的关系、人与自然健康而可持续的共同进化的条件。

尽管柏克特确信马克思主义的上述方法与综合性分析，"提供了一种关于当代资本主义以及如今困扰着环境主义者的政治难题的生态社会主义观点的必要基础"，但《马克思与自然》的主要目的，是重释这一方法与分析本身，而不是它的应用。基于此，在该书的第三部分，他具体讨论了环境议题在马克思对资本主义的历史必然性和局限分析中的地位，以及在未来共产主义过渡中的重要性。

柏克特认为，一方面，马克思恰恰是在肯定其提供的人类发展潜能的意义上承认了资本主义的进步性，相应地，他关于共产主义社会条件下的人类发展愿景，是一种更加普遍性的和多样化的人与自然关系，而不必然是反生态的，尤其不能简约为延续资本主义生产方式基础上的反生态的大众化消费。另一方面，马克思所设想的共产主义生产是由生产者及其联合体来民主地计划的，而不再是与包括自然条件在内的必要生产条件社会地分离的。而这种生产者与生产条件的统一，将由这些条件中的一种或多种公社所有形式来加以社会地保障。[①] 总之，这种基于直接联合起来的社会劳动，而不是受制于市场关系的共产主义生产，再加上它还会在很大程度上受益于共产主义社会作

---

① Paul Burkett, *Marx and Nature: A Red and Green Perspective* (New York: St. Martin's Press, 1999), pp. 13-14.

为一个整体对自然使用的更明智管理,将会是一种真正意义上的"生态经济"和"生态(理性)社会"。

遵循十分近似的叙说思路和理论逻辑,《马克思主义与生态经济学》围绕如下四个核心概念或议题阐述了马克思主义政治经济学的"红绿"特征:(生态)价值、自然资本、熵和可持续发展。

而在第四部分中,柏克特认为,马克思恩格斯不仅明确区分了资本主义社会条件下的两种环境危机形式:资本积累的危机(即物资供应的危机)和人类发展的自然条件的危机,而且阐明或预示了这种区分对于未来共产主义变革的生态意蕴:伴随着由工人及其联合体的革命斗争所建立的新公社体制所实现的,是资本主义制度下发生的生产者与自然条件之间"物质变换断裂(裂缝)"的弥合,从而使这些条件成为促进人类全面自由发展的条件。也就是说,"古典马克思主义意义上的共产主义,由于把生产关系理解为一种人类发展关系,将会实现主流生态经济学家已经以某种方式提及的可持续发展的三个维度的统一:自然资源的公共属性;个体、社会与自然之间的协同进化;自然资源的共同财产管理"①。

因而,在柏克特看来,聚焦于个体、社会与自然之间协同进化的可持续人类发展或人的自由全面发展,是马克思恩格斯所设想的共产主义社会愿景的核心,也理应是关于"社会主义经济"讨论的核心。但令人遗憾的是,这一理论优势或潜能并未被大多数马克思主义者意识到,而后来的争论也大都集中在了资源配置方面的信息、动因和效率等技术性问题(比如关于"社会主义核算"的讨论②)。

笔者想强调的是,柏克特的理论论证本身是言之有据、逻辑清晰的,但这也就意味着,他所指称的"生态经济"或"生态社会"是在严格意义上使用的,即马克思恩格斯所意指的狭义的"共产主义社会"——"一个在计划基础上组织起来的协同工作的社会,致力于确保社会所有成员的生活资料和他们的

---

① Paul Burkett, *Marxism and Ecological Economics: Towards a Red and Green Political Economy* (Leiden: Brill, 2006), pp. 1-2.
② 郭冠清、陈健:《社会主义能够解决"核算难题"吗?——"苏联模式"问题和"中国方案"》,《学习与探索》2016年第12期,第12-21页。

全面发展"①,而这也就更加凸显了其政治哲学意义上的"历史主体"和"过渡机制"难题。

4. 2010 年至今

进入 2010 年以来,以乌尔里希·布兰德等人为代表的欧洲大陆学者的激进"社会生态转型理论"和拉美学者的"超越发展理论"等,则更多从全球化视域拓展了生态社会主义话语体系下的关于"生态经济"的讨论。

乌尔里希·布兰德和马尔库斯·威森 2017 年出版的《资本主义自然的限度:帝国式生活方式的理论阐释及其超越》,初步提出并阐发了一种激进的"社会生态转型"观点或"批判性政治生态学理论",而它的逻辑起点则是对 2008 年世界金融与经济危机之后兴起的"绿色增长""生态资本(技术)"或"绿色经济"话语及其政策的批判性分析。

布兰德等认为,一方面,由联合国环境规划署等国际机构、智库所提出的"绿色新政""绿色经济倡议""绿色增长战略"和"绿色技术转型"等政策报告,其实是欧美资本主义国家"反危机战略"的一部分或"升级版"。这些报告并没有认真讨论所宣称的绿色经济目标或潜能的实现可能会遭遇的结构性阻力与障碍,更没有质疑经济增长本身的必要性和合意性,因而,它们关于"绿色增长"或"绿色经济"不仅可以摆脱当前的经济(发展)危机,还将会引向一种双赢或多赢的绿色未来的声称,很可能会最终落空。

但另一方面,欧美国家经济确实正在发生一种"选择性"绿化,即所谓的绿色经济战略以其他部门和地区为代价来推进或实现,尽管这种高度部门性与区域选择性的绿化,将很难有效解决全球性环境恶化和贫穷难题,更不会促成全新的富足生活形式及其观念。在他看来,这首先是由于,社会自然关系是资本主义社会整体中不可或缺的并一直处在变化过程之中的一个维度,因而作为对绿色经济或"危机应对战略"的回应, 种"选择性的"绿色资本主义(集中于某些特定议题或政策领域的绿化)是可能的。

此外,至少少数欧美资本主义国家之所以能够做到"鱼与熊掌兼得"——既保持远高于世界其他国家和地区的物质生活水平,也能享受到相对较高水

---

① Paul Burkett, *Marxism and Ecological Economics: Towards a Red and Green Political Economy* (Leiden: Brill, 2006), p. 325.

准的生态环境质量,是由于一种已经在相当程度上实现全球化的"帝国式(生产)生活方式":"这一概念指的是深深根植于北方发达国家中上层群体的日常生活实践的主导性生产、分配和消费方式,而它们正在南方欠发达国家中迅速扩展……之所以称为'帝国式的',那是因为它基于对北方国家和南方国家的资源和劳动力的无限制的占用以及对全球'污水池'的不成比例索取。这一生活方式向南方国家中新兴经济体的迅速扩张,使得当地政府对生态危机的管理陷入了危机,并促成了强势的民族国家和超国家实体的更加公开的帝国主义战略。"①

也就是说,布兰德认为,简单重复许多生态马克思主义者关于资本主义在本质上反生态或不可持续的论点是远远不够的,当代绿色左翼政治还必须认清并立足于新的客观实际,即已然形成并且依托于一种非公正全球制度架构与秩序的绿色资本主义或生态资本主义。当然,他并不是要在政治上辩护或认同这一"浅绿色"现实,而是强调,当代绿色左翼政治所倡导与追求的绿色变革,必须同时是伴随着或基于经济全面绿化的激进的"社会生态转型"——同时考虑其社会与生态后果(要求)的经济绿色转型,而且这种转型必须在全球层面上来推进和发生,尤其是要主动构建一种全球性绿色左翼力量的"转型联盟":"为了实现激进的社会生态转型,创建一个宽泛的'红绿'联盟是必要的,即联合社会运动、工会、政党、企业家、进步的工业协会、非政府组织、地方官员、教师、知识分子、文化工作者、科学家、媒体工作者等社会力量,甚至可以团结相对保守的社会主体,比如教会,加入社会生态转型的学习过程……因此,绿色左翼应致力于改变当前的政治和经济制度,并推动文化制度朝着解放性的方向发展。"②

也正因为如此,在笔者看来,他所构想的未来社会的生态经济方案,其实是图景尚未勾勒清楚、过渡机制也不够明晰的,而且同时体现在国内与国际层面上——比如如何克服国内层面上的结构性阻力或障碍和实现跨国层面上的不同区域(国家)之间的团结,而2020年暴发的全球新冠肺炎疫情大流行

---

① 乌尔里希·布兰德、马尔库斯·威森:《资本主义自然的限度:帝国式生活方式的理论阐释及其超越》,郇庆治等编译,中国环境出版集团,2019年版,第9、20页。

② 乌尔里希·布兰德、马尔库斯·威森:《资本主义自然的限度:帝国式生活方式的理论阐释及其超越》,郇庆治等编译,中国环境出版集团,2019年版,第145页。

以及随后的俄乌战争,则进一步暴露了欧盟国家所谓强大经济实力和经济可持续能力的脆弱性与非公正性。

相形之下,米里亚姆·兰和杜尼娅·莫克拉尼2011年编辑出版的《超越发展:拉丁美洲的替代性视角》,是2008年金融与经济危机之后兴起的对欧美国家所主导的发展(现代化)话语与政策的全球性批评观点的拉美地区版本。它着力于批判性分析拉美各国长期面临着的经济社会发展路径、模式与理念等多重依赖性的困境或悖论,并提出了如何走出这种现实困局的、较为新颖而激进的系统性看法,从而构成了一个相对完整的社会生态转型或"红绿"变革理论。

在这些学者看来,一方面,同时由于可持续(绿色)发展话语与政策的欧美主导或"私利"性质和可持续(绿色)发展话语与政策本身的生态帝国主义或后殖民主义本质,国际社会过去20多年的可持续发展政策讨论与实践,并未能够也不会取得重大的成效,而近年来被寄予厚望的"绿色增长"或"绿色经济",也将会遭遇同样的境遇。另一方面,同时由于其在资本主义世界体系中的社会关系上的"边缘性地位"(相对于欧美中心地区和新兴亚太地区而言)和社会的自然关系上的"悖论性情形"——"资源榨取主义"或"资源丰富咒语"(即自然资源丰富并持续大规模开发、但却导致了经济贫困和生态环境破坏),拉美国家和地区往往是短期内世界经济繁荣的热度参与者和受益者,但这种短暂的快速经济增长或福利增加,却无法转化成为一种内生性的持续发展动力。

对此,阿尔贝托·阿科斯塔概括指出,"自建国以来,拉美主要出口国就未能建立起一套摆脱贫穷与威权主义困境的发展模式。这似乎是一个很大的悖论:这些国家自然资源富饶,甚至获得了价值不菲的现金收入,却未能因此奠定其独立发展的基础,结果是,国家依然深陷贫困。而它们之所以贫困,是因为它们拥有丰富的自然资源,是因为它们把为世界市场开采自然财富作为发展重点,却忽略了其他形式的基于人力资本的价值创造。"[①]

---

① 阿尔贝托·阿科斯塔:《榨取主义和新榨取主义:同一诅咒的两面》,载米里亚姆·兰和杜尼娅·莫克拉尼(主编):《超越发展:拉丁美洲的替代性视角》,郇庆治、孙巍等编译,中国环境出版集团,2018年版,第60-61页。

也就是说，这些学者认为，拉美经济自现代社会之始就是一种自然资源经济或所谓的"绿色经济"，但却不得不屈从于资本主义和后殖民主义的国际经济政治秩序——同时提供着当今世界资本主义生产的主要自然资源供给和地球生态系统的重要自我更新保障，却拥有一种严重不可持续（绿色发展水平低）的经济、社会与文化。不仅如此，在她们看来，尤其是安第斯地区国家中左翼进步政府新世纪初的执政实践表明，"21世纪的社会主义"政治与政策的付诸实施，依然面临着如下难以克服的难题，即如何将一种源自全球化链条或进程的经济繁荣机遇，转化成为一个更加民族主义的或自我成长性的现代化进程，与此同时，还要几乎无法避免地面对自然资源的大规模开发将会带来的生态环境破坏和传统社区衰败难题，而这在靠近亚马孙森林周围的自然生态与原住民保护区则更具挑战性。

因此，这一"超越发展"理论或学派的基本看法是，在传统的发展视野与模式、资本主义的全球化体系统摄之下，拉美地区不可能实现自主自愿的或社会公正与生态可持续的发展。因而，除了理论层面上的改弦易辙式的方向性调整——从各种形式的"替代性发展"方案转向寻求基于"好生活"理念与追求的"发展替代"，尽快走出依然主宰着包括左翼进步政府在内的拉美政治的"（资源）榨取主义"，应该成为拉美各国发展重构或社会生态转型的"主战场"。

至于在这种总体不利环境下的现实变革路径，许多学者都强调，要逐渐撤出严重依赖性的和不可持续的新（旧）榨取主义。对此，爱德华多·古迪纳斯指出，"首先，有必要尽快将'掠夺式榨取主义'改变为'温和的榨取主义'，而后者作为一种过渡性举措有助于应对目前所面临着的诸多严峻问题；其次，需要转向那些'不可或缺的榨取主义'，其中只允许那些为了满足国家和地区真实需求而存在的采掘业继续运营……尽管向后榨取主义转变的目的在于提高人们的生活质量，但毫无疑问，我们的未来生活将会变得节俭"[①]。

可以看出，"超越发展"作为一个理论学派，更多地呈现为一种新的发展

[①] 爱德华多·古迪纳斯：《向后榨取主义过渡：方向、选择和行动领域》，载米里亚姆·兰和杜尼娅·莫克拉尼（主编）：《超越发展：拉丁美洲的替代性视角》，郇庆治、孙巍等编译，中国环境出版集团，2018年版，第151、159页。

思维方式甚或意识形态,而很难说,已经是关于拉美社会未来发展的完整性理想方案及其过渡战略。而作为一种"红""绿"变革战略或"转型政治","超越发展"还存在着诸多基础性的难题,尤其是如何使这一地区从(资源)榨取主义的渐进退出或撤离,并成为一个有组织、有秩序的社会转型过程(类似前文提及的萨拉·萨卡关于这一主题的讨论)。

三、生态社会主义经济的基本特征

经过上述三个维度和四个不同阶段(或时间节点)的持续性讨论,生态社会主义或生态马克思主义视域下的"生态经济"概念或论题,已经得到内容丰富而系统深入的理论阐述。也可以说,生态社会主义社会的经济基础或物质生产生活方式的原则要求与大致轮廓,正在变得渐趋明晰,尤其是在与当代资本主义社会相对照的意义上。

概言之,生态社会主义社会条件下的"生态经济",应该具备如下两个最基本特征:一是社会主义的,二是生态可持续的。

就前者来说,所谓"社会主义的",不仅意指新型的自然资源和物质生产资料占用形式(特别是不同于私人所有制的社会公共与共同所有制度)与经济活动组织管理方式(尤其是有别于市场体制的宏观计划与资源配置手段的主动运用),还意味着一种基于平等、公正与合作理念和原则的、具有明确规约性的社会政治制度构架。相应地,这种新型的社会主义社会,不太可能只是资本主义经济社会关系尤其是私人所有制的革命性废除或替代的自然性结果,而必须建立在经济变革、社会政治变革和文化价值观变革的协同推进与长期历史过程的基础之上,甚至正如萨拉·萨卡所多次强调的,社会主义本身就是对一种先进于资本主义的价值观及其道德践行的社会政治追求。因而,大多数生态社会主义者都认为,走向未来绿色社会的关键,并不是如何找到具体性的新型经济样态、管理工具和技术手段,而是创建使这些生态化经济样态、工具和手段实现有机衔接并协同发挥效用的社会制度环境与大众文化氛围。

就后者而言,所谓"生态的",不仅意指某一个公司企业、产品行业或消费者对自然资源的尽可能少的物质耗费和对生态环境的尽可能小的不利影响,还意味着这种生态可持续性考量成为从家庭到社区单位乃至整个社会的构建与运行准则。相应地,生态社会主义更为关注的,不是未来社会的物质富裕程度及其解放功能,而是它的合乎生态原则或理性特征,而这就要求,必须同时生态化重建任何依然基于现代工业体系和城市化的社会主义经济、社会与政治,以及支撑着它们的社会主义现代化(性)愿景和价值文化。这其中尤其具有挑战意义的是,未来的社会主义社会要想成为合乎生态原则的或生态可持续的,似乎就不太可能依然是或持久是物质生产与生活高度富裕的社会,也不太可能允许社会成员进行无节制意义上的自由享受或选择。也就是正如默里·布克金所反复指出的,人类社会必须通过实现人与人之间的和解,来重建人与自然之间的和谐,从而使人的进化和自然的进化相向而行、互促共生。因而,对于大多数生态社会主义者来说,走向未来绿色社会的关键,并不在于人类对于自然生态环境本身科学认知的颠覆"三观"意义上的飞跃和自然资源技术经济驾驭能力的脱胎换骨式的提升,而在于新型社会大众共识的民主达成,以及它们的不断的制度化展现和转型升级。①

当然,这并不等于说,我们仅仅依据这两大基本特征或上述代表性学者的论述,就可以照猫画虎般地建立起生态社会主义社会或生态社会主义的"生态经济"。

在理论层面上,前文所概述的这些生态社会主义学者的分析,从政治哲学的视角来看还依然存在着各自不同的缺憾,或者体现在对资本主义经济的反生态本性及其绿化努力的批判性分析不够全面,或者体现在对未来社会主义经济的生态特征以及社会政治转型战略的理论论证与阐释不够充分,或者体现在这二者之间缺乏更严谨、自然、令人信服的过渡衔接。总之,它们都很难直接作为绿色左翼社会政治运动的理论纲领或行动指南,也就难以实现他们中的不少人(比如默里·布克金、安德烈·高兹、戴维·佩珀、萨拉·萨卡和乌尔里希·布兰德等)所致力于的改造或赋能这些社会政治运动的目标追求。

不仅如此,这些理论分析在总体上还是明显受制于他们所处的欧美发达资本主义国家的经济社会与文化背景和环境。比如,约翰·贝拉米·福斯特、

---

① Victor Wallis, *Red-green Revolution: The Politics and Technology of Ecosocialism* (Toronto: Political Animal Press, 2018), pp. 70-92.

保罗·柏克特、乔尔·科威尔等人①，都有意无意地回避了对苏联东欧国家的"现实的社会主义"的生态经济建设努力及其得失做更全面系统的讨论——往往只是零碎的片言只语式点评，安德烈·高兹和萨拉·萨卡所先后做出的理论评析，则显得批评力度充足、但建设性不够，而它对于世界范围内的生态社会主义或绿色左翼运动而言，无疑是十分重要也无法绕过的议题。

在实践层面上，部分是由于其理论自身所存在着的局限性，部分是由于已经在相当程度上全球化的当代资本主义体系的复杂性，这些生态社会主义的社会与经济解决方案或愿景，其实是严重缺乏现实可操作性或指导能力的，并往往呈现出明显的或者"政治折衷性"或者未来乌托邦色彩。比如，威廉·莱斯、安德烈·高兹、乌尔里希·布兰德等人对欧美资本主义经济的生态批判，最后都落脚于对这一经济制度或体系引入更多或更自觉的社会与生态理性规约，也就是对它的和平渐进的"社会生态转型"而不是革命性的社会主义替代，其"政治折衷性"是非常明显的，而戴维·佩珀、乔纳森·休斯和保罗·柏克特等人对未来生态社会主义经济的生态特征或优势的描绘②，则在很大程度上立足于对社会主义的系列应然性品性的信奉或自信，其政治乌托邦性质也是显而易见的。

第二节　当代中国社会主义生态文明建设中的"绿色经济"：模式或进路

上述略显冗长的文献分析旨在表明，植根于当代中国现实的社会主义生态文明建设实践，虽然可以从过去半个多世纪的生态社会主义或生态马克思主义理论及其对于生态经济的讨论中受益良多，但却无法获得任何意义上的现成或完整方案。概括地说，"社会主义生态文明"或"社会主义生态文明及其

---

① 乔尔·科威尔：《自然的敌人：资本主义的终结还是世界的毁灭？》，杨燕飞、冯春涌译，中国人民大学出版社，2015年版，第178-185页。
② 乔纳森·休斯：《生态与历史唯物主义》，张晓琼、侯晓滨译，江苏人民出版社，2011年版，第282-283页。

建设"①，在现实中所对应的，是当代中国进入"新时代"（以2012年党的十八大为主要标志）以来由中国共产党及其领导政府基于不断自我革新的理论认知所倡导推动的、目前依然处在初步阶段的创新性绿色政治与政策探索实践，而这一实践的主要理论引领就是"习近平生态文明思想"或"习近平新时代中国特色社会主义生态文明思想"②。依此，从学术观察与分析的视角来说，一个十分有趣的问题就是，新时代中国特色社会主义现代化建设或发展，是否以及在何种意义上将会成为超越生态环境公共治理政策及其成效视域的社会主义理念制度与整体文化文明层面上的重大跃迁，即引领或走向一种生态的社会主义或社会主义的生态文明。也正是在这一意义上，前文概述的关于生态社会主义或生态马克思主义视域下的"生态经济"的讨论，是非常必要的。因为，对于社会主义生态文明建设实践及其经济重构的政治正确性的基本判定或检验，就是要看它是否重复了现实社会主义经济的生态失误或陷入了典型资本主义经济的生态危机。

一、马克思主义生态学视域下的社会主义生态文明经济

具体而言，对于在本章中使用的、更多是基于当代中国背景语境的"社会主义生态文明"这一概念或论题③，笔者认为，还需要强调如下四点。一是概念意涵上的广义与狭义之分，二是政策话语和学术理论之间的区别，三是理论与现实之间的差异，四是中国与世界两个不同的维度。

其一，"概念意涵上的广义与狭义之分"是指，我们既可以将其从外延宽

---

① 为了简化否则会变得更加复杂的讨论，在这里"社会主义生态文明"可以大致理解为"社会主义生态文明理论与实践"的简称或"社会主义生态文明及其建设"的代称，而经常看到或使用的"社会主义生态文明建设"也就是"社会主义生态文明（建设）实践"。

② 习近平：《高举中国特色社会主义伟大旗帜，为全面建设社会主义现代化国家而团结奋斗》，人民出版社，2022年版；习近平：《推动我国生态文明建设迈上新台阶》，《求是》2019年第3期，第4-19页；习近平：《决胜全面建成小康社会，夺取新时代中国特色社会主义伟大胜利》，人民出版社，2017年版；胡锦涛：《坚定不移沿着中国特色社会主义道路前进，为全面建成小康社会而奋斗》，人民出版社，2012年版。

③ 杨英姿：《唯物史观与社会主义生态文明》，《理论与评论》2021年第5期，第22-31页；张云飞：《"生命共同体"：社会主义生态文明的本体论奠基》，《马克思主义与现实》2019年第2期，第30-38页；蔡华杰：《社会主义生态文明的制度构架及其过渡》，《中国生态文明》2018年第5期，第83-85页。

窄的意义上，区分为广义上的"生态文明及其建设"或狭义上的"社会主义生态文明及其建设"，也可以从泛称抑或特指的意义上，区分出"社会主义国家中的生态文明"或"社会主义性质的生态文明"。就前一组概念或短语来说，"社会主义"这一前缀所蕴含着的是，"生态文明及其建设"，不仅可以存在或发生将自身矮化成为生态环境公共治理政策及其落实的可能性，还可以存在或发生忽视甚或回避现实中理应做出的相关政治选择的可能性；就后者来说，尤其对于当代中国现实语境而言十分重要的是，理所当然地认为社会主义国家中的所有现实做法都是在从事社会主义生态文明建设，或有意无意地回避对现实中生态文明建设政策及其落实的社会主义性质的追问，其实都存在着可以想见的风险，而当考虑到当今中国将会长期处于的社会主义初级阶段性质时就更是如此。也就是说，笔者在此所理解或指称的"社会主义生态文明"，是狭义上的、社会主义性质或取向的生态文明及其建设努力。

其二，"政策话语和学术理论之间的区别"指的是，像其他绿色社会政治理论或话语比如可持续发展和生态现代化一样，"社会主义生态文明"在当代中国也同时呈现为政策话语和学术理论两种样态，相应地，二者之间也会存在经常可以发现的彼此间差异甚或张力，比如前者更加看重的实践可操作性和后者更多强调的学理逻辑性。而鉴于当代中国话语语境的特殊性，生态文明及其建设主要是一种由党和政府集中构建起来并进行自上而下传播落实的政策话语体系，使得本应与之构成建设性互动的学术话语体系尚未充分建立起来并发挥更积极作用。这就意味着，现实中狭义的、社会主义性质的生态文明及其建设的理论阐释与建构，不仅要与其他学科或政治哲学视角下的学术理论阐发(比如各种形态的生态资本主义和生态无政府主义)进行竞争，还要与明显处于强势地位的主导性政策话语体系(内在地蕴含着生态环境问题行政治理或经济技术手段化的倾向)进行竞争。可以设想，笔者所指称的这种狭义的、社会主义性质或取向的生态文明及其建设的学术理论，未必能够拥有天然的研究与传播上的优势，更不用说现实的政治与政策影响力。

其三，"理论与现实之间的差异"强调的是，关于社会主义生态文明的理念、原则甚或理论本身，并不等同于社会主义生态文明的客观事实或现实，后者主要体现为各种形式的经济、社会政治与文化制度，以及生活于其中的广大普通民众的生产生活方式与个体行为。这就意味着，一方面，尤其对于像中国这样的社会主义初级阶段大国来说,理念、原则或理论层面上的社会主义生态文明,很可能会存在与社会实际状况的不相符合甚至抵触,而不是必然一致的。也可以说,社会主义初级阶段的生态环境保护与治理,不仅是一个逐渐提高认识和有效应对的过程,而且完全可以采取颇为不同的政治抉择。另一方面,社会主义生态文明的制度体系与社会实践的现实确立,又确实离不开不断自我革新的社会主义生态文明理念、原则或理论,以及在这方面的大众主流文化意识与政治自觉。因而,笔者强调关注这种狭义的、社会主义性质或取向的生态文明理论与实践层面之间的差异,既不是要贬低这一理论的绿色变革规约引领作用,也不是想否定它的未来社会愿景构想功能,尤其是在对当代资本主义的反生态本性和未来生态社会主义的构建原则已经日渐明晰的情势下。

其四,"中国与世界两个不同维度"是指,就像广义的生态文明及其建设理论可以找到国际或全球层面上的绿色理论对应物(比如可持续发展或生态现代化)一样,笔者所指称的狭义的、社会主义性质或取向的生态文明及其建设理论,可以大致理解为同属于包括生态马克思主义或生态社会主义、绿色工联主义、社会生态学、生态女性主义、包容性民主理论等在内的"绿色左翼"社会政治理论,其核心议题都是努力将生态可持续性关切与社会主义政治相结合。这意味着,一方面,当今中国的社会主义生态文明及其建设,显然是当代国际"绿色左翼"社会政治思潮与运动的有机组成部分,尤其是承担着实质性抗拒并最终替代资本主义经济社会制度体系及其所主导的全球秩序的历史使命,因而有着共同的政治革命对象和未来方向选择。另一方面,与大部分其他国家的左翼政党或政治力量的境遇不同,作为当代中国主要政治领导者的中国共产党,已经组织建立了一整套社会主义性质或趋向的基本经济、社会政治与文化制度,因而不再需要进行现行资本主义制度替代意义上的暴风骤雨式变革。就此而言,当代中国的社会主义生态文明及其建设,既是中华民族性的,但也是世界性的。

基于上述概念性解析,笔者认为,狭义理解的"社会主义生态文明",也可以说是一种当代中国的转型话语与政治。这是因为,作为狭义界定或特定构型意义上的"生态文明及其建设",社会主义生态文明及其建设,既是当今世界范围内的"绿色左翼"社会政治话语理论与运动的一部分,也同时有着鲜明的中国背景与语境方面的特点,是以马克思主义生态学或中国化时代化马克思主义生态理论为统摄引领的绿色话语理论和政治政策,并致力于促动当代中国社会主义现代化发展以及社会主义初级阶段的"红""绿"取向或自我转型。

更具体地说,"社会主义生态文明"的转型话语与政治意蕴,体现在如下三个方面①:第一,对"生态资本主义"质性的生态环境治理理论与实践的批判性分析和立场;第二,关于生态的社会主义性质的绿色社会制度框架构想或愿景;第三,关于当代中国"社会主义初级阶段"实现其阶段性提升或自我转型的"红""绿"战略与践行要求。因而可以认为,相比于各种形态的"生态中心主义"或"生态资本主义""社会主义生态文明"话语与政治更能够(应该)代表当今中国生态文明及其建设的本质或目标追求。

这当然不是说,社会主义生态文明及其建设,是一个独立存在进行的或需要另起炉灶的社会经济政治与文化现象或过程。更准确地说,它是在一个更大伞形话语与政策体系或空间(尤其是"生态文明及其建设")之下的竞争性话语、政策倡导和社会政治力量,并指向更好地将生态可持续性考量与社会主义政治相结合的发展方向及其现实可能性。② 这其中,笔者认为,如下三个要素或品性是最为基础性的或至关重要的。第一,作为一种系统性理论话语的正确性、说服力与吸引力;第二,有利于各种政策倡议提出、尝试并不断自我完善的经济社会制度渠道与文化舆论氛围;第三,逐渐扩展的具有理论与政治自觉的社会引领者和支持者群体。

对于第一个要素,必须承认,无论是与欧美生态社会主义或生态马克思主义理论相比较,还是就其自身的实际状况而言,"社会主义生态文明"理论话语的科学体系性与逻辑规范化,都还有很大的改进提升空间。简单重述或引证生态社会主义者的批判性观点与未来社会构想,同基于并针对当代中国

---

① Qingzhi Huan, "Socialist eco-civilization as a transformative politics", *Capitalism Nature Socialism* 32/3(2021), pp. 65-83;郇庆治:《作为一种转型政治的社会主义生态文明》,《马克思主义与现实》2019年第2期,第21-29页。

② 郇庆治、王聪聪(主编):《社会主义生态文明:理论与实践》,中国林业出版社,2022年版;解科珍:《中国特色社会主义生态文明体系的理论建构》,《鄱阳湖学刊》2018年第6期,第28-34页;杨英姿:《社会主义生态文明话语体系的构成》,《中国生态文明》2018年第5期,第80-82页;任暟:《关于建构当代中国马克思主义生态文明理论的思考》,《教学与研究》2018年第5期,第5-12页。

现实国情的系统完整的社会主义生态文明理论与实践方案远不是一回事，而只要还未从根本上解决这一问题，就很难指望它拥有足够强大的大众性理论传播力与可信度。在笔者看来，这一理论需要进一步廓清澄明的基础性问题包括：为什么是生态的社会主义而不是绿色的资本主义可以更好地促进或实现生态文明，或者说，生态文明为什么必须（只能）是社会主义的？为什么说中国特色社会主义现代化建设或发展同时是社会主义的和合乎生态的解决方案，或者说蕴含着或指向社会主义生态文明？当代中国的哪些经济社会制度条件和历史文化元素可以促成暂时性适当利用，但却会从根本上抑制或替代资本主义社会现实中发挥决定性作用的资本、市场与智能科技等元素？[①]

对于第二个要素，应该说，当代中国作为社会主义国家的"制度优势"，至少从潜能上说是巨大的。[②] 一方面，生态环境保护与善治的社会主义现代化发展的目标地位——即建设人与自然和谐共生的现代化——是毋庸置疑的，而广大人民群众也有明确权利采取各种制度化手段来监督党和政府的管治或诉诸自己的民主政治实践以促进这一目标的实现。也就是说，生态环境保护或生态可持续性的目标性追求，是与社会主义制度或政治本身内在一致的。另一方面，尽管改革开放以来整个社会的自然资源和经济活动组织管理逐渐走向多元化所有制结构和以发挥市场机制作用为主体制，但国家以及各种形式集体在其中的主导性地位，并没有发生改变，而这就决定了，当代中国的整体经济制度及其运行仍是社会主义性质的，并可以构成对社会主义的政治、社会、文化与生态环境治理目标的根本性支撑。也就是说，现实社会中所有经济活动导致的社会不平等与剥削现象和生态不平等与剥夺现象，虽然有其暂时或局部的合理性，但都是不正当的、需要逐步加以消除的。当然，这些"制度潜能"要转化成为"治理绩效"，并不是朝夕之间的事情。笔者认为，除了制度自身的缺陷、现实社会条件的复杂性、并不特别有利的国际环境等外部因素，十分重要的是对这些制度潜能及其转化为治理绩效的渠道机制的系

[①] 刘思华：《生态马克思主义经济学原理》，人民出版社，2014年版；余谋昌：《生态文明论》，中央编译出版社，2010年版；陈学明：《生态文明论》，重庆出版社，2008年版。

[②] 《中共中央关于坚持和完善中国特色社会主义制度、推进国家治理体系和治理能力现代化若干重大问题的决定》，载《中国共产党第十九届中央委员会第四次全体会议文件汇编》，人民出版社，2019年版，第17-68页。

第八章 论社会主义生态文明经济

统性理论阐发或彰显,从而唤醒从社会精英到普通民众对于社会主义生态文明的"制度信任(自信)"。

对于第三个要素,就像包括生态社会主义或生态马克思主义在内的其他绿色社会政治理论一样[①],变革先驱或"历史主体"也是"社会主义生态文明"理论必须要回答或面对的一个难题。一方面,"社会主义生态文明及其建设"的主体和传统意义上的社会主义变革主体并不能相等同,尽管存在着一定的联系。这其中的核心性问题是,社会主义经济政治制度框架下的、以制造业或城市工人为主的劳动阶层或群体,是否以及在何种意义上仍是社会主义生态文明建设的主体性或领导力量。很显然,对此简单套用欧美生态社会主义或生态马克思主义者的观点,并不能做出解答。另一方面,在"社会主义生态文明及其建设"的可能的多元化候选主体中,比如绿色知识分子(包括传媒人士)、生态自觉的党员领导干部(高级公务员)、生态创业者(企业家)、环境非政府组织或社会政治团体、绿色民众(消费者)等等,既要做出必要的判别甄选——特别是在不同的具体议题领域中,也要防止任何形式的独断或歧视——尤其是任何一个群体都可以同时是引领者和被改造者、教育者和受教育者。[②] 而在笔者看来,十分重要而困难的是,如何在社会主义生态文明理论与实践中,构建起一个既超越了传统左翼政治局限、同时又能充分团结吸纳多种绿色社会政治力量的"红绿"统一战线或联盟。

因而,尽管限于篇幅无法再继续讨论其中的细节,但希望上述分析已经阐明,笔者在本章中所指称的"社会主义生态文明",其实是对同时作为理论话语和政策实践的当代中国"生态文明及其建设"的马克思主义生态学视角下的解读阐释,旨在发现或彰显其中更多是以零散、局部或萌芽形式存在的"红绿"认知与实践可能性,从而使得这种潜在的可能更快更好地成长为一种认可度不断提高、竞争力不断增强、吸引力不断扩大的替代性现实。可以说,这也构成了笔者在本章中探讨社会主义生态文明建设实践中的"绿色经济"的方

---

① 安德鲁·多布森:《绿色政治思想》,郇庆治译,山东大学出版社,2005年版,第152-219页;戴维·佩珀:《生态社会主义:从深生态学到社会正义》,刘颖译,山东大学出版社,2005年版,第324-330页、334-354页。
② 郇庆治:《生态文明建设中的绿色行动主体》,《南京林业大学学报(人文社科版)》2022年第3期,第1-6页。

法论考量或框架。接下来,笔者将集中讨论关于当代中国社会主义生态文明建设实践中的"绿色经济"或"社会主义生态文明经济"的两个基础性问题:一是它所呈现出的主要样态或模式进路,二是它之所以能够形成、演进与运行的政治经济动力机制,其中对第二个问题的分析将构成本章的第三部分。

二、当代中国社会主义生态文明经济的两大样态或模式

观察当代中国生态文明建设的区域模式尤其是经济表征的"天然之选",是像浙江安吉这样的全国明星县(区)个例。比如,基于包括自然生态禀赋、地理区位优势和经济转型大背景等在内的机会结构条件,再加上当地政府及其领导下的基层民众的创造性努力,安吉县取得了至少如下四个方面的生态文明建设成效[①]:雏形初具的生态经济、保持优良的生态环境、品质大大提升或优化的生态人居、得到初步挖掘与开发的生态文化。依此而言,浙江安吉迄今为止的实践探索,确已形成了一个特色鲜明的区域性模式,尽管对于这一模式的特殊性意蕴与普适性价值,还需要做出更明确的界定或限定。

在此基础上,我们可以围绕对如下三个问题的方法论界定或阐释,构建起一个生态文明建设区域模式及其学理性探讨的一般性分析框架[②]:行政辖区抑或地域为主、目标结果抑或重点突破侧重、绿色发展抑或生态现代化取向。第一个问题所关涉的是,对某一区域案例的考察,是基于通常所指的行政区划还是更充分考虑生态系统的完整性及其构成要素,也就是以辖区还是地域考量为主的问题;第二个问题所关涉的是,对某一区域案例的考察,是侧重于作为综合性追求或动态性进程的目标结果还是它所倚重的优势或重点突破的战略性选择,也就是更多关注目标结果还是战略重点的问题;第三个问题所关涉的是,对某一区域案例的考察,看它总体上所采取的是"绿色发展"还

[①] 荀民欣、周建华:《基于生态文明理念的美丽乡村建设"安吉模式"探究》,《林业规划》2017年第3期,第78-83页;郇庆治:《生态文明建设的区域模式:以浙江安吉县为例》,《贵州省党校学报》2016年第4期,第32-39页。

[②] 郇庆治:《生态文明建设区域模式的学理性阐释》,载李韧(主编):《向新文明进发:人文·生态·发展研讨会论文集》,福建人民出版社,2019年版,第59-74页;王立和:《当前国内外生态文明建设区域实践模式比较及政府主要推动对策研究》,《理论月刊》2016年第1期,第116-121页;王倩:《生态文明建设的区域路径与模式研究:以汶川地震灾区为例》,《四川师范大学学报(社科版)》2012年第4期,第79-83页。

是"生态现代化"的新经济社会发展(现代化)取向,也就是使"绿水青山"变为"金山银山"还是用"金山银山"置换"绿水青山"的问题。依据这一分析框架的第一个和第二个观察点,笔者认为,"省域"是当代中国生态文明建设区域模式观察研究的最佳行政层级(相对于地市、县区和乡镇而言),而基于生态文明目标进程的整体性意涵相对于生态文明建设战略重点的差异化选择所区分出的区域模式更具有科学性。而依据第三个观察点并结合前两者,可以把当代中国的生态文明建设实践划分为如下两大模式或进路[1]:生态现代化和绿色发展。

就其经济领域或层面而言,"生态现代化"模式或进路,主要体现在以江苏、广东、山东等为代表的东部沿海省份(也包括以武汉、西安和成都—重庆等为中心的中西部都市圈区域),其主要特点是拥有相对较为强大的财政金融实力和经济社会现代化水平,因而生态文明建设实践中的矛盾主要方面,是如何通过大规模的财政资本投入和工艺技术管理革新来实现区域经济结构及其能源技术体系的生态化重构,从而在实质性解决现代化过程中累积起来的城乡工业污染与生态破坏问题的同时,引领和满足广大市民群众不断提高的美好生活与生态公共产品需要。

相比之下,"绿色发展"模式或进路,集中体现在像江西、贵州、云南这样的中西部省份(以及局部意义上的福建、浙江),其主要特点是拥有相对较为优厚的生态环境禀赋条件,因而生态文明建设实践中的矛盾主要方面,是如何在确保区域生态环境整体质量不受影响的前提下更加明智地开发利用辖区内的自然生态资源,从而实现经济较快发展与生态环境质量的兼得共赢,也就是人们经常说的使"绿水青山"真正(转化)成为"金山银山"。

鉴于中国广阔的地理空间范围和复杂多样的经济社会发展境况,这当然只是一种粗线条的分类,比如,致力于将生态安全与修复和绿色高质量发展有机结合的广大西北地区的生态文明建设[2],就可以在相当程度上称为一种独

---

[1] 郇庆治:《生态文明创建的绿色发展路径:以江西为例》,《鄱阳湖学刊》2017年第1期,第29-41页;《生态文明示范省建设的生态现代化路径》,《阅江学刊》2016年第6期,第23-35页。

[2] 王继创、刘海霞:《社会主义生态文明建设的"西北模式"》,载郇庆治、王聪聪(主编):《社会主义生态文明:理论与实践》,中国林业出版社,2022年版,第227-245页;郇庆治、张沥元:《习近平生态文明思想与生态文明建设的"西北模式"》,《马克思主义哲学研究》2020年第1期,第16-25页。

立的类型或模式。但上述这种区分已经足以表明，传统现代化(发展)体系构架的生态化重构("经济的生态化")和自然生态资源(禀赋)的全面可持续开发利用("生态的经济化")，是当代中国社会主义生态文明建设实践中发展"绿色经济"的两大战略选择或进路，或者说，它们构成了本章所讨论的社会主义生态文明经济的两个主要样态。

一方面，社会主义生态文明视域或语境下的生态现代化或"经济的生态化"，虽然其过程与结果的直接性体现或呈现也是以经济技术或行政管理的手段解决经济层面上的问题并带来生态环境质量的不断改善，但社会主义的基本制度框架与环境决定了，左右着这一经济过程的并不是资本主义社会条件下理所当然的价值市场规律和资本增值逻辑，而是需要考虑到这一过程有可能导致的对社会普通公众特别是相关弱势群体的不利影响，以及生态环境改善效果(成本)的全社会公平公正分享(分担)。尤其不允许发生的是，自然生态环境元素或系统成为资本实现其价值增值甚或展示其社会霸权的又一个普遍性领域，而社会中下阶层或群体却不得不承受生态环境有限与暂时性改善的主要代价。不仅如此，更为广泛的社会主义民主政治和生态政治参与动员，可以使源源不断的社会主义性质的价值、理念和想法，借助多样化的借鉴、试验、示范而不断走向政策层面和制度化，从而逐渐带来包括经济主体(作为生产者、管理者和消费者)在内的实质性革新或重塑。

也就是说，社会主义基本制度框架与环境下的生态现代化或"经济的生态化"，从本质上不同于各种形式的"绿色资本主义"或"生态资本主义"，而且完全可以成为正确的切入点或基础性环节，即在传统经济绿化过程中制造更少的社会不公与生态非正义或更多的社会公正与生态正义，并引领或促进向更加生态化的经济与社会的转型过渡。

另一方面，社会主义生态文明视域或语境下的绿色发展或"生态的经济化"，尽管其过程与结果的直接性体现或呈现也是在确保生态环境整体质量不受影响的前提下实现对辖区内自然生态资源的更谨慎与明智开发利用，但社会主义的基本制度框架与环境决定了，不仅同样不能让资本主义社会条件下理所当然的价值市场规律和资本增值逻辑来主导这一经济过程，从而在事实上不过是资本主义性质生产关系与生活方式的扩展甚或深化，而且要求努力避免曾经给现实社会主义带来严重困境的"发展主义"。

对于前者，由于自然生态环境及其元素的公共公益产品性质和大众基本人权属性，将会使得社会主义社会条件下的生态经济化目标与手段路径选择，更加自觉地充分考虑绝大多数普通民众尤其是社会弱势群体的基本需要和这些领域中资源与产品的公正配置与分配。也就是说，这里的"生态的经济化"，绝不等同于资本主义经济规律与逻辑向生态环境领域的肆意蔓延或侵蚀。对于后者，由于对自然生态规律包括地球边界约束的认可和对生态环境改善目标地位的确认——比如2017年党的十九大报告所强调的"还自然以宁静、和谐、美丽"和2022年党的二十大报告所强调的"站在人与自然和谐共生的高度谋划发展"①，社会主义生态文明视域下的"发展"，已经在很大程度上是基于生态理性的或受约束的目标追求，即便不一定非要经历萨拉·萨卡所主张的明确的主动收缩过程。

因而，社会主义生态文明视域下的"绿色发展"的科学意涵，是需要通过作为发展的前缀的"绿色"来界定的，而我们对于"绿色"一词的理解，将是一个社会民主地界定并不断进行革新的过程。换言之，这里的"绿色发展"不(再)是社会主义的"发展主义"，而是面向未来的生态的社会主义。

第三节　走向社会主义生态文明经济：一种新政治经济学

在过去十年左右的社会主义生态文明建设实践中，新时代中国已经涌现了各种类型和形式的"绿色经济"或"生态经济"②形式，甚至可以说，世界各国特别是欧美国家中所倡导与流行的绿色的、生态的或环境友好的经济理念或样态，都能够在当今中国找到它们的存在或对应物。因而，走向或创建笔者所指称的、社会主义性质或趋向的社会主义生态文明经济，固然需要从不

---

① 习近平：《高举中国特色社会主义伟大旗帜，为全面建设社会主义现代化国家而团结奋斗》，人民出版社，2022年版，第51页；习近平：《决胜全面建成小康社会，夺取新时代中国特色社会主义伟大胜利》，人民出版社，2017年版，第50页。

② 黄渊基、熊曦、郑毅：《生态文明建设背景下的湖南省绿色经济发展战略》，《湖南大学学报(社科版)》2020年第1期，第75-82页；李明：《生态文明视域下的河南省绿色经济发展路径研究》，《当代经济》2018年第17期，第74-76页。

同视角——而不限于前文中所讨论的较为笼统抽象的"经济的生态化"和"生态的经济化"——来概括与分析这些具体的绿色经济类型和样态,比如基于特定社会地域划分的县区(省市或乡镇)生态经济、试验区(示范区或先行区)生态经济、国家公园(自然保护区)经济、都市(圈或带)生态经济,基于经济产业结构及其组合划分的生态产业(主导)经济、社会生态经济和城乡一体化或合作经济,基于特定能源以及管理技术划分的低碳经济、循环经济、高新技术经济、大数据经济、智能经济,等等,但更为重要的是,必须能够找到并清晰地勾勒出一种相应构型的社会政治动力机制,特别是它的主要构成元素及其适当组合。也正是在这种类比或借喻的意义上,笔者将其称为走向社会主义生态文明经济的"新政治经济学"①。

基于近年来的个例研究结果,笔者认为,构成当代中国社会主义生态文明经济萌生与成长的支持性因素,主要有如下四个,即迅速绿化的执政党及其领导下的各级政府;逐渐提升的国家环境治理制度架构和治理能力;同时受到制度性鼓励与约束的绿色市场、资本和技术手段;曲线推动的环境社会组织动员与大众性民主参与,并形成了一个成效显著、但也长短板分明的动力机制构型。

1. 迅速绿化的执政党及其领导下的各级政府

必须看到,作为唯一执政党的中国共产党及其所领导的各级政府,是中国特色社会主义生态文明建设实践的主要领导力量,而且,无论是就"新时代"、改革开放40年、新中国70年还是建党百年等不同时间段或节点来看,中国共产党及其领导下的政府都是在较快地成为"红绿"或"绿色左翼"政治的积极倡导推动者。

---

① 国内关于"新政治经济学"研究和学科建设的重新大力倡导与推动,在时间上与社会主义生态文明建设实践基本一致。它在理论形态上对应于新中国建立后至改革开放之初曾经占据绝对主导地位的马克思主义政治经济学,而致力于实现的则是中国共产党领导组织新时代中国特色社会主义现代化建设所面临的新形势、新矛盾与新任务的系统性政治经济学阐释。参见周文:《新时代中国特色社会主义政治经济学理论研究》,《政治经济学评论》2021年第3期,第45-52页;胡家勇、简新华:《新时代中国特色社会主义政治经济学》,《经济学动态》2019年第6期,第43-53页;洪银兴、刘伟、高培勇等:《"习近平新时代中国特色社会主义经济思想"笔谈》,《中国社会科学》2018年第9期,第4-73页;顾海良:《新时代中国特色社会主义政治经济学发展研究》,《求索》2017年第12期,第4-13页。

单就 2012 年之后所开启的"新时代"来说，一方面，以"习近平生态文明思想"或"习近平新时代中国特色社会主义生态文明思想"的确立为标志①，中国共产党的绿色政治意识形态与环境治国理政方略达到了前所未有的理论与政策体系化水平。尤其是，"五位一体"总体布局和"新三步走"（2017—2049 年）中长期规划，构成了一个系统完整的中国特色的社会主义生态文明建设愿景构想与行动纲领。另一方面，随着这一时期旨在全面加强党的全方位统一领导（比如 2017 年党的十九大报告明确强调"党政军民学，东西南北中，党是领导一切的"②）的系列制度举措的出台与建设，更接近于"党政合一"而不是"党政分开"的新型党政领导关系体制渐趋形成。其结果是，党中央和各级党委更多承担起社会主义生态文明建设从宏观构设到组织落实的全面领导者角色——比如 2012 年党的十八大以后中共中央委员会设置的全面深化改革领导小组下属的经济体制和生态文明体制改革专项小组（自 2018 年起领导小组改为委员会）和 2016 年初率先在河北省引入实施的"中央环保督察组"（以及"中央生态环境保护督察领导小组"）机制，而各级政府即便仅仅从政治纪律角度考虑，也更加自觉地担负起这些重大而明确战略部署的贯彻落实责任。总之，就像在其他政策议题领域中一样，党政关系由于党的全面领导作用的强化而变得清晰顺畅，各级政府对于习近平生态文明思想和党中央有关重大战略部署的执行力度和落实成效都明显增强。

除此之外，部分由于社会主义生态文明目标与路径设计上的多样化以及相应的多维度绩效考核，部分由于新一代地方主政官员——比如市县主要负责人——迅速提升的绿色政绩理念与意识，许多地方党委和政府开始选择不同于传统经济发展尤其是 GDP 增长至上的"经济的生态化"或"生态的经济化"治理策略，并因而成为各种绿色经济模式或进路的热情推动者。③

---

① 习近平：《推动我国生态文明建设迈上新台阶》，《求是》2019 年第 3 期，第 4-19 页；中共中央文献研究室（编）：《习近平关于社会主义生态文明建设论述摘编》，中央文献出版社，2017 年版。

② 习近平：《决胜全面建成小康社会，夺取新时代中国特色社会主义伟大胜利》，人民出版社，2017 年版，第 20 页。

③ 比如，无论是在浙江安吉、江西靖安和资溪、福建三明和南平，还是在甘肃康县、山西右玉、云南普洱，我们都多次晤谈了生态文明意识强烈、绿色发展思路清晰的新一代地方官员。

2. 逐渐提升的国家环境治理制度架构和治理能力

应该说，当代中国明确意识到并致力于一个现代化的国家环境治理制度体系建设，更多是始于1978年党的十一届三中全会之后的改革开放，尽管议题性或局地性的生态环境保护政策可以追溯到20世纪60年代末、70年代初，比如1973年首次举行的全国环保会议并在次年设立的全国环境保护办公室。自党的十八大以来，大力推进生态文明制度建设与体制改革语境下的国家环境治理体系与能力建设，至少出现了如下三个积极性变化。

一是更加注重环境法治体系建设。如果说将建设社会主义生态文明分别写入修改后的《中国共产党章程》(2012)和《中华人民共和国宪法》(2018)所奠定的，是社会主义法治的根本性原则，那么，党的十八届四中全会所通过的《中共中央关于全面推进依法治国若干重大问题的决定》(2014)等系列权威性文件所着力解决的，则是生态环境执法、立法和司法机构内部以及与其他相关机构之间的协调一致问题。因而可以说，生态文明建设的法治化推进，已经成为新时代中国特色社会主义法治建设的目标性主题[①]（而不再像过去那样经常简单化宣称"法治为经济建设保驾护航"）。

二是更加强调全社会环境治理体系建设。2017年党的十九大报告所明确概括的"政府为主导、企业为主体、社会组织和公众共同参与的生态环境治理体系"建设目标，进一步突出了国家生态环境治理的全社会参与(责任)性质与努力目标。这也意味着，除了党和政府的环境执政责任，作为经济活动主体的公司企业和作为社会活动主体的单位组织与个人，都具有义不容辞的环境法律(道德)责任和义务。

三是更加强调制度完善与能力建设的协同推进。2019年党的十九届四中全会通过的《中共中央关于坚持和完善中国特色社会主义制度、推进国家治理体系和治理能力现代化若干重大问题的决定》的环境主题或着重点，就是在不断完善中国特色的社会主义生态文明制度和生态环境治理体系的同时，努力

[①] 陈海嵩：《中国生态文明法治转型中的政策与法律关系》，《吉林大学社会科学学报》2020年第2期，第47-55页；江国华、肖妮娜：《"生态文明"入宪与环境法治新发展》，《南京工业大学学报(社科版)》2019年第2期，第1-10页；孙佑海：《新时代生态文明法治创新若干要点研究》，《中州学刊》2018年第2期，第1-9页。

将这一体系所蕴含着的"制度优势"转化成为"治理成效"①，而2022年党的二十大报告，则着重阐述了在自然生态保护治理与城乡环境污染防治、生态环境保护治理、生态环境保护与经济发展、绿色发展等四个不同层面上的一体化统筹与协调推进问题②。相应地，所关注的重点将不再是生态环境制度体系的组织完备性和规范化形式，而是它的职业化运行和治理目标有效实现。

正是基于这些积极性变化，可以认为，新时代的社会主义生态文明经济建设，不仅有着更大的制度性探索空间，还可以获得更为广泛而有力的制度性支持。

3. 同时受到制度性激励与约束的绿色市场、资本和技术手段

严格地说，市场、资本和技术，从来就不仅仅是一些社会或价值中立性的工具手段。对此，前文引述的欧美生态马克思主义者以及西方马克思主义的法兰克福学派，都已做了深刻论述，无须赘言。但需要指出的是，这些经济工具手段在中国特色社会主义背景语境下同样也不是中立的，或与政治和价值无关的。可以说，经历过新中国70年尤其是改革开放40年的经济社会现代化实践之后，社会精英和普通民众对于这些政策工具手段在社会主义现代化经济发展过程中的积极性作用以及它们的资本主义社会基质甚或"原罪"，都已经有了日益科学的认识。概言之，既不能否定或贬低这些政策工具手段对于依然会长期处在社会主义初级阶段的相对落后经济的巨大促进与发展作用，也不能无视或低估它们很可能会带来的对于整个社会主义制度及其价值文化基础的侵蚀冲击效果。

进入新时代以来，一方面，党和政府始终坚持1992年邓小平南行谈话和党的十四大之后基本形成并在此后不断完善的"社会主义市场经济体制"理论——比如1993年党的十四届三中全会通过的《中共中央关于建立社会主义市场经济体制若干问题的决定》和2003年党的十六届二中全会通过的《中共中央关于完善社会主义市场经济体制若干问题的决定》，尤其是逐步构建充分发

---

① 周宏春、姚震：《构建现代环境治理体系 努力建设美丽中国》，《环境保护》2020年第9期，第12—17页；王华：《国家环境治理现代化制度建设的三个目标》，《环境与可持续发展》2020年第1期，第49—51页。
② 习近平：《高举中国特色社会主义伟大旗帜，为全面建设社会主义现代化国家而团结奋斗》，人民出版社，2022年版，第51—53页。

挥包括资本和技术等各种经济元素活力的、以市场机制为主的社会资源配置体制和适应社会化大生产要求与市场经济规律的现代企业制度体系，比如2013年党的十八届三中全会通过的《中共中央关于全面深化改革若干重大问题的决定》就强调了"使市场在资源配置中起决定性作用"①。但另一方面，《中共中央关于全面深化改革若干重大问题的决定》也明确强调了"两个不可侵犯"(即"公有制经济财产权不可侵犯，非公有制经济财产权同样不可侵犯"②)，2017年党的十九大报告则再次重申了"两个毫不动摇"(即"毫不动摇巩固和发展公有制经济，毫不动摇鼓励、支持、引导非公有制经济发展"③)。不仅如此，2021年中央经济工作会议明确提出，要正确认识和把握资本的特性和行为规律，为资本设置"红绿灯"以防止资本野蛮生长。

无疑，2021年党的十九届六中全会通过的《决议》和2022年党的二十大报告对新时代中国特色社会主义基本经济制度的更加全面与平衡的阐述④，将会有助于发挥市场、资本和技术等因素的积极作用，以及社会主义生态文明经济的萌生与成长。

4. 曲线推动的环境社会组织动员与大众性民主参与

毋庸讳言，无论是从经典马克思主义的唯物史观(比如人民主体或社会主义民主本质)还是从创建生态文明社会或绿色生态社会的客观要求来看，有组织的社会政治动员和大众性民主参与，都是非常重要的甚或根本性的。但必须承认，当今中国社会主义生态文明建设实践中这方面的表现，尽管是在不断取得进展，总的来说还存在着诸多不尽如人意之处。这其中的原因非常复杂，至少绝非仅仅是政治制度层面的，比如明显存在着的与我国长期的封建历史文化传统的关联，因而必将是一个需要渐进有序推进的自我成长与不断革新过程。

---

① 《中共中央关于全面深化改革若干重大问题的决定》，人民出版社，2013年版，第11页。
② 《中共中央关于全面深化改革若干重大问题的决定》，人民出版社，2013年版，第8页。
③ 习近平：《决胜全面建成小康社会，夺取新时代中国特色社会主义伟大胜利》，人民出版社，2017年版，第21页。
④ 即作为"十个明确"之一的"社会主义基本经济制度"，参见《中共中央关于党的百年奋斗重大成就和历史经验的决议》，人民出版社，2021年版，第25页；习近平：《高举中国特色社会主义伟大旗帜，为全面建设社会主义现代化国家而团结奋斗》，人民出版社，2022年版，第17页。

但值得注意的是，新时代以来迅速推开的丰富多彩的社会主义生态文明建设实践，也为我们观察与思考这一经典社会主义政治议题提供了崭新的视角，即发展绿色经济所曲线引发或推进的社会组织动员和大众性民主参与。比如，笔者一行对江西抚州市的四个典型案例（东乡区"润邦农业"、临川区龙鑫生态养殖公司、城市"生态云"大数据信息平台及相关联的"绿宝"碳普惠公共服务平台、凤岗河湿地公园）的考察分析就表明，政府、市场、资本、技术之间构成了一种鲜活生动的建设性互动关系，并带来了绿色经济发展促进大众民主参与的积极效果。① 也就是说，与古典意义上发展社会主义民主政治的意象或情景预设不同，绿色产品市场、生态（自然）资本和环境友好技术，扮演了政府和公众之间民主化连接或制度重构的促动者的角色——尤其是促进了基于个体权益实现和保障的对于绿色经济生产与消费活动的民主参与和对于政府生态环境治理的民主监督。因而，可以想象，曲线推进或促动的社会组织动员与大众性民主参与，也会成为社会主义生态文明经济的支持性元素或动力。

在笔者看来，上述四个主要元素及其现实组合，构成了新时代中国特色社会主义生态文明建设实践尤其是发展社会主义生态文明经济的"正向"动力机制，或"社会主义生态文明政治经济学"②。也就是说，这其中的政治、经济、社会与生态环境治理等主要制度或政策领域层面上，都明显存在着有利于笔者所指称的、社会主义性质或趋向的社会主义生态文明经济萌生与成长的积极性推动，并且可以为过去十年左右的当代中国社会主义生态文明建设实践所取得的成效所验证。

但也必须承认，其一，这一动力机制中主要构成元素的积极推动作用，还更多呈现为有待充分释放与发挥的潜能，比如，在坚持中不断完善与自信的社会主义基本经济制度，如何同时制度化地促进与规约现实中难以避免地

---

① Qingzhi Huan, "China's environmental protection in the new era from the perspective of eco-civilization construction", *Problems of Sustainable Development*, 15/1(2020), pp. 7-14；郇庆治：《生态文明建设视野下的生态资本、绿色技术和公众参与》，《理论与评论》2018 年第 4 期，第 44-48 页。

② 曹顺仙、张劲松：《生态文明视域下社会主义生态政治经济学的创建》，《理论与评论》2020 年第 1 期，第 77-88 页；钟贞山：《中国特色社会主义政治经济学的生态文明观：产生、演进与时代内涵》，《江西财经大学学报》2017 年第 1 期，第 12-19 页。

受到资本主义运行机制裹挟与观念影响的绿色市场、资本、技术等经济元素，依然是需要进一步观察的挑战性问题。其二，这一动力机制的现实组合构型，是长短板或优劣势并存的，而且有可能造成一种结构上的"冲抵效应"，比如，由党和政府自上而下强势推动的生态文明建设进程和生态文明建设过程中相对滞后的社会组织动员与大众性参与之间、包括基层官员在内的社会各阶层或群体对"生态文明经济"的经济收益和权益层面的热情关注与对它的社会主义政治维度的相对淡薄意识之间，这些问题都是值得高度关注的。就此而言，必须明确，发展社会主义生态文明经济的积极性动力，还远不是社会主义生态文明经济的客观现实。甚至可以说，笔者所指称的、狭义的"社会主义生态文明经济"，并不是一种理所当然的或确定的前景。

结　语

如上所述，以欧美学者为主体的、广义的生态社会主义或马克思主义生态学的阐述，包含着内容丰富的抗拒或替代资本主义反生态经济制度及其国际秩序的生态的社会主义的理论论证与愿景构想，其核心是在新型的社会主义制度框架下，努力实现社会公平公正目标原则与生态可持续性目标原则的自觉结合。但迄今为止，现实中依然缺乏欧美发达资本主义社会条件下的社会主义性质或取向的经济绿色变革尝试，尽管越来越多的人开始认识到或承认这样一种激进"红""绿"变革的必要性、迫切性。

相形之下，进入新时代以来的中国特色社会主义生态文明建设实践，提供了创建或走向这种"生态经济"或"社会主义生态文明经济"的现实舞台和未来可能性。[1] "经济的生态化"（生态现代化）和"生态的经济化"（绿色发展），是在中国特色社会主义现代化发展背景语境下展开的、逐步创建支撑与适应中国特色社会主义社会更高阶段或形态的经济创新尝试，也可以说是这一绿色经济创新的两个主要模式或进路。而由迅速绿化的执政党及其领导下的各级政府、逐渐提升的国家环境治理制度架构和治理能力、同时受到制度性激

---

[1] Salvatore Engel-Di Mauro, *Socialist States and the Environment: Lessons for Ecosocialist Futures* (London: Pluto Press, 2021), pp. 195-226.

励与约束的绿色市场、资本和技术手段、曲线推动的环境社会组织动员与大众性民主参与等四个主要元素所组成的特定构型组合，则构成了一个特色鲜明的发展社会主义生态文明经济的社会支持性动力机制。

最后需再次指出的是，就像本章所使用的"社会主义生态文明"概念指的是狭义上理解的、社会主义性质或趋向的生态文明及其建设一样，与之相对应的"社会主义生态文明经济"概念也是指狭义上界定的、依托于或指向新型的未来生态社会主义社会的绿色经济或生态经济。这绝非是要否认甚或贬低新时代中国特色社会主义生态文明建设实践中丰富多彩的"经济的生态化"和"生态的经济化"的具体样态及其现实重要性，而只是想强调，为了最终实现一种契合于更高社会主义理想的"社会主义生态文明经济"，要做的工作还有很多，要走的道路还很漫长，对此我们必须有清醒的认识、足够的耐心和战略的定力。

第九章
生态文明建设政治学：政治哲学视角

顾名思义，"生态文明建设政治学"，就是关于生态文明建设这一新兴公共政策议题领域的政治学理解与阐释，或者说，是政治学理论与方法在生态文明建设这一新兴公共政策议题领域中的拓展运用。① 而且，由于这里的政治学理论与方法在更大程度上属于政治学中的比较政治学学科分支，所以，也可以把生态文明建设政治学归类为一种新的比较政治学或议题政治学分支。而作为一个仍处在构建初创阶段的新兴学科分支，笔者认为，它至少需要廓清如下三个基础性的理论问题：一是对"生态文明建设政治学"及其研究对象的科学界定或概念化，二是生态文明建设政治学对既有的环境政治学的承继与超越，三是生态文明建设政治学的社会主义质性特征。

第一节 什么是"生态文明建设政治学"

随着中国生态文明建设实践的逐步推进和该议题领域学术理论研究的不断深化，如何认识"生态文明研究"自身的学术话语体系和学科特征，正在凸显为一个值得关注的重要问题，而近年来兴起的新文科建设，也为深入研讨

---

① 郇庆治：《新文科建设视域下的生态文明研究》，《城市与环境研究》2021年第4期，第11-15页；李垣：《生态文明建设的"浅绿"与"深绿"：基于环境经济学和环境政治学的解读》，《湖北行政学院学报》2015年第6期，第20-25页。

并切实推进这一议题提供了一个适当视角和机遇。因为，新文科建设所着重强调的"大文科交叉""文理科交叉""中国视角（主体）"等认知追求[①]，可以较好地契合"生态文明研究"作为一个环境人文社会科学新兴交叉学科的关键质性或特征。相应地，"生态文明研究"可以理解为一门独立的环境人文社会科学学科，或称之为"生态文明人文社会科学"或"生态文明学"[②]。

这里需要指出的是，一方面，作为一个完整学科术语的前半部分即"生态文明"，同时包括了一般意义上的生态文明理论和作为一种公共政策的生态文明建设实践，因而也可以概括为"生态文明理论与实践"或"生态文明及其建设"[③]；另一方面，这一术语的后半部分即"学"，其实所指称的是某一门人文社会科学学科，大致对应于人们通常所说的环境哲学或环境经济学的"哲学"或"经济学"。由此而论，如果说通常所说的环境人文社会科学的"环境"是指作为人类社会的生存环境或条件的"生态环境"及其主要构成性系统元素，"人文社会科学"是指各门具体性的人文学科（比如哲学、美学和历史学）和社会科学学科（比如经济学、法学和社会学），那么，这里的"生态文明学"就分别指的是单数意义上的"生态文明及其建设"和整体意义上的"人文社会科学"。其核心理据就在于，对于"生态文明及其建设"这一研究对象的正确理解的前提，是必须把它视为一个密不可分的统一整体来对待与认识。也就是说，这一学科方向更加关注的是一种整体性认知及其实践结果，而不再是对于其中某一（些）元素或环节的认识及其应对。换言之，单纯的生态环境质量或治理效果，更不用说生态环境中"山水林田湖草沙"某一（几）个元素方面的改善，都不足以声称生态文明及其建设意义上的实质性进步或转变。

不但如此，笔者认为，在"五位一体"的整体性认知与视野基础上，还可以进一步讨论生态文明及其建设的经济、政治、社会、文化与生态环境治理，甚至使用生态文明经济学、生态文明政治学、生态文明社会学、生态文明文

[①] 樊丽明：《"新文科"：时代需求与建设重点》，《中国大学教学》2020年第5期，第4-8页。
[②] 廖福霖等：《生态文明学》，中国林业出版社，2018年第2版；王续琨：《从生态文明研究到生态文明学》，《河南大学学报（社科版）》2008年第6期，第7-10页。
[③] 郇庆治：《生态文明及其建设理论的十大基础范畴》，《中国特色社会主义研究》2018年第4期，第16-26页。

化学和生态文明环境治理等学科术语表述[1],但必须始终明确,更值得重视的是生态文明及其建设的整体性认知与实践成效,尤其是上述这些构成性系统元素及其彼此之间的相互联系、相互影响。比如,生态文明政治学的学术讨论和学科建设无疑是有价值的与必要的,但它必须自觉地置于生态文明及其建设的整体性目标要求之下,并特别关注它对于生态文明的经济、文化、社会与生态环境治理层面的积极(不利)影响;同样,生态文明经济学必须同时是一种政治经济学或生态政治经济学和生态社会或文化的经济学[2],否则,各种形式的环境经济公共政策和行政管理手段的运用,就很难保证或兑现其生态文明及其建设促进作用的允诺。

一、作为一个新兴交叉学科的生态文明建设政治学

简言之,生态文明建设政治学是围绕着生态文明建设政治阐发与建构起来的学术话语体系或新兴学科分支。而对于作为一种独立政治现象或学科研究对象的"生态文明建设政治"(或"生态文明及其建设政治")的理解,一是要将其置于生态环境议题的政治化和传统政治的生态化拓展的全球性进程之中,二是要明确它所处的特定情势下的当代中国背景与语境。

就前者来说,作为近代工业文明及其不断扩展深入的伴生性后果,生态环境质量退化或破坏至少在19世纪中叶就已经引起人们的关注,比如恩格斯1845年在《英国工人阶级状况》中,对于伦敦、曼彻斯特等早期工业城市中的环境污染和工人生活环境的描述,但生态环境问题被明确认定为一种全球性生存与发展挑战甚或危机,一般认为是始于1972年联合国在斯德哥尔摩举办的人类环境会议。在这次会议上,所有联合国成员国的政府以及相关国际组织,被要求本着共同但有区别责任原则,来维护地球这一人类唯一家园的健康。自此,生态环境议题及其应对,在包括越来越多发展中国家在内的世界范围内成为一种公共管理政策,民族国家层面上的政府、政党、社会利益团

---

[1] 郇庆治:《环境政治学视野下的绿色话语研究》,《江西师范大学学报(哲社版)》2016年第4期,第3-5页;何爱平、石莹、赵蔺:《生态文明建设的经济学解读》,《经济纵横》2014年第1期,第30-34页。

[2] 曹顺仙、张劲松:《生态文明视域下社会主义生态政治经济学的创建》,《理论与评论》2020年第1期,第77-88页。

体与工商企业，国际层面上的联合国机构、国际组织和研究智库、跨国公司等，都开始在某种程度上或以某种形式做出自己的回应，也就是开启了走向绿化或生态化的进程。

另一个重要转折点是1992年在巴西里约举行的联合国环境与发展大会。这次会议所通过的《环境与发展宣言》和签署的《联合国气候变化框架公约》与《生物多样性公约》，奠定了从那至今的国际环境政治与治理合作构架，而可持续发展原则与战略，则成为广大发展中国家重构其生态环境保护治理政策体系的统摄性伞形概念。结果是，不同形态的或"绿色颜值"深浅不一的可持续发展，比如生态现代化、绿色发展、绿色经济（增长）、社会生态转型，逐渐在全世界范围内变得时尚与流行，尤其是在爆发了2008年世界经济与金融危机之后。

依此而论，当代中国并没有落后于这一始于20世纪70年代初的世界政治绿化进程太多或游离于之外，而是其中的一个重要见证者、参与者和贡献者。换言之，自那时以来，中国共产党及其领导政府，就一直致力于对国内外的生态环境问题不断地做出政治化阐释与应对[①]，而且事实上也是如此。

就后者而言，严格意义上的生态文明建设政治，是由中国共产党及其领导政府对于国家社会主义现代化建设正在进入新时代这一政治研判，以及相应采取的生态环境治国理政理念方略或广义的生态环境保护治理政策所决定的。[②] 也就是说，它是新中国成立以来的历代中国共产党人持续不断地探索，社会主义现代化建设背景下加强与改进生态环境保护治理体制机制努力的有机组成部分和时代版本，因而既是一个一脉相承的连续性过程，也包含着基于对时代问题与挑战回答的重大创新。

对于这种时代特点，习近平同志2018年5月18日在全国生态环境保护大会上的讲话中，将其精准地概括为"三期叠加"："生态文明建设正处于压力叠加、负重前行的关键期，已进入提供更多优质生态产品以满足人民日益增长的优美生态环境需要的攻坚期，也到了有条件、有能力解决生态环境突出问

[①] 刘希刚、刘扬：《中国共产党生态文明建设理念的与时俱进和创新发展》，《广西社会科学》2018年第1期，第20-24页。

[②] 徐行、张鹏洲：《我国生态文明建设的政治考量与政府职责》，《理论与现代化》2016年第4期，第99-104页。

题的窗口期。"①换言之，新时代生态文明建设政治的使命，就是要对"生态环境保护治理形势依然严峻""人民群众对改善生态环境质量和优质生态产品需要满足的愿望日益强烈""改革开放以来的经济社会发展已经提供了实质性解决生态环境突出问题的条件能力"的生态环境保护治理客观现实，做出一种"生态文明建设"话语政策体系下的政治阐释与应对。

严格说来，"生态文明建设"和"生态文明"不仅在语词具体构成上就有着明显的位阶层次之分，前者更应准确理解为后者的一个隶属性层面或它的实践维度，而且在当代中国的特定背景语境下，围绕着"生态文明建设"伞形概念所构建起来的更接近于一种政策话语体系，而围绕着"生态文明"伞形概念所构建起来的则更接近于一种学术话语体系。② 因而，当在公共政策及其比较的层面上展开讨论时，生态文明建设是更加适当的统领性概念，当在哲学伦理或政治理论层面上进行讨论时，生态文明作为统领性概念显然要更为合适些，但也不能够绝对化，本章就是在以前者为主、兼顾后者的意义上使用③。

二、生态文明建设政治学的研究对象及其特点

因而，对生态文明建设政治的研究或生态文明建设政治学，其主体内容是在国家的整体性政治制度框架之下，围绕着生态文明建设公共政策的议题形成、政策决策、执行落实、评估完善等具体环节或阶段而进行的。比如，生态文明建设绩效考核政策，主要是指对各级党委、政府及其主管部门和主要负责人所开展的生态文明建设战略与政策实施情况及其成效的评价，并且会依此做出组织人事调配或物质奖惩意义上的决定。

这方面的一个典型实例是，国家生态环境部早在 2007 年就开始实施全国"生态文明建设（试点）示范区"的遴选创建工作（在此之前则是遴选促进"生态示范区"建设），2012 年后则呈现为与国家发改委等七部委主导的"生态文明先行示范区"评选、国家统计局等四部委主导的"绿色发展指数"测评、中共中

---

① 习近平：《推动我国生态文明建设迈上新台阶》，《求是》2019 年第 3 期，第 8 页。
② 卢风、王远哲：《生态文明与生态哲学》，中国社会科学出版社，2022 年版。
③ 笔者在他文中曾提出把"生态文明及其建设"作为一个涵盖这二者意涵的更高位阶概念，参见郁庆治：《生态文明及其建设理论的十大基础范畴》，《中国特色社会主义研究》2018 年第 4 期，第 16-26 页。

央组织部的"地方党委政府和领导干部分类考核"等形式相并列的竞争性格局，2017年后则进一步按照党中央要求，重构为"生态文明建设示范市县"和"'两山'理论实践创新基地"评选促建的考核形式。①

但也必须看到，生态文明建设政治学与通常所指的环境公共政策（管理）研究之间的突出区别，是前者具有明显的政治哲学意味。这主要是由于，虽然二者作为公共管理政策，初看起来都是针对或指向某种形式的生态环境问题及其复合体，但它们所采取的观察思考角度与政策应对思路，是存在显著差别的。概言之，环境公共政策更加侧重于经济技术进步和行政监管手段的环境治理直接或短期效果意义上的运用，而生态文明建设政治则更加强调对于生态环境问题的尽可能是"五位一体"意义上的综合性、整体性、长期性解决方案。

比如，对于持续严重影响中国较大地域面积的雾霾问题，对于环境公共政策而言，更容易考虑与选择针对受影响地区的基于燃煤技术改进、污染企业关停、机动车限行、气象干预等经济行政与技术手段的公共政策，而对于生态文明建设政治来说，则会更多考虑与选择重新认识或调整受雾霾影响地区以及更大范围内的自然生态与地理气象特点、人口资源环境与经济社会发展关系、经济产业结构和能源技术结构。

具体地说，生态文明建设政治学着力于阐发公共政策视域中至少如下四个层面上的政治哲学意蕴或考量：人与自然、经济与环境、个体与社会、国内与国际。

1. 人与自然关系

从政治哲学视角来看，人与自然关系同时呈现为一种自然生态循环与物质能量信息交换关系和一种持续变动过程中的社会历史关系，而且这两个层面之间是彼此制约与相互影响的。也就是说，现实中的或人们身处其中的人与自然关系，其实是一种"社会的自然关系"②。具体而言，它不仅是个体、

---

① 乔永平：《我国生态文明建设试点的问题与对策研究》，《昆明理工大学学报（社科版）》2016年第1期，第24—29页。

② 乌尔里希·布兰德、马尔库斯·威森：《资本主义自然的限度：帝国式生活方式的理论阐释及其超越》，郇庆治等编译，中国环境出版集团，2019年版，第25—27页。

社群和社会等不同类型或规模的人类集群与自然之间的感知、认识与实践关系，还是基于特定自然生态地理区位和既有社会历史条件的经济技术与社会政治文化关系。

毫无疑问，对自然生态系统及其构成元素的科学认知与价值伦理尊重，是现代社会与文明得以发展延续的重要前提。当代生态科学研究已经清楚地揭示，无论就人类个体或社群还是文明社会而言，生态环境的基础决定性作用是始终存在的甚或无法逾越的，而"生态兴则文明兴、生态衰则文明衰"则是对于这一生态唯物主义法则或历史事实的科学概括[①]。但同样不容置疑的是，以社会关系为中枢的整个社会的生态化重构，构成了当代社会或文明的可持续发展与生存延续的更为根本性的方面。完全可以说，没有当代社会的生态化重塑，就不会有人与自然关系的和谐相处。

因而，在生态文明建设过程中，坚持或实现人与自然关系的和谐共生，其主战场则在于人与人关系的调整协调。

2. 经济发展与环境保护的关系

最一般意义上的经济发展与环境保护之间关系，其实是伴随着人类社会或文明的整个进程的。一方面，二者之间本质上并不是一种矛盾对立的关系，因为任何一个社会或文明都希望获得兼得或共赢的结果，物质生活富裕及其条件保障是人类社会文明进步的基本体现，但山清水秀的城乡自然环境，也是不可或缺的目标追求。另一方面，必须承认，迄今为止的社会文明形式——狩猎采集、游牧业、农业和工业文明，都造成了对周围自然环境的某种破坏性影响，比如定居化生存后的畜牧养殖、大面积的农业开垦和集中于城市的工业生产。

但只有在现代文明社会条件下，经济发展和生态环境保护之间才发展成为一种公开的、直接的矛盾冲突关系。这既是由于人类社会在工业化大生产和城市化生存基础上所集聚起来的、强力改变整个地球范围内的自然生态环境的经济技术能力，也是由于与工业化大生产和城市化生存相适应而建立发展起来的资本主义社会关系。一般来说，"深绿"的生态中心主义理论集中于

---

① 中共中央文献研究室（编）：《习近平关于社会主义生态文明建设论述摘编》，中央文献出版社，2017年版，第6页。

批判前者的非生态特征,"红绿"的生态马克思主义或生态社会主义理论集中于批判后者的反生态本质,而"浅绿"的生态资本主义或绿色资本主义理论则同时强调这二者的积极一面,即认为它们也可以用于生态环境保持与修复的目的。① 但事实证明,现实中这二者之间是一种彼此"互嵌"程度极高的彼此依赖与支撑关系,其整体生态环境破坏性质是毋庸置疑的,而所有使其关系实质性"脱钩"的努力,都意味着对二者各自的一种根本性改造。

因而,在生态文明建设过程中,无论是强调现代经济生态化和发展绿色经济的环境保护效果,还是强调生态环境保护目标要求的经济转型倒逼效应,都不应离开"社会"及其变革这个媒介。

3. 个体与社会的关系

对于个体与社会之间的关系,自由主义政治学更多强调的是个体权益及其保障的基础性地位,不承认没有对等权利认可与保障的义务或责任,而社会主义理论则更多强调的是包括家庭、学校、社区、社群、行政区、民族、国家等社会集群的重要性,认为离开了社会制度条件及其不断完善作为保障的个体权益是很难实现的。这当然不是说,自由主义政治就不要求个体承担任何义务和责任,或者,社会主义政治就不承认、尊重和保护个体的合法权益。然而,又必须看到,自然生态议题确实在很大程度上重塑着我们对于个体与社会之间关系的既存认识。

一方面,个体的生态环境权益与民主政治权利,大大扩展了人们对于个人权利义务认知的地平线,也为新背景语境下的国家法制保障与社会建设提出了更高的要求。另一方面,个体与社会之间的许多既存边界,正在变得完全消解或渐趋模糊。比如,个体或家庭的日常生活消费,在当代社会中正具有日益凸显的社会政治意义,原本属于个体的自由决定或选择的事项,如今已经必须受制于或服从于某种社会性的决定,而社会则有着更多、更大的权限或授权,来民主或权威性地做出限制个体生活自由的有关决定。2020 年新冠肺炎疫情期间中国政府启动修订的《野生动物保护法》,明确建议全面禁食野生动物,而这在不久之前还是许多人的一种生活习惯或消费自由。

---

① 郇庆治等:《绿色变革视角下的当代生态文化理论研究》,北京大学出版社,2019 年版,第 1—17 页。

因而，在生态文明建设过程中，单纯强调个体的伦理意识和责任担当，或者片面扩大社会的议决规约权限，其实都可能会带来一些意料之外的后果。

4. 国内与国际的关系

国内与国际关系是另一个因为生态环境问题而变得重要性凸显的维度。在传统国际政治理论中，民族国家一直被视为无可置疑的第一主体，即便是那些认可与支持国际合作的理论学派，也不从根本上否认这一点。而这就意味着，承认国际社会或超国家层面上的无政府状态，是国际政治理论的一个基本假设，世界各国政府之间的外交往来与(非)制度化合作，都首先(只)是为了确保与扩大民族国家的既定利益。

应该说，生态环境议题的兴起，对于这一国际政治理论架构及其核心假设带来了巨大冲击，最具冲击力的方面则是像全球气候变化应对这样的世界性生态环境挑战或危机的超国家威胁性质与全球合作需要，而"我们只有一个地球"的口号和"人类命运共同体"理念，是对此的最形象表述。也就是说，共同的生态环境挑战及其应对，理应成为我们地球居民意识自觉和同舟共济的制度框架构建的"第一推动力"，而全球生态文明建设，理应成为世界各国的绿色政治与政策选择。然而，至少从20世纪90年代初至今的现实来看，国内与国际维度之间的诸多僵硬界限依旧难以实质性消除，而最大的障碍并不在于对共同目标要求的认知理解，而在于对于各自应该做出的切实努力存在着难以弥合的分歧。

因而，在生态文明建设过程中，亟待实质性突破的一个重要方面，是逐步打破二者之间的森严壁垒，尤其是实现国际维度的国内化，从而真正能够做到"全球思考(行动)、地方行动(思考)"。

第二节 生态文明建设政治学对环境政治学的承继与超越

理解生态文明建设政治学确立依据及其学科意涵的一个重要维度，是弄清楚它与现有的环境政治学的异同。总体而言，它们之间既存在许多方面的相近性，但也有着一些显而易见的差异。环境政治学的学科发展及其理论成果，在研究内容与方法方面为生态文明建设政治学提供了重要基础或参考借鉴，而生态文明建设政治学则在研究论域、学术话语和主体视角等方面实现了重大拓展或转换，从而能够更鲜明地反映新时代中国环境政治理论与实践上的质性特点。

一、环境政治学的兴起与发展

概括地说，环境政治学作为一个人文社会科学学科的形成，始自20世纪60年代初在欧美发达工业化国家中最早出现的环境社会批评舆论与生态哲学伦理思潮，以及随后发生的大众性环境社会抗议运动。它们不仅促成了在此之前就已经多次发生的大规模环境污染事件（比如1952年爆发并最终导致4000人死亡的"伦敦烟雾事件"）的大众公开化，还成功地将生态环境问题"界定"为一种资本主义国家或社会中的社会政治问题，也就是实现了它的"政治议题化"。这方面必须提及的，是美国科普作家蕾切尔·卡逊1962年发表的《寂静的春天》。这部作品第一次把象征工业技术进步的化学杀虫剂所带来的生态系统或生态多样性破坏后果，以令人震撼的方式展示出来，并向资本主义工业文明发展方式及其伦理道德基础提出了严肃的质问批评。

20世纪70年代初，在环境政治成功实现从街头抗议到政党竞选、从国内政治竞争到国际舞台合作的制度化呈现的同时，环境政治学也就应运而生，成为一个新兴的政治学分支学科。与作为一种社会政治现象的"环境政治"不同，"环境政治学"致力于对环境政治实践中的议题确定、政治主体、政府决策与政策落实等环节方面做出学理性阐释。不难理解的是，绿党或环境政党的形成发展、进入议会直至联合组阁执政，从一开始就成为环境政治学关注的热点。[①]

在过去的近半个世纪中，环境政治已经从最初的工业（城市）污染防治、环境运动与政党政治、政府环境政策、国际环境合作等有限议题领域，扩展成为几乎涉及现代经济社会发展各个维度层面的人口资源与生态环境问题领域，并且它所关注的主题或焦点，也已经从当初的工业污染处置、绿色运动与政党动员、政府主管部门政策及其落实，转向个体生活消费、资源循环利

---

① 郇庆治：《欧洲绿党研究》，山东人民出版社，2000年版，第31-116页。

用与新能源技术开发、综合性可持续发展实践、全球气候变化应对合作，等等。

相应地，环境政治学研究也已经从最初更多关注主流渠道议题确定、传统政治角色作用发挥、政府法制化政策制定及其落实、欧美国家环境政治，转向更加强调污染源头技术预防、区域多部门协同治理、经济政策手段综合运用、发掘弘扬发展中国家和原住民生态智慧，等等。① 总之，环境政治学研究的视域和学科方法更加丰富与多样化了。② 这其中，环境自然科学的发展和环境工程技术研究的进步，发挥了一种十分重要的推动作用。

而在中国，环境政治学是与其他环境人文社会科学学科一起成长起来的，始于20世纪70年代末、80年代初的改革开放基本国策，同时在社会实践需要和学术研究推动方面，扮演了一个"催生婆"的角色。③

一方面，欧美国家代表性学术流派或学者著述的翻译评介，成为最先采用的学术研究和学科构建进路。结果是，色彩斑斓的绿色政治观点或人物，像一波接一波的潮水般涌入人们的视野，比如80年代中后期最早翻译出版的罗马俱乐部的《世界的未来：关于未来问题一百页》《人类处在转折点》和《展望二十一世纪：汤因比与池田大作对话录》等。而这方面最具代表性的，分别是吉林人民出版社1997—2000年组织出版的"绿色经典文库"和山东大学出版社2005—2012年组织出版的"环境政治学译丛"，其中包括了今天为人们熟知的许多生态哲学伦理与环境政治学名篇经典。

另一方面，明显受到国内学术环境与语境的影响，对于生态马克思主义或生态社会主义和环境公共管理的研讨，成为中国环境政治学研究中的两个议题侧重或"靓点"。前者的"红绿"意识形态特征，使得国内的环境政治理论研究较为容易地"对冲"了生态中心主义哲学伦理的强势地位和可能影响，生

---

① 郑石明：《国外环境政治学研究述论》，《政治学研究》2018年第5期，第91-102页；党文琦、奇斯·阿茨：《从环境抗议到公民环境治理：西方环境政治学发展与研究综述》，《国外社会科学》2016年第6期，第133-141页。

② 郇庆治(主编)：《环境政治学：理论与实践》，山东大学出版社，2007年版，第1-3页；郇庆治：《环境政治国际比较》，山东大学出版社，2007年版，第2-3页。

③ 郇庆治：《2010年以来的中国环境政治学研究论评》，《南京工业大学学报(社科版)》2018年第1期，第23-38页；《环境政治学研究在中国：回顾与展望》，《鄱阳湖学刊》2010年第2期，第45-56页。

态无政府主义或生态自治主义并未引起中国学者的太多关注,更没有对党和政府的环境政策取向及其制定实施产生显著的影响。执政党及其领导下政府的适当政策——而不是地方或小规模社区的自主自觉的生态化理念及其实践——始终被当作现实环境政治的中枢核心。

之所以会是如此,在很大程度上是由于经济社会现代化进程的迅速推进所带来的生态环境问题应对实践需要所决定的。这使得广义的环境管理,同时在政府(公共)管理或公共政策和环境工程技术两个不同的学科背景或话语体系下发展起来,即分别隶属于政治学(尤其是公共管理学)的"环境公共管理(政策)"和隶属于环境工程技术学科的"环境规划与政策"(与环境自然科学、环境工程技术相并列),尽管这二者在现实的学术研究和交流中很难做截然区分。

二、生态文明建设政治学的承继与超越

如上所述,生态文明建设政治学和环境政治学的确有着很大程度上的相似或相通之处。首先,对各种类型的生态环境问题的政治学理解与应对,也是生态文明建设政治学作为一个公共政策议题研究领域或学科方向必须要面对的。也就是说,环境政治学视野下的或已经取得的理论成果,都构成了生态文明建设政治学研究的重要基础或组成部分。这从根本上说,是由作为二者研究对象的"环境政治"与"生态文明建设政治"之间的近似性所决定的[①],即它们都致力于探索生态环境保护治理目标实现的适当的政治进路,尽管后者的目标与任务以及所对应的政策手段要更为综合一些。

也就是说,至少就其直接性目标任务和在初始阶段而言,生态文明建设政治需要花大力气应对解决的,也是经济社会现代化过程中累积的生态环境破坏后果或风险,而对此更为有效的显然是各种形式的环境政治知识和手段。比如,对于一个都市或区域的持续严重的大气雾霾问题,迅速明确的难题确定和果断有力的行政与经济技术措施无疑是最先需要的,然后才能考虑发现更深层次问题和引入更加综合性立体性的解决思路手段。

---

① 贾秀飞、叶鸿蔚:《环境政治视域下生态文明建设的逻辑探析》,《重庆社会科学》2019年第2期,第76-83页。

其次，环境政治学的比较政治研究方法，也是生态文明建设政治学需要借鉴运用的。这其中尤为重要的是理论与实践相结合的方法论和个例分析与比较分析方法的综合运用。① 前者所强调的是，必须要从理论与实践相统一的方法论高度，来界定和分析环境政治问题或生态文明建设政治问题，既不能高悬于概念理论推演的层面上做泛泛而论，也不能拘泥于经验观察事实的叙述报告；而后者所强调的是，基于客观全面持续的调查研究的个例动态分析和多案例比较分析，是科学研究一个环境政治问题或生态文明建设政治问题的基本方法，任何片面局部暂时性考察的局限和分析立场态度方法上的偏执，都很容易导致先入为主的或以偏概全的谬见。

比如，对于不同类型的生态文明建设典型案例的研究，既要对生态文明建设的基本理论、党和政府的方针政策有着全面清楚的理解，也要熟练掌握政治学尤其是比较政治学的研究方法与技术；既要对目标个例的方方面面和来龙去脉有着动态深入的了解，也要将其置于与其他近似或不同案例的比较中加以考察分析。

当然，相形之下，生态文明建设政治学确有自己的时代特质或学科特色。② 对此，笔者认为可以从如下三点来理解。

其一，研究论域的不同。一方面，与环境政治学的相对严格界定不同——比如大气污染、水污染、土壤污染、噪声污染和近海污染、水土流失与土地荒漠化、全球气候变暖，生态文明建设政治视域下对"生态环境问题"的认定要宽泛得多，不仅涵盖了传统意义上更多属于生态空间或生态性质的问题，比如生态安全、生物多样性减少、林草湿地保护，还包括了大量只是结果上与自然环境质量相关或对之有一定影响的问题，比如野生动植物及其相关产品消费、城市交通系统中的小汽车偏向、过分依赖化石能源的供电供暖体系。

另一方面，生态文明建设政治明显涵盖了广义的生态环境问题之外的更宽泛领域。这方面最有说服力的论据，是2012年党的十八大报告关于生态文

---

① 冉冉：《政体类型与环境治理绩效：环境政治学的比较研究》，《国外理论动态》2014年第5期，第48-53页。

② 郇庆治：《新文科建设视域下的生态文明研究》，《城市与环境研究》2021年第4期，第11-15页。

明建设的"五位一体"的规定性阐述,即生态文明建设必须融入其他"四大建设"(经济、政治、文化、社会建设)的各方面和全过程。也就是说,生态文明建设同时从路径机制和目标任务上包含着它的经济、政治、文化和社会维度或层面,也就理应成为生态文明建设政治学所关注与研究的论域,而不应仅仅局限于生态环境本身的保护治理。

因而,尽管也要注意防止过度泛化可能导致的研究论域的模糊性或不确定性,但至少与环境政治学相比,生态文明建设政治学的突出特征是它的研讨论域的广泛性和交互关联性。

其二,学术话语的不同。相较于环境政治学的侧重于具体生态环境问题的直接性或即时性解决理路,也就是一种"浅绿"性质的问题确定与应对逻辑,生态文明建设政治学更加强调生态环境问题本身、成因与结果的复杂性以及相应的综合性整体性解决理路,也就是一种更多具有"红绿"特征的系统性问题确定与应对逻辑。依此而论,生态文明建设政治学本身蕴含着或具有一种较为激进的理论特质。这种激进特质,既来自对于当代社会整体架构尤其是它的经济社会结构的彻底批判态度与根本性重建主张,也来自这样一种深刻变革所要求的或所导致的人与自然关系、社会与自然关系的哲学伦理意义上的重塑,而这意味着作为社会主体的人类个体及其不同类型组合的公民意识与道德文化素质的生态化革命。①

也就是说,生态文明建设政治及其话语体系,既不同于以法制化文本政策及其执行落实为主的公共政策政治,也不简单是一种新民主话语及其政治或一种新道德伦理意识及其践行,而是一种分析性与规范性相结合的文明转型话语及其政治②,是关于现代工业文明如何实现生态化革新或自我否定的革命性话语及其政治。

因而,虽然不宜做过分的夸大或片面性解读,但生态文明建设政治学确实有着更为强烈的未来指向或乌托邦意蕴。

其三,主体视角的不同。与环境政治研究相比,同样值得关注的是生态

---

① 约翰·贝拉米·福斯特:《生态革命:与地球和平相处》,刘仁胜等译,人民出版社,2015年版,第72页。

② 郇庆治:《文明转型视野下的环境政治》,北京大学出版社,2018年版,第2-5页。

文明建设政治研究主体的观察与认知视角上的"三大转变"。一是研究者从更注重对欧美发达工业化国家的实践经验、理论知识和学科建设的学习借鉴，转变到更加自主地认知解决中国经济社会现代化发展过程中所面临的广义上的生态环境问题，也就是越来越侧重用自己的知识经验来独立确定与解决被认为是属于自身的问题；二是研究者从中国经济社会现代化发展初期对于绝大部分生态环境问题所采取的相对消极被动应对立场，转变到对于包括生态环境问题成因预防或源头处置等在内的更加积极主动作为态度，也就是越来越倾向于采取一种主动出击的思路与策略；三是研究者从过去的常常是"言必称西方"转变为如今变得日益凸显的"东方自信"，相信在绝大多数生态环境问题上，当代中国都已同时是问题成因及其解决方案的一部分，而且，生态文明建设集中体现了中国作为一个发展中大国的绿色理论思考、实践创新与世界性贡献。[1]

第三节　生态文明建设政治学的社会主义质性特征

理解与构建生态文明建设政治学所关涉到的另一个重要议题，也是与笔者本书的讨论尤为相关的，是对于生态文明建设政治的社会主义质性特征的阐发与彰显。的确，即便在环境政治学话语体系下，也存在着生态马克思主义或生态社会主义的政治理论和"红绿"的社会运动与政党政治的探讨，从而表明了同样的生态环境问题的不同政治理解与公共政策应对思路。而在生态文明建设政治学的视域下，社会主义质性特征或政治选择的论辩和追问，就成为一个尤其突出、也更加关系着全局和未来的方向性问题。

一、当代中国生态文明建设政治的社会主义本质特征

至少在当代中国背景和语境下，生态文明建设政治学所要回答的第一个"政治"问题，就是生态文明建设的社会主义质性特征及其政治政策意涵，也就是要阐明，现实中的或真实意义上的生态文明建设，为何必须是社会主义

---

[1]　王雨辰：《构建中国形态的生态文明理论》，《武汉大学学报(哲社版)》2020年第6期，第15-26页。

的，而不能是资本主义的。① 对此，笔者认为，可以从如下两个方面来理解：其一，中国的生态文明建设为什么要坚持社会主义的政治取向和目标追求？其二，中国的生态文明建设与世界主要资本主义国家的环境政治和公共政策及其话语体系究竟有何区别？

对于前者，依据马克思主义的唯物史观，社会主义社会条件下的生态文明，是与整个社会的经济、政治、文化和社会等各个领域的社会主义进步特征相关联的，而这些进步首先是由于完成了对于原先主宰性的资本主义制度体系的历史性取代所实现的或所导致的。② 也就是说，所谓的生态文明，不过是整个社会的社会主义性质变革的一部分或相应体现，尤其呈现为人与自然关系和社会的自然关系构型上的历史性进步。

因而，在很大程度上，社会主义社会中的生态文明，并不是由于届时的人类社会可以掌握魔法般的新型科技知识与手段，从而在做到满足人们无限（不断）丰富的物质文化需要的同时，轻而易举地消除或避免之前社会中普遍存在着的各种形式的生态环境问题，而是由于社会主义性质的制度设计及其日益完善，可以达致社会生产生活与生态之间、人口资源环境和经济社会发展之间、经济理性和社会理性与生态理性之间、人或社会与自然关系之间等众多维度层面意义上的动态平衡与良性互动。也就是说，人与自然和谐共生的生态文明愿景，并不是由于人类社会实现了对自然生态系统及其构成元素的经济或科技征服，然后可以做到生杀予夺、随心所欲，而是由于可以在最大程度上做到对自然生态规律的认知、把握与尊重——尤其是基于多层面上民主达成的社会性共识而不是杰出或权威个体社群的独断性决定。由此可以说，生态文明其实是一种社会整体文明基础上或条件下的领域性进步，而单纯的生态环境构成要素及其衡量指标上的改善可以表征、但却不足以代表生态文明本身。

当然，必须强调的是，中国当前的社会主义社会，还不是一个成熟发达意义上的社会主义社会，至少不是马克思恩格斯所设想的作为共产主义社会

---

① 郇庆治、李宏伟、林震：《生态文明建设十讲》，商务印书馆，2014年版，第79-105页。
② 张云飞：《唯物史观视野中的生态文明》，中国人民大学出版社，2014年版，第511-519页、第545-554页。

的低级形式或阶段的社会主义社会。一方面,中国特色社会主义是马克思主义基本理论与中国社会主义革命和建设实践相结合的理论、道路、制度和文化体现,而1987年党的十三大所做出的中国依然处于并将继续长期处于"社会主义初级阶段"的政治判断,绝非仅仅是从社会生产力水平相对较低而得出的。另一方面,在世界范围内,中国还不得不与依然占据强势地位的资本主义制度体系、国际秩序及其支撑性文化价值观念进行长期竞争,而这也就决定了中国进行社会主义建设的、远非是顺水行舟的外部国际环境。

应该承认,这一国内外环境对于当代中国的生态文明建设有着一种双向性的抑制作用。相对弱势的综合实力与国际地位,使得人们往往采取淡化意识形态歧见的包容性国内政治和"韬光养晦"的国际竞争战略,尽量弱化甚至回避国家制度和整个社会的社会主义性质,而这样做的难以避免的后果之一,则是会影响到社会主义制度特征优势及其社会政治动员潜能的更好发挥。所以,笔者多次强调,应该更自觉地坚持与阐发中国生态文明建设的社会主义质性,或者说"社会主义生态文明"的政治哲学基础与未来愿景,其核心理由则是社会主义生态文明这一术语和理论的"转型话语"(政治)特征[①]。

对于后者,笔者认为,又要澄清两个具体性的问题,一是欧美主要资本主义国家的生态环境问题及其目前所取得的阶段性局部性改善,就像它的逐渐形成、加剧与扩展一样经历了一个历史性过程。20世纪70年代中后期所形成的有利于这一问题应对的世界性经济、政治、文化与社会"机会结构"是至关重要的,其主要表现之一是,这些国家将国内或整个区域的环境污染性产业转移到了位于亚太地区等所谓新兴经济体国家。借助于这种污染源转移策略,这些国家不仅大幅度减少了其境内的传统类型环境污染物的排放总量,还进一步刺激促进了国内对于第三产业或服务业的兴起发展。结果是,这些国家在90年代中后期普遍实现了生态环境质量的较大幅度改观——除了个别大都市和工业中心城市,碧水蓝天、鸟语花香成为普通民众的生活环境常态。

但问题是,如果把这些国家的高标准生活消费置于全球背景下来观察的话,他们自己的生态环境改善更多的是建立在世界其他国家和地区以及整个

[①] 郇庆治:《作为一种转型政治的"社会主义生态文明"》,《马克思主义与现实》2019年第2期,第21—29页。

星球的生态环境的持续恶化基础之上的。就此而言，即便这些国家中的"绿色故事"本身都是真实的，也并不是普遍有效的或可复制的。对比之下，当代中国的生态文明建设，无论从现实可能性还是发展中社会主义国家的性质来说，都已不可能再简单通过低端产业转移或污染转嫁的方式来实现。

二是欧美主要资本主义国家的生态环境问题公共政策，并不是一种价值观念或意识形态中立的经济技术或公共行政管理政策。简言之，资本主义国家或社会中的环境公共政策，就只能是一种资本主义性质的政策。这当然不是说，资本主义制度条件下的国家或社会，就会完全无视生态环境问题，任其蔓延与恶化而无动于衷，而是说，它必然会也只能是按照资本主义的经济社会规律来理解、界定和应对生态环境问题，即走向"绿色资本主义"或"生态资本主义"[①]。其核心理念是，资本主义社会条件下的任何公共政策，都不应质疑或挑战基于生产资料私有制的市场经济体制本身，即只能通过产权、资本、产品、市场的合理与创新组合，来实现生态环境改善目标与资本积累目标的兼得共赢，而且第二个目标始终是决定性的。

由此也可以理解，20世纪80年代中期出现的"可持续发展"理念原则，很快就在欧美国家中被再阐释为"生态现代化"或"绿色增长""绿色投资""绿色经济"，而它们在90年代初开始的国际气候变化履约谈判中关心的焦点之一，则是全球性"碳交易市场"和"低碳技术转让"交易规则。

相形之下，当代中国的生态文明建设作为一种公共管理政策，是服从或服务于中国特色社会主义现代化发展的总体目标的，而这个总目标的要旨，则是"以人民为中心"和推动构建"人类命运共同体"[②]。简要地说，在国内层面上，党和政府所采取的改善生态环境质量的任何政策举措及其成果的评判，都要以人民群众不断增加的优质生态产品需要和优美生态环境需要的满足为根本前提，相应地，各种形式的资本、市场与技术手段的开发运用，只具有虚拟或象征性的意义，而绝不能成为霸权性的经济原则或逻辑；在国际层面上，中国将站在人类同呼吸、共命运的高度，来持续推动一种使绿色可持续

[①] 郇庆治(主编)：《当代西方生态资本主义理论》，北京大学出版社，2015年版，第2-10页。
[②] 中共中央文献研究室(编)：《习近平关于社会主义生态文明建设论述摘编》，中央文献出版社，2017年版，第83-84页、第140-142页。

发展成为具有面向世界各国的社会包容性的新型国际关系架构与秩序。

二、生态文明建设政治的社会主义民主政治发展潜能

与生态文明建设的社会主义质性特征及其政治政策意涵阐发密切相关的另一个"政治"问题，是其中所蕴含着的生态民主视域下的社会主义民主政治实践及其丰富的巨大潜能。应该说，环境政治学的话语体系，主要是在自由民主主义的理论框架之下围绕着"环境民主"这一伞形概念构建起来的。[①] 其中的核心理念是，公民个体拥有像其他基本人权和政治、经济、文化、社会权利一样的受到国家法律认可与保护的环境权利——尤其是免除生态环境损害风险和享有健康宜居的自然生态环境的权利，而公民个体在享受这些权利时，也有着不能妨碍其他公民个体或公共集体的环境权利以及其他权利的义务。概言之，可以把"环境民主政治"理解为当代民主国家、社会与个体之间的一种"绿色契约"，它在承认公民个体的扩展的环境自由合法权利的同时，也赋予了国家及其政府的扩大的在生态环境保护治理领域中的宪制职责。

值得注意的是，直接性和对等性是这种契约关系的两个基本特征。就前者而言，它体现为公民个体与国家及其政府之间的一种法律条文化的直接确定性关系，比如作为居民合法环境权利的清新空气和清洁生活环境，是政府及其主管部门必须认可并加以保障的，否则，就会面临着被社会抗议、法律诉讼直至取消政治授权的后果；就后者来说，它体现为公民个体之间权利享受与义责担当的范围程度上的对称关系，比如公民个体对于清新健康的空气环境的合法权利和他(她)应该承担的爱惜保护空气环境的法律义责是对等的，不能只要求合法权利而回避或拒绝法律义责。

当然，这种公民权利规定与国家宪制职责之间的现实构型，并不是确定不变的，而是一个不断展开充实的民主政治过程，而环境社会政治运动和绿党发挥着十分重要的媒介和推动作用。

相比之下，生态文明建设政治学则明确地建基于如下两个"民主支柱"之上："生态审议民主"和"社会主义人民民主"。前者可以大致理解为"生态民

[①] 蔡守秋：《环境公平与环境民主：三论环境资源法学的基本理念》，《河海大学学报(哲社版)》2005 年第 3 期，第 12—17 页、第 39 页。

主"和"审议民主"理念原则的聚合与融通。"生态民主"更加强调的是，相对激进的生态主义理念原则引入民主政治理论之后所导致的民主理论意涵与政治立场的实质性改变，而"审议民主"则更加强调，审议性程序相对于竞争性程序所具有的丰富与促进实质性民主政治的重要作用。二者相结合，"生态审议民主"可以通过对生态环境保护治理"理据"的程序性论辩，而不仅仅是投票式议决，来做出标准越来越严格的关于生态环境保护治理的政治与法律决策。尤其是，正是在持续进行的程序性论辩中，那些最初属于政治少数派、但却符合自然生态规律及其客观要求的观点立场，有可能逐步通过"理性劝服"而不是"威逼利诱"，来取得一种政治主流或多数地位。而显而易见的是，建立在这种审议共识基础上的环境公共政策，要比借助投票多数获得通过的环境公共政策，更具有民主合法性和现实可执行性。

当代中国的生态文明建设与"生态审议民主"的契合性，同时在于对广义的生态环境保护治理公共政策的"生态意涵"和中国特色社会主义民主政治的"协商特征"的分别建构及其历史合成。一方面，新中国建立以来尤其是改革开放以来的生态环境保护治理话语政策体系，一直存在着话语理论与政策执行效果之间的较大差距，也可以说有着其"生态意涵"较大幅度提升的实现空间，这使得党和政府以及社会各界更容易对主流性的生态环境保护治理政策或生态文明建设举措采取一种反思性的视角立场。

另一方面，中国特色社会主义民主政治对于投票议决形式的制度化嵌入程度相对较低和协商民主形式的更广泛制度化运用，不仅弱化了过分集中于投票对决及其结果所带来的恶意竞争，还在事实上开辟了参与各方对于不同政策主张背后"政治理由"的更广泛关注与讨论的可能性。事实也是如此。在生态文明建设过程中，人们可以看得到关于这一议题本身的从核心概念到主要政策的大量实质性深层次辩论，而这些论辩尽管从短期来看有些"束缚手脚"，但就中长期而言是非常必要的和有益的。

后者即"社会主义人民民主"，可以大致理解为一种超越后自由主义的生态审议民主的全球共和主义民主和超越资本主义民主的新型人民民主。应该说，罗宾·艾克斯利和约翰·德赖泽克等人所倡导的"生态审议民主"，仍在很大程度上是一种"后自由主义民主",至少不是"反自由主义民主"①。也就是说,她(他)们的立足点,仍是当代资本主义国家民主政治体制的"绿化"或完善,而这从严格的或纯粹的生态主义视角来看,恰恰是无法实现的。比如安德鲁·多布森就认为②,新型的"生态主义民主",必须建立在同时超越民族国家和地方狭隘性的无差别的全球视野和秉承古典共和主义所强调的单向度公民责任感的基础之上。也就是说,真正的生态民主,必须是一种全球公民平等参与(或被考虑)的、将地球作为整体或"母亲"来理解与对待的政治民主或民主政治。当然不能简单说,作为中国生态文明建设的核心理念和愿景之一的"人类命运共同体",就是这种"生态主义民主",但二者的基本精神确有某些近似或相通之处。

无疑,更值得讨论和阐发的,还是社会主义人民民主及其新型特质③。它的超越资本主义民主的制度本质以及支撑这一本质的社会主义经济政治体制与社会文化基础,是非常清楚的,也是不容置疑的。也就是说,离开了社会主义的经济政治制度和社会文化基础,来探讨社会主义民主的巩固与完善,不过是缘木求鱼或自欺欺人。而在中国生态文明建设的背景语境下,人民民主原则制度的坚持、完善与创新,对于生态文明建设的社会主义目标方向、对于中国特色社会主义实现从初级阶段向中高级阶段的自我转型,都是极其重要和关键性的。④ 毕竟,建设社会主义生态文明,终究是最广大人民群众自己的利益关切、发展需要和事业追求。

因而,在笔者看来,一个贯穿始终、又十分基础性的问题是,如何通过不断鼓励和促进最广大人民群众参与到新时代中国生态文明建设国家战略和

---

① 罗宾·艾克斯利:《绿色国家:重思民主和主权》,郇庆治译,山东大学出版社,2012年版,第93-100页;约翰·德赖泽克:《地球政治学:绿色话语》,蔺雪春、郭晨星译,山东大学出版社,2012年版,第233-238页。

② 安德鲁·多布森:《政治生态学与公民权理论》,载郇庆治(主编)《环境政治学:理论与实践》,山东大学出版社,2007年版,第3-21页。

③ 比如,2022年党的二十大报告系统阐述了坚持与完善"全过程人民民主"的极端重要性及其政治政策意涵,并将其作为全面建设"中国式现代化"的本质要求之一。参见习近平:《高举中国特色社会主义伟大旗帜,为全面建设社会主义现代化国家而团结奋斗》,人民出版社,2022年版,第37-40页。

④ 张云飞:《社会主义生态文明的人民性价值取向》,《马克思主义与现实》2020年第3期,第68-75页。

公共政策的制定落实,来逐步创建符合社会主义生态文明理念原则的经济、政治、文化、社会与生态环境保护治理制度体系,以及具有相应的生态政治自觉与知识能力来承担对于这一制度体系的监管职责的新一代公民。必须明确,生态文明建设能否最终是社会主义质性的,或社会主义生态文明是不是可以成为未来现实,归根结底将取决于普通人民群众的切实获得感、幸福感、参与感,取决于他(她)们接受、认同与捍卫社会主义取向的政治意愿和能力。

结　语

如上所述,"生态文明建设政治学"的政治哲学视角下阐释,其首要目的并不是为了创立一种与已有的环境政治学相并立的比较(议题)政治学分支学科,而是为了表明或凸显当代中国生态文明及其建设尤其是社会主义生态文明话语与政治所提出或蕴含着的巨大社会政治变革与解放潜能。这不仅实例验证了人们通常所指的"政治科学"与"政治哲学"之间的显著区别[①],而且彰显了政治哲学思维的主体与实践特征或指向以及在新时代中国生态文明及其建设讨论中的方法论重要性——特别是清楚意识到并把握好其社会主义政治向度。

---

① 姚尚建:《政治学的双重分野:政治科学与政治哲学的概念辨析》,《理论导刊》2009年第8期,第30-32页。

第十章

生态文明社会建设视域下的"生态新人"形塑

生态文明及其建设必须面对的一个重大挑战，是如何才能拥有或培育出与中国的"社会主义生态文明"价值取向与目标愿景相契合的成千上万"绿色公民"或"生态新人"，从而提供生态文明新社会的新主体或新主人。初看起来，这是一个类似于"先有蛋还是先有鸡"的悖论性难题，其答案也只能是一种辩证性的解答，即只有在不断进化着的"蛋"和不断进化着的"鸡"中找到一个合理的衔接点。而且，这种辩证思维对于理解生态文明及其承载主体之间的复杂关系，也确实有所帮助，即无论是生态文明的现实水平还是生态文明建设的时代主体，都只能是一个长期而缓慢的历史演进过程。当然，我们显然不能停留或满足于这样一种"自然而然"意义上的阐释，因为那样的话，就很容易得出一种"顺其自然"意义上的认知或态度。毕竟，"蛋"不同于"鸡"，而且"蛋"向"鸡"的孵化是一种生命创造意义上的质变，而生态文明及其建设也是如此。

2012年党的十八大报告和2017年十九大报告，系统阐述了"社会主义生态文明观"的基本内容，即"尊重自然、顺应自然、保护自然""坚持节约优先、保护优先、自然恢复为主方针""控制开发强度，给自然留下更多修复空间""更加自觉地珍爱自然，更加积极地保护生态""人与自然是生命共同体……我们要建设的现代化是人与自然和谐共生的现代化""还自然以宁静、和谐、美丽"①。这不仅表明了中国大力推进生态文明建设所必然要求的经济与社会政治体制改革力度,而且蕴含着中国共产党致力于社会主义"生态新人"培育的政治志向与雄心。

第一节 生态文明建设需要"生态新人"

首先需要指出的是,无论是一般意义上的生态文明及其建设,还是笔者在此更多意指的社会主义生态文明建设,都不同于人们通常指称的、作为一种公共管理政策的生态环境保护治理。这二者之间的显著区别,不仅在于它们所关涉到的公共政治或政策的范围视域,还在于它们审视与应对这些公共政治或政策的态度方法。

一、生态文明建设的根本在于人

正如"文明"的根本性表征是人或社会一样,"(社会主义)生态文明及其建设"的根本也在于人或社会。笔者认为,这一论断可以从如下两个层面来理解。

其一,"生态文明及其建设"归根结底是人或社会的文明程度的提高,尤其体现为人类个体或社群生产生活过程中对自然生态(物)多元价值的感知、尊重和善待。

无疑,生态文明或"合生态的文明",是一种人与自然、社会与自然、人与人之间的立体性多维关系,而不仅仅是一种"人际关系"(人类自身之间的关系)或自然性关系(人作为一种普通生命或动物物种意义上的关系)。也就是说,我们不能简单化夸大甚至浪漫化原始时代的那种人与自然界之间的浑然一体的和谐关系,因为在其中的绝大部分时间内和绝大多数情况下,人或社会只是一种动物性的自然存在,或者说是一种非主体性的存在。人类社会主

---

① 胡锦涛:《坚定不移沿着中国特色社会主义道路前进,为全面建成小康社会而奋斗》,人民出版社,2012年版,第39、41页;习近平:《决胜全面建成小康社会,夺取新时代中国特色社会主义伟大胜利》,人民出版社,2017年版,第50页。

动调整与大自然之间关系的能力或可能性是非常有限的,相应地,"优胜劣汰、适者生存"的动物界丛林法则,也是人类初始社会及其文明的主导性准则。同样,我们也不能离开人类社会对自然界、对物质对象的能动与主动改变或掌控,来谈论"生态文明"。

也正是在这种意义上,笔者认为,决不能简单否定人类社会自文明时代以来日趋复杂的科学技术与经济发展,尽管它们或多或少意味着或导致人与自然间那种原始性统一关系的断裂和消解,比如中国黄河中上游领域的长期大规模农业开发所带来的区域植被与生态系统退化。甚至必须承认,正是在资本主义所主导的近代工业化与城市化社会中,人或社会才基本摆脱了那种自然剧变或灾害条件下(除非天体坠落、地震、海啸等极端性自然灾难)坐等灭绝而无助的命运。

就此而言,"生态文明"或"生态文明建设",更多是一种现代甚或后现代背景语境下的人与自然、社会与自然之间更文明关系的概念化表达。一方面,经过近万年文明发展与智能积淀,人类社会已经具备了足够的主动协调与人为调控人和自然间物质变换的经济、技术和社会性组织能力。换句话说,整个地球社会已完全可以实现一种和平、包容与环境友好的文明生活,比如就全球的粮食产能来说,非洲的大量饥民是不应该存在的。另一方面,人类社会在文明历史上,第一次面临着由于自己的(自然)干预过度或能力过强而带来的生活窘境或生存危机,比如环境破坏或核武器扩散。而且可以说,上述两个方面都在一个日益一体化的资本主义世界经济与政治秩序中发展到了高峰(如果不是顶点的话)。

因此,"生态文明及其建设"的根本性意涵,是人类社会或文明的一种从"外向扩张"转向"内向集敛"的方向性转变。也正因为如此,才需要反复强调,"生态文明及其建设"归根结底体现为人或社会文明地理解与对待自然(生态)能力的提高。

其二,"生态文明及其建设"水平的提高,离不开文明素质提升了的人或社会,尤其是人们对于自然生态(物)多样性与稳定性的价值认可和行为善待。

对于包括当代中国在内的世界各国或社会来说,一个十分现实的问题是,要想走向一种较高水准的生态文明——更文明的人与自然、社会与自然关系构型,就必须首先要拥有或培育出一大批具有生态感知与行为特征的"生态新人"或"理性生态人"①。否则的话，合乎生态文明的经济与社会政治制度架构，将很难建立起来，即便暂时创建了也难以得到长久维持。就像社会主义的建立与巩固离不开"社会主义新人"一样，生态文明的创建与持续也离不开"生态新人"。

一方面，如果把"生态文明及其建设"的内容细分为意识、行为、制度和产业等四个层面②，那么，前两个层面就是指人或社会的观念与行为态度，它们构成了后两者的主观性支撑或基础。也就是说，只有社会主体的文明观念与行为态度发生了一种"合生态"或"亲生态"的根本性转变，我们才能期望，"环境友好的"生态文明制度与产业真正能够建立起来并持续运转下去，虽然后者的创建与运作当然也会发挥一种绿色主体孕育与规范意义上的推动作用。反之，如果没有意识与行为实现了生态革新的"新人"，无论是规范性的制度还是实体性的产业，都不可能实现文明意义上的生态化嬗变。

另一方面，社会主体自身还存在着个体与群体、少数与多数之间的差别。可以想象，最初能够接受一种生态文明意识并付诸行动的"生态新人"总是少数。因而，随之而来的一个问题便是，这些先知先觉的"生态新人"少数派，是否(愿意或能够)以及如何引领、团结和动员起足够数量的绿色民众，共同促成所憧憬的社会变革与文明创新。这就是社会变革理论中广泛讨论的著名的"代理人"或"行动主体"难题——少数派精英的先驱性行动何以会创造出一个全新的大众性制度与社会，生态文明变革(建设)也不例外。

不仅如此，这些"生态新人"内部也会存在着"深绿"(强调个体价值观与心理架构的生态中心主义变革)、"红绿"(强调社会经济政治制度的重建式激进变革)、"浅绿"(主张经济技术与法政管理层面上的渐进式变革)等意义上的文化价值与政治意识形态差别③。因而，由此而来的一个问题便是，这些观点与态度存在着明显歧义的"绿色新人"，是否(愿意或能够)以及如何形成一种历史性的"绿色合力"，而不是无谓地耗费于相互间关于各自立场政治正

---

① 徐嵩龄：《论理性生态人：一种生态伦理学意义上的人类行为模式》，载《环境伦理学：评论与阐释》，社科文献出版社，1999年版，第407-424页。
② 姬振海：《生态文明论》，人民出版社，2007年版。
③ 郇庆治：《绿色变革视角下的生态文化理论及其研究》，《鄱阳湖学刊》2014年第1期，第21-34页。

确性的争斗或"内讧",就像社会主义运动与思潮过去一个多世纪的历史向我们所展示的那样。

综上所述,人或社会的"绿化"("文明化"),是衡量生态文明及其建设现实进展的重要标尺或试金石,而且这种绿化必须或归根结底是一种"心灵的绿化"。而率先实现了这种"绿色启蒙"的社会少数派个体或社群,就是笔者所指称的"生态新人"或"社会主义生态新人"。可以说,如果没有成千上万的"生态新人"的涌现,如果没有更大数量的绿色公众的积极响应和主动参与,"生态文明"或"生态文明建设"将最多只是一种善意的政治上正确的口号:既不会得到长久持续,也不会取得实质性实效。

二、生态文明建设需要培育生态新人

那么,又应如何理解2012年党的十八大报告、2017年十九大报告、2022年二十大报告等党和政府权威文献关于"大力推进生态文明建设"的战略部署及任务总要求之中的相关主题阐述呢?在此,笔者以党的十八大报告为例做简要分析。

的确,按照党的十八大报告所做的论述,生态文明建设的战略部署及任务总要求,集中体现在坚持节约资源和保护环境的基本国策,着力推进三个发展(绿色发展、循环发展、低碳发展),从而形成节约资源和保护环境的空间格局、产业结构、生产方式、生活方式,从源头上扭转生态恶化趋势。这其中,未来几年将聚焦于"优化国土空间开发格局""全面促进资源节约""加大自然生态系统和环境保护力度""加强生态文明制度建设"①。因而,至少从文本上来看,上述概括更多强调的是发展模式与战略转变、经济产业结构调整和生态环境综合管理制度创新等内容,而不是人或社会的生态文明素质与修养的提高。

对此,笔者认为,可以从如下两个方面来理解。一方面,上述战略部署及任务总要求,是以该章节中关于"生态文明观"的详细阐述为基础的。甚至完全可以说,关于"大力推进生态文明建设"的第八章,自始至终都贯穿着这

---

① 胡锦涛:《坚定不移沿着中国特色社会主义道路前进,为全面建成小康社会而奋斗》,人民出版社,2012年版,第39-41页。

样一种崭新的生态文明的新认知、新态度、新取向:"尊重自然、顺应自然、保护自然"(第一段);"坚持节约优先、保护优先、自然恢复为主的方针"(第二段);"控制开发强度,给自然留下更多修复空间"(第三段);"更加自觉地珍爱自然,更加积极地保护生态"(第七段)①,而所有这些都首先是人或社会层面上的革新问题。就此而言,形塑与确立一种"生态文明观",是党和政府"大力推进生态文明建设"政治行动纲领整体的内在组成部分,也是所有具体性战略部署及任务总要求的理论前提和指针。因而,既不能将二者割裂开来去理解,也不能简单做一种此"软"彼"硬"意义上的区分——认为只有实实在在的节能减排或制度构建才是真工夫。

另一方面,不难理解的是,如果没有人或社会的生态化改变,上述战略部署及任务总要求将无法真正贯彻落实。比如,只有拥有了生态理性严谨和生态感知丰富的绿色"新人"或"新社会",才可以想象,如下四个方面的举措目标能够切实推进或实现。

1. 国土空间开发格局真正得以优化

国土空间格局优化的基本思路,是加快实施主体功能区战略,以便推动各地区严格按照主体功能定位追求发展,构建科学合理的城市化格局、农业发展格局、生态安全格局。当然,这其中的一个关键性环节,是与之相配套的"生态补偿机制"制度建设,目标是保证那些处在生态功能保护区和非经济发展核心区的人或社会,具有大致均等的物质文化生活水平。否则的话,很难设想,那些为了整体性生态环境保护和社会稳定而牺牲了局部利益的个体或社群,会有着持久性的动力(主要基于社会公正与环境正义方面的考量)。

但必须看到,无论是在社会关系还是人与自然关系上,都不存在绝对意义上的公平正义,尤其是在人(社会)与自然关系上、特别是当从生态正义的视角而不是人类主体的视角来观察这一问题时。这意味着,那些处于自然资源较为匮乏、生态系统较为脆弱、生态空间较为稀缺地区的人或社会,理当消耗相对较少的物质资源数量并担负相对较大的守护责任,而这几乎必然要求人或社会彼此之间建立一种新的生态共识与互信,绝非仅仅是环境(资

---

① 胡锦涛:《坚定不移沿着中国特色社会主义道路前进,为全面建成小康社会而奋斗》,人民出版社,2012年版,第39-41页。

源)法律和政策体系的完善与否的问题。

2. 资源节约真正得以全面促进

如今,无论是资源节约还是资源利用效率的提高,都已经不仅仅是一个经济技术发展水平的问题,也不仅仅是党和政府各级相关部门比如负责土地、水和能源的自然资源部、水利部和国家能源局及其主要官员的职责问题,而是涉及全社会方方面面的各类主体的综合性工程。尤其值得指出的是,随着中国市场经济体制的全面确立与全球一体化融合发展,作为生产经营者和消费者的社会主体,在推进资源(能源)节约方面发挥着日益重要的作用。作为生产经营者,人们可以主动选择那些自然资源耗费少、利用效率高和对生态环境损害小的经济形式与技术;作为消费者,人们可以选择那些自然资源耗费少、利用效率高和对生态环境损害小的生活商品与服务。但是,选择这些绿色生产与绿色消费往往意味着,人们需要做出一种"生态自觉"基础上的主动承受物质利益风险、退让或牺牲——为了公共利益或更有价值的追求而在私利上有所节制、忍让和放弃,而不会(一定)是导致更高水平消费量、更高程度舒适度的经济上自然而然的过程。

总之,节约与节制对于现代社会中的个体或社群来说,是一种"背逆"人类本性(同时就人类欲望的无度性和满足的现实可能性来说)的生活品性,而且并不能简单归因于资本主义制度或逻辑的"原罪",但却是一种生态文明的社会主体或"生态公民"的基本品格。

3. 自然生态系统和环境保护的力度真正得以加大

詹姆斯·奥康纳在阐述他的未来"生态社会主义社会"理想时,曾引用了乔·德维尔的如下一段话:我们将要"告别昂贵的快乐之巅,(但我们将得到一个机会)来修缮我们已经腐烂的社会"①。至少在类比的意义上,笔者认为,我们需要主动告别那已经变得难以为继的快速经济扩张,来认真修缮祖国那已疲惫不堪的生态环境——也就是人们经常调侃的"国破山河在"。在相当程度上,已进入现代化中后期的当今中国就处在这样一个历史性转折点,而城乡环境污染的源头性治理和自然生态环境的实质性恢复,理应是党和政府大

---

① 詹姆斯·奥康纳:《自然的理由:生态学马克思主义研究》,唐正东、臧佩洪译,南京大学出版社,2003年版,第512-513页。

力推进生态文明建设的主战场或"重中之重"。

概括地说,生态修复工程的实施和生态产品的生产提供,不仅应包括人口相对稀少地区的荒漠化、石漠化和水土流失治理,还应包括中东部较发达地区城乡生态环境的修复、人文历史遗产的修缮,而所有这些都依赖于一种对传统发展理念、模式与阶段性认识的生态化超越和一种大众性的绿色政治共识的形成。

这当然首先要求社会政治精英层面上的"高瞻远瞩""拨云见日",但也同样需要普通民众的"摇旗呐喊""竞相呼应"。尤其需要避免的是,自然生态系统和城乡环境保护的工程项目或公共产品供给,决不能简单采取机械、技术或经济工程那样的思维来设计实施,而它们的力度大小,也不能仅仅以资本投入的数量来衡量。时常可以听到的"生态环境也是生产力"或"创造更好的生态环境来吸引投资",正是这种意义上的曲解与误读。执迷于一种征服或操纵大自然的傲慢心态,不会真正逆转被现代工业文明扭曲的人与自然关系,当然也不会建立起一种崭新的生态文明。

4. 生态文明制度建设真正得以加强

毫不夸张地说,生态文明建设的核心是制度建设与创新。因为,只有确立一种基于生态尊重理念与价值的新型经济和社会政治制度,我们才能说,人类社会实现了对现代工业文明的历史性和实质性超越。具有生态敏感性和生态智慧的人类个体或社群自古就有,甚至在中国先秦古代,就可以找到严格要求保护野生动植物的法律法规,但世外桃源意义上的"人间乐土"(可称之为生态和谐典范)即便的确存在过,如今也只具有十分有限的借鉴价值;至于在当代世界,无论是在西方欧美社会还是在当代中国,尽管人们都可以找到一些当之无愧的"生态卫士"或"生态村社",真正较大规模范围的或实质性制度创新的突破依然并不多见。

但显而易见的是,就像其他方面议题的制度性创新一样,生态文明制度的设想构建离不开作为其基础性文化支撑的"生态新人",生态文明制度的巩固完善也离不开作为其基础性文化支撑的"生态新人"。事实一再证明,初始大胆而富有想象力的制度创新想法,在经过一道道的传统性制度渠道的过滤筛选(实际上是与更主流性社会政治精英意见的协商妥协)之后,往往就会变成一些缺乏足够冲击力的无关痛痒的制度修补改良。应该说，欧美西方国家尽管在生态环境治理方面所取得的某些成效，但其自由民主主义的政治制度和私有产权基础上的市场经济制度，都摆脱不了这种意义上的质疑和批评。而对于当代中国来说，除了一些独特性的政治价值取向与制度创新原则，比如生态文明建设的社会主义导向，更为重要的是，它还将致力于造就更大数量的"生态新人"或"社会主义生态新人"，正是他（她）们的源源不断涌现及其与时俱进的"生态反思"精神，可以为中国生态文明建设的制度创新提供原动力。

尽管不能做任何意义上的片面夸大，但正如前文所阐述的，"生态文明及其建设"的一个重大主题性方面，是造就或培育一大批具有"生态反思"精神（尤其是对于依然进展中的现代工业化与城市化实践）并能够更文明地感知、尊重和善待自然生态系统及其多样性的"生态新人"或"社会主义生态新人"。因而，由此产生的两个相互关联性问题便是，"生态新人"或"社会主义生态新人"终究是可以培育的吗？如果答案是肯定的话，又该如何具体来做呢？相应地，在本章随后的两个部分中，笔者将首先讨论什么是环境人文社会科学及其独特的人文价值与社会批判精神的培育功能，然后，将进一步分析环境人文社会科学在实现这一功能上拥有的潜能以及所面临着的现实性挑战。

第二节　为什么是环境人文社会科学

从科学一词最广义的意涵——对人、自然、社会中的各种客观现象及其它们相互间关系的正确认知与运用——来说，"环境科学"是一门研究人类社会生存发展活动与环境演化规律之间相互作用关系，寻求人类社会与生态环境协同演化、持续发展的途径和方法的科学。在宏观层面上，环境科学要研究人与环境之间相互依存、相互制约的关系，力求发现社会经济发展和环境保护之间相协调的规律；在微观层面上，要研究环境中的物质在有机体内迁移、转化和蓄积的过程与运动规律，以及对生命的影响和作用机理，尤其是人类活动中释放出来的各种污染性物质。而从传统的学科划分视角来说，环境科学作为一个20世纪60年代才新兴起的跨学科专业领域，既包含了像物理学、化学、生物学、地质学、地理学、资源和工程技术等这样的自然科学与工程技术学科,也已逐渐扩展至涵盖像人口统计学、经济学、政治学和伦理学等人文社会科学学科。因而,在笔者看来,可以将环境科学大致划分为"环境自然科学""环境工程科学(技术)"和"环境人文社会科学"这样三大构成部分。

一、环境自然科学

"环境自然科学"或狭义的环境科学,大致对应于环境科学中的自然科学部分。[①] 其主要任务是,第一,探索全球(甚至更宽广宇宙空间)范围内环境演化的规律。环境总是在不断地变化着,环境变异也在随时随地地发生。无论是基于人类自身生存还是改造利用自然界的需要,我们都必须了解环境变化的过程,包括环境的基本特性、环境结构的形式和演化机理等。第二,揭示人类活动与自然生态系统之间的关系。环境为人类提供着生存生产条件,其中包括经济生产活动的物质资源,而人类则通过其生产和消费活动,不断影响着生态环境的质量。人类活动中物质与能量的迁移、转化过程是异常复杂的,但一个必须性前提是保持物质和能量的输入与输出之间的相对平衡。第三,探索环境变化对人类生存与生活的影响。环境变化是由物理的、化学的、生物的和社会的因素以及它们的相互作用所引起的,因此,我们必须研究污染物在环境中的物理、化学变化过程,在生态系统中迁移转化的机理,以及进入人体后所发生的各种作用,同时还要研究环境退化与物质循环之间的关系。

目前,环境自然科学的主要分支学科包括以下内容。

其一,"环境地学"。以人—地系统为对象,研究它的发生和发展、组成和结构、调节和控制、改造和利用,研究内容包括地理环境和地质环境的组成、结构、性质与演化,环境质量调查、评价与预测,环境质量对人类的影响等。它已发展较为成熟的三级分支学科,包括环境地质学、环境地球化学、环境海洋学、环境土壤学、污染气象学等。

其二,"环境生物学"。研究生物与受到人类干预的环境之间相互作用的

[①] 张景环、匡少平、胡术刚、张晨曦(主编):《环境科学》,化学工业出版社,2016年版,第6-8页。

机理和规律，它以生态系统研究为核心，在宏观上着力于研究环境中污染物在生态系统中的迁移、转化和聚集以及对生态系统结构与功能的影响，在微观上研究污染物对生物的毒理作用和遗传变异影响的机理与规律。它目前有两个主要分支领域，一是针对环境污染问题的污染生态学，二是针对生态环境破坏问题的自然保护。

其三，"环境化学"。主要致力于鉴定和测量化学污染物在环境中的含量，研究它们的存在形态和迁移、转化规律，探讨污染物的回收利用和分解成为无害的简单化合物的机理。它的两个主要分支学科，分别是环境污染化学和环境分析化学。

其四，"环境物理学"。研究物理环境与人类之间的相互作用，尤其是声、光、热、电磁场和辐射对人类的影响，以及消除其不良影响的技术途径和手段。根据研究对象的不同，它又划分为环境声学、环境光学、环境热学、环境电磁学和环境空气动力学等分支学科，其中环境声学有着较长的研究历史和更丰富的研究成果。

其五，"环境医学"。研究环境与人群健康之间的关系，特别是研究环境污染对人群健康的有害影响及其预防措施，包括探索污染物在人体内的动态和作用机理，确定环境致病因素和致病条件，阐明污染物对健康损害的早期反应和潜在的远期效应，以便为制定环境卫生标准和预防措施提供科学依据。它的主要分支学科，有环境流行病学、环境毒理学和环境医学监测等。

二、环境工程科学（技术）

"环境工程科学（技术）"是环境自然科学的一种自然性延伸与拓展，并已发展成为一个重要而庞杂的环境科学分支学科。[①] 一方面，它着力于在环境自然科学知识的基础上，进一步研究（区域）环境污染综合防治的技术手段和管理措施。在西方工业化国家，污染防治已经历了如下三个大的发展阶段：20世纪50年代主要是治理污染源，60年代起转向区域性污染的综合治理，70年代以后则是侧重于污染预防，强调区域规划和合理布局的重要性。相应地，环境工程科学（技术）也经历了这样一种循序渐进的演进拓展过程。另

---

① 高大文：《环境工程学》，哈尔滨工业大学出版社，2017年版，第1章。

一方面，它着力于运用工程技术的原理与方法，综合应用多种工程技术措施和管理手段，从区域环境的整体出发，主动调节与控制人类和环境之间的相互关系。

应该承认，人们对"环境工程科学（技术）"作为一门独立学科还有着不尽相同的看法，比如有人认为，环境工程学是研究环境污染防治技术的原理和方法的学科，主要研究对废气、废水、固体废物、噪声，以及对造成污染的放射性物质、热、电磁波等的防治技术，还有人则认为，环境工程学除了研究污染防治技术外，还应包括环境系统工程、环境影响评价、环境工程经济和环境监测技术等方面的研究。尽管如此，从环境工程科学（技术）发展的现状来看，其基本内容主要有大气污染防治工程、水污染防治工程、固体废物的处理和利用、环境污染综合防治、环境系统工程等几个方面。

其一，"大气污染防治工程"。自20世纪中叶以来，进入大气中污染物的种类和数量不断增加。已经对大气造成污染的污染物和可能对大气造成污染而引起人们注意的物质，就有100种左右，其中影响面广、对环境危害严重的主要有硫氧化物、氮氧化物、氟化物、碳氢化合物、碳氧化物等有害气体，以及飘浮在大气中含有多种有害物质的颗粒物和气溶胶等。大气中的污染物，有的来自自然界本身的物质运动和变化，有的则来自人类的生产和消费活动，而人类生产活动排放的有害气体的治理和工业废气中颗粒物的去除原理与方法的研究，是大气污染防治工程的主要任务。

其二，"水污染防治工程"。水是一切生物生存和发展不可缺少的基质。水体中所包含的物质非常复杂，元素周期表中的元素几乎都可以在水体中找到。人类生产和生活活动所排出的废水，尤其是工业废水、城市污水等，大量进入水体而造成水体污染。因此，采用物理、化学、生物和物理化学等处理法对污水进行治理，以及充分利用环境的自净能力，以防止、减轻直至消除水体污染，改善和保持水环境质量，并制定严格的废水排放标准与水资源利用管理制度，是水污染防治工程的主要任务。

其三，"固体废物的处理和利用"。人类在开发资源、制造产品和改进环境的过程中，都会产生一定数量的固体废物，而且任何产品经过消费也会变成或产生废弃物质，最终排到环境中。随着人类生产的发展和生活水平的提高，固体废物的排放量也在不断增加，污染水体、土壤和大气。然而，固体废物具有两重性,对于某一生产或消费过程来说是废弃物,但对于另一过程来说往往是有使用价值的原料。因此,固体废物处理和利用,既要对暂时不能利用的废弃物进行无害化处理,比如对城市垃圾采取填埋、焚化等方法予以处置,又要对固体废物采取管理或工艺措施,实现固体废物资源化,比如利用矿业固体废物、工业固体废物制造建筑材料,利用农业废弃物制取沼气等。

其四,"环境污染综合防治"。废气、废水和固体废物的污染,是各种自然因素和社会因素共同作用的结果。控制环境污染,必须根据当地的自然条件,弄清污染物产生、迁移和转化的规律,对环境问题进行系统分析,采取经济手段、管理手段和工程技术手段相结合的综合防治方法,改进生产工艺和设备,开发和利用无污染能源,利用自然净化能力等,以便取得环境污染防治的最佳效果。环境污染综合防治,就是在对废水、废气、固体废物进行单项治理的基础上逐步发展起来的。

其五,"环境系统工程"。环境问题往往具有区域性特点。利用系统工程的原理和方法,对区域性的环境问题和防治技术措施进行整体性的系统分析,以求取得最优化方案,是环境系统工程的主要任务。环境系统工程方法还可应用于不同的规模、等级、剖面的系统,比如大气系统(大气污染模型、大气扩散等)、地面水系统(河流污染、湖泊污染的分析和城市污水再利用)、地下水系统、海洋系统以及某一环境工程单元过程系统等。

应该说,尽管与国际前沿水平相比仍存在某些差距,中国的"环境自然科学"与"环境工程科学(技术)"改革开放40多年来已经取得了长足进步。正如钱易、唐孝严先生所概括的[1],总体上讲,中国20世纪70年代比较注重局部污染研究;80年代赶上国际步伐,开展区域性研究,比如酸雨、光化学烟雾等;90年代开始努力做到与国际水平保持同步。而一个更专业性的学术评价是[2],以20世纪90年代中期为界,过去20年中国以大气与水环境科学、环境生态学和环境管理学等为构成主体的环境科学的发展甚为迅速:依据环境流体力学基本理论研究污染物在大气和水环境中的迁移扩散规律,与国际上

---

[1] 钱易、唐孝严:《环境保护与可持续发展》,高等教育出版社,2000年版。
[2] 唐永銮、曹军建:《中国环境科学理论研究及发展》,《环境科学》1993年第4期,第2-9页。

同类研究并驾齐驱;大气环境化学研究中对光化学烟雾和酸雨形成条件和机理、水环境化学研究中对重金属形态转化和氮磷转化规律取得了许多基本性结论,但与国外同类研究相比尚有一定差距,特别是污染有机化学基本理论研究较为薄弱;环境生态学做了大量基础性研究工作,积累了丰富研究资料,但对一些重大环境生态问题比如富营养化作用、赤潮等形成机理的研究尚待突破;环境管理学研究的成就最大,已经从实践中探索出中国特色的环境管理学研究道路。当然,进入新时代以来,中国的环境科学与工程学科正在取得跨越式发展,比如在"环境科学与工程"学科世界排名中清华大学2021年已进入世界前十行列。

三、环境人文社会科学

那么,什么是环境人文社会科学,中国环境人文社会科学的学科发展现状又是如何的呢?[①]

广义而言,中国环境人文社会科学是20世纪80年代初开始传统人文社会科学对日渐突出的生态环境问题回应与互动所形成的众多新兴、交叉和边缘学科的总称,具体包括环境哲学、环境伦理学、环境美学、环境文学(艺术)、环境史学、环境社会学(人类学)、环境政治学(公共管理)、环境教育学、环境经济学和环境法学等,同时还应包括近年来在属于理工门类的以环境自然科学与环境工程(技术)学科为主体框架内成长起来的一些明显具有人文社科属性的分支学科,比如环境伦理(哲学)、环境与社会、环境与可持续发展(资源保护)、环境与公共管理、环境与国际合作(法)等。但值得注意的是,无论是总体上与理工类的环境自然科学和环境工程(技术)相比,还是就各自母体学科内部与其他传统或主干学科相比较而言,中国环境人文社会科学的发展都存在着巨大的差距和不平衡。而在笔者看来,这种失衡状况,既不符合大环境科学本身的交叉、综合与复杂本性,也必将会制约中国全面落实科学发展观和建设生态文明的长远总体目标与战略,需引起高度关注。

环境哲学的研究对象是人类社会与所处其中的自然(生态)环境之间的适当关系。因而,广义的环境哲学还可以包括环境伦理学、环境美学、环境宗

[①] 郇庆治:《亟待发展的中国环境人文社会科学科》,《环境教育》2011年第1期,第47-50页。

教学等——尤其是环境哲学和环境伦理学经常在彼此替换意义上使用，而狭义上的环境哲学也可以按照不同视角或尺度做出分支流派划分，比如中外、古今或自由主义、保守主义、马克思主义、女性主义等的环境哲学等。尽管其理论渊源可以追溯到19世纪边沁的扩展的"道德共同体"和赫胥黎的人与自然间亲和伦理，甚至中国古代"仁爱万物"的生态伦理思想，环境哲学或环境伦理学最先形成于20世纪40年代的欧美国家，80年代初，美国哲学家霍尔姆斯·罗尔斯顿的《哲学走向荒野》(1986年)、《环境伦理学：大自然的价值以及人对大自然的义务》(1988年)等论著，将其确立为一门独立的新兴交叉学科。自90年代起，中国学者关于环境哲学和伦理的著作也不断出现，比如刘湘溶、李春秋和叶平分别撰写的同名著作《生态伦理学》以及余谋昌的《惩罚中的醒悟：走向生态伦理学》(1995年)等。

生态美学或生态审美所彰显的是人类对于广义上的自然生态价值的美学感知维度，尤其与近代以来人类社会所发生着的生存生活境况的持续剧烈改变密切相关，尽管这并不意味着可以对生态美感的产生机理和审美活动本身简单做一种社会的或历史成因的阐释。作为哲学美学与当代生态科学有机结合而形成的交叉学科，生态美学或环境美学在欧美国家中大致产生于20世纪60~70年代。中国的生态美学研究，迄今已经历了如下三个发展阶段：第一阶段是"生态美学"概念的提出与确立；第二阶段是自90年代开始的对生态美学的初步理论阐释；第三阶段是进入21世纪以来对生态美学的全面深入探讨，呈现出一种欣欣向荣的活跃局面。

环境史学是20世纪60~70年代首先在美国兴起的、以历史上的人与自然关系和社会的自然关系状况及其演进为研究对象的新兴史学学科。中国的环境史研究以20世纪90年代初为界呈现出明显的阶段性变化。在这之前的很长一段时间里，与环境史相关的研究主要是在自然科学的范围内进行。进入90年代之后，中国的环境史研究发生了质的飞跃，不仅表现在议题领域的拓展和研究方法的革新等方面，还表现在它迅速成长为一门从自然科学和传统历史地理学中独立出来的新兴学科。

环境文学(艺术)作为当代文学艺术的一个重要组成部分，不仅有着十分宽阔的表现领域，可以说当今社会中凡是与生态环境保护有关的自然生态现象和社会现象都是其表现题材，而且可以通过塑造生动感人的文学叙事或艺术形象,来深刻揭示人类社会发展的本质规律,发挥着强大的惩恶扬善、鞭策社会的生态环境宣教功能。作为一个环境人文学门类,中国的环境文学或生态文学兴起于20世纪80年代,以《中国环境报》"绿地"副刊先后举办的"祖国环境美"等环境文学征文活动为标志。在中国经济社会现代化进程中所带来的生态环境问题及其不利影响逐渐引起大众性关切的时代背景下,一些生态敏感的作家和新闻工作者,把目光转向人类生存环境并创作出了第一批环境文学作品。值得提及的是,近年来还出现了一批以描写治沙治污、退耕还林、绿化祖国、建设美丽中国为主题的新时代环境文学(艺术)作品。

环境政治学的研究对象是如何构建人类社会与维持其生存的自然环境基础间适当关系的政治理论探讨与实践应对,因而是政治学学科之下的比较政治学分支。中国的环境政治学研究始于20世纪80年中后期,最初主要围绕着个别性议题领域比如西方绿色社会政治运动和生态社会主义理论,而且主要以翻译评介的方式为主。进入90年代中期后,环境政治学无论是在议题领域拓展、研究队伍扩大,还是在学术成果出版和重大学术活动方面,都进入了迅速发展的新时期。过去十年多来,中国的环境政治学研究在理论著述方面的成果或进展要更为扎实些,而从环境政治学研究的四大议题领域来看,欧美国家的环境政策及其治理、全球气候变化应对政策谈判与落实,仍是中国学者最关注、学术成果也最为丰硕的两个议题领域。

环境社会学是社会学学科及其研究方法和生态环境科学(议题)不断交叉融合的产物,致力于描述、阐释现代社会中日益突出的生态环境问题的社会成因和社会解决之道。1978年,由美国社会学家赖利·邓拉普(Riley Dunlap)和肯特·梵·里尔(Kent Van Liere)合著的论文《环境社会学:一个新的范式》,被广泛认为是环境社会学正式形成的标志。确立于20世纪90年代中期的中国环境社会学学科,21世纪以来进入了快速发展的时期,在生态环境与社会的关系以及生态环境问题的社会原因、社会影响和社会应对等方面,都取得了许多有价值的研究成果。但总体而言,中国环境社会学学科的发展,依然落后于国内其他环境社会科学学科和国外环境社会学,突出表现在尚未真正形成具有中国特色和风格的话语理论体系或自主知识体系。

环境经济学是用经济学思维与方法来应对解决生态环境问题尤其是环境污染问题的新兴交叉学科,其中包括对环境经济规律的认知信奉、对生态环境资源的经济价值化、环境公共经济政策工具的创制引入等关键性环节。应该说，首先产生于欧美国家的环境经济学或资源环境经济学，大致是按照上述理路逐渐发展起来的。中国的环境经济学研究始于 1978 年制订的《环境经济学和环境保护技术经济八年发展规划》，而两年后成立的"中国环境管理、经济与法学学会"，发挥了十分重要的组织与推动作用。

环境法学是 20 世纪中叶随着生态环境问题的日趋严重和环境社会政治运动的不断扩展而逐渐形成的新兴法学分支学科，以各种形式环境法律制度的制定与实施为研究对象，是对于环境法立法、司法和执法等法制实践进行研究的科学活动及其认识成果的总和。环境法学具有如下三个突出特征：一是它的跨学科综合性，二是它的新颖性，三是它的革命性。改革开放 40 多年来，中国的环境法制建设及其理论研究，可以大致划分为如下三个阶段：初步发展阶段(1978—1989 年)、快速发展阶段(1990—1999 年)和创新发展阶段(2000 年至今)。①

四、环境人文社会科学与环境自然科学或工程科学(技术)的异同

需要强调的是，其一，上述三维视野下对"环境自然科学"和"环境工程科学(技术)"及其分支学科的概括性介绍，严格说来并不全面。因为，我们通常所指的"环境"的核心是"自然环境"，而自然环境的核心是"自然生态环境"。依此而言，"生态科学"和"生态工程技术"，也应是广义的"环境自然科学"和"环境工程科学(技术)"的重要组成部分，而它们目前也都是有着各自的分支学科的独立性学科(体系)。

其二，所有这些学科及其知识的重要性是无可置疑的。它们不仅对于现实性生态环境难题的解决，而且对于生态化人或社会的创造也都是十分重要的，其中最为重要的就是它们的知识启蒙与技能培养功能。通俗地说，这些学科及其知识能够以自然科学(工程技术)所特有的明确性与精确性告诉我们，生态环境问题是什么("然")、为什么是这样("所以然")，以及如何加以应对

---

① 郇庆治：《论习近平生态文明思想的环境人文社会科学基础》，《新文科理论与实践》2023 年第 1 期，第 6 页。

处置。比如，无论是对于具体性的区域性大气污染问题，还是全球性的气候变暖问题，都首先是环境自然科学的研究及其进展构成了人们理解、认知与应对这些难题的智力基础，并唤醒了大众性绿色关切的社会政治意识。

但是，笔者更想强调环境人文社会科学的"与众不同"。其一，不同的学科关注视角。如果说环境自然科学和环境工程科学（技术）更为关注的，是自然环境本身的或人与环境之间互动关系的物质性或技艺性层面，那么，环境人文社会科学更为关注的，就是人或社会本身或人与环境之间互动关系的精神性或主观性层面。也就是说，前者更关心的是，为了一种更为舒适或理想的生存生活环境，人或社会应该具有哪些关于自然（生态）环境的知识性认识，以及如何依据这些认识做出合理的（正确的）技艺性改变，其中包括消除自身从前活动的环境不利性后果，并对这些活动做出适当调整；而后者更关心的是，为了一种更为舒适或理想的生存生活环境，人或社会应该如何做出人与自然、社会与自然关系中人类或社会主体一方的适应性调整和改变，其中包括对人在自然界中的地位、人与自然关系的本质等最根本层面问题的价值认识革新或转变。换句话说，对于前者来说，所谓的生态环境问题主要是环境方面或客体一方的客观性、物质性问题，而对于后者来说，所谓的生态环境问题归根结底是人或社会主体方面的主观性、社会性或精神性问题。

其二，不同的解决应对思路。不难理解，环境自然科学和环境工程科学（技术）致力于明确地界定、精确地描述，不同维度下自然环境系统内部各种要素及其相互间关系的特性、结构和动力机制，以及人类的生产生活活动如何做到遵循或适时退回到不根本改变这些特性、结构和动力机制的界限之内。相比之下，环境人文社会科学则致力于阐明，人或社会主体之所以造成生态环境日趋严重的退化或明显背离人与自然界之间一种和谐共生关系的经济政治制度性、社会文化性和个体价值主观性的深层动因。环境人文社会科学的解决应对思路的明显不同或"独特性"在于，它不仅彰显了人或社会主体一方在理解当代世界面临的生态环境挑战或危机中的突出地位（如果不是最重要的地位），而且蕴涵了人或社会主体一方在未来人与自然关系生态化重建中的枢纽性作用。换句话说，相比其他两个环境科学分支，环境人文社会科学更清晰而自觉地意识到了，生态环境危机从根本上说是现代文明制度及其支撑性社会文化的危机，是现代社会主体的精神意识与价值理念的危机，而摆脱这一困境的根本出路,也在于现代文明制度及其支撑性社会文化的重建,在于现代社会主体的精神意识与价值理念的重建。

正是在这样的意义上,环境人文社会科学不仅构成了对环境自然科学和环境工程科学(技术)的实质性超越,而且构成了生态文明所必需的"生态新人"或"社会主义生态新人"孕育的学科母体。

第三节　环境人文社会科学与文明主体重塑

如上所述,环境人文社会科学的"优势",并不在于提供明确和精确意义上的"科技知识",以便人类可以在认识把握世界的同时改变世界,而是提供着一种对作为现代工业与城市文明之根基的社会文化观念及其价值理念的批判性反思与生态化超越。依此而言,环境人文社会科学,既是一个不同于环境自然科学和环境工程技术的环境科学分支,更是一种面向未来的文明主体重建的新科学。

一、环境人文社会科学的时代挑战潜能

在笔者看来,环境人文社会科学的时代挑战或引领潜能,至少体现在如下三个方面。

1. 学科或学术意识

如前所述,环境人文社会科学的迅速崛起,同时构成了对传统意义上的环境科学和古典性人文与社会科学学科的方向性挑战。它们不仅促成了环境科学三大分支学科内部的激烈价值观争论甚至是对立,比如,生态中心主义的环境哲学流派对(弱)人类中心主义的(生态)环境工程的尖锐批评——针对其服务于人类片面追求的环境舒适目标而不是具体的技术工艺可行性,而且导致了古典性人文与社会科学学科内部的看似不可调和的绿色价值取向论争,比如,同属经济学分支的"生态经济学"和"环境(资源)经济学"之间由于生态或环境价值理解的不同而几乎是"水火不相容"。

环境哲学与环境伦理学严格地说分属于哲学和伦理学两个不同的学科分支。前者是要从最根本的意义上回答人类社会及其自身与自然界之间的关系,

尤其是人类在自然界中的地位、作用以及适当的生存与生活方式（即"我们从何处来，又向何处去"），而后者则是关于如何对待生态价值、如何调节人与生物群落之间和人与自然环境之间关系的伦理阐释（道德规范）。但是，无论就其形成发展的大致历程（大约形成于20世纪40年代的西方欧美国家），还是就它们所致力于探讨的核心议题（如何在根本性消解人类中心主义价值观的同时明确承认与充分尊重非人类自然存在、生态和物种的内在价值及其存续需要）来说，"生态（环境）哲学"和"生态（环境）伦理学"都是大致可以互换使用的概念。中国的环境哲学与伦理研究始于20世纪80年代初，并已有数量颇丰的研究论著发表，尽管进入21世纪以来的创新性成果似乎不像90年代初那样突出（比如关于生态中心主义和人类中心主义的争论）。

生态（环境）美学或生态审美集中体现了人类对于自然界价值感悟的另一种视域，甚至可以说是一种"善"之上的更高境界与视野。因而，它既是美学理论对当代人类社会生态环境危机现实主动回应的努力，也是传统美学经过数百年的现代化进程之后的自然本体化意义上的反拨。生态（环境）美学在国外也是一个相对较新的哲学美学分支学科。在它之前，分析传统下的美学更多关注的是艺术哲学，而生态（环境）美学转向了对自然环境的审美。随着其不断发展，生态（环境）审美已经发展到包括人工或人化环境，以及这些环境中的存在物，并导致了所谓的"日常生活美学"。因而，进入21世纪的生态（环境）美学，已经涵盖了艺术之外的几乎所有事物的审美重要性的研究。中国最早的生态美学著述出现在20世纪90年代中期，自那时以来，每年都有一定数量的学术论著发表和专题学术会议举行。但从总体上看，国内的生态美学研究尚处在一个起步阶段，更多致力于确立与主流美学和文艺批评理论的边界，而缺乏更多从生态（主义）视角下的全新理论思考与实践批评。

环境教育学或环境人文社科教育也最早出现在欧美西方国家，不仅起步较早，而且系统化体系化明显、各类教育间贯通性强（尤其是学科专业教育、学生通识教育与公民素质教育之间）。比如，当今美国的一流大学像哈佛大学、斯坦福大学、加州大学伯克利分校中几乎都有一个庞大的跨学科"环境研究中心"，其中大量活动内容是环境人文社科方面的学术交流与知识宣教，而德国的吕内堡大学和英国的基尔大学这两所20世纪中期新建的大学，都不约而同地把"环境科学与教育"作为大学学科建设的突破口与方向。再比如，围绕着环境公民(权)教育，英国基尔大学的安德鲁·多布森教授及其学术团队，同时在环境政治学与社会学研究、高校环境社科专业与通识课程开发、公众环境意识与素质教育等方面做了大量的开拓性努力。中国的环境教育学是20世纪80年代初以来逐渐形成的"环境人文社会科学"框架下的交叉分支学科，并可具体划分为环境人文社会科学的学科专业教育、(大中小)学生通识(品德)教育和公民素质教育三大层面或子系统。但相比之下，国内的环境人文社科教育仍处在一种初创阶段，其中环境公民(权)教育尤为薄弱。

2. 价值意识

多少有些讽刺意味的是，在当前这样一个价值泛化的当代世界中，最值得反思或培育的竟是"价值"意识。通俗地说，什么东西是真正有价值的，哪些事情是真正值得去做的，以及人们追求这些东西或做这些事情的意义究竟是什么？或换句话说，究竟什么是万物的价值和人或社会自身的价值？而环境人文社会科学通过对人类社会目前遭遇的生态环境难题的批判性反思，为我们提供了一个尽管也许有些尴尬、但却是生动可感的切入点：现实中很多初看起来理所当然的"价值追求"其实是"毫无意义的"，甚或是"自我破坏(毁灭)性的"，而最为典型的则是大规模工业化和城市化造成的温室气体过量排放以及由此导致的全球性气候异常。

当代社会中对一般价值的关注，一方面过分集中于作为人或社会劳动之最终结果的物质财富(也就是马克思在《资本论》等著作中所讨论的"物质变换")，即天然存在的或人工加工过的物质原材料，如何借助于人类的能动性劳动变成了人或社会认为有价值的或值得储藏的物质财富或资产，另一方面在同时由交换价值和使用价值构成的物质商品价值中，过分偏向于交换价值甚至是市场价格，因为后者可以带来更多的商品生产利润、也就是产生出更多的商业价值(同样的资本投入却能获得更大的价值剩余)。上述两个方面都在当代资本主义的经济与社会制度体系中发展到了顶峰，物质财富(资产)追求及其实现成为人或社会无可置疑的最高目标与境界——个体的地位、能力与荣耀和社会之先进、发达与进步(也就是价值)的最基本标志。

相形之下，对于人或社会的存在与生活而言不可或缺的一般价值的另一面，即奉献、分享和关爱，却遭到了有意无意的忽略、漠视或贬低。无论对于社会整体性存在(个体作为其中一员的家庭、社区)还是对于不同层级上社会之外的其他个体(作为自己的同类),人或社会其实都具有一种潜意识的或自觉认同的奉献、分享或关爱的心理冲动和行为意愿,因为这些想法或行为能够为其带来某种程度的心理满足和精神愉悦,尽管这往往意味着一定程度的物质利益损失或牺牲。不仅如此,人或社会的这种倾向于仁爱惠施的价值观,还可以进一步扩展到更广泛的地理范围或物种视野,而前提是他(它)们的这种价值意向或选择,受到制度性和社会文化方面的认可与鼓励。但显而易见的是,资本主义的工商业经济体制和"优胜劣汰、适者生存"的社会文化本质,并不能够提供这样一种前提。

而环境人文社会科学借助"生态环境危机"这一个例,清晰揭示了当代社会主流性价值观的"生态极限"和它固有的傲慢性、歧视性一面。一方面,无论人或社会的物质财富的追求及其实现,除了经济政治制度、社会文化观念、个体能力等方面的制约性因素,作为更一般性条件或前提的自然生态,是一种更根本性的约束性因素,或者说是一种"生态极限"性的因素。简单地说,如果人或社会的发展活动不可逆转地破坏着自己或公共的生态环境,那么,这种发展活动是很难辩称具有正向价值的。另一方面,无论是人或社会的生产经营活动还是它们的生活消费活动,其实都可能存在着生态歧视或傲慢的一面。也就是说,那些看起来似乎无可挑剔的人或社会的价值正确选择,是包含着对更广大范围内社会或自然生态系统的严重歧视的,因而最终体现的不过是人或社会主体的科学知识理性的傲慢和生态理性的无知。认识到并承认这一点,我们这个时代的价值意识及一般价值观,就呈现为一个亟待批判性审视而重建的领域。

3. 主体或文明主体意识

具有一定环境科学背景与知识的人或社会都会相信,我们所处的时代是现代工业文明经过数个世纪的发展与扩张之后的一个历史性转折点。这当然不能简单解释为欧美现代资本主义制度的"总危机"甚或是"无可奈何花落去",但可以肯定的是,一种新型文明的诞生,必将立足于对当代西方社会所面临着的一系列根本性挑战的实质性解决——生态环境问题是其中之一,而如今最迫切需要但也似乎最为困难的则是构想、传播和确立一种崭新的文明主体意识。

正如前文已经提及的，经过现代工业文明武装的当今世界（除了亚马孙森林少数核心区域和极地、非洲等个别尚未大规模开发地区），真正缺乏的已经不是人或社会认识和改变大自然的知识与能力（这当然并不意味着我们已经完全了解整个自然界甚至是自己周围的生态环境），而是如何更谨慎地运用已经拥有的改变甚至重组自然界的潜能（同时在知识、技能与实践的意义上）。比如，将横贯亚洲中部的喜马拉雅山开凿一条东西通道是一个有益于环境（生态）的好主意吗？再比如，创建一批海上孤岛式的"挪亚方舟"是人类未雨绸缪的大胆想法吗？如此等等。

基于此，我们的确需要严肃地思考（而绝非只是在乌托邦的意义上）：人类究竟想成为什么样的"人"，而人类文明究竟如何走向一种更文明的未来？比如，什么是人或社会的"进步"呢？在漫长的历史岁月中——甚至可能超过了文明史本身，对于人或社会进步的衡量，都是以相对摆脱大自然物力或自然力的束缚或羁绊为标准的，或者说以远离人与自然关系中的自然奴役（或无意识）特征为前提的。也就是说，人或社会的进步，大致取决于人类离开原初那种人与自然浑然一体状态的知识和能力，而几乎不必考虑人或社会为了维持人与自然的和谐共生关系样态而做出自我约束性的适应或改变。但如今，必须承认，一种后现代工业化和城市化的生态文明，亟须这样一种社会性特质与主体品格。

再比如，什么是人或社会的"先进"或"落后"？西方列强以坚船利炮敲开中国近代社会封闭大门的历史事实，很容易造成或强化"（物质上）贫穷落后就会挨打"的经验教训总结，而改革开放以来经济总体实力飙升所带来的国际经济与政治地位变化，则又会成为来自另一个方向意义上的实践佐证。但这都只是历史事实的一个侧面，而且我们必须牢记，历史其实不会简单重复，尤其是当关涉到人类文明时代性转折的某一个节点时。至少就人类文明的生态敏感性来说，"先进"和"落后"并不存在截然意义上的区分，而"后来者居上"这一格言正确性的前提，是不存在方向性的变化。

再比如，人或社会的"未来"究竟何在呢？坦率地说，除了极少数宗教种类（比如佛教）和人类文化理论派别（比如各种历史悲观主义），绝大多数的人类文化和思想可以说都是人类中心主义的、物质（技术）进步主义的和未来乐观主义的。这对于人类文明迄今为止的大部分发展史来说，应该说是正确的，也有着不容否认的积极意义。但就人与自然、社会与自然之间的文明关系发展的理论与实践可能性来说，似乎不应是无可穷尽的。这当然并不意味着，人或社会主动改变自然界以创造更为文明的生存生活形式的努力，已经接近终点或变得没有意义，而是说，人类终会有那么一天，将主动或不得不去抑制其无限的物欲需求或知识技艺潜能来实现一种更理想、更有意义的生活。① 当我们以如此一种视野或心胸来思考人或社会的未来时，未必一定会意味着悲观或宿命，还有可能是真正面向、导向未来的全新文明智慧与勇气。

总之，环境人文社会科学的发展与教育，会带来一种前所未有的"学习"——既不同于古典意义上的人文与社会科学的学科知识，也不同于与之相并列意义上的环境自然科学和环境工程科学（技术）的科技知识。因为，它同时包含着知识与智慧的学习或"恢复"（就重建远古时代人与自然、社会与自然之间的和谐共生关系构型而言），同时包含着理论与实践两个层面及其有机融合。换句话说，这意味着现代文明主体的生态化重建或未来生态文明主体的主动构建。

二、环境人文社会科学发展面临的现实挑战

毫无疑问，环境人文社会科学的上述挑战或引领潜能的实现，并不是无条件的或必然的，而是依然存在着诸多现实的制约性因素。在笔者看来，这其中尤其值得关注的共同性考量包括如下三个方面。

其一，当代社会中不断蔓延着的物质主义（消费主义）大众文化与人们潜意识的精神理想追求之间的较量。

至少从20世纪90年代初开始，当代中国已经迈入一个像欧美工业化和

---

① 在相当程度上，这正是2023年中国春节前后上映的科幻电影《流浪地球》（Ⅱ）以及它的前篇《流浪地球》（Ⅰ）所隐含着的哲学伦理意蕴，即人类社会或文明终将会面临的一种科学意义上完全可能的前景——自然生态世界即将不再适合人类居住条件下的作为特殊生物物种或地球文明的政治与战略选择。但是，在此之前，人类社会或文明很可能就会面临多次这种生死攸关意义上的抉择，而且未必一定是如此昏暗无望的落魄景象。

城市化国家那样的大众消费社会(尽管在许多意义上并不典型或完全)。① 这在某种程度上体现了中国改革开放政策所带来的经济发展成果和物质进步,标志着新中国成立以来长期存在的物质匮乏和商品短缺时代的结束,是应当高度肯定的。但也同样不可否认的是,随着这样一种经济与社会基础改变一起滋生的,是一种准"物质主义"或"消费主义"的大众文化价值观,对物质财富(资产)的拥有支配和商品(尤其是奢侈品)大量消费,成为人或社会的一种基本性价值理想或追求,相应地,在革命战争年代形成并曾经引以为豪的革命(道德)理想主义受到了严重的(如果不是毁灭性的)冲击。结果是,如今人们的精神理想及其追求更多是一种潜意识层面上的,同时受到并不怎么有利的社会制度与文化舆论环境的挤压。因此,必须考虑的是,如何在上述复杂的社会与文化大背景中,创造一种有利于人们精神理想萌生与成长的公共制度与文化舆论空间。

其二,当代世界中依然难分胜负的资本主义与社会主义之间的社会政治制度性及其意识形态的对立。

即便考虑到国际社会主义思潮与运动近年来的部分性复苏,资本主义与社会主义之间的社会政治制度性及其意识形态对立,都将是一种长期性的事实,而且,正如在第二章所详尽阐述的,这种对立对于"生态新人"尤其是"社会主义生态新人"的培育是利弊参半的,并且往往是影响多重性的。在此需要强调的是,包括中国在内的社会主义国家群体的经济政治相对弱势地位,很容易有意无意地造成人们在生态环境问题应对上的"谨小慎微"或"左右摇摆"。执政党及其领导政府往往不太敢大胆采取真正制度创新性的行政与法律举措,而且不得不受制于来自不同制度下管治效果评估的未必适当评判(比如就像过去简单以经济发展的快慢评价社会公平,或现在简单以生态环境的质量指标来评价社会政治制度的优劣,等等)。当然,最为重要的是,党和政府必须大胆而渐进地推进社会主义生态文明的制度构架构建,只有这样才能提供"生态新人"塑造的独特社会与政治基础。

其三,当代社会中依然盛行的科学主义信奉与人们所期盼的人文社会价

---

① 郇庆治、刘力:《社会主义生态文明视域下的消费经济、消费主义与消费社会》,《南京工业大学学报(社科版)》2020年第1期,第12-26页。

值艰难回归之间的博弈。

"科学主义"（对科学的无条件迷恋甚至崇拜）在一定程度上是与"经济至上主义""物质主义"或"大众消费主义"一起发展起来的，结果，科学日益成为屈从于经济（GDP）增长需要或大众消费欲求的催化剂或"幕后推手"。正是在这种意义上，当代自然科学和工程技术正在遭到来自人文与社会科学的渐趋尖锐的批评。在当代中国，科技发展依然是值得全社会努力追求的一个目标性方面，但至少同样重要的是，人文与社会科学所承载的以及科学自身所蕴含的人文与社会价值，必须得到更明确坚持和高扬。单纯狭义科学意义上的人或社会，与"经济人""消费者""社会单子"并没有本质性的区别，或者说是内在相通的，但几乎可以肯定不会是或成为"生态新人"。

综上所述，"生态新人"或"社会主义生态新人"的培育，就像是一场漫长的"十字军东征"——关涉到人类本性的文明性改变或提升。正因为如此，"生态文明及其建设"归根结底将是人类（社会）自身的深度变革，而不会简单是自然生态的物态改变，结果将是人类与自然的重新融合和统一，而不再是持续疏离和对立，尽管更多是在价值认知与心态的意义上，而不是原始的自然而然的意义上。

第四节 当代中国生态文明建设实践中的"绿色行动主体"

从环境政治学的视角来看，"绿色行动主体"的发现与确定，既是当代人类社会生态化变革或社会生态转型理论研究中的关键性问题，也是自20世纪中后期以来世界各地兴起的绿色理论所不得不面对的实践层面上的严肃挑战，因而往往被称为"绿色变革施动者难题"[①]。具体而言，这一问题又可以从如下两个方面来理解：一是哪一个（些）社群是所指称或期望的绿色变革的政治领导（倡议）者？二是哪些更大范围内和数量的社群构成了所指称或期望的绿色变革的政治参与（行动）主体？应该说，不同的绿色理论流派对此的回答并

---

① 安德鲁·多布森：《绿色政治思想》，郇庆治译，山东大学出版社，2012年版，第119-172页；戴维·佩珀：《生态社会主义：从深生态学到社会正义》，刘颖译，山东大学出版社，2012年版，第148-159页；乌尔里希·布兰德、马尔库斯·威森：《资本主义自然的限度：帝国式生活方式的理论阐释及其超越》，郇庆治等编译，山东大学出版社，2012年版，第74-78页。

不完全相同,而且也都存在着各自阐释逻辑上的短板或缺陷,比如"深绿"理论更加强调社会先驱性个体的哲学伦理观念与行为变革的示范引领作用,但却不得不面临着如何将这种少数人的激进改变扩展成为大众性事业的难题;"红绿"理论更加强调社会经济制度框架的生态化转型或重构的根本性保障作用,但却不得不面临着如何处置"红"与"绿"两个维度在制度架构和个体行为层面上的诸多明显张力的挑战,而"浅绿"理论更加强调现实可行的经济技术和公共管理手段可以带来的诸多积极变化,但却不得不时常面临着那难以回避的关于"绿色变革初心"的灵魂拷问[①]。因而,更多是基于欧美发达工业化国家语境与经验的绿色变革政治研究的主流性观点是,青年学生、女性、知识分子、绿色党团、社会边缘底层、第三世界国家和原住民等少数社会阶层或群体,共同倡导推动着现代社会整体意义上的生态化改变,尽管这种变革的激进或彻底程度以及由此可以导致的现代经济社会转型或重构力度,未必是充分或确定的。

一、中国生态文明建设实践的主体构成及其行动逻辑

一般而论,当代中国的生态文明建设实践,也可以在上述环境政治学框架下来加以理解阐释。一方面,生态文明建设作为一项面向最广泛社会大众的生态环境保护治理公共政策,无论是它的决策制定还是贯彻落实,都离不开各种类型的社会政治主体——他(她)们往往既会有显著区别的政策关切与预期,也会有颇为不同的政策解读与执行。此外,还必须承认,政策制定者和政策执行者之间的权力(威)性差别是明显存在着的,而且这种差别往往会附之以经济政治制度的威权形式。比如,对于一个县(区)的生态文明建设政策框架或路径选择来说,县(区)长或县(区)委书记显然有着比普通百姓大得多的决定性影响,因为他(她)们的政策决定的背后是相应级别的党和政府机构的政治权威。

换言之,讨论一个地方的生态文明建设,不容忽视的是这个地区围绕着生态环境保护治理所形成的不同社会主体之间的政策决策及其执行落实的适

[①] 郇庆治等:《绿色变革视角下的当代生态文化理论研究》,北京大学出版社,2019年版,第1—19页。

当关系架构，突出体现为多元主体对全国性战略决策的基于地方实际的共识性认知和制度政策落实，而这就特别需要充分发挥地方政府官（职）员的自主性能动性和普通民众的积极性创造性。

另一方面，与欧美国家语境下的生态环境公共政策不同，中国的生态文明建设有着特定而明确的社会主义政治与政策意涵，即致力于实现生态可持续性要求与社会主义原则的自觉结合。这既表现在党和政府要更加充分地运用中国特色社会主义的理论与政治思维，来有效克服社会主义初级阶段背景下的经济社会现代化过程中累积起来的生态环境退化问题，也要把生态环境保护治理及其成效有意识地纳入中国特色社会主义制度不断自我完善的整体框架和历史进程之中。这不仅意味着中国要逐步实现比资本主义社会条件下更为有效或完善的生态环境保护治理，即拥有更高水平的社会生态可持续性，还意味着它无论作为长期性目标还是渐进实现过程，都必须坚持一种"以人民为中心"的哲学价值观和政治立场①，即最广大人民群众而不是少数社会精英尤其是资本拥有者或权势集团的优美生态环境需要或利益，是生态文明建设实践的焦点、轴心和动力源泉。

也就是说，中国共产党作为马克思主义执政党全面领导下的社会主义生态文明建设，必须致力于成为最广泛人民群众的集体性主体行动。正如习近平同志所强调指出的，"生态文明是人民群众共同参与共同建设共同享有的事业，要把建设美丽中国转化为全体人民自觉行动。每个人都是生态环境的保护者、建设者、受益者，没有哪个人是旁观者、局外人、批评家，谁也不能只说不做、置身事外"②。在这样一种辩证互动过程中，普通人民群众在重构人（社会）与自然之间的非（反）生态现实关系的同时，也将会实现自身生存与生产生活观念和行为的生态化重塑，从而成为"生态新人"或"社会主义生态文明公民"③。

---

① 张一鸣：《生态文明建设：以人民为中心的中国实践》，《中国经济时报》2021年7月1日；张乾元、赵阳：《论习近平以人民为中心的生态文明思想》，《新疆师范大学学报（哲社版）》2019年第1期，第26–34页。
② 习近平：《推动我国生态文明建设迈上新台阶》，《求是》2019年第3期，第12页。
③ 刘霞：《培养生态公民：生态文明建设的教育担当》，《教育发展研究》2019年第12期，第25–30、36页。

二、生态文明建设地方实践中的"绿色行动者"群体

正是在上述双重意义上,浙江省丽水市多年来围绕着践行"绿水青山就是金山银山"重要理念所从事的生态文明建设实践探索,为我们深入思考生态文明建设中的绿色行动主体议题提供了弥足珍贵的思想富矿。2021 年 7 月 27—31 日,笔者一行受中国生态文明研究与促进会和浙江丽水市生态环境局邀请,对其所辖的云和县、莲都区、龙泉市、景宁县和缙云县的生态文明建设案例做了考察调研,而令人印象最为深刻的,则是精心守护与建设着这方秀丽山水的各条战线上的生态文明建设主体或"绿色行动者"。这其中,最值得关注与称道的是如下三个群体。

1. 爱岗敬业、真抓实干的乡镇(生态环境分局)"基层干部"

陪同考察的市生态环境局陈总工程师一再强调,虽然这些一线基层干部的行政级别不过是科级,但他(她)们的工作却是最为辛苦繁重的。几天考察走下来,笔者对此才有了一些"真情实感":他(她)们不但要对上承担"绿水青山就是金山银山"重要理念的宣传教育和国家重大战略的贯彻落实,对中要严格落实市县(区)两级党委政府的经济社会发展总体规划和生态文明建设专项规划,还要对下具体负责乡村民众的社会政治动员和较大规模产品产业开发项目的组织实施。而令笔者钦佩的是,他(她)们每当谈起自己辖区或乡镇村社的生态文明建设及其进展时,都是如数家珍、娓娓道来,经常是在我们短暂的参观考察结束时还在不停地介绍当地这些方面的新做法和新想法。更值得点赞的是,他(她)们的这种脚踏实地的敬业态度与精神并没有影响其仰望星空,比如云和县崇头镇的刘镇长和我们聊起像浙西南中高海拔山区美丽乡村建设与发展生态文化旅游过程中的国家农耕保护政策规定的必要弹性问题,也是见解深刻、侃侃而谈。总之,他(她)们在重塑人们心目中的"基层干部形象"的同时,也在把自身形塑为全国生态文明建设战略实施进程中"领导集体"的重要一环,集中体现了中国地方生态环境治理体系与治理能力现代化水平的提升。

2. 大胆创新、经营有道的"绿色创业者"

对于像丽水这样的生态环境空间容量和资源禀赋相对丰厚的地区来说,

践行"绿水青山就是金山银山"重要理念的核心性问题,是大胆尝试自然生态资源的资产化、产品化、产业化转化路径和机制,也就是大力发展地域性的绿色经济或"生态文明经济",而这就离不开一大批观念新、懂政策、善经营的"绿色创业者"。比如,在懂政策方面,他(她)们既要清楚了解党和政府大力推进生态文明建设的宏观战略与政策,也要了解政府相关部门关于革命老区经济扶持、绿色产业发展、生态环境保护治理等领域的具体性政策。而让人欣喜的是,笔者所考察的这些外观靓丽的生态文明建设优秀站点——历史文化旅游街区、"红""绿"融合示范小镇、生态农业观光休闲区和自然生态保护区——的背后,都是一些有着生动感人的绿色故事的"绿创客":他(她)们或者是土生土长的村支部书记(龙泉市溪头村),或者是回乡创业的新乡贤(云和县长汀村和景宁县雅景多肉基地),或者是有着专业经营经验的外来客商(云和县坑根古村和龙泉市兰巨现代农业园区),或者是两地合作"生态飞地模式"的政策拓荒者(莲都区九龙国家湿地公园)。需特别强调的是,尽管始于并不相同的最初身份——比如村干部、国企管理者、大学生和商人,但如今他(她)们却拥有了一个共同的"新商标",即"绿色创业者"。而标志着他(她)们这一新身份的,已经不只是对于(绿色)资本和市场的把握驾驭能力,还包括对于自然生态环境保护善治的商业准则与道德感知。

3. 兢兢业业、能说会道的"职业人(宣传员)"

在区域经济社会发展竞争和商业营销已经进入全球化与网播直销时代的今天,"好酒不怕巷子深"的古训,已经被彻底颠覆并赋予一种崭新的意涵阐释,那就是,对于任何一个地方的绿色经济发展和生态文明建设来说,都需要千万个自信又擅长自夸的"王婆"。可以说,丽水在这方面也提供了一个典范式例证。各个景区的导游或解说员(九龙国家湿地公园、龙泉市住龙红色小镇、景宁县望东垟自然保护区、缙云县仙都景区和河阳古民居)自不必说,几乎个个都是"吹拉弹唱"样样精通的能手,都希望在最短时间内把最重要信息输入你的大脑与心中,而且在临别前还会主动邀请你微信扫码以便日后获取更多信息。尤其令人佩服的是,从乡镇宣传干事(驻村干部)到生态环境分局(乡镇政府)职员,再到市生态环境局(市府机构)官员,他(她)们都不仅对于自己负责的业务一清二楚,而且始终洋溢着一种对于家乡好山好水和生态文明建设成就的自豪感与美好憧憬。一个并不意外但却意味深长的细节是，在参观考察过程中，主人特意邀请笔者一行品尝了著名的"缙云烧饼"和近年来变得颇为流行的"白鹤咸菜宴"。这个小型群体虽然既没有明确的干部身份，也没有自己的商业利益或关切，但却是一个地方生态文明建设过程中的重要推动者与传播者，因而是作为一个整体性生态文明建设绿色行动的重要一员。

承认并强调上述三个小型群体在生态文明建设中的突出作用，绝非是要忽视甚或否认那些更多数量的"普通人"的感受与关切，比如零散的绿色产业业户、民宿旅游经营者和村社居民等。但正如笔者多次指出的[①]，对于广义的生态环境保护治理或生态文明建设来说，破解"绿色施动者难题"的关键，还是在一个社会或区域中逐渐形成少数理念与行为引领者和大多数追随参与者之间的建设性互动，尽管这种引领者和追随参与者的地位并不是固定不变的。就此而言，浙江省丽水市的地方实践，在很大程度上为中国生态文明建设的主体动力机制提供了一种鲜活具体的阐释与例证，同时也就提供了关于环境政治学视域下"绿色施动者难题"的中国答案。

当然，这也绝不是说，丽水生态文明建设实践中并不存在任何意义上的挑战，比如，不可逆转的城镇化聚集进程与美丽乡村建设、乡村振兴战略的未来经济社会形态问题——这些绿色新经济形态也许可以保持下去，但现存社会形态肯定会继续发生变化；再比如，市县（区）之间围绕绿色经济发展与产业品牌打造的既合作又竞争问题——虽然目前都反映各自产品的销售没有压力，但从长远来看行业和区域间的竞争几乎是一个必然性现象，所有这些都有赖于更高战略层面上的调整完善（比如更好地打造利用"百山祖国家公园"品牌）以及更长时间尺度的观察。

结　语

如上所述，与前两章讨论的社会主义生态文明的经济与政治一样，社会主义生态文明的社会也需要主动建设，而且只能是一个渐进改善的历史过程。

[①] 郇庆治：《深入探讨社会主义生态文明建设的"进路"难题》，《毛泽东邓小平理论研究》2020年第1期，第29-31页。

一方面，我们不能误会或曲解社会主义革命性变革进程中的量化累积特征及其积极意义。社会主义对于资本主义的历史性替代，离不开一些关键性或标志性的时间节点与突破口——因而很可能会呈现为暂时性的混乱或失序，但这种替代的历史性完成和一种新秩序的最终建立，将只能是一个逐渐推进的缓慢过程，其中各种社会主义元素的量的累积是非常重要而积极的，决不可以有任何意义上的低估或贬低。这也是为什么，我们有充足的历史与政治理由来强调，当代中国社会主义初级阶段发展和全面建设社会主义现代化国家的基础性决定意义。另一方面，人的意识观念及其变革在社会（文明）的构建与革新中扮演着根本性的推动或承载作用，而这只能是一个通过人们生存与生产生活的实践和时间来渐进完成的改变，其中代际更新或时代变革发挥着不容忽视的助推作用。具体到社会主义生态文明的社会建设，对于自然生态本身的人类新意识观念和对于社会文明自身的新人类意识观念，都是不可或缺的和同等重要的；而几乎同样重要的是，这两方面意识观念在适当的经济社会制度条件和国内外环境中达成一种历史性的契合——就像是2023年春节前后火爆中国大陆的科幻电影《流浪地球》（Ⅱ）中所列举的那个文明飞跃故事，终有一天人类自身的技术能力与合作意愿可以做到联合修复受伤人体的股骨。总之，"社会主义生态文明"无疑是一个更难以实现的人类社会未来愿景想象，因为它关乎人类在某种程度上逆（反）文明的生物物种本性，但也正因为如此，它代表着人类社会（文明）最终可以达到的高度或境界——尤其是在集体做出离开太阳系的痛苦决定之前。

参考文献

恩格斯. 自然辩证法[M]. 北京：人民出版社, 1984.

胡锦涛. 高举中国特色社会主义伟大旗帜，为夺取全面建设小康社会新胜利而奋斗[M]. 北京：人民出版社, 2007.

胡锦涛. 坚定不移沿着中国特色社会主义道路前进，为全面建成小康社会而奋斗[M]. 北京：人民出版社, 2012.

江泽民. 全面建设小康社会，开创中国特色社会主义事业新局面[M]. 北京：人民出版社, 2002.

习近平. 高举中国特色社会主义伟大旗帜，为全面建设社会主义现代化国家而团结奋斗[M]. 北京：人民出版社, 2022.

习近平. 决胜全面建成小康社会，夺取新时代中国特色社会主义伟大胜利[M]. 北京：人民出版社, 2017.

习近平. 推动我国生态文明建设迈上新台阶[J]. 求是. 2019 (3)：4-19.

中共中央马克思恩格斯列宁斯大林著作编译局. 马克思恩格斯文集：第一～九卷[M]. 北京：人民出版社, 2009.

中共中央文献编辑委员会. 邓小平文选(第三卷)[M]. 北京：人民出版社, 1993.

中共中央文献研究室. 习近平关于社会主义生态文明建设论述摘编[M]. 北京：中央文献出版社, 2017.

阿蒂略·波隆. 好生活与拉丁美洲左翼的困境[J]. 国外社会科学, 2017 (2)：20-31.

阿兰·巴迪欧. 元政治学概述[M]. 蓝江, 译. 上海：复旦大学出版社, 2015.

阿诺尔德·汤因比. 历史研究[M]. 曹未风, 等, 译. 上海：上海人民出版社, 1964.

安德列·高兹. 资本主义，社会主义，生态：迷失与方向[M]. 彭姝祎, 译. 北京：商务印书馆, 2016.

安德鲁·多布森. 绿色政治思想[M]. 郇庆治, 译. 济南：山东大学出版社, 2012.

安德鲁·文森特. 现代政治意识形态[M]. 袁久红, 等, 译. 南京：江苏人民出版社, 2008.

安东尼·吉登斯. 现代性的后果[M]. 天禾, 译. 南京：译林出版社, 2011.

白刚. 作为"哲学"的政治哲学[N]. 光明日报, 2015-07-31(14).

参考文献

本·阿格尔. 西方马克思主义概论[M]. 慎之, 等, 译. 北京: 中国人民大学出版社, 1991.

蔡华杰. 社会主义生态文明的"社会主义"意涵[J]. 教学与研究, 2014(1): 95-101.

蔡华杰. 社会主义生态文明的制度构架及其过渡[J]. 中国生态文明, 2018(5): 83-85.

蔡守秋. 环境公平与环境民主: 三论环境资源法学的基本理念[J]. 河海大学学报: 哲社, 2005(3): 12-17+39.

曹孟勤. 马克思生态哲学的新地平[J]. 云梦学刊, 2020(1): 33-40.

曹顺仙, 张劲松. 生态文明视域下社会主义生态政治经济学的创建[J]. 理论与评论, 2020(1): 77-88.

陈斌. 中国必须超越发展主义模式[N]. 南方周末, 2010-10-01.

陈海嵩. 中国生态文明法治转型中的政策与法律关系[J]. 吉林大学社会科学学报, 2020(2): 47-55.

陈俊. 正义的排放: 全球气候治理的道德基础研究[M]. 北京: 社会科学文献出版社, 2018.

陈培永. 马克思对"打病毒政治牌"的批判[N]. 北京日报, 2020-03-23.

陈学明. 建设生态文明是中国特色社会主义题中应有之义[J]. 思想理论教育导刊, 2008(6): 71-78.

陈学明. 生态文明论[M]. 重庆: 重庆出版社, 2008.

陈学明. 谁是罪魁祸首: 追寻生态危机的根源[M]. 北京: 人民出版社, 2012.

陈永森. 生态社会主义与中国生态文明建设[J]. 思想理论教育, 2014(4): 44-48.

成亚威. 真正的文明时代才刚刚起步——叶谦吉教授呼吁开展"生态文明建设"[N]. 中国环境报, 1987-06-23.

程启智. 论生态文明社会的物质基础: 经济生态发展模式[J]. 中国地质大学学报: 社科版, 2010(3): 26-32.

戴圣鹏. 经济文明视域中的生态文明建设[J]. 人文杂志, 2020(6): 1-8.

戴维·麦克莱伦. 马克思、浪漫主义与生态学[J]. 国外理论动态, 2014(7): 45-48.

戴维·佩珀. 生态社会主义: 从深生态学到社会正义[M]. 刘颖, 译. 济南: 山东大学出版社, 2012.

戴维·佩珀. 现代环境主义导论[M]. 宋玉波, 朱丹琼, 译. 上海: 格致出版社, 上海人民出版社, 2011.

党文琦, 奇斯·阿茨. 从环境抗议到公民环境治理: 西方环境政治学发展与研究综述[J]. 国外社会科学, 2016(6): 133-141.

邓雯, 杨璐涵. 政治社会学视角下对国家与社会关系的再反思: 基于我国应对新冠疫情的经验观察[J]. 新西部, 2020(10): 63-64.

樊丽明. "新文科": 时代需求与建设重点[J]. 中国大学教学, 2020(5): 4-8.

方世南. 马克思恩格斯的生态文明思想：基于《马克思恩格斯文集》的研究[M]. 北京：人民出版社，2017.

菲利普·克莱顿，贾斯廷·海因泽克. 有机马克思主义：生态灾难与资本主义的替代选择[J]. 孟献丽，于桂凤，张丽霞，译. 北京：人民出版社，2015.

弗朗西斯科·马林乔，李凯旋. 社会主义制度应对新冠疫情的有效性：来自中国的启示及对西方的反思[J]. 世界社会主义研究，2020（5）：61-65.

傅治平. 生态文明建设导论[M]. 北京：国家行政学院出版社，2008.

高大文. 环境工程学[M]. 哈尔滨：哈尔滨工业大学出版社，2017.

苟民欣，周建华. 基于生态文明理念的美丽乡村建设"安吉模式"探究[J]. 林业规划，2017（3）：78-83.

顾海良. 新时代中国特色社会主义政治经济学发展研究[J]. 求索，2017（12）：4-13.

郭冠清，陈健. 社会主义能够解决"核算难题"吗？"苏联模式"问题和"中国方案"[J]. 学习与探索，2016（12）：12-21.

郭继强. "内卷化"概念新理解[J]. 社会学研究，2007（3）：194-208.

郭剑仁，杨英姿，蔡华杰，等. "深化社会主义生态文明理论研究"笔谈[J]. 中国生态文明，2018（5）：76-90.

海明月，郇庆治. 马克思主义生态学视域下的生态产品及其价值实现[J]. 马克思主义与现实，2022（3）：119-127.

韩欲立，陈学明. 新冠疫情背景下国外左翼学者对资本主义和社会主义的双重反思[J]. 武汉大学学报：哲社版，2020（5）：16-24.

何爱平，石莹，赵菡. 生态文明建设的经济学解读[J]. 经济纵横，2014（1）：30-34.

贺震. 新冠肺炎疫情时期，雾霾缘何重现？[J]. 中国环境监察，2020（Z1）：86-87.

洪银兴，刘伟，高培勇，等. "习近平新时代中国特色社会主义经济思想"笔谈[J]. 中国社会科学，2018（9）：4-73.

胡家勇，简新华. 新时代中国特色社会主义政治经济学[J]. 经济学动态，2019（6）：43-53.

郇庆治. 2010年以来的中国环境政治学研究论评[J]. 南京工业大学学报：社科版，2018（1）：23-38.

郇庆治. 21世纪以来的西方绿色左翼政治理论[J]. 马克思主义与现实，2011（3）：127-139.

郇庆治. "包容互鉴"：全球视野下的"社会主义生态文明"[J]. 当代世界与社会主义，2013（2）：14-22.

郇庆治. 布兰德批判性政治生态学述评[J]. 国外社会科学，2015（4）：13-21.

郇庆治，陈艺文. 马克思主义生态学构建的三大进路[J]. 国外马克思主义评论，上海三联书店, 2021, 2 (23): 123-155.

郇庆治. 城市可持续性与生态文明：以英国为例[J]. 马克思主义与现实, 2008(2): 67-75.

郇庆治. 充分发挥党和政府引领作用 大力推进我国生态文明建设[J]. 绿色中国, 2018 (9): 42-53.

郇庆治. 从批判理论到生态马克思主义：对马尔库塞、莱斯和阿格尔的分析[J]. 江西师范大学学报：哲社版, 2014(3): 42-50.

郇庆治. 打赢蓝天保卫战：劲宜鼓不宜松[J]. 国家电网, 2018 (11): 44-45.

郇庆治, 等. 绿色变革视角下的当代生态文化理论研究[M]. 北京：北京大学出版社, 2019.

郇庆治. 发展的"绿化"：中国环境政治的时代主题[J]. 南方窗, 2012(2): 57-59.

郇庆治, 高兴武, 仲亚东. 绿色发展与生态文明建设[M]. 长沙：湖南人民出版社, 2013.

郇庆治. 环境政治国际比较[M]. 济南：山东大学出版社, 2007.

郇庆治. 环境政治学视角下的生态文明体制改革与制度建设[J]. 云南省委党校学报, 2014(1): 80-84.

郇庆治. 环境政治学视野下的绿色话语研究[J]. 江西师范大学学报：哲社版, 2016 (4): 3-5.

郇庆治. 环境政治学视野下的生态马克思主义[M]//当代西方绿色左翼政治理论. 北京：北京大学出版社, 2011: 72-91.

郇庆治. 环境政治学视野下的"雾霾政治"[J]. 南京林业大学学报：人文社科版, 2014 (1): 30-35.

郇庆治. 环境政治学研究在中国：回顾与展望[J]. 鄱阳湖学刊, 2010(2): 45-56.

郇庆治. 亟待发展的中国环境人文社科学科[J]. 环境教育, 2011 (1): 47-50.

郇庆治. 经济危机背景下的中国可持续发展战略：绿色左翼视角[M]//郭建宁, 程美东. 北大马克思主义研究. 北京：中国社科文献出版社, 2012: 157-175.

郇庆治. 拉美超越发展理论述评[J]. 马克思主义与现实, 2017 (6): 115-123.

郇庆治, 李宏伟, 林震. 生态文明建设十讲[M]. 北京：商务印书馆, 2014.

郇庆治, 刘力. 社会主义生态文明视域下的消费经济、消费主义与消费社会[J]. 南京工业大学学报：社科版, 2020 (1): 12-26.

郇庆治. 绿色变革视角下的生态文化理论及其研究[J]. 鄱阳湖学刊, 2014 (1): 21-34.

郇庆治. 绿色乌托邦：生态主义的社会哲学[M]. 济南：泰山出版社, 1998.

郇庆治. 论我国生态文明建设中的制度创新[J]. 学习月刊, 2013(8): 48-54.

郇庆治. 论习近平生态文明思想的环境人文社会科学基础[J]. 新文科理论与实践, 2023(1): 6-18+124.

郇庆治，马丁·耶内克. 生态现代化理论：回顾与展望[J]. 马克思主义与现实，2010（1）：175-179.

郇庆治. 马克思主义生态学导论[J]. 鄱阳湖学刊，2021（4）：5-8.

郇庆治. 欧洲绿党研究[M]. 济南：山东人民出版社，2000.

郇庆治. 欧洲左翼政党谱系下的"绿色转型"[J]. 国外社会科学，2018（6）：42-50.

郇庆治. 前瞻2020：生态文明视野下的全面小康[J]. 人民论坛·学术前沿，2016（18）：65-73.

郇庆治. 社会主义生态文明的政治哲学基础：方法论视角[J]. 社会科学辑刊，2017（1）：5-10.

郇庆治. 社会主义生态文明观阐发的三重视野[J]. 北京行政学院学报，2018（4）：63-70.

郇庆治. 社会主义生态文明：理论与实践向度[J]. 江汉论坛，2009（9）：11-17.

郇庆治. "社会主义生态文明"：一种更激进的绿色选择[M]//重建现代文明的根基：生态社会主义研究. 北京：北京大学出版社，2010：257-282.

郇庆治. 深入探讨社会主义生态文明建设的"进路"难题[J]. 毛泽东邓小平理论研究，2020（1）：29-31.

郇庆治. 生态马克思主义与生态文明制度创新[J]. 南京工业大学学报：社科版，2016（1）：32-39.

郇庆治. 生态文明创建的绿色发展路径：以江西为例[J]. 鄱阳湖学刊，2017（1）：29-41.

郇庆治. 生态文明概念的四重意蕴：一种术语学阐释[J]. 江汉论坛，2014（11）：5-10.

郇庆治. 生态文明及其建设理论的十大基础范畴[J]. 中国特色社会主义研究，2018（4）：16-26.

郇庆治. 生态文明建设的区域模式：以浙江安吉县为例[J]. 贵州省党校学报，2016（4）：32-39.

郇庆治. 生态文明建设区域模式的学理性阐释[M]//李韧. 向新文明进发：人文·生态·发展研讨会论文集. 福州：福建人民出版社，2019：59-74.

郇庆治. 生态文明建设视野下的生态资本、绿色技术和公众参与[J]. 理论与评论，2018（4）：44-48.

郇庆治. 生态文明建设是新时代的"大政治"[N]. 北京日报. 2018-07-16.

郇庆治. 生态文明建设中的绿色行动主体[J]. 南京林业大学学报：人文社科版，2022（3）：1-6.

郇庆治. 生态文明建设：中国语境和国际意蕴[J]. 中国高等教育，2013（15/16）：10-12.

郇庆治. 生态文明理论及其绿色变革意蕴[J]. 马克思主义与现实，2015（5）：167-175.

郇庆治. 生态文明示范省建设的生态现代化路径[J]. 阅江学刊, 2016(6): 23-35.

郇庆治. 生态文明新政治愿景2.0版[J]. 人民论坛, 2014(10): 38-41.

郇庆治. 生态现代化:中国现实的绿色道路?[J]. 环境政治学, 2007(4): 683-687.

郇庆治. "碳政治"的生态帝国主义逻辑批判及其超越[J]. 中国社会科学, 2016(3): 24-41.

郇庆治,王聪聪主编. 社会主义生态文明:理论与实践[M]. 北京:中国林业出版社, 2022.

郇庆治. 文明转型视野下的环境政治[M]. 北京:北京大学出版社, 2018.

郇庆治. 新文科建设视域下的生态文明研究[J]. 城市与环境研究, 2021(4): 11-15.

郇庆治. 以更高的理论自觉推进新时代生态文明建设[J]. 鄱阳湖学刊, 2018(3): 5-12.

郇庆治. 以更高理论自觉推进全面建设人与自然和谐共生现代化国家[J]. 中州学刊, 2023(1): 5-11.

郇庆治,张沥元. 习近平生态文明思想与生态文明建设的"西北模式"[J]. 马克思主义哲学研究, 2020(1): 16-25.

郇庆治. 中国的全球气候治理参与及其演进:一种理论阐释[J]. 河南师范大学学报:哲社版, 2017(4): 1-6.

郇庆治. 终结无边界的发展:环境正义视角[J]. 绿叶, 2009(10): 114-121.

郇庆治. 重聚可持续发展的全球共识:纪念里约峰会20周年[J]. 鄱阳湖学刊, 2012(3): 5-25.

郇庆治. 重思社会主义生态文明建设的"经济愿景"[J]. 福建师范大学学报:哲社版, 2020(2): 27-30.

郇庆治主编. 当代西方生态资本主义理论[M]. 北京:北京大学出版社, 2015.

郇庆治主编. 环境政治学:理论与实践[M]. 济南:山东大学出版社, 2007.

郇庆治主编. 马克思主义生态学论丛:5卷本[M]. 北京:中国环境出版集团, 2021.

郇庆治. 自然环境价值的发现:现代环境中的马克思恩格斯自然观研究[M]. 南宁:广西人民出版社, 1994.

郇庆治. 作为一种概念分析框架的包容性发展:评估与展望[J] 江西师范大学学报:哲社版, 2013(3): 15-24.

郇庆治. 作为一种政治哲学的生态马克思主义[J]. 北京行政学院学报, 2017(4): 12-19.

郇庆治. 作为一种转型政治的"社会主义生态文明"[J]. 马克思主义与现实, 2019(2): 21-29.

黄瑞祺,黄之栋. 绿色马克思主义:马克思恩格斯思想的生态轨迹[M]//郇庆治. 当代西方绿色左翼政治理论. 北京:北京大学出版社, 2011: 41-63.

黄渊基,熊曦,郑毅. 生态文明建设背景下的湖南省绿色经济发展战略[J]. 湖南大学学报：社科版，2020（1）：75-82．

姬振海．生态文明建设的四个层次[J]．绿叶，2007(10)：10-11．

姬振海．生态文明论[M]．北京：人民出版社，2007．

贾庆国，欧美政治格局变化及其对亚洲经济的影响[J]．当代世界，2017（3）：4-7．

贾卫列，杨永岗，朱明双，等．生态文明建设新论[M]．北京：中央编译出版社，2013．

贾秀飞，叶鸿蔚．环境政治视域下生态文明建设的逻辑探析[J]．重庆社会科学，2019（2）：76-83．

江国华，肖妮娜．"生态文明"入宪与环境法治新发展[J]．南京工业大学学报：社科版，2019（2）：1-10．

蒋春余．科学发展观概论[M]．北京：中国财政经济出版社，2007．

杰弗里·托马斯．政治哲学导论[M]．顾肃，刘雪梅，译．北京：中国人民大学出版社，2006．

解保军．马克思生态思想研究[M]．北京：中央编译出版社，2019．

解保军．生态资本主义批判[M]．北京：中国环境出版社，2015．

解科珍．中国特色社会主义生态文明体系的理论建构[J]．鄱阳湖学刊，2018(6)：28-34．

卡尔·波兰尼．大转型：我们时代的政治与经济起源[M]．冯钢，刘阳，译．杭州：浙江人民出版社，2007．

卡米拉·莫雷诺．超越绿色资本主义[J]．鄱阳湖学刊，2015（3）：61-62．

柯布，刘昀献．中国是当今世界最有可能实现生态文明的地方[J]．中国浦东干部学院学报，2010（3）：5-10．

李本洲．福斯特生态学马克思主义的生态批判及其存在论视域[J]．东南学术，2014(3)：4-12．

李海东．疫情如何深刻影响国际关系格局[J]．人民论坛，2020(11)：48-51．

李虎．冲出"霾伏"，亟待外电入鲁[N]．齐鲁晚报，2014-03-12．

李惠斌，薛晓源，王治河．生态文明与马克思主义[M]．北京：中央编译出版社，2008．

李慧明．生态现代化与气候治理：欧盟国际气候谈判立场研究[M]．北京：社会科学文献出版社，2018：86-106．

李明华，等．人在原野：当代生态文明观[M]．广州：广东人民出版社，2003．

李明．生态文明视域下的河南省绿色经济发展路径研究[J]．当代经济，2018（17）：74-76．

李义虎．无政府、自助，还是人类命运共同体？全球疫情下的国际关系检视[J]．国际政治研究，2020（3）：20-25．

李垣．生态文明建设的"浅绿"与"深绿"：基于环境经济学和环境政治学的解读[J]．湖北行政学院学报，2015(6)：20-25．

廖福霖，等. 生态文明学[M]. 北京：中国林业出版社，2018.
廖福霖. 生态文明建设理论与实践[M]. 北京：中国林业出版社，2001.
刘海霞. 培塑新时代生态人：新冠疫情引发的理论与实践思考[J]. 兰州学刊，2020（3）：13-24.
刘仁胜. 生态马克思主义概论[M]. 北京：中央编译出版社，2007.
刘少杰. 当代中国社会转型的实质与缺失[J]. 学习与探索，2014（9）：33-39.
刘少杰. 当代中国意识形态变迁[M]. 北京：中央编译出版社，2012.
刘思华. 对建设社会主义生态文明论的若干回忆[J]. 中国地质大学学报：社科版，2008（4）4：18-30.
刘思华. 对建设社会主义生态文明论的再回忆[J]. 中国地质大学学报：社科版，2013（5）：33-41.
刘思华. 理论生态经济学若干问题研究[M]. 南宁：广西人民出版社，1989.
刘思华. 生态马克思主义经济学原理[M]. 北京：人民出版社，2014.
刘思华. 中国特色社会主义生态文明发展道路初探[J]. 马克思主义研究，2009（3）：69-72.
刘希刚，刘扬. 中国共产党生态文明建设理念的与时俱进和创新发展[J]. 广西社会科学，2018（1）：20-24.
刘霞. 培养生态公民：生态文明建设的教育担当[J]. 教育发展研究，2019（12）：25-30+36.
刘湘溶. 生态文明论[M]. 长沙：湖南教育出版社，1999.
刘勇. 生态文明建设：中国共产党治国理政的与时俱进[J]. 社科纵横，2012（12）：8-9.
刘宗超. 生态文明观与中国可持续发展走向[M]. 北京：中国科学技术出版社，1997.
卢风. 从现代文明到生态文明[M]. 北京：中央编译出版社，2009.
卢风 等. 生态文明新论[M]. 北京：中国科学技术出版社，2013.
卢风，王远哲. 生态文明与生态哲学[M]. 北京：中国社会科学出版社，2022.
卢风. 消费主义与"资本的逻辑"[M]//郇庆治. 重建现代文明的根基：生态社会主义研究. 北京：北京大学出版社，2010：135-161.
罗宾·艾克斯利. 绿色国家：重思民主与主权[M]. 郇庆治，译. 济南：山东大学出版社，2012.
马丁·耶内克，克劳斯·雅各布. 全球视野下的环境管治：生态与政治现代化的新方法[M]. 李慧明，李昕蕾，译. 济南：山东大学出版社，2012.
马凯. 科学发展观[M]. 北京：人民出版社，2006.
马克·史密斯，皮亚·庞萨帕. 环境与公民权：整合正义、责任与公民参与[M]. 侯艳芳，杨晓燕，译. 济南：山东大学出版社，2012.

米里亚姆·兰，杜尼娅·莫克拉尼. 超越发展：拉丁美洲的替代性视角[M]. 郇庆治，孙巍，等，编译. 北京：中国环境出版集团，2018.

米歇尔·福柯. 生命政治的诞生[M]. 莫伟民，赵伟，译. 上海：上海人民出版社，2011.

苗启明，林安云. 论文明理论的发展与生态文明的提出[J]. 哈尔滨工业大学学报：社科版，2012（5）：116-122.

苗启明. 论社会主义文明的三维结构[J]. 河北学刊，1985（6）：9-11.

默里·布克金. 自由生态学：等级制的出现与消解[M]. 郇庆治，译. 济南：山东大学出版社，2008.

欧巧云，甄凌. 习近平绿色发展观视域下"生态新人"探究[J]. 湖南社会主义学院学报，2019（6）：12-14.

潘家华 等. 新冠疫情对生态文明治理体系与能力的检视[J]. 城市与环境研究，2020（1）：3-19.

潘岳. 论社会主义生态文明[J]. 绿叶，2006（10）：10-18.

钱学森. 社会主义中国完全有可能避开所谓"轿车文明"[J]. 城市发展研究，1995（2）：15.

钱学森，孙凯飞. 建立社会意识形态的科学体系[J]. 求是，1988（9）：2-9.

钱易，唐孝严. 环境保护与可持续发展[M]. 北京：高等教育出版社，2000.

强乃社. 国外都市马克思主义的几个问题[J]. 马克思主义与现实，2017（1）：124-131.

乔尔·科威尔. 资本主义与生态危机：生态社会主义的视野[J]. 国外理论动态，2014（10）：14-21.

乔尔·科威尔. 自然的敌人：资本主义的终结还是世界的毁灭[M]. 杨燕飞，冯春涌，译. 北京：中国人民大学出版社，2015.

乔纳森·休斯. 生态与历史唯物主义[M]. 张晓琼，侯晓滨，译. 南京：江苏人民出版社，2011.

乔永平. 我国生态文明建设试点的问题与对策研究[J]. 昆明理工大学学报：社科版，2016（1）：24-29.

秦立春. 建国以来中国共产党生态政治思想的演进[J]. 求索，2014（6）：11-16.

曲格平. 改革利益集团是治霾关键[N]. 齐鲁晚报，2014-03-24.

曲格平. 曲之求索：中国环境保护方略[M]. 北京：中国环境科学出版社，2010.

冉冉. 政体类型与环境治理绩效：环境政治学的比较研究[J]. 国外理论动态，2014（5）：48-53.

任暟. 关于建构当代中国马克思主义生态文明理论的思考[J]. 教学与研究，2018（5）：5-12.

任暟. 马克思政治经济学批判的生态意蕴及其启示[J]. 北京行政学院学报，2017（2）：

64-71.

萨拉·萨卡,布鲁诺·科恩. 生态社会主义还是野蛮堕落? 一种对资本主义的新批判[M]//郇庆治. 当代西方绿色左翼政治理论. 北京:北京大学出版社,2011:92-112.

萨拉·萨卡. 当代资本主义危机的政治生态学批判[J]. 国外理论动态,2013(2):10-16.

萨拉·萨卡. 生态社会主义的前景[M]//郇庆治. 重建现代文明的根基:生态社会主义研究. 北京:北京大学出版社,2010:283-300.

萨拉·萨卡. 生态社会主义还是生态资本主义[M]. 张淑兰,译. 济南:山东大学出版社,2008.

塞缪尔·亨廷顿. 文明的冲突与世界秩序的重建[M]. 周琪,刘绯,张立平,王圆,译. 北京:新华出版社,2002.

石本惠. 党的先进性建设与执政党的意识形态建构[M]. 上海:上海人民出版社,2010.

世界环境与发展委员会. 我们共同的未来[M]. 王之佳,柯金良,等,译. 长春:吉林人民出版社,1997.

孙佑海. 新时代生态文明法治创新若干要点研究[J]. 中州学刊,2018(2):1-9.

塔基斯·福托鲍洛斯. 包容性民主理论的新进展[M]//安德烈·冈德·弗兰克. 依附性积累与不发达. 高喆,高戈,译. 南京:译林出版社,1999.

塔基斯·福托鲍洛斯. 当代多重危机与包容性民主[M]. 李宏,译. 济南:山东大学出版社,2008.

泰德·本顿. 福斯特生态唯物主义论评[M]//郇庆治. 当代西方绿色左翼政治理论. 北京:北京大学出版社,2011:64-71.

唐永銮,曹军建. 中国环境科学理论研究及发展[J]. 环境科学,1993(4):2-9.

田兆臣. 戴维·佩珀生态经济思想的生成及其内涵[J]. 国外理论动态,2020(2):25-32.

万希平. 生态马克思主义理论研究[M]. 天津:天津人民出版社,2014.

王宏斌. 生态文明与社会主义[M]. 北京:中央编译出版社,2011.

王华. 国家环境治理现代化制度建设的三个目标[J]. 环境与可持续发展,2020(1):49-51.

王继创,刘海霞. 社会主义生态文明建设的"西北模式"[M]//郇庆治,王聪聪. 社会主义生态文明:理论与实践. 北京:中国林业出版社,2022:227-245.

王立和. 当前国内外生态文明建设区域实践模式比较及政府主要推动对策研究[J]. 理论月刊,2016(1):116-121.

王明初,杨英姿. 社会主义生态文明建设的理论与实践[M]. 北京:人民出版社,2011.

王倩. 生态文明建设的区域路径与模式研究:以汶川地震灾区为例[J]. 四川师范大学学报:社科版,2012(4):79-83.

王韬洋. 环境正义的双重维度：分配与承认[M]. 上海：华东师范大学出版社，2015.

王续琨. 从生态文明研究到生态文明学[J]. 河南大学学报：社科版，2008(6)：7-10.

王雨辰. 从"支配自然"向"敬畏自然"回归——对现代性价值体系和工业文明的反思[J]. 江汉论坛，2020(9)：11-16.

王雨辰. 构建中国形态的生态文明理论[J]. 武汉大学学报：哲社版，2020(6)：15-26.

王雨辰. 论生态学马克思主义对历史唯物主义理论的辩护[J]. 哲学研究，2015(8)：10-15.

王雨辰. 论生态学马克思主义与社会主义生态文明[J]. 高校理论战线，2011(8)：27-32.

王雨辰. 生态批判与绿色乌托邦：生态学马克思主义理论研究[M]. 北京：北京师范大学出版社，人民出版社，2009.

王雨辰. 生态学马克思主义的探索与中国生态文明理论研究[J]. 鄱阳湖学刊，2018(4)：5-13.

王治河. 后现代哲学思潮研究[M]. 北京：北京大学出版社，2006.

威尔·金里卡. 当代政治哲学[M]. 刘莘，译. 上海：上海译文出版社，2011.

威廉·莱斯. 满足的限度[J]. 李永学，译. 北京：商务印书馆，2016.

维克多·沃里斯. 社会主义与技术：一种部门性考察[M]//郇庆治. 重建现代文明的根基：生态社会主义研究. 北京：北京大学出版社，2010：100-117.

温家宝. 中国绝不能走先污染后治理的老路[N]. 中国环境报，2006-03-15.

乌尔里希·贝克. 风险社会[M]. 何博闻，译. 南京：译林出版社，2004.

乌尔里希·布兰德. 超越绿色资本主义：社会生态转型和全球绿色左翼的视点[J]. 探索，2016(1)：47-54.

乌尔里希·布兰德. 绿色经济、绿色资本主义和帝国式生活方式[J]. 南京林业大学学报：人文社科版，2016(1)：81-91.

乌尔里希·布兰德，马尔库斯·威森. 绿色经济战略和绿色资本主义[J]. 国外理论动态，2014(10)：22-29.

乌尔里希·布兰德，马尔库斯·威森. 全球环境政治与帝国式生活方式[J]. 鄱阳湖学刊，2014(1)：12-20.

乌尔里希·布兰德，马尔库斯·威森. 资本主义自然的限度：帝国式生活方式的理论阐释及其超越[M]. 郇庆治，等，编译. 北京：中国环境出版集团，2019.

乌尔里希·布兰德. 如何摆脱多重危机？一种批判性的社会——生态转型理论[J]. 国外社会科学，2015(4)：4-12.

乌尔里希·布兰德. 生态马克思主义及其超越：对霸权性资本主义社会自然关系的批判[J]. 南京工业大学学报：社科版，2016(1)：40-47.

乌尔里希·布兰德. 作为一个新批判性教条的"转型"概念[J]. 国外理论动态，2016

(11): 88-93.

吴凤章. 生态文明构建: 理论与实践[M]. 北京: 中央编译出版社, 2008.

吴荣军. 马克思政治经济学批判理论的生态意蕴: 与威廉·莱斯的比较分析[J]. 江海学刊, 2018 (6): 60-64.

小约翰·柯布. 论生态文明的形式[J]. 马克思主义与现实, 2009 (1): 4-9.

小约翰·柯布. 论有机马克思主义[J]. 马克思主义与现实, 2015 (1): 68-73.

小约翰·柯布. 文明与生态文明[M]//李惠斌, 薛晓源, 王治河. 生态文明与马克思主义. 北京: 中央编译出版社, 2008: 3-12.

谢光前. 社会主义生态文明初探[J]. 社会主义研究, 1992 (2): 32-35.

新华网. 全球气候变化未因新冠疫情而止步[N]. 中国科学报, 2020-09-11.

徐坚. 国际环境与中国的战略机遇期[M]//环境伦理学: 评论与阐释. 北京: 人民出版社, 2004.

徐嵩龄. 伦理性生态人: 一种生态伦理学意义上的人类行为模式[M]//环境伦理学: 评论与阐释. 北京: 社科文献出版社, 1999: 407-424.

徐行, 张鹏洲. 我国生态文明建设的政治考量与政府职责[J]. 理论与现代化, 2016(4): 99-104.

徐秀军. 金融危机后的世界经济秩序: 实力结构、规则体系和治理理念[J]. 国际政治研究, 2015(5): 82-101.

薛晓源, 李惠斌. 生态文明研究前沿报告[M]. 上海: 华东师范大学出版社, 2007.

严耕, 林震, 杨志华等. 中国省域生态文明建设评价报告[M]. 北京: 社会科学文献出版社, 2010.

扬·图罗夫斯基. 关于转型的话语与作为话语的转型: 转型话语与转型的关系[M]//郇庆治. 马克思主义生态学论丛: 第5卷. 北京: 中国环境出版集团, 2021: 55-74.

杨方. 国内生态批判理论研究述评: 以生态学马克思主义理论为研究视角[J]. 学术探索, 2018(8): 1-9.

杨建民. 拉美左翼执政动向及前景[N]. 中国社会科学报, 2016-11-24.

杨建文. 发展是执政兴国的第一要务[M]. 上海: 上海社会科学院出版社, 2002.

杨少武, 梁旭辉. 生态学马克思主义的发展历程及其对我国生态文明建设的启示[J]. 喀什大学学报, 2019 (1): 15-20.

杨英姿. 社会主义生态文明话语体系的构成[J]. 中国生态文明, 2018(5): 80-82.

杨英姿. 唯物史观与社会主义生态文明[J]. 理论与评论, 2021(5): 22-31.

姚尚建. 政治学的双重分野: 政治科学与政治哲学的概念辨析[J]. 理论导刊, 2009(8): 30-32.

姚晓红, 郑吉伟. 资本主义社会再生产的生态批判: 基于西方生态学马克思主义的阐释

[J]. 当代经济研究, 2020(3): 1-9.

叶海涛. 生态环境问题何以成为一个政治问题？基于生态环境的公共物品属性分析[J]. 马克思主义与现实, 2015(5): 190-195.

叶剑英. 在庆祝中华人民共和国成立三十周年大会上的讲话[M]. 北京: 人民出版社, 1979.

于兴安. 当代国际环境法发展面临的内外问题与对策分析[J]. 鄱阳湖学刊, 2017(1): 75-82.

余谋昌. 生态文明论[M]. 北京: 中央编译出版社, 2010.

余谋昌. 生态文明是发展中国特色社会主义的抉择[J]. 南京林业大学学报: 人文社科版, 2007(4): 5-11.

俞可平. 新冠肺炎危机对国家治理和全球治理的影响[J]. 天津社会科学, 2020(4): 70-73.

约翰·巴里. 从环境公民权到可持续公民权[M]//郇庆治. 环境政治学: 理论与实践. 济南: 山东大学出版社, 2007: 22-47.

约翰·巴里. 马克思主义与生态学: 从政治经济学到政治生态学[J]. 马克思主义与现实, 2009(2): 104-111.

约翰·贝拉米·福斯特. 马克思的生态学: 唯物主义和自然[M]. 刘仁胜, 肖峰, 译. 北京: 高教出版社, 2006.

约翰·贝拉米·福斯特. 生态革命: 与地球和平相处[M]. 刘仁胜, 等, 译. 北京: 人民出版社, 2015.

约翰·贝拉米·福斯特. 生态危机与资本主义[M]. 耿建新, 宋兴无, 译. 上海: 上海译文出版社, 2006.

约翰·德赖泽克. 地球政治学: 绿色话语[M]. 蔺雪春, 郭晨星, 译. 济南: 山东大学出版社, 2012.

约瑟夫·鲍姆. 欧洲左翼面临的多重挑战与社会生态转型[J]. 国外社会科学, 2017(2): 13-19.

詹姆斯·奥康纳. 自然的理由: 生态学马克思主义研究[M]. 唐正东、臧佩洪, 译. 南京: 南京大学出版社, 2003.

张海源. 生产实践与生态文明: 关于环境问题的哲学思考[M]. 北京: 中国农业出版社, 1992.

张剑. 社会主义与生态文明[M]. 北京: 社会科学文献出版社, 2016.

张景环, 匡少平, 胡术刚等. 环境科学[M]. 北京: 化学工业出版社, 2016.

张康之, 张桐. 论依附论学派的中心—边缘思想: 从普雷维什到依附论学派的中心—边缘思想演进[J]. 社会科学研究, 2014(5): 91-99.

张康之, 张桐. "世界体系论"的"中心—边缘"概念考察[J]. 中国人民大学学报, 2015(2): 80-89.

张亮. 面向生态、辩证法与大众: 马克思主义哲学新视野[N]. 中国社会科学报, 2016-01-05(2).

张慕薄, 贺庆棠, 严耕. 中国生态文明建设的理论与实践[M]. 北京: 清华大学出版社, 2008.

张启华, 张树军. 中国共产党思想理论发展史[M]. 北京: 人民出版社, 2011.

张乾元, 赵阳. 论习近平以人民为中心的生态文明思想[J]. 新疆师范大学学报: 哲社版, 2019(1): 26-34.

张首先. 生态文明建设: 中国共产党执政理念现代化的逻辑必然[J]. 重庆邮电大学学报: 社科版, 2009(4): 18-21.

张文台. 生态文明十论[M]. 北京: 中国环境科学出版社, 2012.

张晓鸣. 再工业化浪潮涌动[N]. 文汇报, 2012-06-10.

张孝德. 世界生态文明建设的希望在中国[J]. 国家行政学院学报, 2013(5): 122-127.

张雄. 社会转型范畴的哲学思考[J]. 学术界, 1993(5): 36-40.

张一鸣. 生态文明建设: 以人民为中心的中国实践[N]. 中国经济时报, 2021-07-01.

张云飞. 社会主义生态文明的人民性价值取向[J]. 马克思主义与现实, 2020(3): 68-75.

张云飞. "生命共同体": 社会主义生态文明的本体论奠基[J]. 马克思主义与现实, 2019(2): 30-38.

张云飞. 唯物史观视野中的生态文明[M]. 北京: 中国人民大学出版社, 2014.

张蕴岭. 疫情加速第四波全球化[J]. 文化纵横, 2020(6): 45-52.

赵成. 生态文明的兴起与观念变革: 对生态文明观的马克思主义分析[M]. 长春: 吉林大学出版社, 2007.

赵曜. 重新认识和正确理解社会主义初级阶段理论[J]. 求是, 1997(17): 2-5.

赵章元. 生态文明六讲[M]. 北京: 中央党校出版社, 2008.

郑国诜, 廖福霖. 生态文明经济的发展特征[J]. 内蒙古社会科学: 汉文版, 2012(3): 102-107.

郑石明. 国外环境政治学研究述论[J]. 政治学研究, 2018(5): 91-102.

中国科学院可持续发展研究组. 2000中国可持续发展战略报告[M]. 北京: 科学出版社, 2000.

钟贞山. 中国特色社会主义政治经济学的生态文明观: 产生、演进与时代内涵[J]. 江西财经大学学报, 2017(1): 12-19.

周大鸣, 郭永平. 谱系追溯与方法反思: 以"内卷化"为考察对象[J]. 世界民族, 2014(2): 9-15.

周宏春,姚震. 构建现代环境治理体系 努力建设美丽中国[J]. 环境保护, 2020(9): 12-17.

周鸿. 走进生态文明[M]. 昆明:云南大学出版社, 2010.

周琳,李爱华. 新时代中国特色社会主义生态文明发展中的生态人培塑[J]. 齐鲁学刊, 2018(5): 97-103.

周文. 新时代中国特色社会主义政治经济学理论研究[J]. 政治经济学评论, 2021(3).

邹力行. 新冠肺炎疫情对全球的影响和启示[J]. 东北财经大学学报, 2020(4): 3-10.

ACOSTA A, 2009. La Maldición de la Abundancia[M]. Quito: Ediciones Abya-Yala.

ACOSTA A, 2013. Extractivism and neoextractivism: Two sides of the same curse[A]. Beyond Development: Alternative Visions from Latin America. Quito: Rosa Luxemburg Foundation.

ALAGONA P, CARRUTHERS J, HAO CHEN, et al., 2020. Reflections: Environmental history in the era of COVID-19[J]. Environmental History, 25(4): 595-686.

ALISA D, DEMARIA G F, Kallis G, 2014. De-growth: A Vocabulary for a New Era[M]. London: Routledge.

BARRY J, BAXTER B, DUNPHY R, 2004. Europe, Globalization and Sustainable Development [M]. London: Routledge.

BERGLUND C, MATTI S, 2006. Citizen and consumer: The dual role of individuals in environmental policy[J]. Environmental Politics, 15(4): 550-571.

BLÜHDORN I, 2006. Self-experience in the theme park of radical action? Social movements and political articulation in the late-modern condition[J]. European Journal of Social Theory, 9(1): 23-42.

BOND P, 2012. Politics of Climate Justice: Paralysis Above, Movement Below[M]. Scottsville: University of KwaZulu-Natal Press.

BRAND U, 2012. Green economy and green capitalism: Some theoretical considerations[J]. Journal für Entwicklungspolitik, 28(3): 118-137.

BRAND U, 2012. Green economy—The next oxymoron? No lessons learned from failures of implementing sustainable development? [J]. GAIA, 21(1): 28-32.

BRAND U, 2013. Growth and domination: Shortcomings of the (de-) growth debate[A]. in Aušra Pazèrè and Andrius Bielskis (eds.), Debating with the Lithuanian New Left: 34-48.

BRAND U, 2013. The role of the state and public policies in processes of transformation[A]. Beyond Development: Alternative Visions from Latin America. Quito: Rosa Luxemburg Foundation.

BRAND U, 2016. Beyond green capitalism: Social-ecological transformation and perspectives of a global green-left[J]. Fudan Journal of the Humanities and Social Sciences, 9(1): 91-105.

BRAND U, 2016. How to get out of the multiple crisis? Towards a critical theory of social-ecological transformation[J]. Environmental Values, 25(5): 503-525.

BRAND U, 2016. "Transformation" as a new critical orthodoxy: The strategic use of the term "transformation" does not prevent multiple crises[J]. GAIA, 25(1): 23-27.

BRAND U, DIETZ K, LANG M, 2016. Neo-extractivism in Latin America: One side of a new phase of global capitalist dynamics[J]. Ciencia Política(21): 125-159.

BRAND U, WISSEN M, 2012. Global environmental politics and the imperial mode of living: Articulations of state-capital relations in the multiple crisis [J]. Globalizations, 9(4): 547-560.

BRAND U, WISSEN M, 2013. Crisis and continuity of capitalist society-nature relation-ship: The imperial mode of living and the limits to environmental governance[J]. Review of International Political Economy, 20(4): 687-711.

BRAND U, WISSEN M, 2014. The financialisation of nature as crisis strategy[J]. Journal für Entwicklungspolitik, 30(2): 16-45.

BRAND U, WISSEN M, 2015. Strategies of a green economy, contours of a green capitalism[J]. The International Political Economy of Production: 508-523.

BRAND U, WISSEN M, 2017. Social-ecological transformation[A]. The International Encyclopedia of Geography: 223-245.

BRAND U, WISSEN M, 2018. The Limits to Capitalist Nature: Theorizing and Overcoming the Imperial Mode of Living[M]. London: Rowman & Littlefield International.

BRINTON C, et al., 1984. A History of Civilization: Prehistory to 1715[M]. Englewood Cliffs, N. J.: Prentice Hall.

BRUCKMEIER K, 2016. Social-ecological Transformation: Reconstructing Society and Nature [M]. London: Palgrave Macmillan.

BUNKER S, 1984. Modes ofextraction, unequal exchange and the progressive underdevelopment of an extreme periphery: The Brazilian Amazon, 1600-1800[J]. The American Journal of Soci-ology, 89(5): 1017-1064.

BURKETT P, 1999. Marx and Nature: A Red and Green Perspective[M]. New York: St. Martin's Press.

BURKETT P, 2006. Marxism and Ecological Economics: Towards a Red and Green Political Economy[M]. Leiden: Brill.

CANDEIAS M, 2013. Green Transformation: Competing Strategic Project. [M]. Berlin: RLS.

CHRISHOLM J, MILLARD A, 1991. Early Civilization[M]. London: Usborne.

DALY H E, COBB J B, 1994. For the Common Good: Redirecting the Economy toward Community, the Environment and a Sustainable Future[M]. Boston: Beacon Press.

DEVALL B, SESSIONS G, 1985. Deep Ecology: Loving as if Nature mattered[M]. Layton Utah: Gibbs M. Smith.

DOBSON A, 2003. Citizenship and the Environment[M]. Oxford: Oxford University Press.

ECKERSLEY R, 2004. The Green State: Rethinking Democracy and Sovereignty[M]. Cambridge: The MIT Press.

ENGEL-DI MAURO S, 2021. Socialist States and the Environment: Lessons for Ecosocialist Futures[M]. London: Pluto Press.

ESCOBAR A, 2011. The making and unmaking of the third world through development[A]// Encountering Development: The Making and Unmaking of the Third World. Princeton, N. J.: Princeton University Press: 85-93.

FAIRSERVIS W, 1975. The Threshold of Civilization: An Experiment in Prehistory[M]. New York: ScribNer.

FOX W, 1990. Toward a Transpersonal Ecology: Developing New Foundations for Environmentalism[M]. Boston: Shambhala.

GORZ A, 1980. Ecology as Politics[M]. Boston: South End Press.

GORZ A, 1982. Farewell to Working Class: An Essay in Post-industrial Socialism[M]. London: Plu-To.

GORZ A, 1989. Critique of Economic Reason[M]. London: Verso.

GORZ A, 1991. Capitalism, Socialism, Ecology[M]. London: New Left Book.

GOWLETT J, 1984. Ascent to Civilization[M]. London: Collins.

GRAMSCI A, 1971. Selections from the Prison Notebooks[M]. London: International Publishers.

GÖRG C, BRAND U, HABERL H, et al., 2017. Challenges for social-ecological transformations: Contributions from social and political ecology[J]. Sustainability 9, 10-45.

GRUNDMANN R, 1991. Marxism and Ecology[M]. Oxford: Clarendon, 1991.

GUDYNAS E, 2013. Debates on development and its alternatives in Latin America: A brief heterodox guide[A]. Beyond Development: Alternative Visions from Latin America. Quito: Rosa Luxemburg Foundation.

GUDYNAS E, 2013. Transition to post-extractivism: Directions, options, areas of action[J]. Beyond Development: Alternative Visions from Latin America. Quito: Rosa Luxemburg Foundation.

HARVEY D, 1985. The Urbanization of Capital[M]. Baltimore: John Hopkins University Press.

HEELAS P, 1996. The New Age Movement: Religion, Culture and Society in the Age of Postmodernity[M]. London: Blackwell.

HUAN Qingzhi, 2008. "Growth economy and its ecological impacts upon China: A red-green perspective[J]. International Journal of Inclusive Democracy(4): 4.

HUAN Qingzhi, 2010. Growth economy and its ecological impacts upon China: An eco-socialist perspective[A]// Eco-socialism as Politics: Rebuilding the Basis of Our Modern Civilisation. Dordrecht: Springer: 191-203.

HUAN Qingzhi, 2020. China's environmental protection in the new era from the perspective of eco-civilization construction[J]. Problems of Sustainable Development, 15(1): 7-14.

HUAN Qingzhi, 2021. Socialist eco-civilization as a transformative politics[J]. Capitalism Nature Socialism, 32(3): 65-83.

INGLEHART R, 1977. The Silent Revolution: Changing Values and Political Styles among Western Publics[M]. Princeton: Princeton University Press.

INGLEHART R, 1990. Culture Shift in Advanced Industrial Society[M]. Princeton: Princeton University Press.

KARL T L, 1997. The Paradox of Plenty: Oil Booms and Petro-State[M]. University of California Press.

KLEIN N, 2014. This Change Everything: Capitalism vs. the Climate[M]. New York: Simon & Schuster.

KOTHARI A, DEMARIA F, ACOSTA A, 2014. Buen Vivir, degrowth and ecological swaraj: Alternatives to sustainable development and the green economy[J]. Development, 3-4 (57): 362-375.

KUBISZEWSKI I, et al., 2013. Beyond the GDP: Measuring and achieving global genuine progress[J]. Ecological Economics, 2013, 93(3): 57-68.

LANDER E, 2013. Complementary and conflicting transformation projects in heterogeneous societies[A]. Beyond Development: Alternative Visions from Latin America. Quito: Rosa Luxemburg Foundation.

LANG M, 2013. The crisis of civilisation and challenges for the left[A]. Beyond Development: Alternative Visionsfrom Latin America. Quito: Rosa Luxemburg Foundation.

LANG M, MOKRANI D, 2013. Beyond Development: Alternative Visions from Latin A-merica [M]. Quito: Rosa Luxemburg Foundation.

LIPSCHUTZ R, 2004. Global Environmental Politics: Power, Perspectives, and Practice[M]. Washington D. C.: CQ Press.

MAGDOFF F, 2011. Ecological civilization[J]. Monthly Review, 62(8): 1-25.

MAGDOFF F, 2012. Harmony and Ecological civilization: Beyond the capitalist alienation of nature[J]. Monthly Review, 64(2): 1-9.

MARCUSE H, 2014. Revolution and Utopia: Collected Papers of Herbert Marcuse, Volume Six [M]. New York: Routledge: 344.

MCKUSICK J, 2011. Green Writing: Romanticism and Ecology[M]. London: Palgrave.

MIES M, SHIVA V, 1993. Ecofeminism[M]. London: Zed Books.

MORRISON R, 1995. Ecological Democracy[M]. Boston: South End Press.

MORRISON R, 2007. Building an ecological civilization[J]. Social Anarchism: A Journal of Theory and Practice(38): 1-18.

PARSONS H L, 1977. Marx and Engels on Ecology[M]. Westport: Greenwood Press.

PARTY OF THE EUROPEAN LEFT (EL), 2004. Statute of the Party of the European Left[R]. Rome, article 1.

PEPPER D, 1993. Eco-Socialism: From Deep Ecology to Social Justice[M]. London: Routledge.

POLANYI K, 1944/1945/1957/2001. The Great Transformation: The Political and Economic Ori-gins of Our Time[M]. New York: Farrar & Rinehart.

PRADA R, 2013. Buen Vivir as a model for state and economy[A]. Beyond Development: Alternative Visions from Latin America. Quito: Rosa Luxemburg Foundation.

ROCKSTRÖM J, STEFFEN W, NOONE K, et al., 2009. A safe operating space for humanity [J]. Nature(461): 472-475.

ROSER D, SEIDEL C, 2017. Climate Justice: An Introduction[M]. Oxon: Routledge.

SAITO K, 2017. Karl Marx's Ecosocialism: Capital, Nature and the Unfinished Critique of Political Economy[M]. New York: Monthly Review.

SALLEH A, 1997. Ecofeminism as Politics: Nature, Marx and the Postmodern[M]. London: Zed Books.

SARKAR S, 1999. Eco-Socialism or Eco-Capitalism? A Critical Analysis of Humanity's Fundamen-tal Choices[M]. London: Zed Books.

SASSOON D, 1996. One Hundred Years of Socialism: The West European Left in the Twentieth Century[M]. New York: New Press.

SCHULZE G, 2003. Die beste aller Welten. Wohin bewegt sich die Gesellschaft im 21 Jahrhundert? [M]. Frankfurt am Main: Hanser Belletristik.

SESSIONS G, 1987. Deep ecology and the New Age[J]. Earth First! Journal, 23(9): 27-30.

SVAMPA M, 2013. Resource extractivism and alternatives: Latin American perspectives on development[A]. Beyond Development: Alternative Visions from Latin America. Quito: Rosa Luxemburg Foundation.

TOKAR B, 1992. The Green Alternative: Creating an Ecological Future[M]. San Pedro, California: R. & E. Miles: 57-58.

VEGA E, 2013. Decolonisation and dismantling patriarchy in order to "live well" [A]. Beyond Development: Alternative Visions from Latin America. Quito: Rosa Luxemburg Foundation.

WALLIS V, 2011. Red-green Revolution. The Politics and Technology of Eco-socialism [M]. Toronto: Political Animal Press.

WELT IM WANDEL, 2011. Gesellschaftsvertrag für eine Große Transformation [M]. Berlin.

Wissenschaftlicher Beirat der Bundesregierung Globale Umweltveränderungen (WBGU), 2011.

YOUNG S C, 2000. The Emergence of Ecological Modernization: Integrating the Environment and Economy [M]. London: Routledge.